KB147389

저를 이 자리에 있게 하여 주시고 저를 만들어 주신
현인택 교수님께 엎드려 절합니다.

하늘보다도 넓고 바다보다도 깊은 스승님의 은혜에 깊이 감사드립니다.

현인택 교수님 세상에서 제일 존경합니다.

교수님께서 가르쳐 주신 애국심을 본받아
대한민국의 안보를 지키기 위하여 분골쇄신하겠습니다.

현인택 교수님 제자 양혜원 올림

이 책은 저자의 고려대학교대학원 정치외교학과 박사학위 논문인 『약소동맹국의 연루 회피 원인 분석: 한국의 미사일 방어 정책 연구』를 수정 보완 발전시킨 책입니다.

Contents

Chapter 1.
서 론 ······ 1

Chapter 2.
미사일 방어 분석을 위한 국제정치 이론 분석 ······ 9

1. 동맹이론 ······ 13
2. 미사일 방어정책 연구 ······ 25

Chapter 3.
한국의 미사일 방어 정책 결정 과정 분석 ······ 63

제1절 전두환, 노태우, 김영삼 정부의 한국의 초기 미사일 방어정책 ·· 65

1. 레이건 정부의 SDI추진과 한국의 초기 미사일 방어정책의 출발 ······ 65
   (1) 레이건 정부의 SDI추진과 전두환 정부의 미사일 방어 ······ 65
   (2) 부시 정부의 GPALS추진·탈냉전 시작과 노태우 정부의 미사일 방어 ······ 71
2. 1990년대 초 한국의 미사일 방어정책 ······ 80
   (1) 클린턴 정부의 TMD·NMD추진과 1차 북핵위기 ······ 80
   (2) 김영삼 정부의 미사일 방어 ······ 85
3. 한국의 초기 미사일 방어정책과 한미동맹의 안보딜레마 ······ 94
   (1) SDI·GPALS 추진과 긍정적 검토 ······ 94
   (2) 1차 북핵위기와 패트리어트 배치 ······ 102
   (3) 독립변수의 영향 ······ 109
4. 소결 ······ 125

제2절 김대중, 노무현 정부의 한국의 미사일 방어정책의 확립 ········ 133

1. 부시 정부의 MD추진과 김대중 정부의 미사일 방어 참여거부 ··········· 133
   (1) 부시 정부의 MD 추진과 김대중 정부의 한러정상회담 ABM조약 외교참사 ·· 133
   (2) 김대중 정부의 미사일 방어 참여 거부 ··········· 144
2. 2000년대 초반까지의 한국의 미사일 방어정책 ··········· 152
   (1) 부시 정부의 MD 유지와 노무현 정부의 미사일 방어 참여 거부 유지 ······ 152
   (2) 노무현 정부의 미사일 방어 ··········· 155
3. 한국의 미사일 방어 정책의 확립과 한미동맹의 안보딜레마 ··············· 162
   (1) 한국의 미사일 방어 참여 거부와 한미동맹 갈등 악화 ··········· 162
   (2) 한국의 독일 중고 패트리어트 도입과 한미동맹 갈등 악화 ··········· 166
   (3) 독립변수의 영향 ··········· 173
4. 소결 ··········· 193

제3절 이명박, 박근혜 정부의 한국의 미사일 방어정책의 변화 ········ 199

1. 오바마 정부의 MD 유지와 이명박 정부의 미사일 방어 참여 거부 유지 ·· 199
   (1) 오바마 정부의 MD 유지와 이명박 정부 초기 미사일 방어 참여 검토 ······ 199
   (2) 이명박 정부의 미사일 방어 ··········· 206
2. 2010년대 후반까지의 한국의 미사일 방어정책 ··········· 209
   (1) 오바마 정부의 MD 유지와 박근혜 정부의 미사일 방어 참여 거부 유지 ··· 209
   (2) 박근혜 정부의 미사일 방어 ··········· 219
3. 한국의 미사일 방어정책의 변화와 한미동맹의 안보딜레마 ················ 238
   (1) 미사일 방어 참여 거부 유지와 한미동맹의 균열 심화 ··········· 239
   (2) 한국의 사드 도입·KAMD 추진과 한미동맹의 균열 심화 ··········· 246
   (3) 독립변수의 영향 ··········· 249
4. 소결 ··········· 269

제4절 결론과 정책적 함의 ··········· 277

Chapter 01

서 론

제1장 서 론

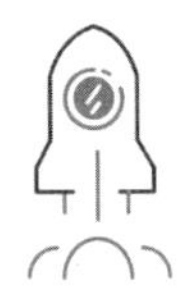

한국은 지난 수 십년 동안 미국의 미사일 방어에 들어가지 않는다는 결정을 내리고 그 결정을 유지하고 있다. 이러한 결정은 한국의 보수 정권, 진보 정권을 막론하고 변하지 않고 있다.

한국은 지정학적으로 강대국들에 둘러싸여 있다. 한국을 가장 마지막에 침략한 국가인 중국이 인근에서 군사력을 증강하고 있다. 또 한국을 36년 동안 식민지로 강제 침략한 일본도 가까이 있다. 공산권 국가인 러시아는 위로 자리하고 있으며 여전히 위협적인 군사 무기를 다수 보유하고 고도화하고 있다. 한국은 6·25 전쟁을 치른 뒤 북한과 대치하고 있는 분단 국가이다. 북한은 핵무기와 탄도미사일을 고도화하면서 상시적으로 한국의 안보를 위협하고 있다.

이렇게 엄중한 안보 위협 상황 속에서 지난 수 십년 동안 한국이 미국의 미사일 방어에 참여하지 않는 것은 매우 흥미로운 현상이다. 한국은 한미 동맹을 바탕으로 하여 지정학적으로 강대국으로 둘러싸인 상황에서 이익을 얻고자 한다. 그런데 미국은 지난 수 십년에 걸쳐서 지속적으로 미사일 방어를 추진하고 있으며 이를 강화하고 있는데 한국은 이와는 반대되는 결정을 내리고 그 결정을 유지하고 있는 것이다.

미국은 냉전 시기 소련의 위협에 대응하기 위하여 SDI를 구축하겠다는 계획을 세운 이후 미사일 방어 구축을 추진하였다. 레이건 대통령은 미국이 미사일 방어 기술을 갖추는 것은 수 년 혹은 수십 년 이상이 걸릴 수도 있고 시행착오를 많이 겪는다는 것을 인정하면서도 미국이 미사일 방어 능력을 갖는 것이 필요하다고 보았다. 레이건 대통령은 미사일 방어가 재래식 위협을 감소시키고 적대 국가의 공격으로부터 미국과 미국의 동맹국들의 안보를 지킬 수 있다고 판단한 것이다. 따라서 시일이 걸리더라도 반드시 미국이 SDI를 구축하여 미사일 방어 능력을 갖출 필요가 있다고 강조하였다.[1)]

미국은 냉전이 끝나기 시작한 1991년 1월 부시 대통령이 연두교서에서 SDI를 GPALS로 변화시키겠다고 발표하였다. GPALS의 경우에는 SDI를 축소시킨 개념으로서 적으로부터의 공격이 있을 때 미국 본토, 미국의 우방국과 동맹국 그리고 우주에서 이를 방어하는 전략이다. GPALS은 미국 본토를 방어하는 NMD, 해외주둔 미군과 미국의 우방국, 동맹국을 방어하는 TMD, 우주에서 방어하는 GMD(Global Missile Defense)로 구분된다.[2)]

1993년 5월에 클린턴 대통령이 탄도미사일 방어구상을 발표하고 레스 아스핀 국방부 장관은 공식적으로 SDI를 폐기한다는 발표를 하였다.[3)] 클린턴 대통령은 1993년 9월에는 TMD와 NMD중에서 동맹국을 포함하여 주요 지역을 방어한다는 TMD에 보다 우선순위를 두겠다는 내용의 전면 검토계획을 발표하였다. NMD의 경우에는 미국 본토를 방어하는 데 보다 중점을 두고 있는데 클린턴 대통령은 TMD를 구축하여 미국의 동맹국을 포함한 방어에 더 주안점을 두겠다고 하였다.[4)] 이후 부시 대통령이 2001년 5월에 미국 국방대학교에서 TMD와 NMD를 통합하여 MD를 구축하겠다고 밝혔다. 부시 대통령은 각종 테러 위협이나 불량국가들의 위협으로부터 미국이 미국의 동맹국과 미국 본토를 방어하는 것이 중요하다고

---

1) Ronald Reagan, "Address to the Nation on the Strategic Defense Initiative", Edward Haley · Jack Merritt (ed.), *Strategic Defense Initiative Folly or Future?*, (Boulder and London: Westview Press, 1986), pp.24-25.

2) Department of Defense, *The President's New Focus For SDI: Global Protection Against Limited Strikes(GPALS)*, (SDIO, The Pentagon, Washington, DC 20301, Janurary 6, 1991), pp.1-3.

3) William Jefferson Clinton, The President's Radio Address on May 15, 1993, Clinton Digital Library, May 15 1993. https://clinton.presidentiallibraries.us/collections/show/4(검색일: 2019년 9월 27일), Les Aspin Secretary of Defense, *Report on the Bottom-Up Review*, (U.S.A. Department of Defense, October 1993), pp.43-48.

4) Les Aspin Secretary of Defense, *Report on the Bottom-Up Review*, (U.S.A. Department of Defense, October 1993), pp.44-47.

보았다.[5)]

미국은 냉전 시기에 소련의 위협에 대응하고 미국과 미국의 동맹국을 지키고자 미사일 방어를 구축하게 된다. 미국은 소련이 붕괴된 이후에도 여전히 군사적인 위협이 남아있다고 판단하였고 이에 대응하는 것이 필요하다고 보았다. 미국은 냉전이 끝났지만 여전히 미국과 미국의 동맹국을 보호하고 평화를 구축하며 번영을 하여야 한다는 미국의 가치가 변하지 않았다고 보고 이를 추진하게 된다.[6)]

이러한 모습은 부시 정부의 새로운 질서와 클린턴 정부의 개입과 확대 전략에도 반영되어 있다. 이후 미국 정부의 정권이 변화하였지만 국제정치에서 미국의 힘과 가치를 추구하는 점은 일관되게 나타났다. 미국은 중국이 부상하고 있기 때문에 미국의 영향력과 가치를 유지하는 것이 필요하다고 보았고 안보 딜레마가 사라지지 않는 국제정치 속에서 안보적으로 굳건함을 유지하는 전략을 사용하게 된다.[7)]

미국은 군사기술력을 확보하기 위하여 연구개발비를 계속해서 증가시켰으며 중국이 많은 인구를 바탕으로 군사적, 경제적 성장을 하는 것과 관련하여 미국과 미국의 동맹국들의 안전을 지키기 위하여 대응하는 것이 필요하다고 보았다.[8)]

미국은 9·11테러를 겪은 이후에 테러 공격과 같은 위험에 대응하는 것이 필요하다고 보았다. 테러리스트들이 핵무기, 컴퓨터 공격, 화학 무기, 생물학 무기 등을 사용하여 공격하는 것에 대응하기 위해서는 미사일 방어를 강화시키는 것이 중요하다고 보았다.[9)]

---

5) U.S. President George W. Bush's Speech on Missile Defense at the National Defense University on May 1 2001.

6) Eugene Gholz·Daryl G. Press·Harvey M. Sapolsky, "Come Home, America: The Strategy of Restraint in the Face of Temptation" *International Security* Vol.21, No.4, (1997), pp.5-11.

7) Christopher Layne, "From Preponderance to Offshore Balancing", *International Security* Vol.22, No.1, (1997), p.91.

8) William C. Wohlforth, "The Stability of a Unipolar World", *International Security* Vol.24, No.1, (1999), pp.17-18, pp.33-34.

9) National Commission on Terrorist Attacks upon the United States, *The 9/11 Commission Report: final report of the National Commission on Terrorist Attacks upon the United States*, (New York: Norton, 2004), p.105, pp.199-200, p.203

미국은 러시아, 중국 등의 공격에 대비하는 것이 필요하다고 보고 미사일 방어를 고도화하고 있다. 러시아의 위협이 여전히 강하다고 보는데 새로운 무기체계를 개발하면서 핵탄두를 싣고 공격할 위험이 있다고 보았다. 중국의 경우에는 ICBM, SLBM 등을 고도화시키고 있는데 중국이 탄도미사일에 핵탄두를 싣고 공격할 위험도 커지고 있다고 보았다. 미국은 이러한 위협에 대응하기 위해서는 미사일 방어를 보다 강력하게 구축하여야 한다고 보았다.[10)]

미국은 1983년 레이건 대통령이 SDI를 추진하기 시작하면서 약 40년의 세월이 흐르는 동안 미사일 방어를 지속적으로 발전시켜왔다. 미국은 1942년 8월 맨해튼 프로젝트의 일환으로 핵무기를 만들겠다는 계획을 세우고 1945년 7월 16일 약 3년 만에 핵실험에 성공하게 된다. 이후 1949년에 러시아(구소련), 1950년에 영국, 1960년에 프랑스, 1964년에 중국이 핵무기를 개발하는 데 성공한다. 미국의 존슨 정부, 닉슨 정부, 포드 정부, 카터 정부는 이러한 움직임이 있는 가운데 한국에서도 핵무기를 개발하고 미사일을 개발하는 노력을 하자 자칫하면 제2의 6·25전쟁이 발발할지도 모른다는 우려를 하게 된다. 포기와 연루의 딜레마의 관점으로 살펴보면 미국은 강대국으로서 한국에서 발생할 수 있는 군사적 충돌 사안에 대하여 연루의 위험을 계속해서 느낀다. 미국은 한국이 핵무기를 개발하거나 미사일을 고도화하는 것과 관련하여 미사일 사거리 제한을 두는 등 한국이 일탈하는 것을 경계한다. 그러나 미국의 제동이 자칫 한미동맹 공약의 약화로 비추어지지 않도록 노력하는 모습을 보인다. 미국은 한국에 대하여 동맹 공약을 계속해서 공언하면서 군사적인 지원을 하는 모습을 보여서 강대국의 동맹 공약이 약화된 것이 아니라는 신호를 보낸다. 미국의 경우에는 강대국으로서 6·25전쟁과 같은 분쟁에 또다시 휘말리는 것에 대하여 두려움을 느낀다. 그러면서 동시에 강대국으로서 한국에 대하여 안보를 보장하고 동맹 공약을 지키는 모습을 보여줄 필요가 있다. 이러한 점에서 포기와 연루의 딜레마는 강대국과 약소국의 관계에서 양면성을

---

10) George Lewis·Frank von Hippel, Improving U.S. Ballistic Missile Defense Policy, *Arms Control Today*, Vol.48, No.4, (2018), pp.16-21.

지니고 있는 것을 확인할 수 있다.[11)]

한국은 주변국의 군사력이 월등하게 강하고 이를 고도화하는 지정학적 위치에 자리하고 있다. 또한 북한으로부터 상시적인 위협을 받고 있다. 이러한 상황 속에서 미국의 미사일 방어에 지난 수십 년 동안 들어가지 않고 있는 현상은 다른 국가에서 나타난 모습과 다르기 때문에 주목하게 되었다.

예를 들어 미국과 비교하였을 때 상대적으로 약소동맹국인 일본, 이스라엘의 미사일 방어 참여 결정 사례와 다르다. 일본의 경우에는 미국의 미사일 방어에 들어간다는 결정을 상당히 일찍 내린 뒤 이 결정을 유지하고 있다. 또한 이스라엘의 경우에도 미국과 함께 미사일 방어 무기를 공동연구 개발하여 실전배치하고 있으며 그 과정에서 상당한 혜택을 받기도 하였다. 그런데 한국은 왜 이러한 국가들의 결정과 다른 선택을 하였을까?

한미동맹에서 나타나는 대부분의 동맹 정책을 살펴보면 미국으로부터 포기될까 두려워하는 모습이 나타난다. 예를 들어 주둔정책, 핵정책, 전진배치 정책, 기타의 정책에서 상대적으로 강대국인 미국으로부터 포기되지 않기 위한 모습이 나타나고 있다.

그런데 특이하게도 미사일 방어 정책에서만큼은 미국의 미사일 방어에 들어가는 것을 두려워한다. 이러한 결정이 과연 한국에게 이익이 되는 것일까? 한국이 왜 미국의 미사일 방어에 들어가지 않는 지에 대하여 답을

---

11) CIA, "Notes of the President's Meeting with the Joint Chiefs of Staff - 1968.01.29", Document Approved for Release: July 27, 2018, Document Number: 00339612, CIA, "Korea: How Real is the Thaw?", Document Release Date: December 15, 2006, Document Number CIA-RDP79R00967A000400020013-2, CIA, "U.S. Crisis Unit Takes Up DMZ Killings", Document Release Date: June 12, 2007, Document Number: CIA-RDP99-00498R000100030010-0, CIA, "Issues South Korean President wants to Raise with President Ford", Document Publication Date: November 13, 1974, Document Release Date: January 27, 1999, Document Number: CIA-RDP78S01932A000100180035-1, CIA,"Sale of Canadian Nuclear Reactor to South Korean", Document Publication Date: November 19, 1974, Document Release Date: March 9, 2010, Document Number: LOC-HAK-550-3-30-4, CIA, "Nuclear Reactor Under Construction In North Korea", Document Release Date: December 8 2008, Document Publication Date: April 19, 1984, Document Number: CIA-RDP86M00886R000800100037-6, CIA, "Presidential Briefing on South Korea's Nuclear Program", Document Publication Date: November 3, 1978, Document Release Date: March 19, 2002, Document Number: CIA-RDP81B00401R002500080013-6.

찾기 위하여 이 책을 작성하게 되었다.

본 연구는 기존의 연구에서 상대적으로 크게 주의를 기울이지 않았던 부분인 한국이 미국의 미사일 방어에 수 십년 동안 참여하지 않는 원인에 대하여 주목하여 연구하고자 다음과 같은 가설을 세웠다. 기존 연구에서 상대적으로 집중하지 않았던 부분에 대하여 보완하고 왜 이러한 현상이 발생하였는지에 대하여 그 원인을 분석하고자 한 것이다.

첫째, 미사일 방어 참여의 기술적 이익이 적으면 적을수록 참여에 소극적일 것이다.

둘째, 미사일 방어 참여의 경제적 비용이 크면 클수록 참여에 소극적일 것이다.

셋째, 적으로부터의 위협 정도와 그것을 느끼는 동맹국 사이의 시각 차가 크면 클수록 정책의 상이점이 커질 것이다.

넷째, 동아시아 지정학에 대한 동맹국 간의 시각이 다를수록 정책의 괴리가 커질 것이다.

다섯째, 동맹국에 대한 정책적 고려 또는 배려가 크면 클수록 정책의 괴리는 작아질 것이다.

본 연구는 이러한 다섯 가지의 가설 형태로 되어 있는 원인 요인을 분석하고 한국의 미사일 방어정책 즉 연루의 두려움을 연구하였다. 본 연구는 계량적 연구가 아니기 때문에 이러한 가설을 계량적으로 완벽하게 증명해 내는데 한계를 지니고 있다. 따라서 이러한 연구의 한계를 보완하기 위하여 연구는 위의 다섯 가지 가설을 다음의 세 가지 상관 관계 하에서 분석을 하였다.

첫째, 이 가설들은 서로 배타적이 아니라 상호보완적이다.

둘째, 어느 한 요인이 다른 요인을 압도할 만큼 독점적이지 않다.

셋째, 정책결정자는 결정의 시기에 이 요인들을 종합적으로 판단한다.

본 연구는 세 가지 상관 관계 하에서 분석을 시도함으로써 독립변수와 종속변수의 인과관계를 분석하여 보다 설명력을 높였다.

Chapter 02

미사일 방어 분석을 위한 국제정치 이론 분석

제2장 미사일 방어 분석을 위한 국제정치 이론 분석

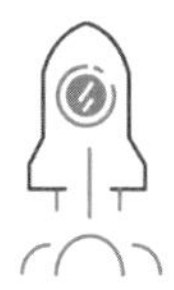

양자동맹에서 강대국과 약소국이 각각 안보딜레마를 겪는다는 것은 동맹에 관한 연구에서 잘 알려져 왔다.[12] 그 안보딜레마는 여러 형태로 나타나는 데 그 중 포기(abandonment)와 연루(entrapment)의 딜레마에 대해서도 이미 많은 연구가 있어 왔다. 안보딜레마는 국제정치의 무정부적 속성에 기인한다. 자국의 군사력을 증가시키는 자조적(self-help) 행위가 다른 국가에게는 안보불안을 느끼도록 하여 군비를 증강하게 된다. 이를 본 다른 국가는 또 다시 군사력을 증강하게 되면서 안보딜레마가 발생하게 된다. 무정부상태인 국제정치 속에서 국가들의 갈등을 중재할 수 있는 상위의 권력체는 존재하지 않기 때문에 국가들은 생존하고자 경쟁하게 되며 다른 국가에게 느끼는 안보 불안은 커지게 된다. 안보딜레마는 국가의 안보와 직결되는 것으로서 국가가 느끼는 위협을 완전히 없애는 것에는 한계가 있다. 무정부적 국제정치 상황에 집중하여 국가들이 생존하기 위하여 안보딜레마가 부득이하게 발생할 수밖에 없다는 점에 집중한 학자는 허버트 버터필드(Herbert Butterfield)와 존 허츠(John Herz)가 있다.

버터필드는 국가가 다른 국가에 대하여 의도적으로 위협을 가하려고 하지 않아도 다른 국가의 의도를 위협으로 받아들이는 홉스적 공포(Hobbesian Fear)가 가져오는 불확실성(uncertainty)으로 인하여 안보딜레마가 발생한다고 보았다. 아무리 해칠 의도가 없다고 하여도 안전을

---

12) Hyun In Taek, "Between Compliance and Autonomy: American Pressure for Defense Burden-Sharing and Patterns of Defense Spending in Japan and South Korea", Ph.D. Dissertation, University of California Los Angeles, (1990), pp.2-5, 현인택, 『한국의 방위비』, (서울: 도서출판 한울, 1991), p.6, 현인택, 『헤게모니의 미래』, (서울: 고려대학교출판문화원, 2020), pp.307-317.

보증할 방안이 없기 때문에 국가는 스스로 생존을 추구할 수밖에 없다.13)

허츠는 인간은 평화적이고 협력적이기도 하지만 지배적이고 공격적인 모습도 지니고 있기 때문에 다른 사람의 의도에 대하여 확신할 수 없으며 무정부사회에서 안보딜레마는 나타날 수 밖에 없다고 보았다. 자국의 안전을 확보하기 위한 노력이 다른 국가에게는 불안을 느끼게 하여 군비증강을 불러오게 되고 안보딜레마가 발생한다고 보았다. 허츠는 국가들이 전쟁을 통하여 갈등에 빠지는 것을 예로 들면서 국제정치에서 안보딜레마를 해결을 하기가 쉽지 않다고 보았다. 국가의 본래 의도와 상관없이 다른 국가에게 안보적으로 위협을 느끼게 하는 것은 개별 국가차원에서 해결하기 어려운 문제라고 보았다.14)

로버트 저비스(Robert Jervis)는 1970년대에 안보딜레마를 체계적으로 발전시키게 된다. 무정부상태인 국제정치에서 한 국가가 군사력을 증강할 때 공격적인 의도인지 방어적인 의도인지에 대한 판단이 어렵기 때문에 이를 본 다른 국가들은 군비증강을 하게 되는 안보딜레마가 발생한다고 보았다. 국가는 자국의 안보를 확보하기 위하여 군사력을 증강하는 것인데 이를 본 국가들은 갈등과 긴장을 느끼게 되는 모습을 나선형 모델(Sprial Model)로 설명하였다.15)

저비스는 국제정치에서 전쟁이 발생하고 패배하게 되는 원인으로 다른 국가의 의도와 자국의 상황에 대하여 잘못 판단하는 오인(misperception)을 들었다. 정책결정자가 최선을 다해서 결정을 내리지만 제한된 합리성으로 인하여 상대국가의 의도와 자국의 상황을 잘못 인식하게 되면 전쟁이 발생할 수 있다고 보았다. 또 오인이라는 심리적인 한계가 존재하기 때문에 안보딜레마를 완전하게 없애지는 못한다고 보았다.16)

---

13) Herbert Butterfield, *History and Human Relations* (London: Collins, 1951), p.21.

14) John H. Herz, "Idealist Internationalism and the Security Dilemma." *World Politics*, Vol.2 No.2, (1950), pp.157-159, pp.179-180.

15) Robert Jervis, "Cooperation Under the Security Dilemma", *World Politics* Vol.30, No.2, (1978), pp.167-186, pp.189-190.

16) Robert Jervis, *Perception and Misperception in International Politics*, (Princeton New Jersey: Princeton University Press, 1976),· pp. 28-31.

국제정치에서 국가들이 동맹을 맺은 뒤 나타나는 현상에 대하여 많은 연구도 있었다. 미사일 방어에 대하여 본격적으로 짚어보기 전에 동맹에 대한 연구를 먼저 살펴보면 다음과 같다.

1. 동맹이론

국제정치에서 국가가 동맹을 맺는 원인에 대하여 많은 연구가 진행되었다. 국제정치에서 한스 모겐소(Hans J. Morgenthau)는 동맹을 통하여 국가들은 힘의 균형을 이루어서 자국의 안보적 이익을 추구한다고 보았다.[17] 로버트 오스굿(Robert E. Osgood)는 국가들이 잠재적인 전쟁 공동체로서 군사적인 협력을 통하여 자국의 안보와 이익을 추구한다고 보았다.[18] 국가들이 동맹을 맺는 것을 통하여 국제정치 속에서 이익을 얻고자 한다는 것이다.

조지 리스카(George Liska)는 동맹국 간에는 기능적으로 다른 역할을 하는 모습이 나타나게 되는데 강대국의 경우에는 약소국에게 안보를 제공하면서 보다 영향력을 발휘할 수 있고 약소국은 강대국에게 의존하는 부분이 생겨나면서 제한을 받아들이지만 이러한 모습은 고정된 것이 아니라 국제정치 속에서 변화될 수 있다고 보았다.[19]

리스카는 국제정치 속에서 동맹국 간에는 힘이 차이가 나기 때문에 동맹을 맺는 국가 중에서 약소국의 독립성이 제한될 수 있으며 동맹국은 각기 부담을 지게 된다고 보았다.[20]

---

17) Hans J. Morgenthau, "Alliances in Theory and Practice" in Arnold Wolfers (ed,), *Alliance Policy in the Cold War*, (Baltimore: Johns Hopkins University Press, 1959), pp.184-185.

18) Robert E. Oswood, *Alliance and American Foreign Policy*, (Baltimore: The Johns Hopkins University Press, 1968), pp.18-19.

19) George Liska, *Alliance and The Third World*, (Baltimore: The Johns Hopkins University Press, 1968), pp.27-32.

20) George Liska, *Nations in Alliance: The Limits of Interdependence*, (Baltimore: The Johns Hopkins Press, 1962), pp.12-15.

케네스 월츠(Kenneth N. Waltz)는 국가들이 안보를 극대화하기 위하여 행동하고 국제정치 속에서 세력균형을 유지하기 위하여 동맹을 한다고 보았다.[21] 스티븐 월트(Stephen M. Walt)는 국가들이 위협에 대응하여 동맹을 맺는다고 보았다. 가장 강한 국가가 아니라 가장 위협적인 국가에 대응하여 동맹을 맺는다는 것이다. 월트는 위협에 대응하기 위하여 국가들이 균형(balance) 또는 편승(bandwagon)을 선택하게 되는데 약소국의 경우에는 강대국에 편승하여 위협을 줄이기 쉽다고 보았다.[22]

그렇다면 과연 국제정치학자들은 어떤 국가가 강대국이고 어떤 국가를 약소국이라고 바라볼까. 레이 클라인(Ray S. Cline)은 국제정치에서 국가가 보유한 국력에 대하여 물리적인 힘을 기반으로 이를 측정하게 되는데 인구, 영토, 군사력, 경제력, 전략, 국민의 의지에 따라 산출하고자 하였다.[23] 찰스 도란(Charles F. Doran)은 패권이라는 개념을 들어서 설명하였는데 강대국이란 지배를 하거나 주도적인 입장에서 영향력을 크게 미칠 수 있는 국가로서 특히 군사적으로 압도적으로 강한 국가를 뜻한다고 보았다.[24] 임마뉴엘 월러스틴(Immanuel M. Wallerstein)은 강대국이란 군사적, 경제적, 외교적, 정치적, 문화적 분야에서 국제정치에 영향력을 발휘할 수 있는 국가로서 강대국이 원하는 방향의 행동이나 규칙을 강요할 수 있는 국가라고 보았다.[25]

피터 베어 (Peter R. Baehr)는 강대국이 국제관계에서 일반적으로 많

---

21) Kenneth N. Waltz, *Theory of International Politics*, (Massachusets: Addison-Wesley, 1979), pp.117-118, p.122, p.168.

22) Stephen M. Walt, *The Origins of Alliances*, (Ithaca: Cornell University Press, 1987), pp.17-22.

23) Ray S. Cline, *World Power Assessment 1977: A Calculus of Strategic Drift*, (Boulder Colorado: Westview Press, 1977), p.34.

24) Charles F. Doran, *The Politics of Assimilation: Hegemony and Its Aftermath*, (Baltimore: Johns Hopkins University Press, 1971), pp.15-17.

25) Immanuel M. Wallerstein, *The Politics of the World Economy: The States, The Movements and The Civilization*, (New York: Cambridge University Press, 1984), p.44.

은 이익을 얻게 되지만 약소국은 군사적, 경제적, 정치적인 측면에서 보다 불안정성을 띄게 된다고 보았다.[26] 로버트 로스스타인(Robert L. Rothstein)은 약소국을 물리적인 기준뿐만 아니라 심리적인 기준도 함께 포함된다고 보았는데 자국의 안보를 근본적으로 달성하기에 힘이 부족한 국가로서 외부의 도움에 의존하는 국가라고 보았다.[27]

로버트 코헤인(Robert R. Keohane)은 강대국과 약소국을 물질적 요소뿐만 아니라 국제체제 하에서 어떤 위치와 지위에 있는지를 보아야 하는데 강대국은 국제체제에 더 큰 영향력을 미치는 국가이고 약소국은 그렇지 못한 국가라고 보았다.[28] 마이클 핸델(Michael Handel)은 국제관계에 있어서 국가의 크기보다 상대적인 힘이 중요하다는 점에 대하여 지적하였다. 핸델은 강대국과 약소국이 특정한 상황에서 강대국의 힘이 강하기 때문에 국제정치 속에서 강대국이 원하는 방향으로 행동하게 되고 약소국의 경우에는 강대국에게 희생되거나 불리한 조건을 감수하여야 한다고 보았다.[29]

마이클 알트펠드(Michael F. Altfeld)는 강대국은 약소국에 대하여 안보를 제공하는 대신 약소국에 대하여 영향력을 갖게 되고, 약소국은 강대국의 안보를 지원받는 대신 자율성을 양보하게 된다고 지적하였다. 강대국은 약소국을 돕는 대신 자신이 원하는 정책과 요구를 수용하여 호혜적 이익을 얻기를 바란다. 약소국은 동맹국인 강대국에 대하여 자율성을 양보하는 대신 안보를 제공받고 강대국으로부터 경제원조 등의 추가적인 이익을 얻게 된다고 보았다. 약소국이 강대국에 대하여 안보를 의존할수록 약소국이 대내외 정책을 결정할 때 강대국의 영향력이 커지게 되고 약소국의 정책이 강대국이 원하는 방향으로 변할 수 있다고 보았다.[30]

---

26) Peter R. Baehr, "Small States: A Tool For Analysis?", *World Politics* Vol.27 No.3, (1975), pp.457-459.
27) Robert L. Rothstein, *Alliances and Small Powers*, (New York: Columbia University Press, 1968. p.29.
28) Robert O. Keohane, "Lilliputians' Dilemmas: Small States in International Politics", *International Organization* Vol.23, No.2, (1969), pp.295-296.
29) Michael Handel, *Weak States in the International System*, (London: Frank Cass and Compaly Limited, 1981), p.10, pp.39-41.
30) Michael F. Altfeld, "The decision to Ally: a thory and test", *The Western Political*

제임스 모로우(James D. Morrow)는 이러한 개념을 보다 구체적으로 정립하였는데 강대국이 안보를 제공하는 대가로 약소국은 자율성을 일정 부분 희생되는 것을 감수한다고 지적하였다.[31] 강대국과 약소국은 교환을 통하여 이해관계가 어느 정도 일치하는 것을 이루면서 각자의 이익을 얻게 된다고 보았다. 그러나 약소국은 강대국으로부터 안보를 지원받는 대신 약소국의 정책을 결정함에 있어서 자율성을 일정 부분 잃게 되고 자율성과 안보를 교환할 때에 반비례 관계가 형성된다고 보았다. 국가를 국력에 따라서 초강대국, 강대국, 약소국으로 나누는데 동일한 국력의 국가 간의 동맹을 대칭적 동맹관계라고 보았고, 다른 크기의 국력을 가진 국가 간의 동맹관계에서 강대국과 약소국의 동맹관계를 비대칭적 동맹관계라고 보았다. 동맹국가 간의 국력이 비대칭적일 때에는 약소국이 강대국이 제공하는 안보와 자국의 자주성을 교환하고자 하지만 대칭적 동맹의 경우에는 힘이 비슷하기 때문에 보다 손해를 입지 않으려 한다고 보았다. 반면 비대칭적 동맹의 경우에는 대칭적 동맹보다 결성이 쉽고 동맹의 수명이 더 오래 지속되며 동맹국 간에 이익을 교환하는 것이 보다 수월해진다고 지적하였다. 모로우는 강대국과 약소국 간의 비대칭동맹이 대칭동맹보다 더 잘 유지된다고 지적하였다. 대칭동맹의 경우에는 동맹국들 간에 힘이 균등한 상태여서 한 국가가 내세우는 어떤 조건에 대하여 완전하게 동의를 얻기가 어려운 측면이 존재하지만 비대칭동맹의 경우에는 강대국이 자율성을 얻고 약소국은 안보를 얻게 되는 이해관계가 존재하기 때문에 동맹의 유지가 수월하다고 본 것이다. 그렇지만 이러한 이해관계 속에서 약소국은 안보를 얻지만 그로 인하여 잃게되는 자주성 때문에 자율성과 안보 사이에서 안보딜레마 상황에 빠질 수 있다고 지적하였다.[32]

약소국이 안보를 제공받고 약소국의 자율성을 제공하면서 이해충돌이

Quarterly Vol.37 No.4, (1984), pp.523-524.

31) James D. Morrow, "On the Theoretical Basis of a Measure of National risk attitudes", *International Studies Quarterly* Vol.31 Issue 4 (1987), pp.425-428.

32) James D. Morrow, "Alliances and Asymmetry : An Alternative to the Capability Aggregation Model of Alliances", *American Journal of Political Science*, Vol.35, No.4, (1991), pp.920-928, p.930.

발생하게 되었을 때 갈등을 겪는 점에 대한 연구도 진행되었다.

데이비드 바이탈(David Vital)은 약소국이 자율성과 안보를 교환함에 있어서 이해관계가 반비례가 되는 모습이 나타나는 데 이를 약소국이 겪는 자율성의 갈등(conflict of autonomy)이라고 설명하였다.[33] 바이탈은 약소국의 경우에는 지정학적으로 둘러싸인 부분에 대하여 제한을 받을 수 밖에 없고 비대칭적 관계에서는 부분적으로 비용을 치를 수밖에 없게 된다고 보았다.[34]

데이비드 레이크(David Lake)는 강대국과 약소국의 비대칭적 동맹에서 나타나는 갈등을 잉여통제력(residual control)이라는 개념을 들어 설명한다. 국력이 차이나는 두 국가가 비대칭동맹을 맺은 뒤 시간이 흐르면 강대국은 잉여통제력을 획득하게 되는데 이는 약소국의 자주성을 감소시키는 요인이 된다고 보았다.[35]

강대국과 약소국의 동맹관계에서 강대국이 후견국가가 되고 약소국이 피후견국가가 되어 동맹 속에서 역할을 담당하는 것과 관련한 연구도 진행되었다.

쉬무엘 아이젠스타트(Shmuel N. Eisenstadt)와 루이스 로니거(Louis Roniger)는 후견국과 피후견국의 모습은 동맹에서 나타나는데 강대국과 약소국이 동맹을 맺으면 국력의 차이로 인하여 강대국이 후견국의 역할을 하게 되고 약소국은 피후견국가의 역할을 하게 된다고 보았다. 강대국은 후견국이 되어 안보를 제공하고 약소국은 피후견국이 되어서 강대국의 영향력 하에 존재하게 된다고 보았다. 국력의 차이에 따라 권력 관계가 발생하게 되고 이러한 관계를 토대로 자원을 교환하며 사회 안에 구조적으로 힘과 관계된 질서가 생기고 이러한 모습이 정당화된다고 보았다.[36]

---

33) David Vital, *The Survival of Small States : Studies in Small Power-Great Power Conflict*, (London: Oxford University Press, 1971), pp.4-12.

34) David Vital, T*he Inequality of States: A Study of the Small Power in International Relations*, (London: Oxford University Press, 1967), pp.22-23.

35) David Lake, "Anarchy, Hierarchy, and the Variety of International Relations", *International Organization* Vol.50 No.1 (1996), pp.5-10.

36) Shmuel N. Eisenstadt·Louis Roniger, "Patron-Client Relations as a Model of Structuring Social Exchange", *Comparative Studies in Society and History*, Vol.22, No.1 (1980), pp.49-51.

크리스토퍼 카니(Christopher P. Carney)는 강대국은 후견국으로서 약소국에 대하여 영향력을 얻게 되는데 외교에 있어서도 강대국이 원하는 방향의 이데올로기와 정책을 이행하는 방향으로 움직이게 된다고 보았다. 피후견국은 안보를 얻는 대신 후견국이 원하는 역할을 하게 된다고 지적하였다. 후견국은 피후견국과 연대와 결속을 통하여 전략적인 이익을 얻게 되고 피후견국은 안보를 보장받는 대신 자치권의 일부를 후견국이 원하는 방향으로 사용하게 된다. 피후견국은 자국에서의 행동 뿐만 아니라 다른 국가와의 관계에 있어서도 일정 부분 어떤 대가를 지불하여서라도 후견국이 원하는 행동을 하게 된다. 이러한 행동을 함으로써 피후견국은 후견국의 뜻을 따르고 동맹을 통하여 국제적으로 연대하며 후견국이 원하는 이념을 공유하게 된다. 피후견국의 경우에는 후견국이 존재함으로 인하여 단독으로 있을 때 얻는 지위보다 상대적으로 더 높은 지위를 국제사회에서 얻는 이익이 생긴다고 보았다.37)

크리스토퍼 슈메이커(Christopher C. Shoemaker)와 존 스파니에(John W. Spanier)는 강대국이 후견국으로서 피후견국에게 안보를 제공하고 피후견국의 경우에는 그 대가로 정치와 군사적 자율성을 일부 제약을 받거나 감소되는 것을 따르는데 그러한 과정에서 후견국과 피후견국은 최소한의 비용으로 더 가치 있는 용인을 얻기 위하여 각 국가가 흥정하게 된다고 보았다. 후견국은 동맹을 통하여 지역적 협조를 얻거나 전략적인 우위를 얻을 수 있고 후견국이 바람직하다고 생각하는 가치와 이념을 피후견국에게 받아들이고 후견국의 이익에 합치되는 방향으로 순응을 요구하게 된다고 보았다.38)

현인택은 후견국가와 피후견국가의 경우에 양자가 힘이 다른 비대칭적인 관계에서 형성되면 피후견국가는 자율성을 제한받는다고 보았다. 후견국가는 힘이 더 세며 피후견국가에 대하여 군사적, 경제적 지원 등을 하여

---

37) Christopher P. Carney, "International Patron-Client Relationships: A Conceptual Framework", *Studies in Comparative International Development*, Vol.24, No.2, (1989), pp.48-51.

38) Christopher C. Shoemaker·John W. Spanier, *Patron-Client State Relationships : Multilateral Crises in the Nuclear Age*, (New York Praeger, 1984), pp.26-30.

보호하여 준다고 보았다. 후견국가와 피후견국가는 상호 의존적인 관계인데 두 국가의 관계가 깨지거나 약화되는 경우에 대가를 치러야 하지만 서로 동등한 대가를 치르지는 않는다고 분석하였다. 후견국가는 피후견국가를 보호(protection)해주는 대신 피후견국가는 충성(loyalty)과 복종(compliance)으로 보답하게 된다(reciprocate)고 지적하였다.39)

기존의 동맹과 관련한 연구를 살펴보면 강대국과 약소국이 무정부상태 속에서 생존을 하기 위하여 동맹을 맺게 되고 이러한 동맹 관계 안에서 강대국과 약소국의 역할이 다르게 나타나는 점에 대하여 분석하였다.

이러한 시각 이외에도 기존에 강대국과 약소국이 이러한 역할에서만 행동하는 것이 아니라는 것에 대하여 인식의 변화가 있었다.

특히, 강대국이 안보를 보장해주면 약소국은 강대국에게 자율성을 잃고 영향력 하에 존재하여야 하는데 현실적으로 그렇지 않은 행동을 하는 모습이 나타났고 이러한 현상에 주목하는 연구가 있었다. 강대국이 약소국에게 군사적, 경제적으로 지원을 해주고 보호를 해주는 데도 불구하고 약소국이 자발적인 복종을 하지 않는 것에 대하여 포착하게 된 것이다.

아네트 베이커 폭스(Annette Baker Fox)는 약소국이 강대국보다 힘이 약한데도 불구하고 약소국 나름의 영향력을 발휘하는 부분이 생긴다고 지적하였다. 약소국은 어떤 사안에 대하여 미시적으로 바라보고 약소국의 정권에 유리한 것에 집중한다고 보았다. 반면 강대국은 상대적으로 거시적으로 바라보고 정책을 취하기 때문에 힘이 약한 데도 불구하고 약소국의 힘이 생기게 된다고 보았다. 약소국의 영향력은 적은 편인 것은 맞지만 일부 영향력을 발휘할 수 있는 여지가 있다고 본 것이다.40)

아놀드 울퍼스(Arnold Wolfers)는 강대국은 국력이 세지만 약소국이 강대국에 대하여 이익을 취하기도 한다고 지적한다. 약소국은 스스로가 강대국보다 약하다는 점을 인식하고 있고 이러한 취약한 점을 보완하기

---

39) Hyun In Taek, "Between Compliance and Autonomy: American Pressure for Defense Burden-Sharing and Patterns of Defense Spending in Japan and South Korea", Ph.D. Dissertation, University of California Los Angeles, (1990), pp.4-5.
40) Annette Baker Fox, *The Power of Small States: Diplomacy in World War II*, (Chicago: The University of Chicago Press, 1959), pp.180-188.

위하여 강대국을 상대로 약소국이 보다 많은 이익을 얻도록 하는데 노력을 기울인다고 보았다. 이를 두고 울퍼스는 역설적으로 약소국이 힘을 지니고 있다고 지적하였다. 울퍼스는 약소국이 항상 성공하는 것은 아니지만 일부분 약소국에 유리한 점을 이끌어낸다고 지적한다.41)

로버트 코헤인(Robert Keohane)은 약소국이 영향력을 지닌다는 점에 대하여 지적한다. 1960년대 미국이 베트남전에서 철수하면서 강대국인데도 불구하고 약소국에 대하여 승리를 이끌어내지 못하는 것은 역설적이게도 약소국이 나름대로의 영향력을 지니고 있기 때문이라고 분석하였다.42)

아스트리 서케(Astri Suhrke)는 약소국의 횡포라는 점을 지적하였다. 약소국은 강대국에 대하여 안전을 보장하기로 한 동맹 공약을 지키라고 강조하면서 강대국으로부터 계속해서 지원을 받기 위하여 횡포를 부린다는 것이다. 약소국은 강대국이 약소국을 지원하도록 약소국이 처한 상황보다 더 취약하다는 점을 과장하며 강대국은 투자의 함정에 의하여 이미 지원한 약소국을 돕게 되는 모습이 나타난다는 것이다. 서케는 강대국이 약소국을 다루기 힘든 상황이 존재한다는 점을 지적한다.43)

앤드류 맥(Andrew Mack)은 강대국이 작은 전쟁에서 지는 이유를 분석하면서 베트남전의 사례를 들여다보았는데 미국이 강대국으로 군사적으로 더 강하였지만 철수하게 된 것은 미국은 베트남 뿐만 아니라 다른 전 세계 지역에 대하여 관심을 기울여야 하는데 베트남은 약소국이지만 오로지 베트남이 살아남는 것에만 집중하였기 때문이라고 지적한다. 즉 비대칭적인 조건이 오히려 약소국으로 하여금 제한적인 이익에 집중하도록 만들어서 약소국이 이기는 상황이 만들어지게 되었다고 분석한다.44)

박창진은 한국과 미국의 사례를 들어서 약소국이 강대국에 대하여 군사

---

41) Arnold Wolfers, *Discord and Collaboration: Essays on International Politics*, (Baltimore: The Johns Hopkins Press, 1962), pp.111-112.

42) Robert O. Keohane, "The Big Influence of Small Allies", *Foreign Policy* No.2 Spring, (1971), p.163.

43) Astri Suhrke, "Gratuity or Tyranny: The Korean Alliance", *World Politics* Vol.25 Issue4, (1973), pp.508-511.

44) Andrew Mack, "Why Big Nations Lose Small Wars: the Politics of Asymmetric", World Politics Vol. 27 No.2, (1975), pp.178-179, pp.181-182.

적인 지원을 요청하였을 때 강대국이 움직이는 모습이 나타났다면서 약소국이 강대국의 행동을 이끌어낼 수 있는 영향력이 존재한다고 지적한다.[45] 워너 바웬스(Werner Bauwens)는 약소국이 국제정치적으로 안보환경이 변화하거나 전략적인 위치에 자리할 경우에 영향력을 발휘하는 힘이 생긴다고 보았다.[46] 제임스 로즈노우(James N. Rosenau)는 약소국이 외부적인 환경과 국내정치적인 환경에 따라서 나름의 영향력을 발휘할 수 있는 힘이 생긴다고 지적한다.[47]

잔느 헤이(Jeanne A. K. Hey)는 냉전 이전에는 힘의 논리와 같은 부분이 강대국과 약소국에서 상당한 영향력을 발휘하였다가 냉전 이후에는 보다 부유해진 약소국의 경우에는 지역적으로 통합을 하거나 약소국 나름의 이익을 추구하는 모습이 나타났다고 지적한다. 헤이는 약소국이 국제정치 속에서 약소국의 외교정책을 취하면서 영향력을 발휘하는 것이 약소국에게는 기회이기도 하고 위험이 된다고도 지적하였다.[48]

라이모 바이리넨(Raimo Vayrynen)은 약소국이 국제정치 속에서 지배적인 위치를 차지하지 못하고 국력이 강하지는 않지만 강대국에게 안보를 의존하는 편승 전략을 취하면서 경제적으로 이익을 누리게 된다고 지적하였다. 그러나 약소국은 강대국이 주도하는 국제정치의 흐름 속에서 자율성과 주권을 일부 잃게 된다고 보았다.[49]

마티아스 마스(Matthias Mass)는 약소국이 힘이 적지만 국제정치 속에서 살아남으려고 최선을 다한다고 보았다. 마스는 국제정치 시스템으로 인하여 약소국이 살아남는 부분이 존재하는데 국제연합(United Nations,

---

45) Park Chang Jin, "The Influence of Small States upon the Superpowers: United States-South Korean Relations a Case Study, 1950-53", World Politics Vol.28 No.1, (1975), pp.116-117.

46) Werner Bauwens, *Small States and the Security Challenge in the New Europe*, (London: Oxford University Press, 1971), pp.10-15.

47) James N. Rosenau, *The Study of Political Adaptation*, (New York: Nichols Publishing Company, 1981), pp.114-120.

48) Jeanne A.K. Hey, *Small States in World Politics: Explaining Foreign Policy Behavior*, (Boulder London: Lynne Rienner Publishers, 2003), pp.1-4.

49) Raimo Vayrynen, "Small States: Persisting Despite Doubts", in Efraim InbarGabriel Sheffer (eds.), *The National Security of Small States in a Changing World*, (New York: Frank Cass, 2005), pp.41-42p.47.

UN)이나 국제법과 같은 부분이 약소국이 생존하는데 더 안전한 환경을 만들어주었다고 본다. 또한 약소국 스스로도 약소국에게 이익이 되는 전략을 취하면서 생존력을 끌어올린다고 분석하였다.[50]

마리아 파파다키스(Maria Papadakis)와 하비 스타(Harvey Starr)는 약소국은 강대국에 비하여 힘과 자원이 적지만 약소국에게 이익이 되는 결정을 할 수 있도록 제한적인 조건을 가진 부분이 오히려 약소국에게 유리한 결정을 이끌어낼 수 있다고 지적한다. 약소국은 다른 국가에 대하여 강압할 정도의 힘이 없다는 점을 알고 있고 외교정책을 취할 때에도 구조적으로 제한점이 있다는 것을 알기 때문에 가능한 범위에서 약소국의 이익을 최대한 이끌어내려는 노력을 한다고 보았다.[51]

이러한 연구들은 강대국과 약소국이 국제정치 속에서 강대국이 안보를 제공하고 지원을 하는 데도 불구하고 약소국들이 자발적으로 복종을 하지 않는 부분에 대하여 주목하여 원인을 분석하였다.

이후에 케네스 월츠(Kenneth N. Waltz)는 국제정치적 구조가 국가들의 행동에 영향을 준다고 분석하였다. 무정부상태인 국제정치 속에서 국가들은 살아남고자 자국의 안보를 추구하고 구조라는 체제적 제약요인에 따라 행동한다고 보았다. 월츠는 국제정치에서 국가들이 행동하는 것과 관련하여 국제정치적 구조 속에서 국가가 처한 위치에 대하여 지적하면서 약소국들이 행동을 하는 것이 체제적 제약 요인 속에서 이루어진다는 점을 분석하였다.[52] 그러나 월츠는 국제 구조가 변하지 않았는데 약소국의 행동이 달라지게 된 원인에 대해서는 설명하지 못한다.

글렌 스나이더(Glenn H. Snyder)는 안보딜레마를 구체화하면서 포기와 연루라는 개념을 사용하였다. 스나이더는 강대국과 약소국은 각각 포

---

50) Matthias Mass, *Small States in World Politics: The Story of Small State Survival 1648-2016,* (Manchester: Manchester University Press, 2017), pp.1-5.

51) Maria Papadakis·Harvey Starr, "Opportunity Willingness and Small States" in Charles F. Hermann·Charles W. Kegley Jr·James N. Rosenau (ed.) *New Directions in the study of foreign policy,* (Boston: Allen & Unwin, 1987), pp.427-431.

52) Kenneth N. Waltz, *Theory of International Politics,* (Massachusets: Addison-Wesley, 1979), pp.104-107, pp.126-127, pp.164-170.

기와 연루를 느낀다고 보았다. 그러나 강대국과 약소국이 느끼는 포기와 연루의 두려움은 다르다고 보았다. 스나이더는 동맹 관계에서 발생하는 포기는 한 국가가 다른 국가가 위험할 때 돕지 않고 방기하는 것을 의미한다고 보았다. 또 연루는 동맹 관계에서 다른 국가로 인하여 원하지 않는 군사적인 충돌을 겪어야 하거나 전쟁까지 치러야 하는 상황에 처하는 것을 뜻한다. 이러한 포기와 연루는 강대국과 약소국이 모두 느끼게 된다. 강대국의 경우에는 국력이 세기 때문에 약소국으로 인하여 원하지 않는 군사적 충돌이나 전쟁에 휘말리는 연루를 두려워하게 된다. 강대국도 물론 포기를 두려워하지만 약소국이 강대국을 포기한다고 하였을 때 강대국은 심각한 타격을 입지 않기 때문에 두려움의 정도는 작다. 그러나 약소국의 경우에는 강대국으로부터 포기되는 것을 두려워한다. 왜냐하면 강대국이 약소국을 돕지 않게 되면 약소국의 생존 자체가 어려워질 수 있거나 국가의 존립이 위태로워질 위험이 발생할 수 있다. 약소국은 강대국과 달리 국력이 강하지 않기 때문에 포기되는 것을 두려워할 수밖에 없다. 약소국은 강대국으로 인하여 약소국의 이해관계에 이익이 되지 않는 분쟁에 휘말리게 되는 연루를 두려워하게 된다. 약소국은 힘에 있어서 한계가 있고 이러한 힘을 약소국을 위해서 사용하지 못하고 강대국의 분쟁에 힘을 쏟게 되는 것을 두려워한다. 약소국이 원하지 않는 연루에 휘말려 국력을 낭비하게 되면 자칫 존립이 위태로워질 수 있고 약소국이 발전하지 못하게 되는 상황에 처할 수 있다. 약소국은 강대국의 분쟁에 휘말리게 되는 연루를 두려워할 수밖에 없게 된다.53)

강대국과 약소국은 아무리 동맹관계에 있을지라도 안보 이익의 측면에서 똑같은 이익을 공유하지 않기 때문에 각기 입장이 달라질 수밖에 없다. 강대국과 약소국은 동일한 국가가 아니기 때문이다. 따라서 각기 현실적인 이해관계에서 벗어나지 못하고 안보딜레마는 계속 나타나게 된다.54)

스나이더는 다음의 다섯 가지 변수로 인하여 포기와 연루가 발생한다고

---

53) Glenn H. Snyder, "The Security Dilemma in Alliance Politics", *World Politics* Vol.36 No.4, (1984), pp.471-479, pp.494-495.

54) Glenn H. Snyder, "The Security Dilemma in Alliance Politics", *World Politics* Vol.36, No.4, (1984), pp.466-471.

보았다. 첫째, 동맹국의 안보 의존도(dependence)이다. 둘째, 전략적인 이익(strategic interest)이다. 셋째, 공통된 이익(shared interests)이다. 넷째, 동맹 공약에 대한 명확성(explicitness)이다. 다섯째, 최근 그리고 과거의 행동(behavior)을 보게 된다고 하였다.[55]

스나이더는 강대국과 약소국이 동맹관계로 인하여 한 국가가 원하지 않는 분쟁에 휘말릴 경우에 희생이 발생한다고 보았다. 동맹관계 때문에 발생하는 연루는 다소 동맹관계가 굳건하게 되는 이익이 있지만 분쟁이 크게 발생하거나 전쟁까지 치러야 하는 상황에 처하면 동맹국으로서 피해를 입을 수 밖에 없게 되고 이러한 피해로 인하여 원하지 않는 상황에 처할 수 있다고 보았다.[56]

스나이더는 동맹국들이 각각 안보딜레마를 겪는다는 점에 대하여 분석하였다. 그렇다면 국가들이 왜 동맹을 맺는 것일까?

스티븐 월트(Stephen M. Walt)는 국가들이 위협에 대응하고자 동맹을 맺는다고 보았다. 월트는 국가들이 위협을 느끼는 요소로 4가지를 들었다. 그 변수는 첫째, 총체적인 국력 (aggregate power) 둘째, 지리적인 인접성(proximity) 셋째, 공격 능력(offensive capability) 넷째, 공격 의도(offensive intentions)이다.[57]

월트는 국가들은 균형을 통하여 지배적인 위협에 대응하고자 연합한다고 보았다. 균형이란 특정 국가가 패권적으로 강력해지는 것을 막기 위하여 약소국이 연합하여 대응하는 것이다. 편승이란 힘이 센 강대국의 편으로 입장을 취하여 약소국이 이익을 보는 것을 의미한다. 약소국은 일반적으로 균형보다는 편승을 선택하게 되는 데 강대국처럼 힘이 강한 나라와 같은 편이 되어 보복을 당하지 않을 수 있는 쪽을 선택하게 되며 강대국으로부터 전리품과 같은 이익을 취할 수 있기 때문이다.[58]

---

55) Glenn H. Snyder, "The Security Dilemma in Alliance Politics", *World Politics* Vol.36, No.4, (1984), pp.471-475.

56) Glenn H. Snyder, *Alliance Politics*, (Ithaca and London: Cornell University Press, 1997), pp. 180-183.

57) Stephen M. Walt, "Alliance Formation and the Balance of World Power", *International Security* Vol.9, No.4 (1985), pp. 9-12.

58) Stephen M. Walt, *The Origins of Alliances*, (Ithaca and London: Cornell University

월트는 동맹이 붕괴되거나 지속되는 요인에 대해서도 분석하였는데 동맹이 붕괴되는 요인으로 3가지를 이야기 하였다. 첫째, 외부의 위협에 대한 인식의 변화 둘째, 동맹국의 능력에 대한 신뢰성의 감소 셋째, 국내정치적 요인의 변화를 들었다. 또 월트는 동맹이 지속되는 요인으로 5가지를 이야기 하였다. 그 변수는 첫째, 동맹국의 강력한 패권적 리더십 둘째, 동맹국에 대한 신뢰성, 셋째, 국내정치와 엘리트의 동맹의 이익 넷째, 제도화의 영향, 다섯째, 동맹 참여국 간에 이념적 연대와 공유된 정체성 그리고 안보와 관련한 공동체의 작용이다.[59)]

월트의 연구를 살펴보면 약소국이 동맹에서 위협에 대응하고자 어떠한 행동을 하는지에 집중하여 분석하였다. 약소국이 위협에 대응하기 위하여 균형보다는 편승을 이룬다는 점에 대하여 분석하였으나 약소국이 강대국이 치르는 분쟁에 휘말리게 되는 상황에 놓이는 것을 두려워한다는 점에 있어서는 상대적으로 주의를 기울이지 않았다.

2. 미사일 방어정책 연구

미국의 미사일 방어 전략은 미국의 핵전략과 맞닿아 있다. 1942년 8월 미국이 맨해튼 프로젝트로 최초로 핵무기 개발을 시도한 이후 1945년 7월 16일 핵실험에 성공하였고 이어 소련은 1949년 핵무기를 개발하게 된다.[60)] 1950년대 이후 상호확증파괴(MAD: Mutually Assured Destruction) 전략에 기초하여 안보를 확보하고자 하였다.[61)] 1959년 알버트 홀스테터(Albert Wohlstetter)는 1차 공격력과 2차 공격력에 대하여 개념을 정립하면서 1차 공격력으로 적의 능력을 파괴할 수 있지만 반격능력이 잔존할

Press, (1987), pp.28-30.

59) Stephen M. Walt, "Why Alliances Endure or Collapse", *Survival* Vol.39 No.1, (1997), pp.158-170.

60) 양혜원, "북핵 위협에 대한 확장억지 전략과 미국 핵우산을 활용한 한국의 안보 방향", 『사회융합연구』 제4권 제1호, 국방안보연구소 (2020), p.64.

61) U.S. Army Center of Military History, *History of Strategic Air and Ballistic Missile Defense: Volume I 1945-1955*, (United States Army, 2009), pp.41-43.

경우에 2차 공격력으로 적으로부터 공격을 되돌려 받을 수 있다고 보았다.[62] 1960년대부터 냉전에 이르는 동안 미국과 소련은 군비를 경쟁하듯 증강한다.[63]

미국은 1983년 레이건 대통령이 SDI계획을 통하여 미사일 방어의 기반을 만들었는데 적대국가가 핵무기를 탑재한 미사일 또는 탄도미사일로 공격하였을 때 이를 탐지하고 식별한 뒤 공중에서 요격하여 파괴시키는 방어체제를 구 축하고자 하였다.[64] 미국은 SDI가 MD로 변화하는 동안 지속적으로 미국의 미사일 방어능력을 키우는데 집중하였다.[65]

이 과정에서 미국은 한국에게 여러 차례 함께 하자고 제안하였다. 앞으로 이 부분에 대하여 집중적으로 이야기하기 전에 먼저 미사일 방어와 관련한 기존 연구에 대하여 살펴보고자 한다.

미국의 미사일 방어와 관련한 기존 연구를 첫째, 군사기술력 둘째, 경제력 셋째, 대북억제력 넷째, 동아시아 지정학에 대한 판단 다섯째, 동맹에 대한 고려의 측면에서 나누면 다음과 같다. 이렇게 구분하는 이유는 기존 연구의 방대한 범위를 다섯 가지로 좁혀서 어떠한 연구가 존재하였는 지를 살펴보기 위해서이다.

첫째, 군사기술력 측면에서 미사일 방어와 관련한 기존 연구를 살펴보면 다음과 같다.

---

62) Albert Wohlstetter, "The Delicate Balance of Terror", *Foreign Affairs* Vol.37 No.2, (January 1959), pp.212-213.

63) U.S. Army Center of Military History, *History of Strategic and Ballistic Missle Defense, Volume II 1956-1972*, (United States Army, 2009), p.25,

64) Ronald Reagan, "Address to the Nation on Defense and National Security", March 23 1983, Ronald Reagan Presidential Library & Museum. https://www.reaganlibrary.gov/archives/speech/address-nation-defense-and-national-security

65) George W. Bush, "President Announces Progress in Missile Defense Capabilities", December 17 2002, George W. Bush Whitehouse Archives. https://georgewbush-whitehouse.archives.gov/news/releases/2002/12/text/20021217.html

① 약소동맹국의 시각에서 바라본 군사기술력 연구 검토

1) 일본의 사례

일본의 사례에서 군사기술력의 변화에 대하여 분석한 연구는 다음과 같다. 일본이 미국의 미사일 방어에 참여하면서 군사기술력이 향상되었다는 점을 지적한 연구가 있다. 제임스 고버(James E. Gover)와 찰스 그윈(Charles W. Gwyn)은 일본이 미국과 연구개발을 함께 하면서 방어무기와 관련한 기술, 항공우주산업과 관련한 기술 등이 발전하게 되었다고 지적한다.[66] 제프리 버틀러(Jeffrey T. Butler)는 일본은 1999년 북한이 일본을 지나가는 미사일을 쏜 이후로 미국과 미사일 방어를 함께 협력하겠다는 입장을 명확하게 하였다고 보았다. 일본은 미국과 PAC-3, 이지스 BMD 관련 무기를 공동으로 개발하면서 실질적으로 탐지하고 추적하는 능력을 키우게 되었다고 지적하였다.[67]

또 일본이 미국 정부와 정부차원에서 기술 연구개발을 하게 되면서 새로운 군사기술을 얻게 되었고 연구개발비를 지원받아서 이익을 본 측면이 존재한다고 지적하였다. 요시카주 와타나베(Yoshikazu Watanabe)와 마사노리 요시다(Masanori Yoshida)와 마사유키 히로나카(Masayuki Hironaka)는 미국과 일본은 미사일 방어를 통하여 기술을 개발하기로 한 이래로 꾸준하게 군사적인 기술을 개선하는 데 성공하고 있다고 지적한다.[68] 데이비드 프리드먼(David B. Friedman)과 리차드 사무엘스(Richard J. Samuels)는 일본이 미국과 군사기술적인 협력을 통하여 항공분야 뿐만 아니라 군사적인 능력을 향상시키는 데 성공하였다고 지적한다. 일본은 군사기술적인 측면에서 탱크, 군함 등에서 기술적으로 제한적

---

66) James E. Gover·Charles W. Gwyn, "Strengthening the US Microelectronics Industry", *Using Federal Technology Policy to Strength The US Microelectronics Industry*, (Albuquerque: Sandia National Laboratories, 1994), p.24, pp.27-28.

67) Jeffrey T. Butler, "Asia and the US Missile-Defense Program", *The Influence of Politics, Technology and Asia on the Future of US Missile Defense*, (Air University Press, 2007), pp.47-48.

68) Yoshikazu Watanabe·Masanori Yoshida·Masayuki Hironaka, *The U.S.-Japan Alliance and Roles of the Japan Self Defense Forces Past, Present, and Future*, (Washington D.C: Sasakawa U.S.A, 2016), p.29.

인 측면이 있었는데 미국과의 기술교류 협력을 통하여 이러한 기술을 향상시키는 데 성공하게 되었다는 것이다.[69]

2) 이스라엘의 사례

이스라엘의 사례에서 군사기술력의 변화에 대하여 분석한 연구는 다음과 같다. 앤소니 코데스맨(Anthony H. Cordesman)과 그레이스 황(Grace Hwang)은 이스라엘이 미국과 미사일 무기를 함께 개발하면서 기술력을 진보시켰고 무기 성능도 향상시킬 수 있었다고 지적한다.[70] 제프리 버틀러(Jeffrey T. Butler)는 이스라엘이 Arrow를 미국과 함께 공동으로 개발하였고 실제로 성공적으로 운용이 되는 무기를 만들었다고 지적한다. 이스라엘은 미국과 미사일 방어 무기를 개발하면서 상호운용성과 통합성에서도 이익을 얻게 되었다고 보았다.[71]

아사프 오리온(Assaf Orion)과 유디 데켈(Udi Dekel)은 이스라엘은 미국과 함께 미사일 방어 협력을 구축하고 있지만 이스라엘이 미사일 위협을 받는 부분이 크기 때문에 전략적으로 미국의 미사일 방어와 함께 하는 것을 강화하는 것이 필요하게 되었다고 지적한다.[72] 고터그 손메즈(Goktug Sonmez)와 고칸 바투(Gokhan Batu)는 이스라엘이 아이언돔을 개발하면서 미사일 방어 능력을 높이고 기술적인 데이터를 축적할 수 있었다고 지적하였다.[73]

---

69) David B. Friedman·Richard J. Samuels, "How to Succeed without Really Flying: The Japanese Aircraft Industry and Japan's Technology Ideology", *Regionalism and Rivalry: Japan and the United States in Pacific Asia*, (Chicago: The University of Chicago Press, 1993), pp.251-254, pp.264-267.

70) Anthony H. Cordesman and Grace Hwang, "The Changing Dynamics of MENA Security by Subregion and Country", *The Changing Security Dynamics of the MENA Region*, (Center for Strategic and International Studies, 2021), pp.23-24.

71) Jeffrey T. Butler, "Asia and the US Missile-Defense Program", *The Influence of Politics, Technology and Asia on the Future of US Missile Defense*, (Air University Press, 2007), pp.47-48.

72) Assaf Orion and Udi Dekel, "Israel Joins the US Central Command Area", *INSS Insight* No. 1432, January 20, 2021, p.2.

73) Goktug Sonmez·Gokhan Batu, "Iron Dome Air Defense System: Basic Char Acteristics, Limitations, Local and Regional Implications", *Ortadogu Arastirmalari*

아리 카탄(Ari Kattan)은 이스라엘이 아이언돔을 개발하면서 군사기술적으로 크게 향상되는 측면이 있었다고 지적하였다. 그러나 동시에 이스라엘의 적의 로켓 무기들이 더 강화되고 개선되는 모습도 나타났다고 지적하였다.[74] 가우다트 바갓(Gawdat Bahgat)는 이스라엘이 미사일 방어무기를 개발하는 과정에서 다층방어능력을 키울 수 있었고 무기를 최첨단으로 만드는 기술을 얻고 이를 수출하기도 하였다고 지적한다.[75]

제레미 샤프(Jeremy M. Sharp)는 이스라엘은 미국과 함께 미사일 방어를 구축하면서 무기를 개발하였고 이스라엘 스스로가 미사일 방어 프로그램을 진보시킬 정도로 군사기술력이 향상되게 되었다. 이스라엘이 개발한 아이언돔은 전략적인 가치가 있을 뿐만 아니라 지역과 인구를 보호하는 데 도움이 되었다고 지적한다.[76]

케빈 파숄라(Kevin Fashola)는 이스라엘, 일본이 미국과 미사일 방어무기를 공동으로 개발하면서 군사기술력이 향상되었지만 이들의 적대국가들의 군사기술력도 동시에 향상되는 모습이 나타났다고 지적한다.[77]

3) 한국의 사례

한국의 경우에 미사일 방어에 참여하지 않은 부분을 지적하면서 군사기술력을 확보하는 것이 필요하다는 연구와 약소동맹국인 일본의 경우에 미사일 방어에 참여하면서 군사기술력이 향상되었고 안보적으로 도움이 되었다는 연구가 있다.

현인택은 TMD와 관련하여 연구가 전무할 때인 1990년대에 한국이 미국의 미사일 방어를 검토하는 것이 군사기술력 향상에 이익이 된다고 지적하였다. PAC-3를 구매하면서 TMD에 참여하지 않는다는 입장에 대하

Merkezi Center for Middle Eastern Studies Policy Brief 169, (May 2021), p.2.

74) Ari Kattan, "Future Challenges for Israel's Iron Dome Rocket Defenses", *CISSM Working Paper* February 2018, pp.3-4, p.17.

75) Gawdat Bahgat, "Iran's BallIstic Missile and Space Program: an Assessment", *Middle East Policy* Vol.XXVI No.1, (Spring, 2019), pp.39-40.

76) Jeremy M. Sharp, "U.S. Foreign Aid to Israel", Congressional Research Service 7-5700 RL33222, p.14.

77) Kevin Fashola, "Five Types of International Cooperation for Missile Defense", *Center for Strategic and International Studies Brief* December, (2020), p.3.

여 중장기적인 고려를 하여야 한다고 보았다. 미국과 미사일 방어 능력을 함께 향상할 경우에 상호운용성 측면에서 이익이 되고 한미동맹을 굳건하게 할 수 있다고 분석하였다. 현인택은 한국이 미사일 방어를 구축하면서 전략적으로 군사력을 강화하는 것이 필요하다고 지적하였다.[78] 현인택은 미사일 방어를 구축하는 것은 단지 군사기술력을 높이는 이익만 있는 것이 아니라 적대국가의 공격 의지를 꺾고 억제력을 강화시키게 된다고 분석하였다.[79]

홍규덕은 한국이 미사일 방어를 구축하는 과정에서 군사기술력을 높일 수 있다고 지적하였다. 일본의 경우에 미국의 미사일 방어에 참여하는 과정에서 군사적인 이익을 한국의 국방력을 향상시키는 안보적 이익이 있다고 분석하였다.[80]

박휘락은 미사일 방어와 관련하여 한국과 일본의 군사기술 수준이 큰 격차가 나게 되었다고 지적하면서 한국이 미국을 활용하지 못하여 어려운 상황에 처하게 되었다고 지적한다. 한국은 미국의 앞선 미사일 방어 기술을 얻지 못하였고 기술력을 확보하겠다는 점에서 청사진을 제대로 그리지 못하였다고 분석하였다. 일본은 북한이 NPT를 탈퇴한 이후 미국과 TMD 방어 실무단을 구성했고 1998년 미사일 방어 구축에 대해 청사진을 그리기 시작했고 공동연구를 꾸준하게 하였다고 지적하였다. 2003년 12월에 일본은 이미 PAC-3, SM-3를 중심으로 미사일 방어 구축을 추진하였고 2005년 12월에는 미국과 함께 SM-3 Block II A를 공동개발할 정도로 기술을 확보하였다고 분석하였다. 반면 한국의 경우에는 미사일 방어 능력이 부족한 상태에 머무르고 있다고 지적하였다.[81]

김태효는 미사일 방어와 관련하여 일본이 미국과 협력하면서 군사적인

---

78) 현인택·이정민·이정훈·박선원, "전역 미사일 방위체제가 동북아 안보질서에 미칠 영향과 한국의 선택", 한국연구재단 1999년 협동연구지원 보고서, (2002), pp.209-212, 현인택, "사드(THAAD)의 국제정치학: 중첩적 안보 딜레마와 한국의 전략적 대안", 『신아세아』 제24권 제3호, 신아시아연구소, (2017), p.46, p.52, pp.65-66.

79) 현인택, 『헤게모니의 미래』, (서울: 고려대학교출판문화원, 2020), pp.282-285, pp.305-307.

80) 홍규덕, "사드(THAAD)배치에 관한 주요쟁점과 미사일 방어(MD) 전략", 『신아세아』 제22권 제4호, 신아시아연구소, (2015), p.114, pp.128-129.

81) 박휘락, 『북핵외통수』, (경기도: 북코리아, 2021), p.85, pp.341-345.

이익을 보았다고 지적한다. 일본은 미사일 방어와 관련한 무기를 개발하는 데 성공하였고 미일동맹을 강화하면서 일본의 이익을 높이려고 한다고 분석하였다.[82]

② 강대국의 시각에서 바라본 군사기술력 연구 검토

미사일 방어에 참여하였을 때 약소동맹국의 시각에서 변화된 것 뿐만 아니라 강대국의 시각에서 미사일 방어가 군사기술적으로 어떤 변화가 발생하는 지에 대한 연구를 살펴보면 다음과 같이 구분할 수 있다.

첫째, 강대국의 시각에서 미사일 방어가 미국의 군사기술력을 높이고 전략적 우위를 유지하는데 도움이 된다는 연구가 있다. 마틴 센(Martin Senn)은 미국의 미사일 방어는 군사기술력을 향상시키는 데 도움이 되고 미국의 우위를 유지하는 데 도움이 된다고 지적하였다.[83]

제임스 린제이(James M. Lindsay)는 부시 정부가 미사일 방어를 강력하게 추진한 이유에 대하여 전략적으로 자유로운 외교정책을 원하기 때문이고 군사적으로 미국의 안보를 극대화하고 미국을 제약하는 것에서 벗어나고자 하기 때문이라고 보았다.[84]

찰스 페나(Charles V. Pena)는 미국이 미사일 방어에 주안점을 두는 것은 전쟁에서 손실을 최소화하기 위한 방법으로 미사일 방어에 대한 지지를 확산하고자 하였는데 근본적으로는 미국이 강국 중의 가장 최고의 강대국의 지위를 유지하고자 전략적으로 이익을 추구한다고 지적하였다.[85]

둘째, 강대국의 입장에서 미국의 미사일 방어가 기술적으로 완벽하지는 않지만 어느 정도 방어력을 향상시키는데 도움이 되며 공격을 억제하는

---

82) 김태효·박중현, "일본은 보통 국가인가? 군사력 수준과 무력행사 범위의 고찰", 국제관계연구 제25권 제2호, (2020), pp.150-152.

83) Martin Senn, "Spoiler and Enabler: The Role of Ballistic-Missile Defence in Nuclear Abolition", *International Journal* Vol.67, Issue3, (Summer 2012), pp.763-764.

84) James M. Lindsay, *Is the Third Time the Charm?: The American Politics of Missile Defense*, (Washington D.C: *Brookings Institution*, 2001), p.9.

85) Charles V. Pena, "Theater Missile Defense: A Limited Capability Is Needed", *Cato Institute Policy Analysis*, No.309, (June 22 1998), pp.1-3.

이점을 가져온다는 연구도 존재하였다. 브래들리 그라함(Bradley Graham)은 1999년이 되어서야 미국 정부가 알래스카에 기반을 두고 레이더와 요격미사일 등을 개발하는 데 중점을 두었는데 미국의 미사일 방어가 기술적으로 취약한 부분이 존재하는 점이 있다고 보았고 미사일 방어를 구축함으로 인하여 군비경쟁과 같은 원하지 않는 결과를 초래할 수 있다고 보았다.[86)]

올리버 트래너트(Oliver Thranert)는 미사일 방어가 기술적으로 제한점이 존재하기 때문에 완벽한 방어를 하기보다는 피해가 제한적으로 나타날 수밖에 없다고 인정하였다. 그러나 적대국가에 대하여 미사일 방어로 막을 수 있다는 점에 대하여 계산하도록 만드는 전략적인 이점이 존재한다고 보았다.[87)]

셋째, 강대국의 입장에서 미사일 방어가 적대국가 또는 불량국가들의 위협에 대응하기 위하여 도움이 된다는 지적도 있다. 리차드 번즈(Richard Dean Burns)는 미사일 방어에 대하여 반대하는 사람들은 선제공격을 당할지도 모른다는 점과 군비경쟁에 대한 우려를 표하지만 가장 중요한 것은 안보라고 지적하면서 북한, 이란과 같은 불량국가들이 ICBM과 같은 미사일을 개발하고 있는데 미사일 방어는 이러한 위협에 대하여 문제를 해결하는 하나의 방법이 된다고 지적하였다.[88)]

이반 이랜드(Ivan Eland)와 다니엘 이(Daniel Lee)는 미국이 미사일 방어를 개발하는 이유에 대하여 북한과 같은 불량국가들이 장거리 미사일과 핵무기를 개발하는데다가 생물학적 화학무기를 만드는 것은 미국과 미국의 동맹국들과 해외주둔 미군을 위협하는 행위이며 미사일 방어를 통하여 방어능력을 확보하여야 한다고 보았다.[89)]

---

86) Bradley Graham, *Hit to Kill: The New Battle Over Shielding America from Missile Attack*, (New York: Public Affairs New York, 2001), pp.221-222.
87) Oliver Thranert, "NATO, Missile Defence and Extended Deterrence", *Survival* Vol.51 No.6, pp.72-74.
88) Richard Dean Burns, *The Missile Defense Systems of George W. Bush: A Clitical Assessment*, (Santa Barbara CA: Praeger security international, 2010), p.7.
89) Ivan Eland·Daniel Lee, 2001, "The Rogue State Doctrine and National Missile Defense, Foreign Policy Briefing", *CATO Institute Foreign Policy Briefing*, No. 65, (March 29, 2001), pp. 4-7.

케이쓰 페인(Keith B. Payne)은 적대국가의 ICBM과 같은 위협에 대응하기 위해서는 미국이 전략적으로 미사일 방어를 갖추어야 하며 미국의 방어능력을 높여서 적국의 지도자들이 전쟁을 일으켰을 때 이익이 될 것이 없다는 점을 분명히 각인시켜야 한다고 주장하였다.[90)]

넷째, 강대국의 입장에서 불량국가의 위협에 대응하기 위하여 미사일 방어가 필요하지만 미국의 기술발전에 결과적으로 도움이 된다는 지적도 있다. 탈자 크론버그(Tarja Cronberg)는 미국의 미사일 방어는 불량국가들로부터의 미사일 위협에 대응하기 위한 면에서도 중요하지만 미사일 방어를 통하여 기술적인 발전을 자극할 필요가 있다는 점에서 추진될 필요가 있다고 지적한다.[91)]

다섯째, 미국이 본토가 공격당하는 테러를 겪은 이후에 미사일 방어개발이 가속화되었다는 지적도 있다. 빌헬름 아젤(Wilhelm Agell)은 미국이 9.11테러를 겪은 후에 미사일 방어의 개발이 보다 가속화되었다고 지적한다. 2001년 9월 11일에 알카에다가 일으킨 테러로 뉴욕 세계무역센터가 붕괴되고 미국 국방부 펜타곤이 부분적으로 파괴되었다. 당시 약 3,000명이 사망하고 6,000명의 부상자가 발생하였는데 테러가 발생하기 전에는 전략적이고 기술적인 문제에 대하여 미사일 방어가 가능할 지에 대하여 논의하던 것이 미국 본토가 공격받으면서 안보 위협을 심각하게 느끼게 되었고 미사일 방어 구축에 대하여 중요시하게 되었다고 지적한다.[92)]

---

90) Keith B. Payne, *Laser Weapons in Space: Policy and Doctrine*, (London and New York: Routledge Taylor & Francis, 2019), p.163.

91) Tarja Cronberg, "US Missile Defense: Technological Primacy in Action", Bertel Heurlin·Sten Rynning (ed.), Missile Defense: International Regional and National Implications, (London and New York: Routledge Taylor and Francis Group, 2005), p.52.

92) Wilhelm Agell, "Pre-empt Balance or Intercept? The Evolution of Strategies for Coping with the Threat from Weapons of Mass Destruction", *Missile Defense International Regional and National Implication*, (London and New York: Routledge Taylor & Francis Group Contemporary Security Studies, 2005), pp.31-32.

둘째, 경제력의 측면에서 미사일 방어와 관련한 기존 연구를 살펴보면 다음과 같다.

① 약소동맹국의 시각에서 바라본 경제력 연구 검토

1) 일본의 사례

일본의 사례에서 경제력의 변화에 대하여 분석한 연구는 다음과 같다.

얀 수에통(Yan Xuetong)은 일본이 미국의 미사일 방어에 들어가면서 비용을 지불하였는데 1990년대 이래로 일본의 연간 국방예산의 37.5%와 동등한 정도의 예산을 미국의 미사일 방어에 연구개발비용으로 지출하였고 TMD를 배치하는 데 15 billion 달러가 넘는 금액을 지불하였다고 지적하였다. 일본은 이러한 경제적인 비용을 지불한 대가로 일본이 미사일 방어를 구축하고 군사적인 재무장을 용인받는 이익을 얻어냈다고 분석하였다.93)

마이클 오헨런(Michael O'Hanlon)은 일본이 미국의 미사일 방어에 들어가면서 기술이 최첨단화되고 일본이 미국으로부터 경제적인 지원을 받게 되는 이익이 있었으며 가장 중요한 것은 PAC-3와 같은 무기를 생산하면서 일본이 돈을 벌게 되는 모습이 나타났다고 지적한다.94)

마이클 그린(Michael Green)은 일본이 미국의 TMD에 참여하면서 군사기술력을 확보하면서 동시에 미국과의 공동연구개발을 통하여 만든 무기로 인하여 일본의 국내 방위산업을 발전시키면서 경제적인 이익을 창출하게 되었다고 분석하였다.95)

에반스 메데이로스(Evan S. Medeiros)는 일본이 TMD를 구축하면서

---

93) Yan Xuetong, "Viewpoint: Theater Missile Defense and Northeast Asian Security", The Nonproliferation Review Vol.6, No.3 Spring-Summer, 1999), p.71.

94) Michael O'Hanlon, "Theater Missile Defense and the U.S-Japan Alliance", in Mike M. Mochizuki (eds.), *Toward a True Alliance: Restructuring U.S-Japan Security Relations*, (Washington D.C: The Brookings Institute, 1997), pp.179-180.

95) Michael J. Green, "Defense Production and Alliance in a Post-Cold War World", in Michael J. Green, *Arming Japan*, (New York: Columbia University Press, 1995), pp.130-131.

비용적이 들기는 하였지만 군사적인 효율성 측면에서 이익을 가져왔다는 점에 대하여 지적한다. 일본에서도 일부는 일본이 TMD에 참여하게 되면 지나치게 미국과 깊게 연관이 된다는 점에 대해서 우려하는 목소리도 있었지만 일본의 미사일 방어 능력이 크게 향상되었고 경제적으로도 이익을 본 측면이 있었다고 지적한다.96)

아론 매튜스(Aaron Matthews)는 일본이 미사일 방어를 구축하는데 재정적으로 많은 비용이 들어간다는 점을 피할 수 없다는 점에서 우려하는 일부 목소리도 존재하였지만 일본 정부는 미국과 미사일 방어를 강화하는 쪽을 선택하여 안보를 강화하고 미국으로부터의 확고한 지원을 받도록 기반을 닦았다고 지적한다.97)

2) 이스라엘의 사례

또 이스라엘의 사례에서 경제력의 변화에 대하여 분석한 연구는 다음과 같다.

약소동맹국이 미사일 방어에 참여하였을 때 경제적인 비용이 비싸게 든다는 점을 지적한 연구가 있다. 던컨 클라크(Duncan L. Clarke)는 이스라엘과 미국이 미사일 방어 무기를 공동으로 개발하는 과정에서 군사기술력을 향상시킬 수 있지만 경제적인 비용이 많이 든다는 점에 대하여 지적하였다.98)

달리아 다사 카예(Dalia Dassa Kaye)와 알리레자 네이더(Alireza Nader)와 패리샤 로샨(Parisa Roshan)은 이스라엘이 미사일 방어에 집중적으로 투자하면서 Arrow와 같은 무기를 만드는 데 성공하였다고 지적한다.99)

---

96) Evan S. Medeiros, Ballistic Missile Defense and Northeast Asian Security: Views from Washington, Beijing, and Tokyo, (Monterey: The Stanley Foundation and Center for Nonproliferation Studies, Monterey Institute of International Studies, 2001), p.5.

97) Aaron Matthews, "Japan's missile defence dilemma", David W. Lovell (eds.), Asia-Pacific Security, (Canberra: Australian National University E Press, 2013), pp.136-137.

98) Duncan L. Clarke, "The Arrow Missile: The United States, Israel and Strategic Cooperation", *Middle East Journal* Vol.48, No.3, (1994), pp.475-476.

조나단 루허(Jonathan Ruhe)와 찰스 퍼킨스(Charles B. Perkins)와 아리 시큐럴(Ari Cicurel)은 이스라엘은 미국과 함께 미사일 방어무기를 개발하는데 미국의 재정적인 지원을 받았고 이러한 지원은 수년에 걸쳐서 오랜 기간 지속되었다고 지적한다. 약 10년이상의 기간 동안에 미국의 지원을 받으면서 이스라엘은 무기를 만드는 데 도움을 받게 되었다고 지적한다.[100]

짐 자노티(Jim Zanotti)는 이스라엘은 GDP의 4.7%에 달하는 비용을 연간 방어비용에 사용할 정도로 경제적인 투자를 하면서 미사일 방어 능력을 확보할 수 있었다고 지적한다. 이스라엘은 전략적으로 미국과 공조하면서 이익을 얻었다고 분석하였다.[101]

앤소니 코데스만(Anthony H. Cordesman)은 이스라엘은 아이언돔과 같은 미사일 방어 무기를 통하여 영토를 지키고 탄도미사일을 방어하는데 성공하였지만 동시에 공격용 무기가 더 강해지고 세지는 부작용도 함께 발생하게 되었다고 지적한다.[102]

또 경제적인 비용과 관련하여 미사일 방어가 안보에 도움이 되지만 동맹국의 입장에서 비용 분담을 우려하는 목소리가 존재한다는 점을 지적한 연구도 있다. 스티븐 휘트모어(Steven J. Whitmore)와 존 데니(John R. Deni)는 미국이 미사일 방어를 군사적이고 외교적 전략 측면에서 반드시 필요한 것이라고 보고 이를 지속적으로 개발하는 것을 추진하고 있는데 이러한 미사일 방어는 비용적인 측면에서 상당한 금액이 들어가는 문제가 된다고 보았다. 미사일 방어를 구축하여야 하고 미사일 방어와 관련한 무기들이 안보에 도움이 된다는 것은 알지만 비용분담에 관하여 동맹국들이

---

99) Dalia Dassa Kaye, Alireza Nader and Parisa Roshan, " Israeli Perceptions of and Policies Toward Iran", *Israel and Iran: A Dangerous Rivalry,* (RAND Corporation, 2011), p.47.

100) Jonathan Ruhe · Charles B. Perkins · Ari Cicurel, JINSA's Gemunder Center for Defense and Strategy, (February 2021), p.2.

101) Jim Zanotti, "Israel: Background and U.S. Relations", Congressional Research Service 7-5700 RL33476, (2016), pp.8-10.

102) Anthony H. Cordesman, "Israel as the First Failed State", I*srael as the First Failed State From the Two-State Solution to Five Failed States*, (Center for Strategic and International Studies, 2021), p.23.

고려하게 되는 측면이 존재한다고 지적하였다.[103)]

제론 드 존지(Jeroen de Jonge)는 잠재적인 미사일 위협에 대응하기 위하여 미사일 방어를 구축하는 것이 필요하다는 점에 대하여 미국의 동맹국들이 동의하지만 비용 분담에 있어서 경제적인 비용에 대하여 고려하게 된다고 보았다.[104)]

3) 한국의 사례

한국이 미국의 미사일 방어에 들어오지 않는 이유에 대하여 경제적인 원인과 중국의 반대를 꺼린다는 연구도 있었다.

에탄 메익(Ethan Meick)과 나지자 살리드자노바(Nargiza Salidjanova)는 한국이 중국과의 경제적인 무역이 크기 때문에 중국으로부터 보복을 받는 것에 대해 우려하여 미국과 미사일 방어을 구축하는 것을 꺼리고 있다고 지적한다.[105)]

유키오 사토(Yukio Satoh)는 일본이 미국과 미사일 방어 무기를 공동으로 개발하면서 경제적인 지출이 늘어났지만 결과적으로 이익이 되었다고 지적한다. 일본은 미일동맹을 굳건하게 하면서 방어력이 높아지도록 전략적인 정책을 취하였다고 분석하였다.[106)]

② 강대국의 시각에서 바라본 경제력 연구 검토

미사일 방어에 참여하였을 때 약소동맹국의 시각에서 변화된 것 뿐만

---

103) Steven J. Whitmore·John R. Deni, *NATO Missile Defense And The European Phased Adaptive Approach: The Implications Of Burden Sharing And The Underappreciated Role Of The U.S. ARMY*, (Carlisle Barracks PA: Strategic Studies Institute and U.S. Army War College Press, 2013), pp.35-39.

104) Jeroen de Jonge, "European Missile Defense: A Business Case for Transatlantic Burden Sharing", *Center for European Policy Analysis* Issue Brief No.129, (2013), pp.9-10.

105) Ethan Meick · Nargiza Salidjanova, "China's Response to U.S.-South Korean Missile Defense System Deployment and its Implications", US-China Economic and Security Review Commission Staff Research Report July 26, (2017), pp.7-8.

106) Yukio Satoh, *U.S. Extended Deterrence and Japan's Security*, (Livermore Papers on Global Security No. 2 Lawrence Livermore National Laboratory Center for Global Security Research, 2017), pp.37-38.

아니라 강대국의 시각에서 미사일 방어와 관련하여 경제적으로 어떤 변화가 발생하는 지에 대한 연구도 있었다. 강대국의 입장에서 미사일 방어와 관련하여 경제적 측면에서 분석한 기존의 논의는 다음과 같다.

첫째, 강대국의 입장에서 미사일 방어를 구축하게 되면 경제적인 비용이 많이 들어가는 데 결과적으로 발생하는 편익이 더 크기 때문에 구축하여야 한다는 연구가 있었다. 데이비드 모셔(David E. Mosher)는 미사일 방어에 비용이 많이 들어가지만 국가안보를 지키기 위해서 경제력을 투입하는 것은 필요한 부분이라고 보았다.[107]

에밀린 투오말라(Emilyn Tuomala)는 미국이 미사일 방어를 구축하는 데 많은 예산을 사용하였고 여전히 새로운 기술을 획득하기 위하여 많은 비용을 들여야 하지만 미사일 방어는 안보를 위하여 반드시 필요한 것으로 적의 공격으로부터 방어를 하고 미국의 동맹국을 돕는 이익을 가져온다고 지적하였다.[108]

프레드 호프만(Fred S. Hoffman)은 미사일 방어능력을 갖추는 것에 비용이 많이 들겠지만 차후에 얻게 될 방어능력과 안보 확보를 고려한다면 비용대비 편익이 좋은 상황이 올 것이라고 분석하였다.[109]

또 미사일 방어가 초기에는 비용이 많이 들어가지만 표준화되고 통합화된 시스템을 구축할 경우에 방어 비용을 오히려 절약할 수 있다는 연구도 있다. 조셉 가렛(Joseph G. Garrett)은 걸프전에서 사용된 방어무기를 살펴보면 비용을 절약하기 위해서는 표준화와 통합이 필요하다고 강조하였다. 변화하는 군사적인 상황에서 효과적으로 미사일 방어를 사용하려면 보다 비용을 절약할 수 있도록 무기를 만들어야 하고, 예를 들어 패트리어

---

107) David E. Mosher, "Understanding the Extraordinary Cost Of Missile Defense", *Arms Control Today*, (December 2000).
https://www.armscontrol.org/act/2000-12/features/understanding-extraordinary-cost-missile-defense (검색일: 2020년 3월 5일)

108) Emilyn Tuomala, "Determining Defense: Bureaucracy, Threat and Missile Defense", Honors Scholar Theses. Vol.631, (2019), pp.2-8.

109) Fred S. Hoffman, "Ballistic Missile Defenses and U.S National Security", *Strategic Defense Initiative Folly or Future?*, (Boulder and London: Westview Press , 1986), p.35.

트가 전체 지역 시설을 방어하는 것을 들면서 결과적으로 비용이 절약 되는 점을 명심할 필요가 있다고 지적하였다.110)

둘째, 미사일 방어를 개발할 때 시행착오를 겪게 되고 이로 인하여 경제적 비용이 들지만 미사일 방어 개발에 성공하게 되면 더 큰 이익을 가져온다는 연구도 있다. 버텔 헤얼린(Bertel Heurlin)는 미국의 미사일 방어가 경제적으로 많은 비용이 든다는 점에 대하여 모든 무기를 개발하는 실험에는 언제나 시행착오가 있었고 실패의 비용을 감수하고서 개발을 하는 것이 필요하며 미사일 방어는 미국인들이 원하는 것이 맞고 이로 인하여 더 많은 돈을 만들게 될 것이라고 주장하였다.111)

셋째, 미사일 방어를 구축하게 되면 강대국의 입장에서 동맹국에게 비용 분담을 지도록 하게 만들어서 미국의 입장에서 이익이 된다는 측면을 지적한 연구가 있다. 케리 카치너 (Kerry M. Kartchner)는 미국이 동맹국에게 미사일 방어를 제공하는 것은 안보를 보다 확실하게 보장할 수 있을 뿐만 아니라 동맹국이 미사일 방어에 참여하게 되면 안보위협을 감소시키고 미사일 방어 비용 분담을 할 수 있는 장점이 생기게 된다고 지적하였다.112)

셋째, 대북억제력의 측면에서 미사일 방어를 살펴보면 다음과 같다.

① 약소동맹국의 시각에서 바라본 대북억제력 연구 검토

1) 일본의 사례

일본의 사례에서 대북억제력의 변화에 대하여 분석한 연구는 다음과 같다.

110) Joseph G. Garrett, 1999, "US-GCC Collaboration in Air Missile Defense Planning: Assessing the Advatages" *Air Missile Defense Counterproliferation and Security Policy Planning*, (United Arab Emirates Abu Dhabi: The Emirates Center for Strategic Studies and Research, 1999), p.113.

111) Bertel Heurlin, "Missile efense in the United States" *Missile Defense International Regional and National Implication*, (New York: Routledge Taylor & Francis Group Contemporary Security Studies, 2005), pp.70-72.

112) Kerry M. Kartchner, "Missile Defenses And New Approaches To Deterrence", *Electronic Journal Of The U.S. Department Of State* Vol.7 No.2, (July 2002), p.14.

케이 코가(Kei Koga)는 약소동맹국인 일본이 북한의 핵무기와 미사일 위협에 억제력을 확보하기 위하여 미국의 미사일 방어에 참여하고 연구개발을 공동으로 하게 되었다고 분석하였다.113)

찰스 스위커(Charles C. Swicker)는 약소동맹국인 일본의 경우에 미국의 미사일 방어체계에 참여하면서 일본의 이지스 프로그램, 해상에서의 BMD능력 등의 기술적인 이점을 얻은 것을 토대로 북한에 대한 대처능력을 확보하게 되었다고 지적한다.114)

유메모토 테츠야(Umemoto Tetsuya)는 일본이 북한이 대포동 미사일을 개발하면서 TMD를 통하여 이를 방어하여야 한다는 인식을 강하게 하게 되었고 미사일 방어 능력을 고도화하기 시작하였다고 지적한다.115)

알렉산드라 사카키(Alexandra Sakaki)는 일본이 북한의 미사일과 핵무기 개발에 위협을 느껴서 이를 방어하는 것이 필요하다고 보았고 미사일 방어능력을 갖추는 데 중요도를 두었다고 지적한다.116)

악셀 벌코프스키(Axel Berkofsky)는 북한이 만일 일본을 향해서 미사일을 발사하면 약 10분내에 도달한다고 보았고 이를 방어하기 위해서 미사일 방어를 구축하였지만 비용적인 측면에서 많은 대가를 치러야 했다고 분석하였다.117)

대북억제력과 관련하여서는 이스라엘과 대북억제력을 함께 미사일 방어의 측면에서 분석한 연구는 없었다. 왜냐하면 지리적으로 상당히 멀기 때문이다.

---

113) Kei Koga, "The Concept of "Hedging" Revisited: The Case of Japan's Foreign Policy Strategy in East Asia's Power Shift", *International Studies Review*, Vol.20, Issue4, (2018), p.647.

114) Charles C. Swicker, *Theater Ballistic Missile Defense From The Sea: Issues for the Maritime Component Commander*, (Newport Rhode Island: Naval War College, 1998), p.75.

115) Umemoto Tetsuya, "Missile Defense and Extended Deterrence in the Japan-US Alliance", *Korean journal of defense analysis* Vol.12 No.2, (2000), p.136.

116) Alexandra Sakaki, *Japan's Security Policy: A Shift in Direction under Abe?*, (Berlin: SWP Research Paper RP2 March, 2015), p.10.

117) Axel Berkofsky, *Japan's North Korea policy: Trends, controversies and impact on Japan's overall defence and security policy*, (Austria: AIES-Studeis Nr.2, 2011), p.13.

2) 한국의 사례

북한의 미사일 위협에 대하여 한국이 미사일 방어를 구축하는 것이 필요하다면서 한국이 북한의 위협에도 불구하고 미사일 방어를 참여하지 않는 점에 대하여 지적하는 연구도 존재하였다. 와타나베 타케시(Watanabe Takeshi)는 북한의 미사일 위협이 거세지고 있는데 이에 대응하기 위해서는 한미간에 미사일 방어를 구축하여 대응하는 것이 가장 좋은 대안이 되며 지역적 안정에 도움을 가져온다고 지적하였다.[118]

안드레아 미하일레스쿠(Andrea R. Mihailescu)는 북한이 탄도미사일을 개발하면서 다탄두 능력을 높이고 있기 때문에 이러한 위협에 대응하는 것이 필요하다고 지적하였다.[119]

데이비드 키언(David W. Kearn)은 북한은 노동미사일과 스커드C 미사일로 한국과 일본을 위협할 능력이 있고 탄두를 고도화하고 있기 때문에 위협이 커지고 있다고 보았다. 한국은 이러한 북한의 잠재적인 위협에 대응하기 위하여 미사일 방어 능력을 보다 향상시키는 것이 필요하다고 지적하였다.[120]

리차드 피셔(Richard D. Fisher)는 북한의 스커드 미사일에 대응하기 위하여 한국은 패트리어트를 배치하였는데 북한이 핵무기를 포기하지 않고 만드는 시도를 지속적으로 하면서 위협이 커지고 있다고 지적하였다. 미국은 일본과는 TMD를 구축하는 것을 통하여 협력하고 있는데 한국은 그렇지 않다고 지적하였다.[121]

브루스 클링너(Bruce Klingner)는 한국이 북한의 미사일과 핵위협에 대응하기 위해서 미사일 방어능력이 부족한 부분이 존재한다고 지적하면

---

118) Watanabe Takeshi, "The Impact US-South Korea Missile Defense Cooperation can have on Regional Security: Expanding the Role of the Alliance", *National Institute for Defense Studies News* No.139, (2010), pp.1-5.

119) Andrea R. Mihailescu, "It's Time to Get Serious about a Pressure Strategy to Contain North Korea", *Atlantic Council Issue Brief*, (March, 2021), pp.1-2.

120) David W. Kearn, "Emerging Missile Threats Facing the United States", *Facing the Missile Challenge*, (RAND Corporation, 2012), pp.49-50.

121) Richard D. Fisher, "The Clinton Administration's Early Defense Policy toward Asia", *Korean journal of defense analysis* Vol.6 No.1, (1994), pp.113-114, p.116.

서 미국과 함께 방어 능력을 높이는 방법을 고려할 필요가 있다고 지적하였다.[122)]

피터 헤이스(Peter Hayes)는 북한은 경제력이 낙후되는 가운데 이러한 상황을 타개하기 위해서 탄도미사일과 같은 비대칭 전력을 강화하는 데 집중하고 있다고 분석하였다. 한국은 미국이 안보적으로 후견국(patron)이 되어서 방어력을 제공한 부분이 있는데 여전히 한국은 미사일 공격에 취약한 부분이 존재한다고 지적하였다.[123)]

이안 바월스(Ian Bowers)와 렌리크 스탈하네 힘(Henrik Stalhane Hiim)은 한국이 KAMD를 구축한다고 하면서 독자적인 방어력을 확보하려는 노력을 하고 있지만 북한의 고도화된 탄도미사일을 방어하고 핵무기를 방어하는 데 부족하기 때문에 보다 미사일 방어 능력을 향상시키는 것이 필요하다고 지적하였다.[124)]

마이클 폴(Michael Paul)과 엘리자베스 서(Elisabeth Suh)는 북한이 미사일 능력을 강화하는 가운데 일본의 경우에는 BMD기술로 이를 방어하는 능력을 상당부분 갖추고 있지만 한국의 경우에는 그렇지 않은 부분이 존재하기 때문에 한미공조를 보다 강화하는 것이 중요하다고 지적하였다.[125)]

② 강대국의 시각에서 바라본 대북억제력 연구 검토

미사일 방어에 참여하였을 때 약소동맹국의 시각에서 변화된 것 뿐만 아니라 강대국의 시각에서 미사일 방어가 대북억제력에 있어서 어떤 변화가 발생하는 지에 대한 연구가 있다. 강대국의 시각에서 미사일 방어가 대

122) Bruce Klingner, "Why South Korea Needs THAAD Missile Defense", *Institute for Security & Development Policy April 21 Policy Brief* No.175, (2015), p.2.

123) Peter Hayes, "International Missile Trade and the Two Koreas ", *Korean journal of defense analysis* Vol.5 No.1, (1993), p.209, p.218, p.239.

124) Ian Bowers, Henrik Stålhane Hiim, "Conventional Counterforce Dilemma: South Korea's Deterrence Strategy and Stability on the Korean Peninsula", *International Security* Vol. 45, No. 3, (2021), pp.28-31.

125) Michael Paul, Elisabeth Suh, "North Korea's Nuclear-Armed Missiles Options for the US and its Allies in the Asia-Pacific", *SWP Comments 32* August, (2017), pp.5-8.

북억제력을 높이고 전략적 우위를 유지하는데 도움이 된다는 연구가 있다.

첫째, 미사일 방어와 관련하여 북한의 위협에 대응하기 위하여 미사일 방어를 구축하는 것이 필요하다는 연구가 있다. 강대국의 입장에서 미국의 경우에는 북한이 미사일을 개발하게 되면 위협이 커질 것이라는 부분에 대하여 주목하고 이를 대응하는 것이 필요하다고 보는 연구가 많았다. 브루스 베넷(Bruce W. Bennett)은 북한의 커져가는 탄도미사일 위협에 대응하기 위해서는 한미일 공조를 통하여 미사일 방어를 구축하여 대응하는 것이 필요하다고 지적하였다.[126]

스캇 스나이더(Scott Snyder)는 북한이 상대적으로 경제적인 무기인 핵무기와 탄도미사일 개발에 집중하면서 생존을 추구하였고 이러한 무기를 획득하면서 한국, 미국, 일본 등에 대하여 위협적인 수단을 보유하게 되었다고 지적하였다. 이를 방어하기 위해서는 미사일 방어를 갖추는 것이 필요하다고 보았다.[127]

제임스 린제이(James M. Lindsay)와 마이클 오핸런(Michael E. O'Hanlan)은 북한이 핵무기를 포함하여 구소련의 스커드 미사일에서 기반을 두고 미사일을 개발하기 시작하여 단거리, 중거리, 장거리 미사일을 개발하였는데 이러한 미사일은 한국, 일본뿐만 아니라 하와이 등 미국까지 도달할 수 있다고 보았다. 또 대포동 미사일 1호와 2호의 경우에는 사거리가 길기 때문에 미국에게 위협이 될 수 있는 상황이며 이를 막기 위해서는 미사일 방어를 개발하는 것이 필요하다고 보았다.[128]

필립 고든(Philip H. Gordon)과 마이클 오핸런(Michael O'Hanlon)는 북한이 독자적인 미사일을 개발하고 있는데 ICBM(InterContinental Ballistic Missile, 대륙간 탄도미사일, 이하 ICBM) 등을 개발할 위험이 있고 이는 미국을 비롯한 미국의 동맹국들에게 실질적이면서 즉각적인 위

---

126) Bruce W. Bennett, "Deterring North Korea from Using WMD in Future Conflicts and Crises", *Strategic Studies Quarterly* Vol.6, No.4 (2012), p.138.

127) Scott Snyder, "Pyongyang's Pressure," *Washington Quarterly* Vol.23 No.3, (Summer 2000), pp. 163-169.

128) James M. Lindsay·Michael E. O'Hanlan, *Defending America: The Case for Limited National Missile Defense*, (Washington, D.C: Brookings Institution Press, 2001), pp.59-64, pp.142-153.

협을 초래할 것이라고 보았다.[129)]

테런스 로에릭(Terence Roehrig)은 북한의 탄도미사일 위협에 대응하기 위하여 한미 간에 전략적 억제를 강화할 필요가 있다고 보았다.[130)]

둘째, 미국은 북한의 위협에 대하여서 점차 위협이 강화될 것이라는 분석을 하였고 이에 대처하는 것이 필요하다고 보았으며 북한 뿐만 아니라 러시아, 중국 등 동북아시아 전체를 포괄적으로 바라보고 미사일 방어를 하는 것이 필요하다는 연구가 있다. 찰스 글레이서(Charles L. Glaser)와 스티븐 페터(Steve Fetter)는 북한은 대포동 1호 미사일을 시작으로 본격적으로 ICBM급 탄도미사일을 만들었는데 미국은 당시 일본 상공을 지나는 것을 보고 기술이 3단계에 이르게 되면 미국 본토를 위협할 수 있을 것이라는 위험을 느끼게 되었다고 보았다. 1990년대 초기에 북한은 플라토늄을 추출하여 한 개 또는 두 개의 핵무기를 생산할 지 모른다는 의심을 받았으나 이를 입증하지 못하였고 1994년 북한이 핵시설을 동결한다며 제네바 합의를 하였으나 지켜지지 않았다고 지적하였다. 미국의 입장에서 북한은 여러 차례 협상을 하였지만 이를 지키지 않았던 점을 고려할 때 탄도미사일 위협이 계속될 수밖에 없다는 점을 인식하였다고 본다. 또한 미국은 동아시아 지역에서 북한 뿐만 아니라 러시아, 중국의 미사일 위협을 포함하여 안보위협에 대처하고자 미사일 방어를 추진한다고 지적하였다.[131)]

이안 라인하트(Ian E. Rinehart)와 스티븐 힐드레스(Steven A. Hildreth)와 수산 로렌스(Susan V. Lawrence)는 북한이 단거리 탄도미사일과 중거리 노동미사일을 계속해서 개발하고 있으며 일본과 미군주둔기지를 타격할 수 있도록 노동미사일의 사거리를 확대하고 있다고 지적하

---

129) Philip H. Gordon·Michael O'Hanlon, 2001, "September 11 Verdict: Yes to Missile Defense," Los Angeles Times, October 17, 2001. https://www.newspapers.com/newspage/188064707/ (검색일: 2020년 2월 19일)

130) Terence Roehrig, "Reinforcing Deterrence: The U.S. Military Response to North Korean Provocations," in Gilbert Rozman (ed.), *Joint U.S.-Korea Academic Studies: Facing Reality in East Asia: Tough Decisions on Competition and Cooperation, Korea Economic Institute of America*, Vol.26, (2015), pp.225-229.

131) Charles L. Glaser·Steve Fetter, "National Missile Defense and the Future of U.S. Nuclear Weapons Policy", *International Security*, Vol.26, No.1 (2001), pp.44-50.

면서 미사일 방어가 필요하다고 지적한다. 미국은 중국, 러시아가 미국의 미사일 방어에 반대와 우려를 표명하지만 중국은 동아시아지역에 그리고 러시아는 유럽 쪽에 미사일 방어능력을 확보하는데 주의를 기울이는 모습을 보인다고 보았다. 미국은 미국 본토를 지키고 미국의 동맹국과 협력하며 지역적으로 안정을 도모하기 위해서는 미사일 방어를 구축하는 것이 필요하다고 보았다.132)

그레그 틸만(Greg Thielmann)은 북한이 탄도미사일을 계속해서 고도화하고 있고 핵실험을 하고 있는데 이에 대응하기 위해서 미사일 방어 능력을 강화하는 것이 필요하다고 지적하였다.133)

넷째, 동아시아 지정학에 대한 판단의 측면에서 미사일 방어와 관련한 기존 연구를 살펴보면 다음과 같다.

① 약소동맹국의 시각에서 바라본 동아시아 지정학에 대한 판단 연구 검토

1) 일본의 사례

본 연구의 독립변수와 종속변수의 관계를 파악하는데 약소동맹국이 미사일 방어에 참여하였을 때 동아시아 지정학의 측면에서 어떤 변화를 겪었는지를 살펴보는 것이 중요하다. 켄 짐보(Ken Jimbo)는 약소동맹국인 일본이 미국의 미사일 방어에 참여하면서 북한과 중국의 미사일 위협에 대응하고 미국으로부터의 안전을 보장받는 것을 보다 확고하게 만들었다고 본다. 일본의 대다수 군사 전문가들이 중국이 성장하는 것을 피할 수 없다고 보았고 미국의 미사일 방어에 참여하고 군사적 기술을 얻음과 동시에 주일미군 배치를 공고하게 하고 미국의 핵우산 공약을 강화하며 미사일과 관련한 중국의 위협에 대응하여 중국의 SRBM(Short-Range

---

132) Ian E. Rinehart·Steven A. Hildreth·Susan V. Lawrence, "Ballistic Missile Defense in The Asia-Pacific Region: Coopertation and Opposition", *Congressional Research Service* Report 7-5700, R43116, (April 3, 2015), pp.1-6, pp.9-12.

133) Greg Thielmann, "Increasing Nuclear Threats through Strategic Missile Defense", *CISSM Working Paper* June 2020, (Center for International & Security Studies, 2020), pp.11-13.

Ballistic Missile, 단거리 탄도미사일, 이하 SRBM), MRBM(Medium Range Ballistic Missile, 준중거리 탄도미사일, 이하 MRBM), MIRV(Multiple Independently Targetable Reentry Vehicle, 다탄두 탄도미사일, 이하 MIRV)을 줄이도록 하는데 일본의 협상 칩(bargaining chip)을 확보하려는 등 미사일 방어를 활용하여 전략적으로 일본의 이익을 획득하려 한다고 보았다.134)

레인할드 드리프트(Reinhard Drifte)는 일본이 냉전 이후에 중국이 군사적으로 성장하는 것에 대하여 위협을 느끼게 되었는데 미국의 미사일 방어에 참여하면서 이러한 중국의 위협에 대처하려는 노력을 하게 되었다고 지적한다.135)

에릭 데이비드 프렌치(Erik David French)는 일본이 중국에 대한 위협과 긴장이 냉전 후에도 남아있다고 판단하며 미국과의 동맹을 강화하는 것을 통하여 이러한 위협에 대응하고자 한다고 지적한다. 일본은 센카쿠 열도(중국명 댜오위다오)에서 국지적으로 중국과 영유권 분쟁을 벌이기도 하는데 일본은 미국과 함께 하는 것을 통하여 이러한 중국의 압력에 대응하려는 능력을 얻고자 한다고 지적하였다.136)

마사히로 마츠무라(Masahiro Matsumura)는 일본은 중국의 미사일 위협에 대응하기 위하여 미국의 미사일 방어에 함께 참여하고 군사적인 협력을 통하여 대응을 강화하고자 하였다고 지적한다.137)

미치토 츠루오카(Michito Tsuruoka)는 일본이 중국이 점차 군사력을 증강시키고 있고 러시아의 경우에도 아시아 지역에서 중국이 지배적인 힘

134) Ken Jimbo, "A Japanese Perspective on Missile Defense and Strategic Coordination", *The Nonproliferation Review* Summer, (2002), pp.60-61.

135) Reinhard Drifte, *Japan's Security Relations with China Since 1989*, (London and New York: Routledge, 2002), pp.9-10.

136) Erik David French, The US-Japan Alliance and China's Rise: Alliance Strategy and Reassurance, Deterrence, and Compellence, Dissertation Submitted in partial fulfillment of the requirements for the degree of Doctor of Philosophy in Political Science, (Syracuse University, 2018), pp.73-75, pp.77-79, pp.80-85.

137) Masahiro Matsumura, "The Limits and Implications of the Air-Sea Battle Concept: A Japanese Perspective", *Journal of Military and Strategic Studies* Vol.15 Issue3, (2014), pp.47-49, pp.53-54.

을 갖지 않도록 베트남, 인도, 필리핀 등에 관계를 강화하는 것에 대하여 대처하는 것이 필요하다고 보고 일본이 전략적으로 행동하였다고 분석하였다. 일본은 냉전 이후에도 중국, 러시아의 군사적인 능력을 보유하고 있고 영향력을 확대하려고 하는 것에 미국과 안보적으로 굳건한 관계를 만들어서 대응하려는 노력을 하였다고 보았다. 주일미군, 미국과의 협력을 통하여 일본의 전략적인 이익을 추구하였다고 지적한다.138)

제프리 버틀러(Jeffrey T. Butler)는 일본이 북한 뿐만 아니라 중국에 대해서도 지리적으로 인접하기 때문에 미사일 위협을 느끼는 데 일본이 미국의 미사일 방어에 참여하여 동아시아 지정학에 있어서 보다 일본의 안전을 확보하고 동아시아 지역에서 미국의 미사일 방어 프로그램과 입장을 함께 하여 이익을 얻고자 한다고 보았다.139)

모니카 몽고메리(Monica Montgomery)는 약소동맹국인 일본이 미국의 미사일 방어에 참여하면서 동아시아에서 중국, 러시아 등의 위협에 대하여 미사일 방어를 할 수 있는 능력을 기를 수 있게 되었으며 일본이 미사일 방어능력을 보다 지속적으로 확대하여 일본의 이익을 높이려고 한다고 지적하였다.140)

테이트 널킨(Tate Nurkin)과 료 히나타 야마구치(Ryo Hinata-Yamaguchi)는 일본이 중국이 군사기술적인 능력을 계속해서 개발하면서 중국의 이러한 위협에 대응하기 위하여 미국의 미사일 방어와 함께 하면서 일본의 미사일 방어 능력을 확대하려 한다고 지적하였다.141)

---

138) Michito Tsuruoka, "Strategic Considerations in Japan-Russia Relations: The Rise of China and the U.S.-Japan Alliance", in Shoichi Itoh·Ken Jimbo·Michito Tsuruoka·Michael Yahuda (eds), *Japan and the Sino-Russian Entente The Future of Major-Power Relations in Northeast Asia*, (Washington D.C: The National Bureau of Asian Research, 2017), pp.13-16.

139) Jeffrey T. Butler, "Asia and the US Missile-Defense Program", *The Influence of Politics, Technology, and Asia on the Future of US Missile Defense*, (Alabama: Air University Press, 2007), pp.47-48.

140) Monica Montgomery, "Japan Expands Ballistic Missile Defenses", *Arms Control Today*, Vol.48, No.7, (2018), pp.32-33.

141) Tate Nurkin·Ryo Hinata-Yamaguchi, "Emerging Technologies and the Future of US-Japan Defense Collaboration", *Atlantic Council* April 1, (2020), pp.1-5.

패트릭 오도너휴(Patrick M. O'Donogue)는 일본이 미국의 미사일 방어에 들어가면서 냉전 이후에도 중국의 위협에 대한 억제력을 확보하려는 노력을 하였다고 지적한다. 그러면서 일본뿐만 아니라 한국이 미국의 미사일 방어에 참여하여 한미일 공조로 동북아시아에서 네트워크를 형성할 경우에 중국이 가장 이를 두려워할 수 있다는 점을 지적하였다. 특히 미일 간에 미사일 방어를 구축하는 것보다 한국이 여기에 가담하면 더 효과가 극대화된다고 지적하였다.[142] 오도너휴는 일본이 1999년 8월 미사일 방어를 미국과 함께 공동연구 개발하겠다는 계획에 합의하였는데 이는 북한의 미사일 위협에 대응하기 위한 것도 있지만 보다 장기적으로는 중국이 미사일로 일본을 위협할 수 있다는 위협에 대응하기 위한 것이라고 보았다.[143]

동아시아 지정학에 대한 판단과 관련하여 이를 미사일 방어와 이스라엘을 접목한 연구는 없다. 왜냐하면 지리적으로 멀고 이를 동아시아와 연계시키지 않기 때문이다.

2) 한국의 사례

한국이 동아시아 지정학과 관련하여 중국, 러시아의 군사력이 증강하고 있기 때문에 이에 대응하기 위해서는 미사일 방어 능력을 강화하는 것이 필요하다는 지적이 있다. 리차드 웨이츠(Richard Weitz)는 중국과 러시아는 군사력을 계속해서 증강하고 있고 군사협력도 하고 있다. 중국과 러시아는 6.25전쟁에 개입한 경험이 있는 국가인데 이러한 협력에 대응하기 위하여 한국과 미국은 미사일 방어 능력을 갖추고 한미동맹을 강화하는 것이 필요하다고 지적하였다.[144]

---

142) Patrick M. O'Donogue, *Theater Missile Defense in Japan: Implications for the US-China-Japan Strategic Relationship*, (Carlisle PA: Strategic Studies Institute, 2000), pp.15-25.

143) Patrick M. O'Donogue, *Theater Missile Defense in Japan: Implications for the US-China-Japan Strategic Relationship*, (Carlisle Barracks PA: Strategic Studies Institute US Army War College, 2000), pp.2-3, pp.11-15.

144) Richard Weitz, "Sino-Russian Defense Cooperation: Implications for Korea and the United States", *The Korean Journal of Defense Analysis*, Vol.30, No.1, (2018), pp.50-53.

지안 젠틸(Gian Gentile)과 요본네 크렌(Yvonne K. Crane)과 단 마덴(Dan Madden)과 티모시 본즈(Timothy M. Bonds)와 브루스 베넷(Bruce W. Bennett)과 마이클 마자르(Michael J. Mazarr)와 앤듀류 스코벨(Andrew Scobell)은 한국이 북한의 핵무기 뿐만 아니라 지정학적으로 인접한 중국, 러시아의 군사력 증강에 대응하기 위해서는 미국과 함께 미사일 방어 능력을 구축하고 확대하는 것이 필요하다고 지적하였다.[145)]

한국이 탈냉전 이후에 미사일 방어에 들어가지 않는 점에 대하여 중국이나 러시아와의 관계를 고려하는 모습이라는 연구가 있다.

막센 키리스(Marxen Kyriss)는 북한의 위협에 대응하기 위하여 한국이 미사일 방어를 갖추려고 하는 것과 관련하여 러시아, 중국이 한국과 미국이 연계되는 것을 예의주시하고 있으며 이에 대하여 문제를 제기하려 하거나 내키지 않는 모습을 보이고 있다고 지적한다. 그러나 한국은 안보적인 측면에서 미사일 방어를 갖추는 것이 필요하다고 지적하였다.[146)]

한국이 중국에 대하여 민감하게 반응하면서 중국을 자극시키지 않기 위하여 미국의 미사일 방어에 들어가지 못한다는 점에 대하여 지적한 연구도 있다.

스티븐 블랭크(Stephen Blank)는 중국과 러시아는 미국과 일본이 미사일 방어를 통하여 협력하는 것에 대하여 우려한다고 지적하였다. 또 이러한 미일 미사일 방어 협력에 한국, 인도, 호주가 들어가는 것에 대해서 꺼려한다고 지적하였다.[147)]

막시밀리안 어니스트(Maximilian Ernst)는 한국이 미사일 방어에 들어가길 꺼려하는 이유가 중국이 미국의 MD를 반대하기 때문이라고 지적한다. 중국은 미국이 동아시아지역에서 지역적으로 MD를 구축하는 것을 반

---

145) Gian Gentile · Yvonne K. Crane · Dan Madden · Timothy M. Bonds · Bruce W. Bennett · Michael J. Mazarr · Andrew Scobell, *Four Problems on the Korean Peninsula : North Korea's expanding nuclear capabilities drive a complex set of problems*, (Rand Corporation Arroyo Center, 2019), p.15.

146) Marxen Kyriss, *Shield or Glue? Key Policy Issues Constraining or Enhancing Multinational Collective Ballistic Missile Defense*, (Lincoln Nebraska: The Graduate College at the University of Nebraska, 2018), pp.53-58.

147) Stephen Blank, "Strategic rivalry in the Asiaㅎ Pacific theater: a new nuclear arms race?", *Korean journal of defense analysis* Vol.20 No.1, (2008), pp.37-38.

대하며 한국 내에도 미사일 방어를 찬성하는 의견이 있지만 중국의 반대를 두려워하여 MD에 참여하지 않는 결정을 내리고 독자적인 KAMD를 구축하는 방향으로 선회하였다고 지적하였다.148)

테츠오 무루카(Tetsuo Murooka)와 히로야스 아쿠츠(Hiroyasu Akutsu)는 한국이 KAMD를 구축하면서 미국의 미사일 방어와 연계하지 않는다는 점을 분명하게 하는 것은 중국을 자극시키지 않기 위한 것이라고 지적하였다.149)

② 강대국의 시각에서 바라본 동아시아 지정학에 대한 판단 연구 검토

미사일 방어에 참여하였을 때 약소동맹국의 시각에서 변화된 것 뿐만 아니라 강대국의 시각에서 미사일 방어가 대북억제력에 있어서 어떤 변화가 발생하는 지에 대한 연구가 있다.

강대국의 시각에서 미사일 방어가 미국의 대북억제력을 높이고 전략적 우위를 유지하는데 도움이 된다는 연구가 있다. 토머스 맨켄(Thomas G. Mahnken)은 강대국인 미국의 입장에서 북한의 미사일 위협 뿐만 아니라 중국의 미사일 위협도 커지고 있기 때문에 한국, 일본, 대만 등을 군사적으로 보호하기위해서는 미사일 방어를 구축하는 것이 필요하다고 보았다. 미국은 강대국으로서 미사일 방어를 구축하여 동맹국을 지원하고 장기적인 시각 하에서 안보 위협을 줄이려고 노력한다고 보았다.150) 미국 의회에 제출된 보고서에 따르면 강대국인 미국 입장에서 일본, 한국 등에 대하여 미사일 방어를 구축하게 되면 북한뿐만 아니라 중국의 잠재적인 미사일 위협에 공동으로 대응할 수 있다고 보았다. 중국, 러시아는 위협적인

148) Maximilian Ernst, "Limits of Public Diplomacy and Soft Power: Lessons from the THAAD Dispute for South Korea's Foreign Policy", *Korea Economic Institute of America Academic Paper Series* April 27, (2021), p.3.

149) Tetsuo Murooka, Hiroyasu Akutsu, "The Korean Peninsula: North Korea's Growing Nuclear and Missile Threat and South Korea's Anguish", *East Asian Strategic Review*, (2017), p.124.

150) Thomas G. Mahnken, "Counterproliferation: Shy of Winning" in Henry D. Sokolski, *Prevailing in a Well-Armed World: Devising Competitive Strategies Against Weapons Proliferation*, (Carlisle Pa: The Strategic Studies Institute Publications Office United States Army War College, 2000), pp.99-100.

미사일을 보유하고 있으며 이러한 미사일로 공격할 경우에 대응하는 방안이 필요한데 미사일 방어를 구축하여서 중국, 러시아, 북한의 미사일 위협에 대응하고 억제력을 갖추는 것이 필요하다고 지적하였다.151)

동아시아 지정학의 측면에서 냉전 이전과 냉전 이후로 구분하여 연구를 살펴보면 국제구조의 변화를 확인할 수 있다.

동아시아 지정학은 국제구조의 변화를 반영하는데 강대국의 시각에서 냉전 이전을 분석한 연구를 살펴보면 매트 코다(Matt Korda)와 한스 크리스텐슨(Hans M. Kristensen)은 냉전 시대에 미국은 소련과 군비경쟁을 하였고 소련이 모스크바와 레닌그라드 등에 미사일 방어 시스템을 구축하였다고 지적한다. 냉전이 끝난 이후에도 러시아는 탄도미사일 기술을 여전히 보유하고 이를 향상시키는 노력을 하였기 때문에 미국의 입장에서는 전략적으로 이러한 위협을 방어하여야 한다는 필요성으로 인하여 미사일 방어를 구축하게 되었다고 보았다.152)

에드워드 리스(Edward Reiss)는 1983년부터 미국이 미사일 방어를 추진하기 시작하였는데 소련이라는 위협으로 인하여 SDI를 추진하였고 미국의 동맹국들에게 미사일 방어에 참여하여 줄 것을 요청였으며 1985년 후반과 1986년에 SDI 기금을 마련하면서 본격적으로 미사일 방어를 추진하였다고 보았다. 그러면서 소련이 붕괴하자 국제 정치적으로 환경에 변화가 생기게 되었고 군비통제 필요성이 부활하였지만 한편으로는 러시아 등의 위협이 다시 시작될 수 있다는 점과 걸프전에서 나타난 위협으로 인하여 여전히 미사일 방어에 대한 요구와 필요성이 제기되고 있다고 보았다.153)

강대국의 시각에서 탈냉전 이후의 동아시아 지정학에 대한 연구는 다음

151) Congressional Research Service, "Missile Defense Options for Japan, South Korea, and Taiwan: A Review of the Defense Department Report to Congress", *CRS Report for Congress* RL30379 November 30 1999, pp.5-6, p.9.

152) Matt Korda·Hans M. Kristensen, "US ballistic missile defenses, 2019", *Bulletin Of The Atomic Scientists* Vol.75, No.6, (2019), pp.295-296.

153) Edward Reiss, *The Strategic Defense Initiative*, (New York: Cambridge University Press, 1992), pp.200-202.

과 같다. 강대국인 미국의 입장에서 탈냉전 이후에 러시아, 중국의 미사일 위협에 대응하기 위하여 미사일 방어를 구축하고자 한다는 연구가 있다. 토마스 카라코(Thomas Karako)는 냉전 이후에 북한은 탄도미사일을 계속해서 고도화하고 있고 러시아는 크루즈 미사일의 능력을 높였으며 중국은 DF-21과 DF-26을 개발하고 단거리 탄도미사일도 전략적으로 성능을 높이고 있다고 보았다. 28개 이상의 국가가 탄도미사일을 보유한 상황에서 공격 위협은 여전히 존재하며 미국은 이러한 위협에 대응하기 위하여 미사일 방어를 구축할 수 밖에 없다고 지적하였다.154)

마테 스멀시크(Matej Smalcik)는 냉전시대는 미국과 소련이 군사적으로 경쟁하던 시기로 동북아시아는 긴장이 가장 높은 지역 중의 하나였는데 탈냉전 이후 중국이 급격하게 성장하기 시작하고 군사력에 많은 비용을 지불하면서 위협이 커지게 되었다고 보았다. 이에 대응하기 위하여 미국은 미사일 방어를 확보하는 노력을 지속적으로 할 필요가 있다고 지적하였다.155)

케어 자일스(Keir Giles)는 미국이 탈냉전 이후에 러시아의 위협에 대하여 장기적인 안목에서 대응하고자 하여 미사일 방어를 구축하려는 노력을 하는데 이에 대응하기 위하여 러시아 역시 미사일 방어능력을 보완하고 그 격차를 줄이는 데 군사력을 사용하고 있다고 지적하였다.156)

브래드 로버츠(Brad Roberts)는 미국은 탈냉전 이후에 러시아, 중국의 탄도미사일 위협에 대응하고자 방어능력을 키우는 것이 필요하다고 보았다. 미국이 지역적으로 러시아와 중국의 미사일 위협에 대하여 미국의 동맹국들과 미군을 보호하는 것이 필요하고 이를 위해서는 미사일 방어를 구축할 필요가 있다고 보았다.157)

---

154) Thomas Karako, "Missile Defense and the Nuclear Posture Review", *Strategic Studies Quarterly*, Vol.11, No.3, (2017), pp.49-52.

155) Matej Smalcik, "Ballistic Missile Defense and its Effect on Sino-Japanese Relations: A New Arms Race?", *Czech Journal of Political Science* Vol.23 No.3, (2016), pp.235-237.

156) Keir Giles, *Russian Ballistic Missile Defense: Rhetoric And Reality*, (Carlisle Barracks PA: Strategic Studies Institute and U.S. Army War College Press, 2015), pp.1-2, pp.30-38.

157) Brad Roberts, "On the Strategic Value of Ballistic Missile Defense", *IFRI Security*

자가나스 산카란(Jaganath Sankaran)은 미국은 탈냉전 이후에 중국의 탄도미사일에 대하여 위협적이라는 인식을 지니고 있으며 이를 방어하는 것이 필요하다고 본다. 북한의 미사일 뿐만 아니라 중국 등에 대해서도 위협이 여전하다는 시각을 지니고 있으며 이를 방어하기 위해서는 미사일 방어가 필요하다고 지적하였다.[158)]

크리스 존스(Chris Jones)는 미사일 방어는 미국의 지역적 동맹국들에게 북한의 미사일 도발에 대응하는 능력을 제공하지만 더 넓은 시각에서 보면 중국의 군사적인 위협과 러시아의 초소형화된 핵무기에 대응하고자 한다고 분석하였다.[159)]

냉전 이전과 탈냉전 이후의 동아시아 지정학에 대한 연구 외에도 강대국의 시각에서 미사일 방어를 하는 이유에 대한 연구가 있었다.

첫째, 강대국의 입장에서 미국이 계속해서 미사일 방어를 추구할 경우에 중국, 러시아 등이 미사일 방어능력을 다시 높이려고 하여 동아시아 지역에서 군비경쟁이 발생할 수 있다는 점에 대하여 지적한 연구가 있다. 제임스 린제이(James M. Lindsay)와 마이클 오핸런(Michael E. O'Hanlon)은 탈냉전 이후에 미국이 미사일 방어를 통하여 방어를 높이게 되면 중국과 러시아가 미사일 방어 기술을 보다 개선하게 되고 이는 또다시 군비경쟁을 초래할 수 있다는 점을 지적하였다.[160)]

둘째, 중국과 관련하여 강대국인 미국이 중국을 염두에 두고 미사일 방어를 구축하고 있다는 연구가 있다. 헨리 오버링(Henry Obering)과 레베카 하인리치(Rebeccah L. Heinrichs)는 중국은 1996년 SRBM을 대만 인근 해협에 발사한 이후 ICBM, MIRV, IRBM(Intermediate Range Ballistic Missile, 중거리 탄도미사일, 이하 IRBM) 등을 계속해서 고도화

Studies Center Proliferation Papers No.50, (June 2014), pp.27-30, p.35.

158) Jaganath Sankaran, "Missile Defenses And Strategic Stability in Asia: Evidence From Simulations", *Journal of East Asian Studies* Vol.20 Issue2, (2020), pp.1-3, pp.7-13.

159) Chris Jones, "Managing the Goldilocks Dilemma: Missile Defense and Strategic Stability in Northeast Asia", *CSIS A Collection of Papers from the 2009 Conference Series* April 1, (2010), p.109.

160) James M. Lindsay·Michael E. O'Hanlon, *Defending America: The Case for Limited National Missile Defense*, (Washington D.C: The Brookings Institute, 2001), p.10.

하고 있다. DF-26의 경우에는 미국의 괌까지 잠재적으로 타격이 가능할 정도이다. 중국은 미국과 러시아가 중거리핵전력 조약(INF: Intermediate-Range Nuclear Forces Treaty)에 묶여서 중거리 미사일을 제대로 개발하지 못하는 사이에 미사일을 보다 자유롭게 개발하여왔다. 이에 대하여 안보적인 위협을 느낀 미국은 결국 2019년 8월 INF조약을 탈퇴하기까지 하였다고 본다. 미국은 중국의 미사일에 대하여 미국 본토 뿐만 아니라 미국의 동맹국들에 대하여 위협이 된다고 보고 이에 대응하기 위하여 미사일 방어를 구축하려는 모습을 보이고 있다고 분석하였다.161)

통 자오(Tong Zhao)는 미국은 중국이 핵무기와 탄도미사일로 미국 본토를 공격할 수 있다는 가능성을 열어두고 이를 방어하는 능력을 키우는 것이라고 보았다. 동아시아 지정학의 측면에서 냉전이 끝났음에도 불구하고 미국은 중국이 군사기술적으로 위협적인 능력을 보유한 국가라고 인식하고 있다고 지적하였다. 또한 미국이 중국의 의도에 대하여 깊이 신뢰하기가 어려운 부분이 존재하기 때문에 미사일 방어를 통하여 이를 방어하고 한미동맹을 강화하고자 한다고 분석하였다.162)

셋째, 강대국인 미국 뿐만 아니라 강대국이 되고자 하며 지역적으로도 영향력을 높이는 것을 추구하는 중국의 경우에도 미사일 방어능력을 높이려 한다는 연구가 있다. 이안 윌리암스(Ian Williams)와 마사오 달그렌(Masao Dahlgren)은 중국이 미사일 방어 능력을 계속해서 높이고 있는데 기술적으로 우위에 서는 것에 집중하여 동아시아 지역에서 군사적으로 우위에 서는 것을 꾀한다고 지적하였다.163)

넷째, 중국, 러시아가 탈냉전 이후에도 미국이 미사일 방어를 구축하는 것을 두려워하면서 이에 대응하기 위하여 중국, 러시아 역시 미사일 방어

---

161) Henry Obering·Rebeccah L. Heinrichs, "Missile Defense for Great Power Conflict: Outmaneuvering the China Threat", *Strategic Studies Quarterly* Vol.13, No.4, (2019), pp.39-45.

162) Tong Zhao, *Narrowing The U.S.-China Gap On Missile Defense: How To Help Forestall a Nuclear Arms Race,* (Washington D.C: Carnegie Endowment for International Peace, 2020), pp.18-27.

163) Ian Williams·Masao Dahlgren, "More Than Missiles: China Previews its New Way of War", *Center for Strategic and International Studies Briefs,* (October 2019), pp.1-6.

를 구축한다는 연구가 있다. 브래드 로버츠(Brad Roberts)는 중국이 대만 문제와 관련하여 동아시아 지역에서 미사일 방어 문제가 두드러지는 것을 우려하고 있다고 지적한다. 중국은 미국과 일본이 미사일 방어를 공동으로 개발하고 구축하는 것에 대하여서도 중국을 봉쇄하는 것은 아닌지를 우려한다고 지적하였다. 중국은 이러한 우려에 대응하고자 중국 자체적으로 그리고 러시아와의 기술협력을 통하여 미사일 방어를 구축하려고 노력한다고 보았다.164)

조지 루이스(George N. Lewis)는 러시아는 미국의 미사일 방어능력에 대응하기 위하여 기술적인 능력을 증가시키면서 탄도미사일을 개발하고 있다고 보았다. 러시아는 유럽 등에 대하여 영향력을 유지하고 싶어하기 때문에 미사일 방어능력을 확보하고자 한다고 지적하였다.165)

러시아의 입장에서 미국의 미사일 방어에 대하여 비판하는 연구도 있다. 아미 울프(Amy F. Woolf)는 러시아는 미국의 미사일 방어가 북한과 같은 불량국가들의 미사일 공격에 대응하기 위한 것이라고 주장하는 것을 믿지 않는다고 보았다. 러시아는 미국이 미사일 방어를 개발하는 것은 장기적으로 미국의 전략적 우위를 유지하고 이를 미국의 재래식 무기와 핵무기와 결합하여 군사력을 확대하기 위하여 미사일 방어를 추진한다고 보았다.166)

중국의 입장에서 미국의 미사일 방어 개발에 대하여 우려하는 연구도 있었다. 진동 위안(Jin-Dong Yuan)은 중국이 미국이 지속적으로 미사일 방어능력을 키우는 것에 대하여 우려한다고 지적한다. 중국은 미국이 미사일 방어를 강화하는 것이 중국의 안보 이익에 영향을 준다고 생각한다고 분석하였다.167)

---

164) Brad Roberts, *China and Ballistic Missile Defense: 1955 to 2002 and Beyond*, (Paris France: IFRI Security Studies Department, Winter 2004), pp.23-25, pp.27-33.

165) George N. Lewis, "U.S. BMD Evolution Before 2000" in Alexei Arbatov·Vladimir Dvorkin (ed.), *Missile Defense: Confrontation And Cooperation*, (Moscow: Carnegie Moscow Center, 2013), pp.212-215.

166) Amy F. Woolf, National Missile Defense: Russia's Reaction, *CRS Report for Congress, Congressional Research Service, the Library of Congress*, (August 10, 2001), pp.4-9.

다섯째, 동맹에 대한 고려의 측면에서 미사일 방어와 관련한 기존 연구를 살펴보면 다음과 같다.

① 약소동맹국의 시각에서 바라본 동맹 연구 검토

1) 일본의 사례

일본의 사례에서 동맹의 변화에 대하여 분석한 연구는 다음과 같다.

본 연구의 독립변수와 종속변수의 관계를 파악하는데 약소동맹국이 미사일 방어에 참여하였을 때 동맹의 측면에서 어떤 변화를 겪었는지를 살펴보는 것이 중요하다. 마이클 그린(Michael Green)은 일본이 냉전이후 미국의 미사일 방어에 들어가게 되면서 미일 동맹관계가 굳건하게 되었다고 지적한다. 일본이 TMD에 명확하게 참여한다는 입장을 세우고 공언한 뒤에 미국과 일본이 군사기술적으로 교류하고 미국의 안보 방향에 일본이 합치하는 모습을 보이면서 일본이 이익을 취하게 되었다고 지적한다.[168]

제니퍼 린드(Jennifer M. Lind)와 토마스 크리스텐슨(Thomas J. Christensen)은 일본이 미국의 미사일 방어에 참여하면서 동맹의 측면에서 이익을 본 측면이 존재한다고 지적한다. 일본은 미국의 미사일 방어에 참여한다는 입장을 명확하게 하였는데 일본의 입장에서 미국과 미사일 방어에 대하여 공동연구를 하면서 일본이 군사적으로 재무장을 할 수 있는 기회를 열었다고 지적하였다.[169]

폴 캘렌더(Paul Kallender)는 1990년대 이후 약소동맹국인 일본이 미국과 함께 BMD를 구축하면서 미일동맹이 굳건해지고 보다 협력적인 관

167) Jin-Dong Yuan, "Chinese Responses to U.S Missile Defenses: Implications for Arms Control and Regional Security", *The Nonproliferation Review*, Spring, (2003), pp.79-80.

168) Michael Green, "The Challenges of Managing U.S.-Japan Security Relations after the Cold War", in Gerald L. Curtis (eds.), *New Perspectives on U.S.-Japan Relations*, (Tokyo: Japan Center for International Exchange, 2000), pp. 241-250.

169) Jennifer M. Lind Thomas J. Christensen, "Correspondence: Spirals, Security, and Stability in East Asia", *International Security*, Vol.24, No.4, (2000), pp.197-199.

계가 형성되었다고 지적한다. 미국의 미사일 방어에 적극적으로 참여하자 미국은 일본에 대하여 우주프로그램 등에 있어서 지지를 보내거나 일본이 군사적으로 강해지는 것을 지지하는 모습이 나타나게 되었다고 분석하였다.[170]

조나단 몬텐(Jonathan Monten)과 마크 프로보스트(Mark Provost)는 일본이 미국의 미사일 방어에 들어가게 되면서 미일 간의 동맹이 강화되고 협력이 원활하게 되었다고 지적한다. 일본은 미국과 협력하여 PAC-3를 개발하였고 해상무기에 있어서도 계속해서 연구개발 협력을 통하여 동맹 관계가 깊어지게 되었다고 보았다.[171]

노리푸미 나마타메(Norifumi Namatame)는 일본이 미국의 미사일 방어에 들어가면서 핵무기가 없이도 미국으로부터 미사일 방어 프로그램으로 인하여 안보적으로 더 깊게 협력할 수 있게 되었다고 지적한다.[172]

사토시 모리모토(Satoshi Morimoto)는 일본이 미국의 TMD에 들어가게 되면서 전반적인 일본의 방어 시스템을 향상시킬 수 있었고 미일 동맹이 강화되면서 일본에 이익을 가져왔다고 지적한다.[173]

쉘리아 스미스(Sheila A. Smith)는 일본이 미국과 미사일 방어를 공동으로 구축하면서 미일동맹이 보다 강화되었다고 지적한다.[174]

존 알렌(John Allen)과 벤자민 서그(Benjamin Sugg)는 일본이 미국과 BMD를 구축하면서 미일동맹이 강화되고 상호운용성을 높이고 소통 능력이 활성화되었다고 지적한다.[175]

---

170) Paul Kallender, "Phase Two: Challenges to the 1969 Framework and Attempted Reforms(1998-2007)", *Japan's New Dual-Use Space Policy: The Long Road to the 21st Cenruty*, (Paris France: IFRI Center for Asian Studies, 2016), pp.23-24.

171) Jonathan Monten Mark Provost, "Theater Missile Defense and Japanese Nuclear Weapons", *Asian Security* Vol.1 No.3, (2005), pp.285-286, pp.296-299.

172) Norifumi Namatame, "Japan and Ballistic Missile Defence: Debates and Difficulties", *Security Challenges* Vol.8, No.3, (2012), p.17.

173) Satoshi Morimoto, "A Tighter Japan-U.S Alliance Based on Greater Trust", in Mike M. Mochizuki (eds.), *Toward a True Alliance: Restructuring U.S-Japan Security Relations*, (Washington D.C: The Brookings Institute, 1997), pp.146-148.

174) Sheila A. Smith, "Japan and Asia's Changing Military Balance: Implications for U.S. Policy", *Council on Foreign Relations*, June 8, (2017), p.6.

타테 널킨(Tate Nurkin)과 료 히나타 야마구치(Ryo Hinata-Yamaguchi)는 일본이 미국과 미사일 방어를 구축하면서 기술발전을 이뤘을 뿐만 아니라 동아시아에서 중국을 공동으로 견제하는 역할을 일부 담당하게 되면서 미일동맹의 가치를 높였다고 지적한다.176)

수지오 타카하시(Sugio Takahash)는 일본이 미사일 방어에 적극적으로 참여하면서 미국이 일본에게 중요한 역할을 줄 수밖에 없었다고 지적한다.177)

2) 이스라엘의 사례

이스라엘의 사례에서 동맹의 변화에 대하여 분석한 연구는 다음과 같다.

자가나스 산카란(Jaganath Sankaran)은 이란이 미사일 공격 위협을 높이고 있기 때문에 이에 대응해서 이스라엘과 미국은 미사일 방어 능력을 확보하는 것이 필요하다고 지적하였다.178)

제임스 스타브리디스(James Stavridis)와 겐 찰스(Gen Charles)와 존 가드너(John Gardner)와 헨리 오버링(Henry Obering)과 마이클 마코브스키(Michael Makovsky)와 조나단 루헤(Jonathan Ruhe)와 아리 시쿠렐(Ari Cicurel)과 해리 호쇼브스키(Harry Hoshovsky)는 이스라엘이 미국과 군사적으로 협력하면서 동맹이 강화되었고 미국의 군사적인 지지를 강화할 수 있었다고 지적한다.179)

---

175) John Allen, Benjamin Sugg, "The U.S.-Japan Alliance", *Asian Alliances Working Paper Series Paper* 2 July, (2016), p.2.

176) Tate Nurkin · Ryo Hinata-Yamaguchi, *Emerging Technologies and the Future of US-Japan Defense Collaboration*, (Washington D.C: Atlantic Council Scowcroft Center for Strategy and Security, 2020), p.11.

177) Sugio Takahash, "Upgrading the Japan-U.S. Defense Guidelines: Toward a New Phase of Operational Coordination", (Project 2049 Institute, 2018), p.5.

178) Jaganath Sankaran, "The Iranian Missile Threat", *The United States European Phased Adaptive Approach Missile Defense System*, (RAND Corporation, 2015), p.10.

179) James Stavridis Gen Charles John Gardner Henry Obering Michael Makovsky Jonathan Ruhe Ari Cicurel Harry Hoshovsky, *For a Narrow U.S.-Israel Defense Pact: Paper and Draft Treaty*, (Jewish Institute for National Security of America,

3) 한국의 사례

약소동맹국인 한국이 미국의 미사일 방어에 들어가지 않는 것과 관련하여 한국이 미국의 미사일 방어에 들어가지 않았으며 이명박 정부에서처럼 한미동맹이 강화되는 시기에도 미사일 방어에 참여하지 않는 공식적인 입장을 유지한 모습에 대하여 지적한 연구가 있다.

강대국인 미국의 시각에서 미사일 방어가 미국과 미국의 동맹국에 대하여 안보를 제공하고 미사일 방어로 인하여 동맹이 굳건하게 된다고 본 연구가 있다. 스티븐 프루링(Stephan Fruhling)은 동맹의 측면에서 미사일 방어를 동맹국에게까지 확대하는 것은 미국 본토를 지키고 유럽과 아시아 지역의 미국의 동맹국들에게 긍정적으로 작용할 수 있다고 지적하였다.[180] 마크 버호우(Mark A. Berhow)는 미국의 미사일 방어가 미국의 본토를 보호하기 위한 것일 뿐만 아니라 미국의 동맹국의 안보를 지키기 위하여 반드시 필요하며 미국의 국가안보의 핵심요소로서 미사일 방어가 중요하다고 지적하였다.[181] 스텐 라이닝(Sten Rynning)은 미국의 미사일 방어가 전략적으로 도움이 되며 일본과 같은 미국의 동맹국들의 위협에 대응하기 위한 좋은 방법이 된다고 보았다. 다층방어체계를 통하여 미국의 본토를 보호할 수 있을 뿐만 아니라 동맹국들에게도 미사일 위협을 막아낼 수 있는 좋은 전략이라고 보았다.[182] 알라 카시아노바(Alla Kassianova)는 미국의 미사일 방어는 미국이 장기적으로 전략적인 이익을 얻는데 도움이 된다면서 미국의 본토를 지키고 해외에 주둔하는 미군을 보호하는 실질적인 수단이 된다고 보았다.[183]

July 2019), pp.8-9.

180) Stephan Fruhling, "Managing Escalation: Missile Defence, Strategy and US alliances", *International Affairs* Vol.92 No.1, (2016), pp.88-89, pp.93-95.

181) Mark A. Berhow, *US Strategic and Defensive missile systems 1950-2004*, (New York: Osprey Publishing, 2005), p.57.

182) Sten Rynning, "Reluctatnt Allies Europe and Missile Defense" *Missile Defense International Regional and National Implication*, (London: Routledge Taylor & Francis Group Contemporary Security Studies, 2005), p.114, p.128.

183) Alla Kassianova, "Roads not yet taken Russian Approaches to Cooperation in Missile Defense" *Missile Defense International Regional and National Implication*, (London: Routledge Taylor & Francis Group Contemporary Security Studies, 2005), p.103.

② 강대국의 시각에서 바라본 동맹에 대한 판단 연구 검토

첫째, 약소동맹국인 일본 뿐만 아니라 강대국인 미국의 시각에서 미국이 동맹국인 일본과 미사일 방어를 공동으로 개발하면서 협력하였고 이는 미일동맹 강화로 이어지게 되었다는 점을 지적한 연구가 있다. 로버트 슈이(Robert Shuey)는 미국이 TMD 개발을 통하여 단거리와 중거리 미사일을 방어하려고 하는데 동맹국 중에서도 특히 일본과 1999년부터 공동개발을 통하여 연구를 가속화하였다고 보았다.[184] 체스터 도슨(Chester Dawson)은 일본이 TMD를 통하여 일본의 방위산업 발전 기회로 삼아 기술개발에 성공하였다고 본다. 일본은 미국과의 기술 교류를 통하여 TMD에서 자체기술로 생산이 가능한 무기를 많이 만들어냈고 미일동맹에 있어서도 확고한 입장을 통하여 일본의 위치를 보다 공고하게 하는데 성공하였다고 본다.[185]

둘째, 강대국인 미국의 시각에서 한국이 미국의 미사일 방어에 참여하여 함께 미사일 방어를 구축하고 한미동맹을 강화하여 적대국가의 위협에 대응하는 것이 필요하다는 연구가 있다. 데이비드 맥스웰(David Maxwell)과 브래들리 보우맨(Bradley Bowman)과 매튜 하(Mathew Ha)는 한국이 북한의 미사일 위협에 대응하기 위하여 한미동맹을 강화하여 이에 대응하는 것이 중요하다고 보았다. 미사일 방어를 포함하여 한미 간에 군사적인 협력을 하는 것은 방어에 도움이 된다고 지적하였다.[186] 브루스 블레어(Bruce G. Blair)는 미국은 북한의 탄도미사일 위협과 핵무기 개발에

---

184) Robert Shuey, "Theater Missile Defense: Issues for Congress", *CRS Issue Brief for Congress, Congressional Research Service IB98028 The Library of Congress*, (July 30 2001), pp. 11-12.

185) Chester Dawson, 2012, "Japan shows off it's Missile Defense System", 『The Wall Street Journal』, (December 9 2012). https://www.wsj.com/articles/SB10001424127887323316804578165023312727616 (검색일: 2017년 9월 27일)

186) David Maxwell·Bradley Bowman·Mathew Ha, "Military Deterrence and Readiness", in Bradley Bowman·David Maxwell (ed.), *Maximum Pressure 2.0: A Plan for North Korea*, (Washington D.C: Foundation For Defense of Democracies, 2019), pp.28-29.

대응하기 위하여 경제적 제재, 비핵화 협상 등 다양한 수단으로 접근을 하였으며 한국에 대하여 패트리어트, 사드, 이지스함 등으로 동맹국의 안보를 지키기 위하여 미사일 방어를 통하여 방어하는 것이 중요하다고 보았다. 한미동맹을 통하여 이러한 위협에 공동으로 대처할 필요성이 더 커지고 있다고 지적하였다.[187] 쿨트 구스(Kurt Guthe)와 토마스 섀버(Thomas Scheber)는 6.25전쟁 이후 한국과 미국은 정치적, 군사적, 경제적으로 밀접한 관계를 맺어왔던 특별한 동맹국이자 혈맹으로 수십년 간 동맹을 이어왔다고 보았다. 한국은 러시아, 중국, 일본과 인접하여 있는데 미국이 한국에 대하여 군사적인 안보를 상당한 수준으로 제공하여왔고 이는 한국의 방어력 향상에 도움이 되었다고 보았다. 북한의 핵무기와 탄도미사일 위협에 대응하기 위해서는 미사일 방어를 구축하는 것이 필요하다고 보았다.[188] 제니퍼 린드(Jennifer Lind)는 한미동맹은 6.25전쟁을 북한이 일으켜서 한국을 침략하면서 이 공격을 막기 위하여 미국이 군사적으로 한국을 도우면서 본격적으로 시작되었는데 미국은 DMZ에서 인계철선의 역할을 하였다고 보았다. 미국이 아시아 지역에서 동맹을 통하여 얻으려는 이익은 북한, 중국 등의 공격을 막고 지역적인 안정을 유지하기를 원한다고 보았다. 또 미국은 중국이 군사적으로 현대화하는 부분에 대하여 한미일공조를 통하여 전략적으로 동맹의 측면에서 대처하는 것이 필요하다고 보았다.[189] 다니엘 핑크스톤(Daniel A. Pinkston)는 북한이 정치적, 기술적 제한에도 불구하고 탄도미사일을 800개가 넘게 배치하였다고 지적하면서 북한이 미사일을 계속해서 고도화한다면 한국이 미사일 방어를 구축하는 것이 필요하게 된다고 지적하였다.[190]

---

187) Bruce G. Blair, *The End of Nuclear Warfighting: Moving to a Deterrence-Only Posture*, (Washington D.C: Princeton University, 2018), pp.27-31.

188) Kurt Guthe·Thomas Scheber, *Assuring South Korea and Japan as the Role and Number of U.S. Nuclear Weapons are Reduced*, (John J. Kingman Road Ft. Belvoir: Defense Threat Reduction Agency Advanced Systems and Concepts Office, 2011), pp.9-25.

189) Jennifer Lind, "Keep, Toss or Fix? Assessing US Alliances in East Asia", *Chicago IL Annual Meeting of the American Political Science Association APSA August 2013 Annual Meeting Paper*, (2013), pp.4-14.

190) Daniel A. Pinkston, *The North Korean Ballistic Missile Program*, (US Army War

셋째, 강대국인 미국의 시각에서 한국이 미국의 미사일 방어에 들어오기를 바라면서도 동시에 한국 내의 반미감정이 한미동맹에 영향을 주는 것을 우려하는 연구가 있다.

카밀레 그랜드(Camille Grand)는 미국은 이스라엘, 대만과 같은 국가가 미국의 미사일 방어에 참여하는 것에 대하여 지지하는 입장이고 한국이 미국의 미사일 방어에 들어오는 것을 꺼려하는 점에 대하여 인식하고 있기 때문에 조심스러워하는 입장을 취한다고 분석하였다.[191]

넷째, 한국에서 한미동맹보다 중국과의 관계개선을 취하는 모습이 나타나기도 하는데 미사일 방어를 포함하여 한미동맹 강화가 필요하다는 연구가 있다.

자가나스 산카렌(Jaganath Sankaran)과 브리얀 레오 피어레이(Bryan Leo Fearey)는 중국의 경우에 한국이 사드를 들여올 때 심하게 반대를 하였는데 중국은 한국과 미국이 군사적으로 긴밀하게 공조하는 것에 대해 회의적인 입장을 취한다고 지적하였다. 그러나 한국의 경우에는 안보적인 시각에서 미사일 방어 능력을 보다 키울 필요가 있고 한미 간에 긴밀하게 미사일 방어 능력을 구축하여 군사적인 힘을 기를 필요가 있다고 지적하였다.[192]

박진(Park Jin)은 중국이 미국의 미사일 방어에 대하여 반대하는 입장을 취하는 가운데 한국은 미국과 중국 사이에서 오가는 것은 외교적으로 오히려 안 좋은 결과를 가져오기 때문에 한국은 한미동맹을 보다 강화하고 미사일 방어 능력을 기르는 등 전략적인 선택을 하는 것이 더 중요하다고 지적하였다.[193]

College, 2008), pp.56-58.

191) Camille Grand, "Missile Defenses: The Political Implications of the Choice of Technology", Scott Parrish (eds.), *Missile Proliferation and Defences: Problems and Prospects*, (Monterey: James Martin Center for Nonproliferation Studies CNS, 2001), p.46.

192) Jaganath Sankaran · Bryan Leo Fearey, "Missile defense and strategic stability: Terminal High Altitude Area Defense (THAAD) in South Korea", Los Alamos National Laboratory, LA-UR-16-21377, 2017, pp.10-11.

193) Park Jin, "Korea Between the United States and China: How Does Hedging Work?", *Joint U.S.-Korea Academic Studies* May, 2020, pp.60-69.

Chapter 03

한국의 미사일 방어 정책 결정 과정 분석

제3장 한국의 미사일 방어 정책 결정 과정 분석

제1절 전두환, 노태우, 김영삼 정부의 한국의 초기 미사일 방어정책

1. 레이건 정부의 SDI추진과 한국의 초기 미사일 방어정책의 출발

(1) 레이건 정부의 SDI추진과 전두환 정부의 미사일 방어

미국 레이건 정부가 1983년 3월 23일에 전략방위구상(SDI: Strategic Defense Initiative)에 대하여 발표한다.[194] 당시 미국은 소련이 핵무기, 탄토미사일을 사용하여 공격할 수 있다는 점에 대하여 방어의 필요성을 느꼈고 우주배치 탄도탄 요격시스템에 대한 구상을 하게 된다. 미국이 미사일 방어를 추진하게 된 것이다.[195] 미국의 레이건 정부는 SDI를 추진하는 것이 미국의 국방을 위한 길이고 군사기술력 발전에 도움이 된다고 판단한 것이다.[196] 레이건 정부는 별들의 전쟁(Star Wars)이라고 불린 SDI

---

194) US Government Office, *The President's Strategic Defense Initiative*, (US Government Printing Office, January 3 1985), p.10, Ronald Reagan Presidential Library & Museum, "Foreword Written for a Report on the Strategic Defense Initiative"
https://www.reaganlibrary.gov/archives/speech/foreword-written-report-strategic-defense-initiative

195) Caspar W. Weinberger, *Report of the Secretary of Defense Caspar W. Weinberger to the Congress, on the FY 1988 FY 1989 Budget and FY 1988-1992 Defense Programs*, (U.S Government Printing Office, January 12, 1987), AD-A187 382, p.287.

추진을 통하여 미국의 이익을 확대하게 된다.[197] 레이건 정부가 세운 SDI는 소련이 핵무기를 실은 미사일을 쏘거나 대륙간 탄도미사일 (Inter Continental Ballistic Missile, 이하 ICBM)을 발사할 때 공격무기를 식별하고 탐지하여 격추시키는 전략이다. 레이건 정부는 출범 이후 국방력 강화에 대하여 중점을 두고 국방연구개발예산을 늘리게 된다. 1980년 15 billion 달러에서 1988년 40.3 billion 달러로 국방연구개발 예산을 늘렸다. 약 2배에서 3배를 늘린 것이다. 레이건 정부는 국방연구가 과학기술을 발전시킬 수 있고 이를 바탕으로 미국의 발전을 이룩할 수 있다고 판단하고 8년의 임기 동안에 지속적으로 투자를 하게 된다. 레이건 정부는 기초연구에 대해서도 투자하였다. 1980년 4.2billion 달러에서 순수기초연구 예산을 8.5billion 달러로 늘렸다.[198]

캐스퍼 와인버거(Casper Weinberger) 국방부 장관은 1985년 3월 27일 한국에 서한을 보냈다. 한국에 공식적으로 미국이 서한을 통하여 SDI에 참여하여 달라는 문구가 적혀있었다.[199]

1985년 6월 18일에는 미국에서 SDI 특별 설명단 방한 기자회견이 있었다. 이 기자회견에서 미국은 한국의 정부 및 민간 기업이 미국의 SDI에 참여하기를 바란다는 이야기가 나왔다. 1986년 7월 29일에는 미국 레이건 정부의 라우니 군축담당 특별보좌관이 방한하여 SDI 참여 요청을 한다. 비밀이 해제된 문서에 따르면 미국이 약 260억 달러를 SDI 연구개발비로 책정하여 투입하기로 하였고 이 금액은 영국과 프랑스가 군사분야 연구개발을 위하여 책정한 10년 간의 총 예산과 맞먹는 정도의 규모라는

---

196) Steven A. Hildreth, *The Strategic Defense Initiative: Program Facts*, Foreign Affairs and National Defense Division Congressinal Research Service IB85170, July 22, 1987, pp.2-3.

197) U.S. Congress, *Office of Technology Assessment, SDI: Technology, Survivability, and Software*, OTA-ISC-353, (Washington D.C: U.S. Government Printing Office, May 1988), pp.6-7.

198) 배영자, "미국의 지식패권과 과학기술정책: 지식국가의 형성과 발전과정", 『과학기술연구원 정책자료 2006-11』, (과학기술정책연구원, 2006), pp.29-30.

199) Richard D. Fisher, "The Strategic Defense Initiative's Promise For Asia", *The Heritage Foundation Asian Studies Center Backgrounder* No.40, (December 18, 1985), p.7.

점에 대하여 한국 정부는 인식하고 있다. 한국은 미국의 SDI에 참여할 경우에 한국에게 이익이 된다는 점을 인지하고 있었다. 한국의 과학기술을 발전시킬 수 있는 원동력이 될 수 있다는 데 동의하고 있다. 그러면서도 한국 정부는 미국의 SDI가 추후에는 ABM 폐기라는 문제가 대두될 수 있다고 보았고 SDI를 통하여 완벽한 방어(impenetrable defense)가 가능할 지에 대해서도 살펴보아야 한다고 보았다. 또 소련이 추가적으로 군사기술력을 높여서 무기가 더 강력해질 가능성도 고려하였다.200)

전두환 정부는 미국의 SDI에 참여하는 것을 긍정적으로 보았다. 이는 SDI참여문제에 관한 대통령 각하 지시사항이라는 문서에서 확인할 수 있다. 1986년 12월 17일 문서의 원문은 다음과 같다.

> "참여여부를 결정하기 위해서 우선 조사단을 파견하는 것이 좋은 방안이 되겠다. 우리의 기여수준이 어느 정도가 될 것인지 일본이나 EC와 같이 기술이전에 있어 동등한 요구를 할 수 있을 것인지 등 협상이 이루어지기 전까지는 공식입장을 보류하는 것이 좋겠다. 미국방장관 협상에 대한 국방장관의 회신내용에도 조사단을 파견한다는 것과 SDI에 대한 설명 청취를 원한다는 것을 포함하도록 검토바란다. 우리가 참여할 시는 아무래도 일부 개발비를 부담하게 되는데 우리가 부담하는 만큼 실질적 참여가 가능할 것인지 즉 비밀분야에까지 접근이 가능할 것인지 등 자세히 알아보아야 한다. 돈을 적게내도 선진국과 꼭 같은 대우를 받아야 한다. 그리고 SDI계획에 참여하는 경우에도 민간차원에서 참여함이 바람직하다. 참여수준은 우리 국력에 맞게 해야하며 우리의 부담범위를 사전에 파악해야 한다. 과기처와 협조 우리의 과학두뇌로 조사단을 구성하고 모두가 통역없이 의사표시 할 수 있어야 한다. 국방부가 주관하되 외무부의 조약전문가도 조사단에 포함바란다. 특히 동건 보안에 유의바란다."201)

전두환 정부는 SDI에 참여할 경우에 과학기술을 높일 수 있다고 보았고 조사단을 파견하여 어느 정도까지 기술이전을 받을 수 있는지와 개발비 부담이 있더라도 한국이 얻을 이익이 있다면 검토하여야 한다는 입장이었음을 확인할 수 있다. 또 전두환 정부는 한국이 SDI에 참여할 때 국방부,

---

200) 외교부 외교사료관, 2019년 비밀·비공개 해제문서 "미국 SDI(전략방어계획) 참여, 1985-88. 전6권 V.1 한국의 참여 검토, 1985" 등록번호 26669 (검색일: 2019년 3월 31일)

201) 외교부 외교사료관, 2019년 비밀·비공개 해제문서 "미국 SDI(전략방어계획)참여, 1985-88, 전6권 V.2한국의 참여검토 1986-87" 등록번호 26670. (검색일: 2019년 3월 31일)

과학기술처, 외무부, 민간전문가 등이 함께 참여하는 것이 바람직하다고 판단하였다. 전두환 정부는 1988년 1월 12일 유관 부처 장관회의를 열었고 1988년 1월 29일 상부의 재가를 거쳐 한국이 미국의 SDI에 참여하기로 공식 결정을 내렸다.[202]

전두환 정부는 조기에 한국이 SDI에 참여한다는 것에 대하여 국방부 장관 명의의 서한을 미국에 보내기로 하였다. 1988년에 서울올림픽을 개최하는 것을 고려하여 대외적으로는 한미양국이 올림픽이 끝난 이후에 공표를 하고자 하였다. 전두환 정부에서 SDI 참여를 총괄하는 부서는 과학기술처였고 외무부는 한미 양국이 양해각서(MOU: Memorandum of Understanding, 이하 MOU) 체결하는 것을 담당하기로 하였다.[203] 국방부 김동신 정책기획차장이 포함된 한국의 민간조사단은 1987년 3월 29일 미국을 방문하여 약 12일 동안 살펴보기로 하였다.[204] 제1차 미국 출장은 1987년 3월 29일부터 4월 11일까지 기간 동안에 있었다. SDI 기술조사단은 국방과학연구소 부소장 구상회 박사를 단장으로 하고 전문가 11명과 정부요원 4명이 포함되었다. 현지 조사를 통하여 1984년 1월 미국이 SDI에 대한 연구계획을 세우고 미국 국방성 소속의 SDI 본부가 있다는 점에 대해 알게 되었다. 또 미국은 1980년대에 SDI 기초 연구를 하기로 하고 1990년대에 들어서 체계를 개발할 계획을 세웠으며 2000년대 이후에 SDI 무기체계를 실전배치하고 운용하겠다는 장기적인 계획을 세웠음을 알게 되었다. 한국은 미국이 단기적, 장기적으로 연구계획을 충실하게 세웠으며 심도 깊은 연구가 진행되고 있다는 점을 파악하게 된다. 또 미국이 안보적인 이익뿐만 아니라 첨단 과학기술을 발전시키고 우위를 점하려는 전략적인 목표도 있다는 것을 파악하게 된다. 한국은 미국이 정권교체에 따라서 SDI정책이 좌우되는 것이 아니라는 점에 대해서도 파악하

202) 외교부 외교사료관, 2019년 비밀·비공개 해제문서 "미국 SDI(전략방어계획) 참여, 1985-88, 제3권 한국의 참여 검토 결과" 등록번호 26671. (검색일: 2019년 3월 31일)
203) 외교부 외교사료관, 2019년 비밀·비공개 해제문서 "미국 SDI(전략방어계획) 참여, 1985-88, 제3권 한국의 참여 검토 결과" 등록번호 26671. (검색일: 2019년 3월 31일)
204) 외교부 외교사료관, 2019년 비밀·비공개 해제문서 "미국 SDI(전략방어계획) 참여, 1985-88, 제4권 제1차 SDI 조사단 미국 방문" 등록번호 26672. (검색일: 2019년 3월 31일)

게 된다. 미국은 정권의 교체와 상관없이 미국의 이익을 추구하는 특징이 있다. 미국의 미사일 방어가 오랜 기간 동안 정권과 관계없이 추진되고 있다는 점은 역사적으로 확인할 수 있다. 전두환 정부는 미국이 SDI를 오랜 기간 추진한다는 점에 대하여 인식한 뒤 한국이 어떤 이익을 얻을 수 있는지를 판단하고 참여 결정을 내리게 된다. 한국이 미국과 기술협력을 할 경우에 과학기술을 향상시킬 수 있다는 판단을 하였고 2000년 이후에 과학기술이 중시되는 것을 지향한다는 점에서도 SDI참여가 한국에 이익이 된다고 보았다.[205]

제2차 미국 출장은 1987년 11월 1일부터 11월 15일까지 기간 동안에 있었다. SDI 기술조사단은 한국이 당시 보유한 과학 기술로 미국의 SDI에 참여할 때 주계약자가 불가능하다는 판단을 한다. 그러면서도 컴퓨터, 전자통신, 신소재 분야 등에 하청 방식으로 참여는 가능하다고 보았다. SDI 기술조사단은 한국이 공동 투자 방식으로 SDI에 참여하는 것을 적극적으로 검토하는 것도 필요하다고 보았다. 기술조사단은 한국이 SDI에 참여하는 것이 국익에 도움이 된다고 판단한 것이다.[206]

2020년 9월 1일 구상회 국방과학연구소 부소장과의 인터뷰에서 구 소장은 미국 출장 전이었던 1985년 5월 9일에 한미안보협의회의가 끝난 다음 날에 대한 설명을 먼저 하였다. 미국의 사업책임자가 SDI에 대하여 브리핑을 하였고 미국의 SDI는 요격률을 99.9% 목표를 한다는 것과 적대국가가 대륙간 탄도미사일로 공격할 경우에 전 구간에 걸쳐 요격을 하는 전략이라는 것을 들었다고 하였다. 미국의 SDI 요격 구간은 총 4단계였는데 1단계는 발사 이후에 가속 단계, 2단계는 가속 후 단계, 3단계는 중간단계, 4단계는 종말단계로 나누었다. 또 이에 대한 부 체계 구성은 다음과 같다고 하였다. 표적에 대하여 감시, 포착, 파괴, 평가를 하고 요격용 고에너지 레이더와 빔 에너지 지향성 무기 그리고 운동 저지무기 기술이 필요하다고 보았다. 또 전장 관리를 위해서 소프트웨어가 필요하고 체계 생존

205) 외교부 외교사료관, 2019년 비밀·비공개 해제문서 "미국 SDI(전략방어계획) 참여, 1985-88, 제5권 제1차 SDI 조사단 미국 방문 II", 등록번호 26673. (검색일: 2019년 3월 31일)
206) 외교부 외교사료관, 2019년 비밀·비공개 해제문서 "미국 SDI(전략방어계획) 참여, 1985-88, 제6권 제2차 SDI 조사단 미국 방문", 등록번호 26674. (검색일: 2019년 3월 31일)

성과 핵심기술을 확보하는 것이 필요하다고 보았다. 미국은 SDI를 위해 약 1조 달러 예산을 세웠고 2000년이 되어서야 선행 연구가 완료될 것으로 예상하였다. 미국은 한국뿐만 아니라 이스라엘, 일본, NATO, 오스트리아 등에 대해서도 SDI를 공동개발하자는 제안을 하였고 이는 과학기술의 조기 확보와 예산을 절약하기 위한 배경 하에서 이루어진 것으로 판단하였다. 구상회 부소장은 1987년 SDI 조사단의 단장으로서 미국에 출장을 다녀왔다. 구상회 부소장은 1차 SDI 조사단과 2차 SDI 조사단의 구성원이 다르다고 설명하였다. 1차 SDI 조사단의 경우에는 정부부처 관계자와 연구소 관계자로 구성이 되었고 2차 SDI 조사단은 방산업체 관계자 파견으로 구성되었다는 것이다. 미국 출장에서 미국은 한국이 화합물 반도체가 포함된 극소전자 분야, 컴퓨터 소프트웨어 분야, 레이더와 안테나 분야, 신소재 분야 등에 관심을 보였다고 하였다. 구상회 부소장은 전두환 정부가 SDI에 대하여 관심을 보인 것은 과학기술력을 높이고 첨단 무기를 국산화할 수 있는 계기가 된다고 보았고 한국의 이익이 도움이 된다고 판단한 것이라고 증언하였다.[207)]

일본의 경우에도 1987년 7월 21일에 SDI에 참여하겠다는 MOU를 체결하였으며 당시 마쓰나가 주미 일본대사와 와인버거 국방부 장관이 서명하였다. 또 1987년 12월 30일에 일본 교토통신은 미국이 일본에 대하여 전역미사일 방어체계 공동연구개발을 제의하였는데 미사일을 겨냥하여 격추시키는 특징이 있다고 하였다.[208)]

전두환 정부는 1983년 10월 9일 아웅산 테러사건을 겪으면서 국방력 강화를 추진하게 된다. 버마(미얀마)의 국립묘지에서 17명이 사망하고 14명은 중경상을 입은 사건이다. 서석준 부총리, 이범석 외무부 장관, 서상철 동력지원부 장관, 김범석 상공장관, 김재익 청와대 수석, 함병춘 대통령 실장, 이계철 대사 등이 사망하였다.[209)]

---

207) 구상회 국방과학연구소(ADD) 부소장 (2020년 9월 1일), 저자와 이메일 인터뷰.

208) 외교부 외교사료관, 2020년 비밀·비공개 해제문서 "각국의 SDI(전략방어계획) 참여 문제, 1986-88", 등록번호 28300. (검색일: 2020년 3월 31일)

209) 행정안전부 국가기록원, "배달의 기수 제795호 기억하라 아웅산 그날", 시청각기록물 관리번호: CEN0009696, (국방부 국방홍보원 영화부, 1986)

전두환 정부는 아웅산 테러사건을 겪으면서 1982년 국방과학연구소에서 약 3분의 1 정도의 인원을 해고시켰다가 다시 연구에 투자하게 된다. 전두환 정부는 백곰을 개량해서 현무를 개발하도록 하였고 1986년 개발에 성공하게 된다. 북한이 한국의 서울올림픽 개최를 방해할 경우에 평양을 공격하는 무기로 만들었다.[210)]

한국 정부는 방위세를 걷었고 국방력 강화 정책을 추진하였다. 박정희 정부 시기인 1975년 방위세가 만들어졌고 방위세법 시한은 5년이었다. 전두환 정부는 1981년 출범하였는데 1985년 12월까지 방위세를 1차로 연장하였다. 방위세는 1990년 12월 말까지 2차로 연장되었다가 폐지되었다.[211)]

캐스퍼 와인버거 미국 국방부 장관은 미국의 SDI에 한국이 참여할 경우에 탄도미사일 위협에 대처할 수 있고 한미동맹에도 도움이 된다고 보았다. 미국은 SDI를 통하여 미국 본토와 미국의 동맹국을 지킨다는 점에 대해서도 이야기하였다.[212)]이후에 전두환 정부는 2차례 미국에 조사단을 파견하면서 긍정적인 입장과 검토를 하고 미국의 SDI에 참여한다는 결정을 내린다. 한국정부와 미국정부의 문서를 통하여 전두환 정부와 레이건 정부가 SDI에 참여하는 것이 미국의 이익과 한국의 이익에 도움이 된다고 판단하였던 점을 확인할 수 있다.

(2) 부시 정부의 GPALS추진·탈냉전 시작과 노태우 정부의 미사일 방어

1989년부터 1991년까지 국제정치에서 탈냉전의 변화가 발생하게 되었다. 소련은 해체되었고 동유럽에서 공산주의 진영은 붕괴되기 시작하였다. 노태우 정부에 와서 레이건 정부의 SDI에 대하여 긍정적으로 검토하면서

---

210) 행정안전부 국가기록원, "국방과학" http://theme.archives.go.kr/next/koreaOfRecord/natlDefense.do (검색일: 2020년 1월 7일)

211) 한용섭, 『우리국방의 논리』, (서울: 박영사, 2019), p.203.

212) Caspar W. Weinberger, *Report of the Secretary of Defense Caspar W. Weinberger to the Congress, on the FY 1987 Budget FY 1988 Authorization Request and FY 1987-1991 Defense Programs*, (U.S Government Printing Office, February 5, 1986), AD-A187 383, p.47.

도 탈냉전의 국제정세의 변화의 물결로 인하여 SDI에 참여하지 않게 된다. 전두환 정부는 미국의 SDI에 참여하겠다면서 긍정적인 검토를 하고 서울올림픽 이후에 SDI에 참여한다고 밝힐 예정이었으나 정권이 교체되면서 자연스럽게 입장이 변화하게 된다.

2020년 9월 1일 구상회 국방과학연구소 부소장과의 인터뷰에서 전두환 정부부터 노태우 정부에서 미사일 방어 정책이 어떻게 변화하였는지와 원인에 대한 이야기를 들을 수 있었다. 1988년 1월 22일 구상회 부소장은 당시 김정열 총리에게 국방부 장관, 경제부 장관이 참석한 자리에서 한국이 미국의 SDI에 참여하는 것이 필요하다는 보고를 하였다고 증언하였다. 전두환 정부는 한국이 미국의 SDI에 참여하면서도 주관 부처가 국방부가 아니라 과학기술처가 맡도록 하였다고 이야기하였다.

전두환 정부는 1988년에 열리는 서울올림픽이 성공적으로 치러질 수 있도록 주변국 관계 등을 고려하여 공식 참여 언급에 대해서는 서울올림픽 이후로 미루었다. 전두환 정부는 한국이 미국의 SDI에 참여할 경우에 과학기술을 발전시킬 수 있고 미국과의 동맹도 강화할 수 있다고 판단하였다. 그러나 노태우 정부에서 전두환 정부의 결정은 바뀌었다. 노태우 정부는 미국의 SDI에 참여하기로 하지 않았고 GPALS에 대해서도 참여하지 않는 정책을 추진한다. 구상회 부소장은 노태우 정부가 정책을 변화시킨 원인에 대하여 세 가지를 들었다. 첫 번째는 소련이 붕괴하면서 국제정치적으로 탈냉전의 변화 분위기가 있었다는 것과 미국에 대한 위협이 변화하였다는 점이다. 두 번째는 미국은 SDI를 국방부가 주관하여 추진하는 것과 달리 한국은 과학기술처가 담당하다보니 미사일 방어 정책을 추진하는 데 있어서 업무협조가 어려웠다는 것이다. 세 번째는 노태우 정부가 소극적인 자세를 취하였다는 점이다. 구상회 부소장은 이 중에서 노태우 정부가 소극적인 자세로 일관하였던 점이 영향이 컸다고 지적하였다. 또 구 부소장은 한국이 SDI 주관 부처로 국방부를 두었다면 결과가 달라졌을 것이라고 지적하였다. SDI사업이 과학기술처로 이관되면서 구상회 부소장은 관여하지 않아서 그 이후에 대해서 알지 못하였으나 종합적인 판단을 하였을 때 전두환 정부에서 SDI 추진을 한 것이 끝나게 된 것으로 본다고

이야기하였다.213)

미국의 부시 정부는 1991년 1월 29일 미국이 추진하는 SDI를 GPALS 정책으로 변화시킨다고 연두교서에서 발표하였다. GPALS은 SDI보다는 축소된 정책이다. GPALS은 제한적 탄도미사일 공격에 대하여 미국 본토와 미국의 우방국 그리고 우주에서 이를 방어하는 전략이다. GPALS은 세 가지로 구성된다. NMD는 미국의 본토를 방어하고 TMD는 미국의 동맹국을 방어한다. GMD는 우주방어체계이다. 우주전을 가정하고 우주배비(配備)센서, 우주배비요격대(Brilliant Pebbles)를 통하여 방어하는 전략이다.214) 부시 정부는 걸프전 이후에 스커드 미사일에 대비하는 것이 필요하다고 판단하고 미사일 방어 능력을 높이게 된다. 소련이 붕괴되면서 핵무기 공격 위협은 줄었으나 제3세계 국가인 이라크, 리비아, 북한, 쿠바 등이 공격할 가능성에 대해서도 대비하는 것이 필요하다고 본 것이다.215)

1988년 2월이후 노태우 정부는 국제치적으로 탈냉전의 분위기에 따라 한반도에서도 평화를 구축하는 것이 필요하다고 보았다. 1988년 10월 5일 외무부 차관 주재의 실무회의에는 외무부 관료, 한승주 교수 등이 참석하였다. 노태우 정부는 UN총회에서 참석하여 연설을 할 예정이었다. 1988년 10월 17일부터 10월 21일까지 방미하였을 때 UN총회에서 발표할 연설문을 작성하기 위하여 실무회의가 열렸고 연설문의 제목은 한반도에서의 평화 및 화해와 대화의 증진이다. 노태우 정부는 UN총회에서 서울올림픽이 동서 화해를 하는 상징적 의미가 있고 냉전을 종식하고 개방을 통하여 화해를 추진하는 점을 강조하였다. 노태우 대통령은 7·7 특별선언을 언급하면서 한반도에서 화해와 평화 분위기를 구축하는 것이 필요하다고 하였다.216)

---

213) 구상회 국방과학연구소(ADD) 부소장 (2020년 9월 1일), 저자와 이메일 인터뷰.

214) 『Los Angeles Times』, January. 30, 1991
https://www.latimes.com/archives/la-xpm-1991-01-30-mn-271-story.html

215) Department of Defense, "The President's New Focus For SDI: Global Protection Against Limited Strikes(GPALS)", (SDIO, The Pentagon, Washington, DC 20301, Janurary 6, 1991), pp.1-3.

216) 외교부 외교사료관, 2019년 비밀·비공개 해제 공개문서 "노태우 대통령 미국 및 UN 방문, 1988.10.17-21. 전9권 V.3 UN총회 연설문", 문서등록번호 26418 (검색일: 2019년 8월 5일)

1988년 10월 18일 노태우 대통령이 제43차 유엔총회 본회의에서 한반도에 화해와 통일을 여는 길이라는 제목의 연설을 한다. 이 연설에서 휴전선 안의 비무장지대에 평화시를 설립하자는 제안을 북한에 대하여 한다. 또 남북 간에 관계 개선의 중요성에 대해 이야기하였다. 1991년 남북한이 UN에 동시가입하였던 점을 언급하면서 한반도 평화 통일의 전기를 마련하였다고 이야기하였다. 또 남북한 화해와 불가침 교류협력에 관한 기본합의서, 한반도 비핵화 공동선언에 대해서도 이야기한다.[217]

한반도 비핵화 공동선언의 배경은 고경빈 전 통일부 정책홍보본부장 인터뷰에서 확인할 수 있다. 1989년 9월 11일에 국회에서 노태우 대통령이 한민족공동체통일방안을 언급하고 소련이 붕괴된 이후에 국제정치적으로 화해의 분위기가 퍼졌고 미국, 소련은 전략무기감축협상(START)을 하였다. 1992년까지 소련이 중거리 핵무기를 해외에 배치한 것을 폐기하거나 철수시키는 모습이 보이는 등 화해의 분위기를 바탕으로 선언이 이루어지게 되었다.[218]

노태우 정부는 SDI참여와 관련하여 서울올림픽을 성공적으로 이끌어야 한다는 점을 강조하면서 입장을 내놓지 않는 모습을 보이다가 국제정치적인 흐름 등을 반영하여 SDI에 참여하는 것을 이어가지는 않게 된다.

2020년 10월 7일 이준구 예비역 중장(육군 제7군단장)과의 인터뷰에서 SDI도입 시의 국방부의 상황에 대하여 알 수 있었다. 34기로 육군사관학교를 졸업한 이후에 육군에서 초급 장교 복무를 할 때였는데 미국은 SDI를 국방부가 주관한 반면 한국은 국방부가 SDI도입을 주관하지 않고 과학기술처에서 총괄하여서 국방부가 실질적으로 어떤 일을 추진시키기 어려웠다고 하였다. 이준구 중장은 당시에 탈냉전의 국제정치 분위기와 정책결정자들의 판단이 SDI, GPALS에 참여하지 않는 부분에 영향을 주었다고 이야기하였다. 한국은 1988년 서울올림픽 개최를 성공시켜야 했고 소

---

217) 『VOA』 2014년 9월 25일
https://www.voakorea.com/korea/korea-politics/2461055 (검색일: 2019년 7월 17일)

218) 월간조선 2010년 2월호
http://monthly.chosun.com/client/news/viw.asp?nNewsNumb=201002100012 (검색일: 2017년 9월 27일)

련이 서울올림픽에 참여하도록 하기 위하여 노태우 정부가 SDI참여에 대한 명확한 입장을 내지 않았고 이후에도 이러한 입장을 유지한 것으로 본다고 보았다.[219)]

노태우 정부는 소련, 동유럽의 공산국가들, 중국 등을 서울올림픽에 참여시키고 성공적인 개최로 이끌도록 외교적 노력을 한다. 당시에 외교관계 수립을 여러 국가와 하였는데 1989년 헝가리를 시작으로 하여 루마니아, 폴란드, 체코슬로바키아, 불가리아 등과 외교관계를 맺었다. 또 1990년 9월 30일 소련, 1992년 8월 24일 중국과 수교하였다.[220)]

과학기술처는 미국의 SDI에 대해 지속적으로 과학기술 연구개발을 하는 것에 대해 긍정적으로 검토하였다. 1989년 8월 6일부터 8월 9일까지 미국의 하원 과학 우주 기술 위원회는 방한하여 협력에 대해 이야기하였다. 외교부 외교사료관 자료에 따르면 로버트 로 미국 민주당 의원이 단장을 맡았고 로널드 팩카드 미국 공화당 의원, 윌리엄 헤그레스 미국 민주당 의원 등이 왔다. 이들은 판문점을 시찰하고 과학기술분야에서 한국과 미국 간에 많은 협력이 필요하다는 논의를 하였다. 8월 7일에는 장관실에서 면담을 하기도 하였다. 당시 신동원 외무부 차관, 안효승 기술협력과장, 전순규 국제경제국장, 김영석 안보과 사무관 등이 참석했고 미국은 당시 방미한 모든 의원들과 미국의 브룩스 대사대리와 코헨 과학담당 참사관이 참석하였다. 한미 양국 간에 과학기술과 우주분야에서 긴밀하게 협력을 하는 것이 필요하다는 이야기가 있었다. 한미관계를 강화하고 대다수의 한국인들은 미국에 대하여 호감을 갖고 있다는 이야기도 오고 갔다.[221)]

1989년 과학기술처에서 작성한 한미 과학기술 협력 추진방향이라는 제목의 문서에 따르면 미국의 SDI에 대하여 긍정적인 검토는 존재하였다. 미국 SDI등의 대형 연구사업을 통하여 연구 공동체를 구축한다는 내용이 있었다.[222)]

---

219) 이준구 예비역 중장(육군 제7군단장), (2020년 10월 7일), 저자와 전화 인터뷰.
220) 이원형, “한국외교의 국내외환경” 『이명박 정권의 외교전략 한국의 국가전략』, (서울: 박영사, 2008), pp.117-118.
221) 외교부 외교사료관, 2020년 비밀·비공개 해제문서 “미국 하원 과학, 우주, 기술위원회 소속 의원단 방한, 1989-8.6-9”, 등록번호 28163. (검색일: 2019년 3월 31일)

노태우 정부에서 한국과 미국은 방위산업 분야에서 교류를 하였다. 1988년 5월 8일부터 5월 10일까지 한미 방산회의를 하였다. 노태우 대통령은 1988년 6월 2일 한미 방위산업 교류가 한국의 안보와 방위산업 발전에 기여하였다면서 한미방산회의 발전에 공헌을 한 헨리 마일리 예비역 대장(Henry A. Miley Jr, 미국 방위준비협회 전 회장)에게 보국훈장 통일장을 수여하기도 한다.[223] 그러자 1988년 7월에는 프랭크 칼루치 미 국방부 장관이 박동진 주한미국 대사에게 1982년 1월부터 1988년 5월까지 한미관계에 기여한 공로가 크다면서 상을 수여하겠다는 뜻을 밝히는 문서를 보낸다.[224] 수여식은 1988년 8월 12일 진행되었는데 박동진 주한미국 대사는 프랭크 칼루치 국방부 장관으로부터 국방부 장관실에서 한미안보협력에 기여하였다며 미 국방부의 훈장(Medal of Outstanding Public Service)을 받는다. 수훈식에 미국의 루이스 메네트리 연합사령관, 국방부의 칼 잭슨 부차관보, 티모씨 라이트 해군소장 겸 동아태 담당 과장이 참석하였다. 이를 통하여 노태우 정부에서의 한국과 미국 간에 방위산업 협력에 대하여 긍정적이었으며 양국의 협력이 더 강화되기를 바라는 입장이었음을 간접적으로 확인할 수 있다.

한국과 미국의 방위산업 협력을 중요하게 여기는 모습은 1988년 5월 9일 제2차 한미방위산업회의에서 루이스 메네트리 대장의 연설문에서도 확인할 수 있다. 연설문에 따르면 한미 간의 방위산업 협력을 통하여 안보를 증진시키는 것이 중요하다면서 한미동맹이 더 강화될 필요가 있다고 지적한다. 루이스 메네트리 대장은 1953년 정전이 되었지만 6.25전쟁이 끝나지 않았으며 미해결 상태로 남아있다면서 전쟁의 재발 위험이 여전히 남아있고 더욱 위험하게 되고 있다고 말하였다. 루이스 메네트리 대장은 자

---

222) 외교부 외교사료관, 2020년 비밀·비공개 해제문서 "미국 하원 과학, 우주, 기술위원회 소속 의원단 방한, 1989-8.6-9", 등록번호 28163. (검색일: 2019년 3월 31일)

223) 외교부 외교사료관, 2020년 비밀·비공개 해제문서 "한미방위산업협력 1988-1989", 등록번호 29310. (검색일: 2019년 3월 31일)

224) 외교부 외교사료관, 2020년 비밀·비공개 해제문서 "한미방위산업협력 1988-1989", 등록번호 29310. (검색일: 2019년 3월 31일) 본 문서는 외교부 안보과에서 작성한 문서(분류번호 765.54)와 2020년 3월 31일 비밀·비공개 해제가 된 외교문서공개목록에 포함되어 저자가 외교부 외교사료관에 2020년 8월 18일 직접 방문하여 정보공개청구를 통하여 수집한 문서임을 명시한다.

신이 주한미군사령관, 미8군 사령관으로서의 임무와 한국에 배치된 국제 방위팀의 임무는 전쟁이 재발하는 것을 막고 이 것이 불가능할 경우에 침략자를 즉각적이고 결정적으로 섬멸하는 것이라고 하였다. 루이스 메네트리 대장은 휴전협정에 서명한 김일성은 1945년에 소련의 육군 소령이었고 지금도 권력을 가지고 있으며 김일성 정권이 옛날 스탈린 독재 때와 비유할 수 있다고 이야기하였다. 이어 김일성의 아들 김정일이 권력을 세습하도록 계획되어 있고 88서울올림픽을 개최하는 것이 다가오고 있는데 이때가 최대의 위험시키이며 이 시기를 큰 사고 없이 무사히 넘기는 것이 필요하다고 말하였다. 버마 랑군(양곤)에서 전두환 전 대통령에 대하여 북한이 암살 기도를 하였고 칼 858기 항공기를 공중폭파하는 등 북한이 대단히 예측 불가능한 행동을 하는 것을 기억하는 것이 필요하다고 하였다. 한국은 앞으로 민주적인 제도를 따르기로 진로를 정하였고 국민들이 민주화를 바라는데 결코 쉬운 일이 아니며 그 길이 험난하지만 미국은 한국의 오랜 친구이고 미국인들은 민주화를 추진하는 데 한국 국민을 지원할 필요가 있다고 말하였다. 한국과 미국은 강력하게 안보관계를 맺고 있는데 이러한 관계가 지속되는 것이 필요하고 산업계의 측면에서 필요한 부분이 있다면 상호 운용성 분야에서 지속적으로 지원이 필요하다고 말하였다. 기술 분야에서 스마트, 브릴리언트탄이 가장 시급하다고 생각한다면서 비교적 적은 비용으로 적의 공격에 양적인 격차를 상쇄시킬 수 있기 때문이라고 말하였다. 또한 C-3-I체계를 확보하는 것이 필요하며 원격 조정 무인항공기가 있어서 포병 사격을 주야간으로 조정하는 것이 필요하다고 말하였다.225)

루이스 메네트리 대장의 연설문을 통하여 당시에 미국이 서울올림픽이 열리는 동안에 안보적인 측면에서 도움을 제공하기로 하였다는 점과 한미동맹을 굳건하게 하는 것이 필요하다는 점에 대하여 공감하였다는 것을 확인할 수 있다.

1989년 4월 25일 외무장관에게 박동진 주미대사가 작성한 미국의회의

---

225) General Louis C. Menetrey, "Korean Status Report: Security Through Cooperation", Second ROK-US Defense Industry Conference Remark. (May 9 1988)

국방관련 예산 법안 심의 동향 문서에 따르면 SDI계획이 변화하고 있으며 GPALS로 변화하는 것과 관련하여 FY90예산을 통하여 국방예산에 대하여 주의를 기울이면서 관찰하는 모습을 확인할 수 있다. 부시 대통령은 레이건 대통령이 추진하였던 SDI를 GPALS로 변화시면서 향후 5년간 330억 달러를 예산에 투입하기로 하였고 FY90예산에 46억 달러를 요청하였다.[226)]

노태우 정부는 1991년 조지 부시 대통령이 GPALS을 연두교서에서 발표한 후에도 구체적으로 추진 입장이 없다며 별다른 입장을 나타내지 않았다. 1991년 9월 17일에 한국과 북한은 UN에 동시가입하게 되고 1991년 12월 13일에는 남북화해와 불가침 및 교류와 협력에 관한 합의서(이하 기본합의서)에 합의하게 된다.[227)]

미국은 1992년 5월 28일 동서 냉전체제가 붕괴되면서 SDI가 실효성이 떨어진다는 판단 하에 새롭게 GPALS을 구축하는데 한국이 참여하여 달라고 요청하였다. 1992년 미국의 8명의 GPALS기획단이 방한하여 한국에게 GPALS에 참여를 요청한다. 월폴 국무부 정치군사국 부차관보가 단장을 맡고 그레이엄스 국방성 국제안보국 부차관보 등 8명은 외교부를 방문하여 참여 요청을 하였다. 미국은 일본과 호주 등의 국가보다 한국에 가장 먼저 GPALS기획단을 파견하여 한국을 우선적으로 참여시키고자 하였다. 미국은 당시 한국의 당국자들에게 패트리어트 제조기술, 미사일 발사탐지 감응장치 등의 노하우를 전수하는 대신에 50대 50의 지분 참여를 요청하였고 정부 고위관계자가 이를 긍정적으로 검토한다고 밝히기도 하였다. 당시 미국이 한국에게 우선적으로 이 제안을 한 이유로 남북이 대치중인 상황이고 북한의 핵문제가 발생할 경우에 한반도의 중요성을 고려한 것이라는 분석이 나왔다.[228)]

---

226) 외교부 외교사료관, 2020년 비밀·비공개 해제문서 "미국 의회의 국방관련 예산 법안심의 동향 1989", 등록번호 28321. (검색일: 2020년 3월 31일)

227) 이원형, "한국외교의 국내외환경" 『이명박 정권의 외교전략 한국의 국가전략』, (서울: 박영사, 2008), pp.153-154.

228) 『MBC 뉴스』 1992년 5월 30일 https://imnews.imbc.com/replay/1992/nwdesk/article/1915901_30556.html (검색일: 2019년 7월 1일)

그러나 노태우 정부는 미국이 GPALS에 참여하여 달라는 요청을 한 뒤에도 구체적인 입장이 없다며 별다른 입장을 나타내지 않았다. 노태우 정부 당시 이상옥 외무장관은 외교회고록에서 1992년 11월 3일 제42대 미국 대통령 선거에서 부시 대통령이 재선에 실패하고 클린턴 민주당 후보가 당선되고 1993년 1월 20일에 취임하게 되면서 분위기가 변화한 부분이 존재한다고 밝혔다.229)

전두환 정부는 미국의 SDI에 들어가는 것이 한국의 과학기술발전에 도움이 되고 안보적으로도 이익이 된다고 판단하여 SDI에 참여하겠다는 결정을 내린다. 1983년 레이건 정부가 SDI를 추진하겠다고 발표한 이후 미국에 1차와 2차에 걸친 조사단 파견 이후에 과학기술국가를 지향하는 시점에 SDI는 한국의 국익에 도움이 된다고 판단하였다. 1988년 1월 29일 SDI에 참여한다는 공식 결정을 내린 뒤 대외공표는 1988년 서울올림픽 이후에 하기로 하였다.

노태우 정부는 서울올림픽에 소련의 참여를 이끌어내는 등의 성공적 개최를 위하여 SDI에 대하여 긍정적으로 검토하면서도 구체적으로 SDI에 추진한다는 입장을 밝히지는 않는다. 과학기술처는 SDI에 참여하여 기술을 연구하는 것이 필요하다고 보면서도 1988년 소련이 서울올림픽에 참여하도록 관련 입장을 자제하다가 상이한 부서라는 이유를 들어서 SDI참여를 사실상 중단하는 모습을 보인다. 노태우 정부는 SDI에 참여한다는 결정을 내린 전두환 정부의 결정과 반대되는 행동을 하였다. 노태우 정부는 SDI와 GPALS로 미국의 미사일 방어 정책이 변화하는 동안 여기에 참여한다는 뚜렷한 입장을 내지 않았으며 참여하지 않는 쪽으로 정책적 방향을 변화시키는 정책을 취하였다. 전두환 정부에서 추진된 SDI참여는 노태우 정부에 오면서 명확하게 참여의 입장을 나타내지 않는 모습으로 변화되었다.

---

229) 이상옥, 『전환기의 한국외교 이상옥 전 외무장관 외교회의록』, (서울: 도서출판 삶과 꿈, 2002), pp.404-405.

2. 1990년대 초 한국의 미사일 방어정책

(1) 클린턴 정부의 TMD·NMD추진과 1차 북핵위기

1993년 3월 12일 북한이 UN안보리에 NPT 탈퇴 서한을 보내면서 1차 북핵위기가 시작된다. 북한은 1980년 7월에 5MWe 실험용 원자로를 영변에 착공하는 것이 아닌지에 대한 의심을 받은 적이 있다. 1985년 12월 12일 북한은 NPT에 가입하였고 이러한 의심을 다소 피할 수 있게 된다. 북한은 1986년 1월 5MWe 실험용 원자로를 가동하였다. 국제원자력 안전기구(IAEA: International Atomic Energy Agency, 이하 IAEA)는 이러한 징후에 대하여 문제를 제기하였고 1991년 4월 IAEA의 핵안전조치협정을 이야기가 있었다. 이후에 1991년 12월 31일 한반도 비핵화 공동선언을 남북한이 채택하였다. 1992년 1월 30일 IAEA의 핵안전조치협정을 북한이 서명하였다. 그러나 IAEA가 1992년 12월 22일 북한의 미신고 시설 2곳을 방문하는 것을 허용해달라는 요청에 대하여 북한은 답을 하지 않았다. IAEA는 1993년 2월 9일 특별사찰에 대한 수용을 하라는 촉구를 하였다. 1993년 2월 24일에 북한은 IAEA의 특별사찰 요구를 거부한다고 밝혔고 1차 북핵위기가 나타나게 되었다.[230]

클린턴 정부는 1993년 5월에 탄도미사일 방어구상(Ballistic Missile Defense Initiative)에 대하여 밝혔다.[231] 레스 아스핀 국방부 장관은 SDI를 공식 폐기한다고 밝혔다. SDI에서 추진하였던 전략방어계획기구(SDIO: Strategic Defense Initiative Organization)는 탄도미사일 방어기구(BMDO: Ballistic Missile Defense Orgainzation)로 바뀌게 된다.[232]

---

230) Senator Bob Smith's Letter to William J. Clinton, "The Honorable William J. Clinton", September 6, 1994, Washington. DC 20610-2903, Clinton Presidential Library. KBS한국방송, "북한 핵 일지" 『북한 비핵화 문제 해결방안』, 통일방송연구 32, (서울: KBS남북교류협력단, 2019), p.167.

231) William Jefferson Clinton, The President's Radio Address on May 15, 1993, Clinton Digital Library, May 15 1993. https://clinton.presidentiallibraries.us/collections/show/4 (검색일: 2019년 9월 27일)

232) Les Aspin Secretary of Defense, *Report on the Bottom-Up Review,* (U.S.A.

클린턴 정부는 재정적자를 줄이기 위하여 병력 규모를 변화시키게 된다. 미국 정부는 1990년부터 2000년 사이에 약 30%의 재래식 전력을 감소시키고 207만명이던 총 병력을 138만명으로 줄였으며 국방비 예산을 전체 연방정부 예산에서 차지하던 23.1%의 비율을 14.8%로 축소시켰다.[233)]

클린턴 정부는 개입과 확대를 추진하면서 국방력을 효율적으로 배분하게 된다. 전세계를 방어하는 것에서 주요 지역에 대한 방어를 시급하게 보았다. 클린턴 정부는 1993년 9월 TMD에 우선순위를 둔다고 전면검토계획을 발표하였다. TMD를 통하여 전술탄도미사일 요격을 하며 NMD를 통하여 중장거리 탄도미사일 요격을 하고 본토를 방어하고자 하였다. 해상 광역방어체계(NTWD: Navy Theater Wide Defense) 구축을 통하여 해상에서 방어를 하게 된다. 육상배치 종말 고고도 미사일 방어체계(THAAD: Terminal High Altitude Area Defense, 이하 THAAD) 구축을 통하여 지상에서 방어를 하게 된다. 저층 방어는 PAC-3, NAD(Navy Area Defense)를 사용하고 고층 방어는 THAAD, NTW(Navy Theater Wide)를 사용한다. 2001년까지 클린턴 정부는 PAC-3, 2003년까지 NAD, 2006년까지 NTW, 2007년까지 THAAD를 개발하고 배치할 계획을 세웠다.[234)]

한국의 경우에는 이 시기에 TMD에 참여하는 문제와 관련하여 TMD에 참여하는 것이 과연 한국의 이익에 도움이 되는지와 관련한 논쟁이 있었으나 검토하고 설명을 요구한다는 정도에서 그치게 된다. 국회회의록에 따르면 한화갑 의원이 권영해 국방부 장관에게 TMD에 한국이 참여하였을 때 완벽한 방어가 가능한지 TMD에 참여하는 것이 과연 한국의 국익에 도움이 되는지에 대하여 묻는다. 당시 한화갑 의원의 발언에서 TMD에 대한 한국의 고민과 입장을 확인할 수 있다.

Department of Defense, October 1993), pp.43-48.

233) U.S. Department of Defense, *Quadrennial Defense Review Report,* (U.S.A. Department of Defense, September 30, 2001), pp.30-31, pp.52-56, pp.59-61.

234) Les Aspin Secretary of Defense, *Report on the Bottom-Up Review,* (U.S.A. Department of Defense, October 1993), pp.44-47.

한화갑 의원은 권영해 국방부 장관에서 한국이 TMD에 참여하게 되면 방어효과 면에서 완벽할 수 있는 지에 대하여 지적한다. 일본의 경우에는 북한과 지리적으로 가까운 한국보다 미사일을 요격할 수 있는 시간이 상대적으로 많은 데도 불구하고 미사일 방어를 구축하는 모습을 보인다고 지적하였다. 한국의 경우에는 TMD에 참여하면 탐지나 요격에 필요한 시간을 확보할 수 있는지와 험준한 산악지형에서 TMD가 제약을 극복하는 것이 가능한지를 묻는다. 일본과 비교하였을 때 요격 시간에 있어서 절박성 측면에서 한국이 더 힘든 부분이 있다는 것이다. 또 한국이 TMD에 참여하였을 때 TMD가 아무리 완벽한 미사일 방어를 할 수 있다고 하더라도 즉시 개발되어 정착시킬 수 있는 것이 아니고 1990년대 말 또는 2000년대 초가 되어서야 가능할 텐데 그 시간적 간격을 메우는 것이 어렵다고 지적하였다.235)

김영삼 정부의 TMD와 관련한 입장은 권영해 국방부 장관의 발언을 통하여 확인할 수 있다. 권영해 장관은 미국이 TMD에 한국이 참여하기를 바란다는 제의를 한 적이 있고 이러한 제의를 검토 중이라는 이야기를 하였다. 미국이 여러 차례에 걸쳐서 구두와 기타의 방법으로 한국 정부가 SDI부터 TMD에 이르는 동안에 참여하면 좋겠다는 내용의 요청을 하였다는 점에 대하여 인정한다. 김영삼 정부는 1990년대 초에 미국의 TMD 참여 요청에 대하여 북한의 미사일 위협, 한미동맹 관계, 비용분담 등을 고려하여 검토하였다.236) 국회회의록에 따르면 권영해 장관은 TMD에 대하여 레이건 정부에서 추진한 SDI를 현실적인 방향으로 규모를 줄인 방어체제이고 1993년 9월 도이비 미국 국방부 차관이 방한했을 때 구두로 TMD 참여를 요청한 적이 있었음을 인정한다. 또 미국이 TMD에 대하여 한국이 참여하기를 바라는 입장이었음을 인정한다. 한국 국방부는 이러한 미국의 제안에 대하여 고려하면서도 동시에 북한의 지대지 미사일 위협에 대해서도 고려하게 된다. 김영삼 정부에서 당장 시급한 북한의 미사일 위

235) 국회회의록, 제14대 국회 제165회 제10차 국회본회의 (1993년 10월 29일), p.11.
236) Memorandum for Anthony Lake to Keith Hahn, "Letter from Admiral Murphy RE: Sale of Patriot Missile to Korea", December 3, 1993, Clinton Presidential Library.

협을 대응하는 것이 먼저라고 판단하고 미국의 TMD 참여는 관계 기관 및 연구 기관과 검토하는 중에 있다는 답변도 존재하였다. 한국은 TMD에 참여할 경우에 발생할 수 있는 한반도 안보 관련 상황과 전략적인 판단을 종합적으로 고려하여야 하고 국제정치적으로도 한미일 관계가 어떻게 변화할지를 판단하여야 했다. 또 미국의 TMD에 참여할 경우에 경제적인 부담이 어느 정도인지와 과학기술 협력을 할 경우에 민수산업에 어떤 파급 효과가 나타나는 지에 대한 고려를 하였다.[237]

김영삼 정부의 TMD와 관련한 고려는 한승주 외무부 장관의 국회에서의 발언에서도 확인할 수 있다. 한승주 장관은 초기에는 TMD를 도입하는 게 한국의 국익에 도움이 된다는 입장이었다. 그러나 이후에는 신중한 검토를 하는 것이 필요하다는 입장으로 변화하게 된다. 국회에서의 한승주 장관의 발언을 살펴보면 김영삼 정부에서 미국의 TMD에 참여하는 것이 필요하다는 견해가 있었음을 확인할 수 있다. 그러나 한국 내에서 여론 등이 악화되는 모습이 나타나자 한승주 장관은 이러한 견해를 신중한 검토로 바꾸고 이러한 입장을 유지하게 된다.

김영삼 정부 내의 입장이 변화된 모습은 임복진 의원과 한승주 외무부 장관의 국회에서의 발언에서 근거를 확인할 수 있다. 임복진 의원은 패트리어트를 배치하는 것이 단순한 무기를 들여오는 것이 아니라 미국의 TMD계획의 일환으로 추진되는 것이며 패트리어트 외에도 ERINT(Extended Range Intercept Technology 에린트 미사일, 이하 ERINT)와 THAAD 등이 포함되는 것이라고 보았다. 미국은 일본에 대해서도 TMD에 참여시키면서 일본의 자본을 끌어들이려 하고 있고 한국에 대해서도 TMD참여를 요청하면서 미국의 이익에 도움이 되도록 하고 있다고 하였다. 임복진 의원은 한국이 미국의 TMD에 참여하면 엄청난 비용이 들 수 있다고 지적한다. 그러면서 한승주 외무부 장관에서 TMD를 참여할 것인지 아니면 참여하지 않을 것인지에 대하여 명확한 소신을 밝혀달라고 한다. 임복진 의원은 1993년 한승주 외무부 장관이 도쿄주재 특파원과 간담회 때 한국이

237) 국회회의록, 제14대 국회 제165회 제10차 국회본회의 (1993년 10월 29일), p.41.

TMD에 참여할 의사가 있다는 점을 말한 적이 있는데 김영삼 정부가 어떤 결정을 내리는 지를 확실하게 표시하여 달라고 말하였다.238)

임복진 의원은 김영삼 정부가 미국의 TMD에 참여하는 것에 대하여 명확한 입장을 밝혀달라고 발언한다. 그러자 이에 대하여 한승주 장관은 TMD참여는 신중하게 검토하고 있고 아직 참여를 결정한 사실이 없다고 이야기하였다. 이 질의가 오고 간 국회본회의가 열린 1994년 2월은 일본이 미국이 추진하는 TMD에 들어가겠다는 입장을 명확하게 밝힌 이후였다. 따라서 김영삼 정부가 TMD 참여를 상당 부분 고민하였음을 확인할 수 있다. 국회회의록에 따르면 한승주 외무부 장관은 북한이 노동1호 미사일을 시험발사하였고 이에 성공하면서 미일 간 TMD 협력이 보다 구체적으로 진행되는 것으로 알고 있다고 하였다. 그러나 한승주 장관은 미국이 한국에 대해서 구체적으로 TMD 참여를 요청하지는 않았다는 근거를 이야기하면서 참여 결정 사실이 없다고 이야기 한다. 한국은 중장기적으로 미사일 방어 강화가 필요하다는 점은 인식하고 있었지만 미국의 TMD에 참여하지는 않는다.239)

김영삼 정부의 이병태 국방부 장관도 미국의 TMD참여에 대하여 명확한 입장을 밝히지 않았다. 이병태 장관은 패트리어트 배치와 미국의 TMD 참여는 관계가 없는 별개의 문제라고 답변하였다. 이병태 장관은 미국이 1991년부터 TMD참여 요청을 하면서 구상에 대해 알린 바가 있으며 탄도미사일을 방어하는 것이 필요한 상황이고 한국도 이에 대한 관심이 있다고 발언하였다. 이병태 장관은 미국이 TMD를 구축해 나가는 단계에 있고 아직은 미흡한 부분이 있는 단계라고 판단하였고 개념을 형성하는 중이라는 점에서 패트리어트 배치와 TMD를 연계시키는 것은 시기상조이고 적절하지 않다고 말하였다.240)

김영삼 정부는 미국의 TMD에 참여하는 것에 대해서는 신중한 접근이라고 표현하거나 검토를 하는 중이라는 정도에서 머무르고 선뜻 TMD에

---

238) 국회회의록, 제14대 국회 제166회 제6차 국회본회의 (1994년 2월 21일), pp.6-7.
239) 국회회의록, 제14대 국회 제166회 제6차 국회본회의 (1994년 2월 21일), p.39.
240) 국회회의록, 제14대 국회 제166회 제6차 국회본회의 (1994년 2월 21일), p.46.

참여한다는 입장을 나타내지는 않았다. 김영삼 정부 때 북한이 핵무기를 개발하고 미사일을 만드는 것에 대해 알고 있었고 TMD를 미국과 일본이 공동개발한다는 점도 알았으나 미국의 TMD 참여에 대해서는 애매한 입장을 유지하는 선에 머물렀다.

김영삼 정부에서 TMD에 참여하지 않는 입장을 밝히면서 내세운 이유는 다음의 두 가지로 요약할 수 있다. 첫째, 미국의 TMD가 아직 완성단계가 아니고 구축하는 도중에 있다는 점 둘째, 미국이 구체적으로 TMD에 참여하여 달라는 요청을 한 적이 없다는 점이다.

김영삼 정부는 TMD를 검토하고 신중하게 고려하는 정책에 머무른다. 북한이 NPT를 탈퇴하고 1차 북핵위기가 고조되는 것은 미국의 입장에서 연루의 위험을 높이는 것이었다. 한국의 입장에서는 이러한 상황은 포기의 두려움으로 작용하였다. 이에 김영삼 정부는 포기의 두려움을 낮추고자 주한미군에 패트리어트를 들여오는 것에 대하여 고려하게 된다. 미국 정부는 연루의 위협을 낮추고자 주한미군에 패트리어트를 배치하는 것이 필요하다고 보았다.[241] 클린턴 정부는 한국에 패트리어트를 배치하는 것이 필요하다는 점에 대하여 강조하게 된다.[242] 김영삼 정부는 미국의 TMD에 들어가는 것은 아니라고 하면서도 한국의 포기의 두려움을 줄이려는 대책으로서 패트리어트를 주한미군에 배치하는 것에 대하여 정책적 고려를 하게 된다.

(2) 김영삼 정부의 미사일 방어

1차 북핵 위기 속에서 김영삼 정부는 패트리어트를 배치하는 것을 고려하게 된다. 김영삼 정부의 한승주 외무부 장관은 1994년 2월 7일 국정보

241) Memorandum to Anthony Lake Assistant to the President for National Security Affairs from Admiral Daniel J. Murphy, "Patriot Korea Program and Trip Report", October 15, 1993, pp.1-4, Clinton Presidential Library.

242) Anthony Lake Assistant to the President for National Security Affairs's Unclassified NSC/RMO Profile to Daniel J. Murphy, "Reply to ADM Murphy Re Sale of Patriot Missile to Korea", Record ID: 938224, Received October 22, 1993, Clinton Presidential Library, Anthony Lake's Letter to Daniel J. Murphy December 7 1993, Clinton Presidential Library.

고에서 패트리어트는 순수하게 방어용의 무기이고 게리 럭 주한미군사령관의 건의에 따라서 방위력을 증가하기 위하여 국내에 패트리어트 배치를 긍정적으로 검토한다고 밝혔다.[243] 1994년 3월 22일 김영삼 대통령과 클린턴 대통령은 패트리어트를 한국에 배치하기로 합의하였다고 발표한다. 1개 대대 규모에 해당하는 48기를 배치하는 것으로 전적으로 방어목적이며 한국의 국익과 미국의 국익에 도움이 된다고 밝혔다.[244]

1991년 미국은 걸프전쟁을 치르면서 미사일 방어 무기가 중요하다고 인식하게 되었고 스커드 미사일을 막기 위하여 패트리어트를 개발하려는 노력에 박차를 가하게 된다.[245] 패트리어트는 미국이 1969년 나이키 허큘리스 미사일과 호크 미사일을 대체하기 위하여 연구하기 시작하면서 만들어졌다. 1976년 개발이 본격화되면서 패트리어트라는 이름이 붙여지게 된다. 1980년 기술과 운용 시험을 거쳐서 1981년 미국 육군에 배치되었다. 패트리어트는 항공기 요격용으로 만든 것이어서 탄도미사일 요격을 하는 능력이 부족하다는 점을 개선하기 위하여 미국은 1980년대 초반부터 패트리어트 성능을 향상시키겠다는 계획을 세우고 5년 동안 약 40억 달러를 투입하게 된다. 1991년 걸프전에서 이라크의 스커드 미사일을 요격하는 모습이 텔레비전 생중계가 되면서 최첨단 무기로 각광을 받기 시작하였다. 그러나 PAC-1(Patriot Advanced Affordable Capability-1, 패트리어트-1, 이하 PAC-1)과 PAC-2(Patriot Advanced Affordable Capability-2, 패트리어트-2, 이하 PAC-2)는 미사일을 직격파괴하는 방식이 아니라 공중에서 폭발하여 파편과 폭발력에 의하여 피해를 주어 항공기를 격추하는 방식으로 작동한다. 걸프전에서 패트리어트가 스커드 미사일을 격추하였으나 보다 탄두를 직격파괴하는 것이 필요하다고 보고 미

243) 『한국경제』 1994년 2월 7일
https://www.hankyung.com/politics/article/1994020701461(검색일: 2017년 7월 17일)

244) 『KBS뉴스』 1994년 3월 22일
http://mn.kbs.co.kr/news/view.do?ncd=3738611 (검색일: 2017년 7월 19일)

245) Brian R. Green, "Barriers to Integration and a Sparse Discourse", Offense-Defense Integration for Missile Defeat: The Scope of the Challenge, Center for Strategic and International Studies (CSIS), (July 1, 2020), pp.3-4.

국은 PAC-3(Patriot Advanced Affordable Capability-3, 패트리어트 -3, 이하 PAC-3) 개발에 박차를 가하게 된다. 미국은 직격파괴 방식의 PAC-3 미사일을 계속해서 개발하여 2003년 이라크 전쟁에 처음으로 실전배치하여 사용하였으며 이라크 전쟁 기간 동안에 탄도미사일 요격에 성공하게 된다. PAC-1과 PAC-2는 1개 발사대에 4개의 미사일을 실을 수 있고 PAC-3는 1개 발사대에 16개의 미사일을 실을 수 있다. PAC-3 MSE는 12개의 미사일을 실을 수 있다. 패트리어트는 레이더를 통하여 정보를 수집하고 교전통제소를 통하여 이를 분석한 뒤 최적화된 명령을 통하여 탄도미사일을 요격하도록 미사일을 발사하는 방식으로 작동된다. 패트리어트가 사용하는 미사일경유 추적방식(TVM: Track Via Missile)은 날아오는 미사일을 추적하고 식별하여 방어하는 데 유용하게 사용된다. 패트리어트는 탄도미사일을 요격하는 핵심 무기로서 세계 각국에 배치되어 있다.[246]

패트리어트를 들여오는 것과 관련하여 김영삼 정부는 TMD에 들어가는 것이 아니라는 정도에서 입장을 정리하게 된다.

2020년 8월 23일 정종욱 외교안보수석비서관과의 인터뷰에서 김영삼 정부는 북한 핵문제를 해결하는 것을 최우선 관심으로 두었다고 이야기하였다. 정종욱 외교안보수석비서관은 1993년 2월부터 김영삼 정부에서 대통령비서실 외교안보수석비서관으로서 2년 동안 일하였다. 또 1996년 2월부터 1998년 4월에는 제3대 주중대사로 일하였다. 정종욱 외교안보수석비서관은 김영삼 정부가 출범한 직후에 북한이 NPT 탈퇴를 한 것이 영향을 주었을 것이라고 설명하였다. 정종욱 외교안보수석비서관은 김영삼 정부에서 패트리어트를 도입하면서 미국의 TMD에 연계하거나 미국의 TMD에 참여하는 것은 당시로서는 부차적인 고려사항이었다고 증언하였다. 정종욱 외교안보수석비서관은 김영삼 정부에서 패트리어트를 도입한 이유에 다음의 세 가지가 영향을 주었다고 설명하였다. 첫 번째는 1994년 초 북한이 미북회담에서 핵사찰을 수용하기로 하였다가 다시 3월에 입장

246) 유용원·남도현·김대영, 『무기바이블2』, (서울: 플래닛미디어, 2013), pp. 362-369.

을 번복하면서 IAEA의 전면 사찰을 거부한 일이다. 두 번째는 5MWe원자로 연료봉을 북한이 일방적으로 추출하였던 일이다. 북한이 국제사회에서 최후 금지선으로 넘지 말라고 한 금기를 어긴 사건이 영향을 주었다는 것이다. 세 번째는 1994년 3월 19일에 서울을 불바다로 만든다는 북한 대표의 발언이다. 이러한 세 가지 원인은 김영삼 정부가 패트리어트를 보다 빠르게 도입하려는 데 영향을 주엇을 것이라고 설명하였다. 중국은 김영삼 정부가 패트리어트를 배치할 때 강력하게 반대하지는 않았다고 덧붙였다. 김영삼 정부가 북핵 문제를 해결하기 위하여 방어력을 갖춘다는 점에서 공감대가 있었고 당시 시점으로는 패트리어트 도입과 TMD를 연계하는 것에 대해서는 부차적인 사안이었음을 확인할 수 있다.[247]

김영삼 정부에서 패트리어트가 과연 북한의 위협에 대응할 수 있는 무기인지 그리고 한반도 지형에서 필요한 무기인지 등 패트리어트와 관련한 논의도 진행되었다. 이는 이석현 의원과 이병태 국방부 장관의 질의에서 근거를 찾을 수 있다. 이석현 의원은 패트리어트를 도입하는 것이 과연 군사적으로 효용이 있는지를 지적하면서 미국이 무기 구입에 압력을 가하는 것이 아닌 지에 대하여 우려를 표하는 발언을 한다. 이석현 의원은 미국 국방부와 북한이 국제원자력기구가 핵시설이 있는지를 사찰하겠다는 것과 관련하여 협상을 하고 있는데 난항을 겪고 있다면서 이러한 미묘한 시기에 패트리어트를 한국에 배치하여 달라고 하였다고 말한다. 그런데 패트리어트 배치와 관련하여 한국 내에서 여론이 악화된 부분이 발생하자 이를 잠정적으로 유보하는 모습이 나타났다고 하였다. 미국의 패트리어트는 성능적으로 보았을 때 치명적인 결함이 있으며 한국의 지형적인 조건에 적절하지 않다고 판명이 되어서 그동안 배치를 하지 않은 것으로 알고 있는데 한국이 북한 핵문제로 안보가 예민한 시기에 패트리어트 배치 문제를 꺼낸 것은 미국이 한국에게 무기를 판매하려는 의도라고 지적하였다. 미국의 패트리어트를 들여왔을 때 혹시나 한국의 지형과 맞지 않아서 군사적으로 운용하지 못한다면 큰 일인데 귀중한 국방비가 낭비되는 것은

---

247) 정종욱 외교안보수석 (2020년 8월 23일), 저자와 이메일 인터뷰.

아닐지에 대하여 걱정하는 발언을 하였다. 이석현 의원은 이병태 국방부 장관에게 패트리어트를 도입할 계획이 있는지를 분명하게 밝혀달라고 발언하였다.[248]

이에 대하여 이병태 국방부 장관은 패트리어트가 북한의 위협에 대응하고 한반도에서 전쟁을 억제하는 데 도움이 된다고 답변한다. 이병태 국방부 장관은 미국의 패트리어트 성능과 관련하여 여러 시각이 있지만 미국의 공식 통계자료를 살펴보았을 때 걸프전에서 패트리어트가 나타낸 명중률이 40%에서 70%인 것으로 나타났다고 하였다. 또 한국에 패트리어트를 들여왔을 때 산악지형이라는 점이 개활(開豁)한 지역보다는 미사일을 탐지하고 요격하는 데 있어서 다소 제한이 있을 가능성이 존재하지만 패트리어트가 현존하는 무기 중에서 북한의 항공기, 스커드 미사일에 대하여 요격할 수 있는 능력이 있는 최신식의 무기이기 때문에 대응 면에서 효과적이라고 평가한다고 하였다. 또 패트리어트를 배치하였을 때 무기가 가진 방어력 뿐만 아니라 배치 자체로서 가져오는 한반도 전쟁 억제력과 연합방위증강에 기여하는 부분이 존재한다고 답변하였다.[249]

한승주 외무부 장관의 경우에도 패트리어트는 순수하게 방어용의 무기이며 북한의 위협에 대응하기 위하여 군사적 고려에서 검토하는 것이라고 이야기하였다. 한승주 외무부 장관은 미국의 패트리어트를 배치하고 아파치 헬기를 배치하는 것은 북한의 위협에 대하여 억제력을 강화하고 주한미군 무력을 현대화시키는 계획의 일환으로서 미국이 한국에 무기를 팔기 위한 목적은 아니라고 하였다. 한승주 외무부 장관은 패트리어트 배치는 순수하게 방어용의 무기를 배치하는 것으로서 상업적 목적이 아니지만 현 시점이 민감하기 때문에 미국과 패트리어트 배치를 검토하고 협의하고 있다고 하였다.[250]

패트리어트 성능과 관련하여 문제제기가 이어지자 김영삼 대통령은 패트리어트를 배치하지 않는 것이 현명하다는 결론을 내렸다가 번복하기도

---

248) 국회회의록, 제14대 국회 제166회 제6차 국회본회의 (1994년 2월 21일), p.14.
249) 국회회의록, 제14대 국회 제166회 제6차 국회본회의 (1994년 2월 21일), p.46.
250) 국회회의록, 제14대 국회 제166회 제6차 국회본회의 (1994년 2월 21일), p.41.

하였다. 이는 강창성 의원의 질의에서 근거를 찾을 수 있다. 강창성 의원은 패트리어트에 대하여 중동전에서 시험하였을 때 TV에서 95%의 명중률이 있다고 선전되었다가 미국 회계감사원(GAO: Governmen Accountability Office)이 패트리어트 성능을 자세하게 살펴보니 그 정도의 명중률은 아니라고 판단하였고 미국에서 가장 권위가 있는 기관에서 검사한 결과가 패트리어트를 사용해서 탄두가 아닌 탄체를 맞은 것이 42%정도이고 탄두를 정확하게 맞은 것이 9%였다고 말한다. 강창성 의원은 패트리어트가 70km이상의 전쟁 종심이 있어야 유효적절하게 사격이 가능한데 한국은 북한과 42km에서 50km정도 밖에 안되는 종심이고 서울에 1,200만 인구가 살고 있는데 탄두와 진지 사이에 서울이 있어서 혹시나 미사일에 안 맞아서 서울에 떨어질 가능성도 보아야 한다. 뉴스에서도 패트리어트 배치하면 전쟁난다 또는 서울 시민 1,200만명 중에서 절반 이상이 죽는다는 보도가 나오고 있는데 최소 1조 7,000억원이라고 하는 패트리어트를 배치하여 1995년도 또는 1996년에 이 무기를 사야할 처지에 놓일 경우를 고려하여야 한다고 말한다. 강창성 의원은 국회회의가 있는 이날 아침에 김영삼 대통령이 부임1주년 기념 기자회견 자리에서 패트리어트를 배치하지 않는 쪽이 현명하다고 결론을 내린 것으로 알고 있다면서 이병태 국방부 장관이 패트리어트 배치와 관련하여 명확한 입장을 밝히기를 바란다고 이야기 하였다.[251] 국회회의록을 통하여 김영삼 대통령이 취임 1주년 기자회견에서 패트리어트에 대하여 배치하지 않는 쪽을 검토한다는 입장을 취하였다가 패트리어트를 배치하는 방향으로 정책을 바꾸었던 것을 확인할 수 있다. 당시 김영삼 대통령이 입장을 번복할 정도였다는 것에서 이와 관련한 정부 차원의 고민을 간접적으로 확인할 수 있다.

패트리어트의 성능과 관련하여 긍정적으로 보는 견해도 존재하였고 부정적으로 보는 견해도 존재하였다. 이는 정대철 의원과 황명수 의원 그리고 이병태 국방부 장관의 발언에서 확인할 수 있다. 정대철 의원은 패트리어트가 방어용인데 나쁠 것이 없지만 경제적인 부담이 있다고 지적한

251) 국회회의록, 제14대 국회 제166회 제1차 국방위원회 (1994년 2월 25일), p.22.

다.[252] 황명수 의원은 북한이 미사일 발사시 3-4분이면 서울에 도달하는데 패트리어트 미사일이 최소한 3-4분의 대응시간이 필요하다는 점에서 요격이 불가능하거나 요격자체가 무의미하다고 주장하였다.[253] 이러한 지적에 대하여 이병태 국방부 장관은 패트리어트 미사일 배치는 1991년부터 협의되어 온 사안으로 북한의 항공기와 스커드 위협에 대응하기 위한 것이라고 답변한다. 이병태 국방부 장관은 아파치 헬기를 도입하기로 한 것은 1989년에 열린 한미안보협의회(ROK-US Security Consultative Meeting, 이하 SCM)에서 구형 코브라 헬기를 교체하는 것이 필요하다고 협의한 이후에 한미 간에 협의를 통하여 추진된 사안이라고 하였다. 또 패트리어트를 배치하는 것은 1991년부터 북한의 항공기와 스커드가 위협적이라는 판단 하에 협의되어온 사업으로서 언제 장비를 배치할 지와 같은 세부 사항에 대하여 협의 중에 있고 북한에게 핵개발과 관련한 빌미를 주지 않도록 하기 위하여 신중을 기하는 사안이라고 답변하였다. 이병태 국방부 장관은 패트리어트의 대응 시간과 관련하여 여유가 제한된다는 부분을 인지하고 있으며 현존하는 무기체계 중에서 미래 지향적 요소 등을 고려하였을 때 모든 면은 충족시키는 무기를 찾기는 어렵다고 하였다. 그러면서도 패트리어트를 배치하는 것과 관련하여 걱정하는 부분을 충분하게 반영하여 도입을 신중하게 추진하겠다고 하였다.[254]

이병태 국방부 장관의 답변에서 패트리어트를 배치하는 것이 이미 1991년부터 추진되었던 사안이며 북한의 항공기와 스커드 미사일 공격에 대응하기 위하여 한미 간 협의를 하였던 사안이라는 점을 확인할 수 있다.

김영삼 정부는 주한미군에 패트리어트를 배치하고 미국의 TMD참여에 대해서는 구체적인 입장을 밝히지 않는 정도의 입장에서 머무르게 된다.[255] 김영삼 정부에서 주한미군에 패트리어트는 배치되었지만 한반도 전쟁 위기 속에서도 TMD에 들어가는 것과 관련하여서 검토하거나 신중

252) 국회회의록, 제14대 국회 제166회 제1차 국방위원회 (1994년 2월 25일), p.21.
253) 국회회의록, 제14대 국회 제166회 제1차 국방위원회 (1994년 2월 25일), p.44.
254) 국회회의록, 제14대 국회 제166회 제2차 국방위원회 (1994년 2월 26일), pp.4-5.
255) 전성훈, 『미·일의 TMD 구상과 한국의 전략적 선택』, (서울: 통일연구원, 2000), pp.72-78.

하게 고려한다는 정도에서 머무르는 것으로 결론이 났다. 김영삼 정부는 TMD에 참여하는 것과 관련하여 선뜻 어떤 입장을 내세우지 않는 모습을 보였다. 한국 내에서는 패트리어트 배치와 관련하여 찬성과 반대의 입장이 공존하였으며 김영삼 대통령조차도 취임 1주년 기자회견에서 패트리어트를 배치하지 않는 쪽을 검토한다고 하였다가 이 입장을 번복할 정도였다는 점에서 김영삼 정부의 미국의 TMD에 참여하는 것과 관련하여 고민하였던 모습을 살펴볼 수 있다.

당시 한국에서 패트리어트 배치와 관련한 입장은 다음과 같이 정리할 수 있다. 먼저 패트리어트 배치를 찬성하는 논거로 첫째, 북한의 항공기와 스커드 미사일 위협에 대응하여야 한다는 점 둘째, 순수하게 방어목적으로 배치한다는 점 셋째, 한국과 미국의 국익에 도움이 된다는 점으로 정리할 수 있다. 또 패트리어트 배치를 반대하였던 논거로 첫째, 패트리어트 무기 성능상의 유효성 문제 둘째, 산악지형인 한반도에서 목표탐지와 요격의 제한성 셋째, 북한 미사일 발사시 3-4분안에 대응이 가능한지 여부로 정리할 수 있다.

김영삼 정부가 TMD와 관련하여 명확한 입장을 내지 않았던 부분은 김영삼 정부의 대북정책이 일관성 있지 않았던 모습과 관련이 있다. 이는 1차 북핵 위기가 발생하는 동안 북한이 통미봉남 정책을 사용하면서 당사자인 한국과 대화하지 않고 미국과 대화하려고만 한 것에서 기인한다. 김영삼 정부가 실질적으로 북한 핵문제에 개입하지 못하게 되면서 김영삼 정부는 명확한 입장을 내지 못하게 되었다.

김영삼 정부는 북경의 쌀 회담 차관급 접촉 2회, 핵문제 해결을 위한 특사 교환과 관련한 실무접촉 8회, 남북정상회담을 위한 실무접촉 5회를 하였으나 본 회담은 북한과 단 한번도 하지 못한 채 준비단계에서 무산되어 버렸다. 김영삼 정부는 1994년 6월 핵문제를 둘러싼 위기가 다소 진정이 되고 1994년 7월 8일 김일성이 사망한 뒤에는 북한붕괴론에 대하여 비중을 두기도 하였다. 북한이 갑자기 붕괴되었다고 하여도 바로 통일이 된다는 확실한 보장이 있지 않았던 상황에서 온건노선과 강경노선을 오가면서 김영삼 정부는 대북정책을 일관성있게 추진하지 못하였다.[256] 김영삼 정부는 급박한 정세 속에서 클린턴 정부가 TMD에 참여하여달라는 요청에도 한국은 실제 배치가 되기까지의 시간과 대북관계를 고려하여 명확한 입장을 내지 않는 모습을 보였다.[257]

김영삼 정부는 북한이 전쟁을 일으킬지 모른다는 신호를 강하게 주었던 시기로서 미국은 연루의 두려움을 느끼게 된다. 한반도에 전쟁이 발생할 수도 있는 긴박한 상황에서 미국은 북한이 서울을 불바다로 만드는 등의 공격을 하게 되면 전면전이 발생하는 것을 감수하여야 하는 연루의 위험을 느끼게 된다.

윌리엄 페리 미 국방부 장관의 회고록에 따르면 실제로 미국은 북한의 영변 핵시설에 대하여 외과수술식 공격(Surgical Strike)을 검토하였다.[258] 빌 클린턴 대통령의 자서전에서도 1994년 6월 영변의 핵시설을 타격하는 방안을 검토하였다가 실행 직전 이를 취소하였다는 점이 나온다. 당시 미국에서 폭격을 취소한 이유에 대하여 공식적인 설명은 없었다. 그러나 클린턴 대통령의 자서전에서 전쟁이 전면전으로 번질 경우에 한국이 입을 막대한 피해 규모에 대하여 고려하였다고 밝혔다.[259]

미국은 영변을 타격하려는 계획을 철회하고 협상을 통하여 북한 핵문제를 해결하는 방향으로 정책을 변화시키면서 연루의 위험을 낮추고자 하였다.[260] 한반도에서 전면전이 발생할 경우에 미국이 치러야 하는 연루의

---

256) Memorandum from Anthony Lake, Susan Brophy, "Letter from Senator Bob Smith", (October 6, 1994), Case Number: 2009-0528-F-2, Clinton Presidential Library, 최완규, "이카루스의 비운: 김영삼정부의 대북정책 실패요인", 『한국과 국제정치』 제14권 제2호, (경남대학교 극동문제연구소, 1998), pp.194-201.

257) William J. Tayolr, South-North unification? More of ideal than policy, Korea Herald, February 17 2000.

258) William James Perry, *My Journey at the Nuclear Brink*, (California: Stanford University Press, 2015), p.106.

259) Bill Clinton, *My Life*, (New York: Knopf, 2004), p.591.

260) Spencer T. Bachus's Letter to The Honorable William J. Clinton, Congress of the United States House of Representatives Washington D.C June 10, 1994, Clinton Presidential Library. Memorandum for the President from Anthony Lake Susan Brophy, "North Korea Letter from Representative Bachus", National Security Council Washington D.C 20506, July 28, 1994, Clinton Presidential Library. Memorandum for the President from Anthony Lake Susan Brophy, "North Korea Letter from Representative Bachus", The White House Washington D.C August 4 1994, Clinton Presidential Library.

대가는 크기 때문에 외교적 해결방법으로 연루의 위험을 낮추려는 결정을 내렸다. 북한이 전쟁을 일으키게 되면 한국은 미국으로부터 포기될 수 있는 위험이 커지게 된다. 김영삼 정부는 한반도에서 전쟁만은 안된다면서 영변 핵시설 타격에 대하여 반발하고 이를 막으려고 하였다. 북한이 1차 북핵 위기 동안 한국이 아닌 미국과 대화를 하는 통미봉남 정책을 사용하면서 김영삼 정부는 북한과 본 회담을 단 한차례도 하지 못하였다. 김영삼 정부는 1차 북핵 위기에서 실질적으로 북한 문제에 개입하지 못하였고 이로 인하여 명확한 입장을 표명하기 어려운 상황이 되었다. 대북 정책에서 주도권을 쥐지 못하였던 김영삼 정부는 서울을 불바다로 만들겠다는 북한의 전쟁 위협을 낮추고자 주한미군에 패트리어트를 배치하는 결정을 내린다. 이 결정은 포기의 두려움을 낮추는 방향으로 작용하게 된다.

김영삼 대통령은 패트리어트를 배치하는 것과 관련하여서도 취임 1주년 기자회견에서 이를 철회하려고 하다가 이를 번복하고 배치하는 등 일관되지 못한 모습을 보였다. 김영삼 정부는 출범 직후 북한이 NPT를 탈퇴한 섬, 5MWe원자로의 연료봉을 일방적으로 추출하면서 증거를 없애려한 점, 서울을 불바다로 만들겠다는 북한의 전쟁 위협 등에 대처하느라 TMD에 참여하는 것을 부차적으로 고려사항에 두고 정책을 추진하였다. 패트리어트 무기 성능의 유효성, 산악지형인 한반도에서 과연 목표탐지와 요격하는 것에 대한 논쟁, 북한이 미사일로 공격할 경우에 3-4분안에 대응이 가능한지 등에 대한 논쟁이 벌어졌다. 한국은 TMD에 참여하게 되면 겪어야 하는 연루의 두려움을 느끼게 된다. 김영삼 정부는 이러한 연루의 두려움을 느끼면서 TMD참여와 관련하여 명확한 입장을 내지 않는 정책을 취하게 된다.

3. 한국의 초기 미사일 방어정책과 한미동맹의 안보딜레마

(1) SDI·GPALS 추진과 긍정적 검토

북한이 아웅산테러를 일으키는 등 도발을 계속해서 하는 가운데 전두환 정부는 미국의 SDI에 참여하는 것이 한국의 과학기술 능력을 향상시키는 데 도움이 된다고 판단하여 SDI에 참여하겠다는 결정을 내리게 된다. 1988년 1월 12일 전두환 정부는 유관부처의 장관회의와 1988년 1월 29일 상부의 재가를 거쳐 SDI에 공식적으로 참여하겠다는 결정을 내렸다. 전두환 정부는 대미 통보의 경우에 국방부 장관의 명의의 서한을 보내 조기에 실시하기로 하였다. 또 1988년 서울올림픽 이후에 한미양국이 대외공표를 동시에 발표하고자 하였다. 전두환 정부는 한미 간에 MOU를 체결하면서 정부차원의 공식 참여를 하고자 하였다. 당시 과학기술처가 이를 총괄하고 외무부가 MOU체결을 주관하기로 한다.[261] 전두환 정부는 미국과 협력하는 것이 국가안보에 도움이 된다고 판단하여 SDI에 참여하는 결정을 내린다. 전두환 정부는 미국의 포기의 두려움을 줄이고 한국의 과학기술에 도움이 된다며 SDI 참여를 결정하였다. 당시 한미안보협의회의에서 SDI 참여문제는 주요한 이슈였다. 국방부가 1985년부터 검토한 결과 긍정적인 평가가 나오게 되었고 이를 토대로 기술조사단이 편성된다. 1987년 전두환 정부는 2회에 걸쳐서 현지 파견을 하였는데 SDI 기술조사단은 구상회 국방과학연구소 부소장을 단장으로 하여 정부인사 4명과 전문가 11명 등으로 구성되었다.[262] 레이건 대통령은 SDI를 통하여 날아오는 탄도미사일과 핵무기를 공중에서 요격하여 방어를 함으로써 소련의 선제 기습공격 등에 대응하고자 하였다. 미국의 SDI 계획에 동맹국들은 긍정적인 검토를 하였다. 와인버거 국방부 장관이 1985년 3월 NATO회의에서 동맹국들이 SDI에 참여하면 좋겠다는 뜻을 처음으로 전한 뒤 1985년 12월에는 영국과 쌍무협정을 맺는다. 1986년 3월 서독, 1986년 5월 이스라엘, 1986년 9월 이탈리아, 1987년 7월 일본이 차례로 미국의 SDI 공동연구에 참여하겠다는 결정을 내렸다.[263]

---

261) 외교부 외교사료관, 2019년 비밀·비공개 해제문서 "미국 SDI(전략방어계획) 참여, 1985-88, 제3권 한국의 참여 검토 결과" 등록번호 26671. (검색일: 2019년 3월 31일)

262) 한국민족문화대백과사전, "한미안보협의회의"
http://encykorea.aks.ac.kr/Contents/Item/E0066895

263) 국방대학원, 『전략방위계획: SDI 별들의 전쟁 조망』, (서울: 국방대학원 안보총서 50, 1987), pp.228-231, 서근구, 『미국의 세계전략과 분쟁개입』, (서울; 현음사, 2008), pp.302-304에서 재인용.

전두환 정부가 미국의 SDI에 참여하겠다는 결정은 한국의 포기의 두려움을 낮추는 데 기여한다. 레이건 정부와 전두환 정부의 한미동맹관계는 결정적 호기를 맞았다는 평가가 나올 정도로 굳건하게 된다. 레이건 정부가 구소련과 군비경쟁을 강하게 추진하면서 한국과의 이해관계는 일치하는 모습이 나타난 것이다. 레이건 대통령은 출범초기부터 전두환 정부와의 관계 개선을 하려는 모습을 보였다. 1981년 2월 레이건 정부는 전두환 대통령을 초청하여 주한미군을 철수할 계획이 없으며 한국에 대하여 방위공약을 지키겠다는 약속을 재확인한다. 레이건 대통령이 구소련을 상대로 강력한 강압정책을 취하면서 전두환 정부 때 한미동맹관계는 협력적 분위기가 되었다. 미국과 소련이 대립하고 한국과 북한의 대립하면서 공산당 정권에 맞서야 하는 국제정치 상황 하에 있었다. 전두환 정부 때 한미동맹은 이해관계가 일치하는 모습이 나타났다. 레이건 대통령은 1983년 3월에 SDI를 추진하겠다고 밝혔다. 1983년 9월 한국에서는 대한항공기가 구소련공군에 의하여 격추되는 사건이 발생하였고 한 달 뒤인 1983년 10월 미얀마에서 북한요원이 랭군 폭파사건을 일으키게 된다. 전두환 정부는 제5공화국을 수립하는 과정에서 문제로 제기된 정치적 정통성에 대한 고민이 있었는데 미국의 공산국가 대립구도와 정책적 방향이 일치하는 부분에 집중하여 한미관계를 복원하고 정치적 정통성을 회복하고자 하였다.

전두환 정부에서 발생한 북한의 도발도 한미관계를 돈독하게 하는데 영향을 미치게 된다. 1983년 10월 9일에 발생한 아웅산 폭발 테러사건에서 한국의 주요 인사 17명이 현장에서 사망하였고 미얀마 국민까지 합하면 총 34명이 사망하였다.[264] 아웅산 테러 이후에 1983년 11월 12일 레이건 대통령이 방한하였고 전두환 정부와 한미정상회담을 하였다. 1983년 11월 13일에는 휴전선 최전방을 레이건 대통령이 시찰하고 1983년 11월 14일 한미안보공동성명을 발표한다.[265] 허화평 전 대통령 정무수석은 레이건 정부와 전두환 정부 때 한미동맹이 역대 한미동맹 중 가장 밀접한 관

---

264) 이민룡, 『한미동맹 해부』, (서울: 키메이커, 2019), pp.177-182.
265) 정일준 "미국 개입의 선택성과 한계" 『갈등하는 동맹 한미관계 60년』, (서울: 역사비평사, 2010), p.111.

계였으며 한미 간에 추구하는 정책에 있어서도 우호적이었다고 증언하였다. 허화평 정무수석은 한미관계가 좋았기 때문에 일본이 100억원의 차관을 한국에 선뜻 빌려주었다고 증언하였다. 박정희 정부 때 5억원도 빌려주지 않으려 했던 일본의 모습과 다르다는 것이다. 전두환 대통령이 레이건 대통령에게 경제적으로 일본이 도와주면 좋겠다면서 미국이 영향력을 행사하기를 바라는 요청을 한 뒤에 일본이 이를 수용하였다고 증언하였다.[266]

전두환 정부가 미국의 SDI에 참여한다는 결정을 내리면서 한미동맹에 있어서 포기의 두려움은 낮아졌고 미국도 한미동맹 강화를 통하여 연루의 두려움을 낮추게 되었다.

노태우 정부는 1988년 7·7선언을 발표하면서 남북 관계개선을 추구하는 등 북방정책을 본격적으로 시작하게 된다. 1988년 10월에 서울올림픽을 성공적으로 개최한 뒤 1990년 9월 30일 소련과 수교하고 1992년 8월 24일에는 중국과 수교하였다. 1989년 8월 동유럽에서 탈공산주의 분위기가 확산되면서 폴란드에서는 비공산당 연립정부가 세워졌다. 1989년 11월 9일 독일의 베를린 장벽이 붕괴되었고 1989년 12월 22일 루마니아에서 유혈혁명이 일어나고 차우세스크가 처형되었다. 1991년 7월 1일 바르샤바 조약기구가 해체되면서 공산주의권 국가들이 차례로 붕괴하기 시작하였다. 1991년 8월 24일 구소련의 고르바초프 대통령은 소련공산당이 해체될 것이라는 선언을 하였다. 1991년 12월 8일 소비에트사회주의공화국연방(USSR, Union of Soviet Socialist Republics)은 해체되었고 러시아를 중심으로 하여 독립국가연합(CIS, Commonwealth of Independent States)이 창설되었다.[267]

노태우 정부는 이러한 탈냉전 분위기 속에서 1991년 9월 27일에 부시 대통령이 발표하였던 단거리 전술핵무기의 전면 폐기와 철수선언을 한다. 노태우 정부의 1991년 11월 8일 한반도 비핵화 선언은 미국을 비롯한 소

266) 연세대학교 국가관리연구원, 『한국대통령 통치구술사료집2 전두환 대통령』, (서울: 도서출판 선인, 2013), pp.150-151.
267) 이태환, "북방정책과 한중 관계의 변화" 하용출외7명 『북방정책 기원, 전개, 영향』, (서울: 서울대학교출판부, 2006), pp.115-116.

련, 중국, 일본 등에 의하여 긍정적인 평가를 받았으며 북한에 대해서 핵무기 개발을 포기하도록 요구하는 명분을 만들게 된다. 노태우 정부는 북방외교 등을 통하여 공산권 국가와의 관계 개선을 도모하면서 북한과 1991년 9월 17일 유엔에 동시 가입을 하게 된다.268)

1991년 미국의 의회조사보고서에 따르면 미국은 한미동맹을 유지하는 것이 미국의 국익에 도움이 된다고 보았다. 러시아, 중국, 일본, 북한과 인접한 한국과 군사적 협력을 하게되면 동아시아 지역에서 미국의 안정적인 이해관계 전략을 유지하는 이익이 있다고 본 것이다.269)

1990년 8월 2일에 이라크가 쿠웨이트를 침공하였다. 이에 미국을 중심으로 다국적군이 전쟁에 참여하게 된다. 미국은 노태우 정부에게 걸프전 참전에 대하여 지원을 요청하였다. 1990년 8월 9일 노태우 정부는 강영훈 국무총리 주재의 관계부처 장관회의에서 이라크에 대한 경제제재 조치에 동참한다는 결의를 하였다. 당시 이라크, 쿠웨이트에서의 원유수입을 금지하며 각종 건설공사 수주를 하지 않는다는 내용의 금수조치를 통과시켰다. 당시 유종하 외무부 차관은 이라크 경제제재 참여로 경제적 피해가 예상되지만 동참한다고 밝혔다. 미국은 추가적으로 페르시아만에 주둔하는 미군에 대하여 경제적 비용을 한국이 부담할 것을 요청하였다. 1990년 8월 21일에 리처드 솔로몬 미 국무부 아태담당 차관보는 박동진 주미대사에게 한국이 군사적으로도 함께 동참하여달라고 요청하였다. 이에 대하여 외무부는 걸프전의 미군을 지원하기로 결정하고 비행기와 배를 이용하여 미국의 군수물자를 나르기로 결정하였다. 당시 대한항공만이 미국에 취항하는 항공사였기 때문에 대한항공의 화물기를 이용하였다. 또 탱크, 야포 등의 무거운 화물을 항공기로 수송할 수 없어서 선박을 사용하여 지원하였다. 당시 현대상선, 한진해운 등이 군수물자를 수송하였다. 1990년 9월 7일 부시 대통령의 친서를 들고 니콜라스 브래드 미국 재무장관이 방한하여 지원을 요청하였다. 당시 노태우 대통령은 가능한 군비를 지원하겠다

---

268) 김창훈, 『한국외교 어제와 오늘』, (경기도: 한국학술정보, 2008), pp.226-229.
269) Robert G. Sutter, "Korea U.S Relations Issues for Congress", *A CRS Issue Brief*, (1991), p.2.

는 약속을 하면서 구체적 사항은 외무부가 협의하기로 하였다. 1990년 9월 17일 드세이 앤더슨 미국 국무부 동아시아태평양 담당 차관보가 방한하여 최호중 외무부 장관에게 4억 5,000만 달러 현금을 지원하여 줄 것을 요청하였다. 당시 미국이 일본에 대하여 40억 달러를 요청한 것과 비교하면 약 10분의 1 정도의 수준이었다. 그러나 한국 정부는 서울과 중부지방의 수재로 인하여 경제가 어렵고 그만큼의 분담금을 낼 여력이 없다는 입장을 전달하게 된다. 1990년 9월 24일 노태우 정부는 미국과 협의한 끝에 2억 2,000만 달러를 지원하겠다는 약속을 한다. 다국적군의 유지경비 명목으로 1억 2,000만 달러를 지원하고 주변 피해국에 재정지원금으로 1억 달러 등 현금과 재정지원을 하겠다고 하였으며 이를 미국 정부가 받아들이게 된다. 1991년 1월 4일 이종구 국방부 장관은 국무회의에서 군 의료지원단을 파견하겠다고 하였으며 1991년 2월 5일 서동권 안기부장이 100여명의 군의료진을 파견하기로 결정한다. 미국을 포함한 다국적군의 공격이 다시 시작되고 전쟁비용이 커지게 되자 미국은 또다시 한국에 대하여 군비부담을 증액하고 군사적 지원을 늘려달라는 요청을 한다. 1991년 1월 30일 노태우 정부는 군수송기를 파견하고 2억 8,000만 달러의 추가지원을 하겠다고 밝혔다. 걸프전은 세계 무대에서 한국이 제3자로 남지 못하며 미국이 치르는 전쟁에 연루될 위험을 느끼게 하였다.270)

외교부에 정보공개청구한 자료에 따르면 걸프전 기간 동안 한국이 미국에 원조한 금액은 총 2억5,100만 달러로, 이중 1억5,000만 달러는 현금으로 지급되었으며, 나머지 1억 1백만 달러는 수송 및 군수물자 지원을 위해 쓰였다.271)

노태우 정부의 문희갑 전 대통령 경제수석비서관은 부시 정부와 노태우 정부의 한미관계가 우호적이었다고 증언하였다. 1991년 이라크 전쟁을 미국이 빠르게 마무리를 하면서 중동 등 해외건설공사 근로자들의 경제적 손실이 적었다는 것이다. 당시 부시 정부는 이라크가 독재를 하면서 석유

---

270) 국방부 정보공개청구자료, 2020년 10월 19일, 접수번호: 7177244, 국방부 정보공개청구자료, 2020년 10월 19일, 접수번호: 7177955, 국방부 군사편찬연구소, 『국방 100년의 역사 1919-2018』, (국방부, 2020), pp.589-591.

271) 외교부 정보공개청구자료, 2020년 11월 9일, 접수번호: 7177252

값을 인상하고 핵무기를 개발하며 석유를 무기화하여 국제사회를 어지럽힌다는 점을 들어 전쟁을 치르게 되었는데 걸프전을 치르는 동안 한미 양국 대통령 회담에서도 우호적인 관계가 강하였다고 증언하였다.[272]

노태우 정부에서 42차례 남북비밀회담 수석대표를 역임하고 정무장관과 체육청소년부 장관을 지낸 박철언 정무장관은 1980년 청와대 비서관을 할 때 법제연구관이 모태가 되어 1985년 외무부, 법원, 통일원 등의 엘리트와 북한전문가, 공산권 전문가를 포함하여 63명 정도를 북방정책을 구상하는 팀에 배치하였고 1988년 남북비밀회담을 이끌고 6·29선언의 기초를 만들었으며 1987년 12월의 대통령 선거를 이기게 하는데 기여하였다고 증언하였다. 노태우 정부가 1988년 7·7선언을 하고 1989년 9월 11일 한민족공동체통일방안을 발표하였는데 이는 한반도 통일을 이끄는데 대승적인 차원에서 포용하겠다는 의지를 나타낸 것이라고 보았다. 박철언 장관은 전두환 정부 때인 1985년 7월 11일에서 1988년 2월 24일까지 남북비밀접촉이 33회 있었고 노태우 정부 때인 1988년 2월 25일에서 1991년 중반까지 남북비밀회담이 9번 있었으며 42번의 비밀회담 수석대표를 맡았다고 증언하였다.[273] 이러한 일련의 일들에 대하여 박철언 장관은 소련이 붕괴하는 탈냉전 분위기 속에서 미국이 한국에 대해 신중한 입장을 갖고 지켜보는 분위기였다고 증언하였다. 미국이 전 세계의 유일한 패권국가로 등장하는 국제정치 상황이었기 때문에 한국에 대해서 신중하고 우호적인 동맹의 입장을 견지하려는 노력을 하였다고 보았다.[274]

노태우 정부 때 한미동맹 관계가 좋았다는 점은 미국 의회 연설 숫자에서 확인할 수 있다. 1989년 10월 19일에 노태우 대통령이 미국 의회에서 연설을 한 이후 매년 미국을 방문하였고 1991년에는 국빈 방문을 하였다.[275] 노태우 대통령의 미국 의회 연설은 1954년 7월 28일의 이승만 대

272) 연세대학교 국가관리연구원, 『한국대통령 통치구술사료집3 노태우 대통령』, (도서출판 선인, 2013), p.239.

273) 연세대학교 국가관리연구원, 『한국대통령 통치구술사료집3 노태우 대통령』, (도서출판 선인, 2013), pp.117-121.

274) 연세대학교 국가관리연구원, 『한국대통령 통치구술사료집3 노태우 대통령』, (도서출판 선인, 2013), p.129,

275) 외교부 외교사료관, 2020년 비밀·비공개 해제문서 "노태우 대통령 미국 방문, 1989.10.15.-20.

통령의 연설 이후 처음있는 일이기도 하였다. 노태우 대통령은 미국 의회에서 강력한 한미동맹의 의지를 밝히고 한반도 평화통일을 위하여 남북관계 개선 등 북방외교를 추진하는 것이라고 밝혔다.[276]

노태우 정부는 한미동맹을 강화하고 한미 간의 방위산업 발전을 도모하는 가운데 북방외교를 통하여 공산권 국가와의 국교정상화 등 관계개선에 나선다. 1989년 헝가리를 시작으로 폴란드, 유고, 루마니아, 몽골, 불가리아, 체코슬로바키아 등 구 공산권 국가들과 외교수립을 한다. 1990년 9월 30일 노태우 정부는 소련과 국교를 수립한다는 공동성명을 발표하면서 탈냉전 국제정치의 분위기에 발맞추는 노력을 한다. 1991년 9월 27일 부시 정부는 단거리 전술핵무기 전면폐기와 철수선언을 하였다. 이 선언을 통하여 부시 대통령은 북한의 핵무기 개발을 용인하지 않을 것이며 동시에 핵무장이 연쇄 확산되는 것을 방지하고자 하였다. 노태우 정부는 이 선언과 궤를 같이 하는 1991년 11월 8일 한반도 비핵화선언을 하게 된다. 노태우 대통령은 에너지 확보 등 평화적인 목적을 위한 것을 제외하고 핵무기를 제조, 보유, 사용 등을 하지 않는다고 선언한다.[277]

전두환 정부는 SDI에 참여한다고 선언하면서 한국의 포기의 가능성을 낮추었다. 노태우 정부는 1988년 서울올림픽에 소련을 참여하도록 하기 위하여 미국의 SDI에 참여한다는 점에 대해서 유보적인 모습을 보이면서 SDI에 참여하는 것이 도움이 된다는 입장을 유지하였다. 탈냉전 국제정치 환경 속에서 부시 정부가 SDI를 GPALS로 변화시키면서 상황이 변화 함에 따라 미국의 포기의 가능성을 낮추도록 한미동맹을 강화하고 한미 양국 간의 방위산업 교류 협력을 하려는 노력을 한다. 미국의 경우에도 한국이 SDI를 긍정적으로 검토하고 방위산업 발전을 도모하는 것이 미국의 연루의 가능성을 낮춘다고 판단하여 이러한 노력에 동참하는 모습을 보인다. 또한 북한의 핵무기 개발을 용인하지 않는다는 내용의 단거리 전술핵무기 전면폐기와 철수선언을 하면서 연루의 가능성을 낮추고자 하였다.

전17권 V.10 의회연설I교섭문서", 등록번호 28037. (검색일: 2020년 3월 31일)

276) 외교부 외교사료관, 2020년 비밀·비공개 해제문서 "노태우 대통령 미국 방문, 1989.10.15.-20. 전17권 V.11 의회연설II연설문", 등록번호 28038. (검색일: 2020년 3월 31일)

277) 김창훈, 『한국외교 어제와 오늘』, (경기도: 한국학술정보, 2008), pp.220-226.

(2) 1차 북핵위기와 패트리어트 배치

북한이 서울을 불바다로 만들겠다는 협박은 미국의 입장에서 전면전을 각오하고 전쟁을 치러야 하는 연루의 가능성을 높이는 요인으로 작용하였다. 1차 북핵위기는 미국이 전쟁으로 번질 것을 감수하고 북한의 영변 핵시설을 타격하여야 할지 아니면 북핵문제를 외교적으로 해결하여야 할지를 선택하는 상황에 놓이게 하였다. 미국은 처음에는 영변 핵시설을 타격하는 것을 구체적인 선까지 고려하였지만 김영삼 정부의 반대와 연루의 가능성을 고려하여 외교적으로 해결하는 결정을 내렸다.

1994년 3월 19일 판문점에서 열린 특사 5차 실무회담에서 박영수 북한 대표가 서울을 불바다로 만들겠다는 협박을 하였고 1994년 3월 21일 IAEA는 북핵문제를 유엔안보리에 회부하겠다는 결정을 내린다. 당시에 찬성 25표, 반대(리비아) 1표, 기권(중국 포함) 5표가 나와서 가결되었다. 미국 국방부가 한국에 패트리어트를 배치할 계획이라는 점에 대하여 발표한 때는 1994년 1월 26일이다. 이후에 이와 관련하여 논의가 이어지다가 서울 불바다 발언이후인 1994년 3월 21일 클린턴 정부는 패트리어트 미사일을 한국에 배치하는 것이 필요하다는 결정을 내린다.[278]

클린턴 정부의 레스 아스핀 국방부 장관은 1993년 12월 패트리어트부터 사드에 이르기까지 미사일 방어체제를 구축하는 것이 필요하다는 클린턴 정부의 BMDO의 프로그램에 따르는 것이 필요하다고 보았다. 한국의 경우에는 WMD에 대응하는 능력이 필요하다고 보았고 적으로부터 공격받을 수 있다는 점에 대하여 인지하고 대처하는 것이 필요하다고 보았다.[279]

주한미군에 패트리어트를 배치하는 과정에서 미국의 고어 부통령은 1994년 2월 말까지 미국의 계획대로 패트리어트 수송에 동의하는 것이 필요하다고 촉구하였다. 1994년 2월 9일 한승주 외무부 장관이 방미하였을 때 레이크 안보담당보좌관은 주한미군에 패트리어트를 배치하는 결정

---

278) 정종욱, 『정종욱 외교비록: 1차 북핵위기와 황장엽 망명』, (서울: 도서출판 기파랑, 2019), pp.277-279.

279) Michael J. Mazarr, *North Korea and the Bomb*, (Macmillan, 1997), pp.216-217.

을 승인하였다고 말하였다. 페리 국방부 장관은 현장의 사령관이 필요하다는 의견에 대하여 미국 정부가 긍정적 대응을 하지 않을 수 없다는 뜻을 밝혔다.280)

북한은 1994년 1월 31일과 3월 22일과 3월 28일에 패트리어트 미사일 배치 중지를 촉구하였으나 1994년 4월 18일 패트리어트 1차 선적분이 부산에 도착하게 된다.281)

북한이 핵무기를 개발하겠다는 의지를 보이자 미국은 1994년 북한의 영변 핵시설을 타격하는 시나리오를 검토하였을 정도로 북한의 핵무기 개발은 한반도 평화에 위협적이었다. 미국에서는 북한을 선제타격할 경우에 발생할 수 있는 피해에 대해서도 고려하였고 선제타격이 실패할 경우에 발생할 수 있는 위협도 고려하였다.282)

미국 국방부는 한반도에서 전쟁이 발생하게 되면 최소 100만명의 민간인이 죽고 전쟁비용이 600억 달러이상 들어가며 한국 경제가 1조원 이상의 피해를 입을 수 밖에 없고 동아시아 지역에서 연달아서 경제적 불황이 발생할 수 있다고 보았다.283)

김영삼 정부의 부총리 겸 통일원 장관을 역임한 김덕 장관은 북한에 대하여 선제타격을 구체적 행동까지 논의한 것은 1994년 5월 18일의 펜타곤 군사회의에서라고 보았다. 이 회의 결과를 5월 19일 백악관에 보고하였고 다시 고위 외교자문단이 회의하여 5월 20일 외교적 교섭을 통하여 북핵문제를 해결하는 방향으로 가닥을 잡게 되었다고 진술하였다.284)

1994년은 한반도에 전쟁 위협이 절정에 달한 시기였다.285) 1994년 4

---

280) Joel S. Wit·Daniel B. Poneman·Robert L. Gallucci, *Going Critical*, (Washington D.C: Brookings Institution Press, 2005), pp.125-126.
281) 왕선택, 『북핵위기 20년 또는 60년』, (서울: 도서출판 선인, 2013), pp.65-67.
282) Ted Galen Carpenter, "Life after Proliferation: Closing the Nuclear Umbrella", *Foreign Affairs* Vol.73 No.2, (1994), p.10.
283) Joel S. Wit·Daniel B. Poneman·Robert L. Gallucci, *Going Critical*, (Washington D.C: Brookings Institution Press, 2005), pp.180-181.
284) 홍민외3명, 구술로 본 통일정책사, (서울: 통일연구원, 2017), p.169.
285) Jesse Helms's Letter to Bill Clinton, United States Senate Committee on Foreign Relations Washington D.C 20510-6225, pp.1-3, Clinton Presidential Library. Alfonse D'Amato United States Senator and Mitch McConnell United States Senator and Jesse Helms United States Senator and Frank Murkowski United States

월에 있었던 서울을 불바다로 만들겠다는 북한 대표의 발언 이후인 1994년 5월 4일부터 5월 12일 북한은 IAEA의 입회없이 영변의 원자로에서 연료봉을 추출하기 시작였고 1994년 6월 8일 연료봉 제거를 완료하였다.[286]

이는 국제사회에서 북한이 연료봉 8,000개를 일방적으로 인출하지 말도록 요구한 것에 배치되는 행동이었다. 연료봉을 분석하게 되면 그동안 북한이 얼마나 플루토늄을 추출하였는지를 확인할 수 있기 때문이다. 북한은 증거인멸 행위에 해당하는 행동을 하였고 이에 대하여 규탄하는 국제사회의 목소리는 커져 갔고 제재의 강도가 세지고 속도가 빨라져야 한다는 문제가 제기되었다. 미국은 외과수술식으로 영변의 핵시설을 미사일로 파괴하여야 한다는 계획을 검토할 정도로 전쟁 위기는 커져 갔다. 카터 미국 전 대통령이 판문점을 통하여 김일성과 회담을 하면서 이 위기가 전쟁으로 치닫지 않게 된다.[287]

김일성은 카터 전 대통령에게 일방적 연료봉 인출 행위를 중단하겠다고 약속하였고 IAEA의 사찰을 받는다고 하였다. 카터 전 대통령은 인공위성을 통하여 클린턴 대통령에게 합의 내용을 즉시 전달하여 동의를 받은 뒤 김일성과의 합의내용을 발표하게 된다.[288]

김영삼 정부는 미국이 북한의 영변 핵시설을 타격할 경우에 북한이 서울을 공격할 가능성이 있다는 점과 전쟁으로 번질 경우의 위험에 대하여 고려하게 된다. 김영삼 정부는 주한미군에 패트리어트를 배치하면서 미국의 포기의 위험을 낮추고 한반도에서 전쟁을 막으려는 노력을 하게 된다.

Senator's Letter to Bill Clinton, The Honorable William J. Clinton President of the United States The White House, The United States Senate Washington D.C 20510-3202, October 19, 1994, Clinton Presidential Library.

286) 정종욱, 『정종욱 외교비록』, (서울: 도서출판 기파랑, 2019), pp.281-284.

287) Jimmy Carter's Letter to President Bill Clinton, The Honorable Bill Clinton The President The White House Washington D.C. 20500-2000, CC: Vice-President Al Gore Secretary of State Madeleine Albright, February 6, 1998, Clinton Presidential Library. Bill Clinton's Letter to Jimmy Carter, The Honorable Jimmy Carter The Carter Center, The White House Washington D.C 0950, Clinton Presidential Library.

288) 정종욱, "1994년 남북정상회담이 성사됐다면" 『공직에는 마침표가 없다: 장·차관들이 남기고 싶은 이야기』, 박관용·이충길외22인, (서울: 명솔출판, 2001), pp.46-50.

김영삼 정부의 이원종 청와대 정무수석은 김영삼 정부 때 미국 백악관과 직통전화를 처음으로 연결하였고 당시 김영삼 대통령이 한반도에서 전쟁은 안된다면서 미국이 북한을 타격하여도 군통수권자인 김영삼 대통령은 단 한명의 한국 군인도 움직이지 않게 하겠다며 공격적으로 나갔었다는 점에 대하여 증언하였다. 당시 1993년 7월 12일 클린턴 대통령이 취임 후 첫 외국 방문 국가로 한국을 방문하였다는 점에 대해서 기억하며 미국이 한국을 중요하게 여겼다고 덧붙였다.[289]

김영삼 정부의 박관용 대통령 비서실장은 미국과 한국의 국력이 차이나는 만큼 당시 대등한 외교를 하기 어려운 부분이 존재하였는데 영변 핵시설 폭격은 외교적으로 풀 수 있는 사안이기 보다는 국익의 차이가 반영된 부분이 존재한다고 증언하였다. 김영삼 대통령이 북핵 문제와 관련하여 강경한 입장을 보이다가 클린턴 대통령이 북한을 타격하는 것까지 고려한다는 점에서 전쟁이 발발할 수 있다고 판단하여 미국이 북한을 압박하는 것을 못하도록 하는 일련의 모습을 보이게 되었는데 이로 인하여 김영삼 대통령이 일관성 없는 대북정책을 추진한다고 오인하게 한 부분이 존재하였다고 증언하였다.[290]

정종욱 청와대 외교안보수석 및 주중대사는 김영삼 정부에서 북한의 핵문제와 관련한 상황이 급박하게 흘러서 TMD참여까지 고려할 정도의 여유가 없었고 북한의 위협 상황에 대응하는 것을 우선시하였다고 증언하였다. 김영삼 대통령이 취임한 지 2주 뒤에 북한이 NPT탈퇴를 선언하고 이와 관련한 협상 그리고 불바다선언 또 제네바합의 등으로 이어지는 일련의 사건들 속에서 김영삼 대통령이 큰 방향을 결정하고 세부적인 정책을 세우기에는 복잡한 안건이 많았고 급박한 상황 대처를 하는데 집중하였다고 덧붙였다.[291]

---

289) 연세대학교 국가관리연구원, 『한국대통령 통치구술사료집4 김영삼 대통령』, (서울: 도서출판 선인, 2014), pp.324-325.
290) 연세대학교 국가관리연구원, 『한국대통령 통치구술사료집4 김영삼 대통령』, (서울: 도서출판 선인, 2014), pp.36-39.
291) 연세대학교 국가관리연구원, 『한국대통령 통치구술사료집4 김영삼 대통령』, (서울: 도서출판 선인, 2014), pp.425-427.

김영삼 정부의 공로명 외무부 장관은 북한이 NPT를 탈퇴하겠다는 선언을 하고 미북 협의를 통하여 제네바합의가 이루어졌지만 국내적으로는 한국이 배제되었다는 비판이 나올 정도로 한국의 중심적 역할이 명확하지 않았다는 점에 대하여 미국 측에 불만을 토로한 적이 있다고 증언하였다.[292)]

김영삼 정부의 박관용 대통령비서실장, 정종욱 청와대 외교안보수석 및 주중대사, 공로명 외무부 장관은 공통적으로 김영삼 정부가 북한의 핵위협으로 인하여 TMD참여에 대하여 고려할 여유가 적었고 급박한 사태에 대처하는 것을 우선시하였다고 증언한다. 이들은 김영삼 정부에서 TMD와 관련하여 큰 방향의 정책을 세우고 세부적 사안을 결정하기에 급박하고 복잡한 위협이 컸기 때문에 이를 우선시하지 못하였다고 증언한다. 또 김영삼 정부가 북핵위기와 관련하여 주도권을 쥐지 못하고 전쟁 위기가 거세지면서 미국이 전쟁을 감수하는 것을 막기 위하여 일관성 없는 대북정책으로 오인될 소지가 존재하도록 북핵 위기 상황 대처에 우선순위를 두었다는 점에 대하여 인정한다.

북한은 벼랑 끝 전술을 사용하였고 1994년 8월에 3단계 미북 고위급회담을 시작한 이후 1994년 10월 2일 기본합의서를 채택하면서 미북 협상이 타결된다. 미국은 북한의 영변 핵시설을 F-117 전투폭격기와 순항미사일로 파괴한다는 계획을 철회하였다.[293)]

클린턴 정부는 1993년 출범 이후 지속적으로 개입과 확대를 통한 외교정책을 추진하겠다고 강조하였다. 강력한 군사력을 바탕으로 국제관계에 적극적으로 개입하고 자유민주주의 시장경제를 확대시키는 정책을 추진하였다.[294)] 클린턴 정부는 미군의 군사력을 효율적으로 관리하고 미국이 추구하는 민주주의가 확산되는 것이 미국의 안보에 도움이 된다고 판단하였다.[295)] 이러한 기조 하에서 클린턴 정부의 레스 애스핀 국방부 장관은 미

---

292) 국립외교원, 『한국 외교와 외교관: 공로명 전 외교부 장관』, (서울: 국립외교원 외교안보연구소 외교사연구센터, 2019), pp.289-296.
293) 김창훈, 『한국외교 어제와 오늘』, (경기도: 한국학술정보, 2008), pp.254-256.
294) The White House, *A National Security Strategy of Engagement and Enlargement*, (Washington D.C: U.S Government, July 1994), pp.5-6.
295) Douglas Brinkley, "Democratic Enlargement: The Clinton Doctrine", *Foreign Policy* No.106, (1997), pp.115-116.

국의 탄도미사일 방어에 있어서 TMD를 구축하여 해외에 주둔하는 미군과 미국의 동맹국을 보호하는 것이 필요하다고 보았고 TMD와 NMD를 구축하되 TMD에 보다 정책적 우선순위를 부여하는 것에 대하여 필요성이 있다고 보았다.[296] 그러나 NMD를 구축하는 것도 필요하다는 공화당의 강경파 의원들이 1996년도 국방예산 수권법안을 가결시키게 된다. NMD법안은 1995년 6월 14일에 미국 하원에서 가결되었고 1995년 8월 3일에는 미국 상원에서 법안이 가결되었다. 미국 상원에서 통과된 NMD 법안은 2003년까지 NMD를 구축하여야 한다는 내용을 담았다.[297]

1997년 5월 19일 QDR에 따르면 전세계에서 가장 위험한 지역으로 북한의 군사적 위협을 받는 한반도를 들었다. 북한이 한반도에서 전쟁을 일으킬 가능성이 있으며 이 경우에는 미군이 개입하게 되기 때문에 지역적 안정을 유지하면서 미국의 동맹국을 돕고 미국의 이익을 추구할 필요가 있다고 보았다.[298]

한국이 미국의 TMD에 들어가는 것에 대하여 머뭇거리는 사이에 미국은 일본과의 TMD 협력을 통하여 동아시아에서 탄도미사일 방어능력을 갖추고 한반도 급변사태시에 군사적 협력을 도모하고자 하였다.[299] 1997년 럼스펠드 전 국방부 장관이 위원장을 맡고 9명으로 이루어진 미국에 대한 탄도미사일 위협 평가위원회가 구성된다. 럼스펠드 위원회는 1998년 7월 15일 미국 의회에 보고서를 제출하였다. 럼스펠드 보고서에 따르면 미국은 중국, 러시아로부터 탄도미사일 위협이 사라지지 않았고 북한, 이란, 이라크 등의 불량국가들이 WMD로 미국에 위협을 가할 가능성이 있다고 보았다. [300]

---

296) Les Aspin, *Secretary of Defense, Annual Report to the President and the Congress*, (Washington D.C: U.S. Government, January 1994), pp.51-55.

297) National Defense Authorization Act of Fiscal Year 1996, H.R 1530.

298) William S. Cohen Secretary of Defense, "Report of the Quadrennial Defense Review", May 1997, pp.3-11.
https://history.defense.gov/Portals/70/Documents/quadrennial/QDR1997.pdf?ver=2014-06-25-110930-527

299) Stephen A. Cambone, "The United States and Theatre Missile Defense in the Northeast Asia", *Survival* Vol.39 No.3, (1997), pp.67-81.

300) Executive Summary of the Report of the Commission to Assess The Ballistic Missile

북한이 1998년 대포동 미사일을 발사하고 핵무기를 계속해서 개발하려는 시도를 하자 공화당 소속인 1999년 3월 5일 미국 길먼 하원국제관계 위원장과 공화당 의원들은 페리 대북정책조정관에게 TMD 구축이 필요하다는 내용의 공개서한을 보낸다. 이 공개서한에는 북한의 핵무기 개발 의혹 시설에 대하여 사찰하여야 하며 북한이 위협적인 미사일을 개발하거나 수출하는 것을 막아야 한다고 보았다.[301]

클린턴 정부는 1993년 출범이후부터 1차 북핵위기를 겪는 동안 북한의 핵무기와 미사일 위협을 관리하여야 하는 시점에 TMD를 보다 우선순위에 두고 구축한다는 계획을 세우고 이를 추진하였다. 미국은 김영삼 정부가 TMD에 참여하는 것에 대하여 명확한 입장을 내지 않는 동안 TMD에 참여한다고 결정한 일본과의 협력을 통하여 한반도 급변사태 등 동아시아 지역에서 발생할 수 있는 군사적 위협에 대하여 대처하는 정책을 추진하게 된다. 이는 미국이 단독으로 한반도 문제에 연루될 위험을 낮추려는 시도로 판단된다.

김영삼 정부는 북한과의 전면전과 같은 전쟁의 위험은 막으면서도 미국으로부터 포기되지 않으려고 패트리어트를 배치하는 결정을 내린다. 미국은 영변 핵시설 타격이 아니라 미북회담을 통하여 협상으로 북핵문제를 해결하려는 정책으로 전환하면서 연루의 위험을 낮추고자 하였다. 그러면서 미국은 이 시기에 TMD를 보다 우선순위를 두고 구축하는 것이 필요하다는 정책을 의회에서 통과시켰고 TMD에 참여하기로 한 일본을 활용하여 동아시아 지역에서 군사적 협력을 추구하여 미국이 단독 또는 주도적으로 한반도에서 전쟁을 치러야 하는 연루 부담을 낮추려는 시도를 한다. 미국은 TMD에 참여하는 것과 관련하여 명확한 입장을 내지 않는 한국보다는 일본을 전략적으로 더 활용하는 정책을 추진하게 된다.

Threat To The United States July 15 1998, Pursuant to Public Law 201 104th Congress.
https://fas.org/irp/threat/bm-threat.htm

301) House of International Relations Committee, Opening Statement of Chairman Benjamin A, Gilman, *US Policy Toward North Korea and the Pending Perry Review*, March 24 1999.

(3) 독립변수의 영향

전두환 정부는 SDI에 선뜻 참여하겠다는 결정을 내렸고 노태우 정부는 이러한 전두환 정부의 결정을 뒤집었으며 SDI와 GPALS에 참여하지 않는 모습을 보였다. 김영삼 정부는 TMD와 관련하여 검토하면서도 참여한다는 입장은 없다는 점을 유지하는 모습을 보인다. 전두환 정부부터 김영삼 정부까지 5가지의 변수를 살펴보면 전두환 정부 때는 군사기술력, 경제력이 매우 낮은 수준이었고 대북억제력, 동아시아지정학에 대한 판단, 동맹에 대한 고려에 있어서 높은 수준을 나타냈다. 전두환 정부는 SDI에 참여한다는 입장을 최초로 명시한 정부로서 당시에는 한국의 낮은 군사기술력, 경제력이 영향을 주었다. 전두환 정부는 SDI에 참여하는 것이 한국의 군사기술을 획득할 수 있는 기회라고 여겼고 미국이 한국에 대하여 비용부담을 시키지 않을 것으로 판단하였다. 또 공산국가와 수교를 안한 상황에서 대북억제력, 동아시아지정학에 대하여 높은 고려를 할 수 밖에 없는 상황이었고 미국에 대하여 강한 동맹에 대한 고려를 하여 미국의 입장을 최대한 반영하는 방향의 정책을 추진하였기 때문에 이러한 변수들이 전두환 정부의 SDI 참여 결정에 영향을 준 것으로 분석된다.

노태우 정부는 SDI와 GPALS에 참여하지 않는 방향으로 정책을 추진하고 전두환 정부의 SDI 참여 결정을 뒤집는 모습을 보였다. 노태우 정부 때 한국의 군사기술력이 낮은 수준이었고 미국과의 교류를 통하여 군사기술력을 획득한다는 점에 대하여 인지하였지만 1990년 걸프전이 발발하면서 1991년 1월 30일까지 미국에 대하여 2억 2,000만 달러와 2억 8,000만 달러를 지원하기로 두 차례에 걸친 약속을 하면서 미국이 치르는 전쟁에 휘말리게 되면 비용을 치러야 한다는 점에 대하여 인지하게 된다. 노태우 정부는 한미동맹을 중요하게 여기면서도 상대적으로 공산국가와의 관계 개선을 우선시하는 북방정책을 추진하는 데 집중하였다. 노태우 정부는 공산국가와 적극 수교하면서 관계 개선을 하였다. 이러한 점에서 노태우 정부에서 SDI와 GPALS에 참여하지 않는 정책을 추진하는 데 중요하게 작용한 변수는 경제력과 공산국가와의 관계 개선을 우선시 한다는 측면에서 대북억제력, 동아시아지정학에 대한 판단이 작용한 것으로 분석된다.

김영삼 정부는 TMD에 참여한다는 입장이 없었는데 한국은 계속해서 낮은 군사기술력을 보였고 TMD 참여가 군사기술을 획득할 수 있는 기회라고 보았지만 한국의 재래식 전력 확보를 보다 우선시하는 정책을 취하였다. 왜냐하면 서울 불바다 위기 등 북한의 전쟁 위협이 강하게 나타났고 북한에 대하여 직접교섭을 하는 데 단 한차례도 성공하지 못하였고 OECD 조기 가입을 추진하다가 IMF 경제위기를 맞은 상황이었기 때문이다. 김영삼 정부 때 한국은 중국, 러시아와의 무역이 증가하고 있었기 때문에 미국의 동아시아지정학에 대한 판단과 다르게 중국, 러시아를 위협국가로 보지 않게 된다. 또 미국과 북한 핵시설에 대한 선제타격과 관련하여 이견이 있으면서도 한반도에서 전쟁이 발발하는 것에 대하여서는 반대하는 입장을 취하면서 패트리어트를 배치하게 되었다. 김영삼 정부에서 TMD에 참여하지 않는다는 것에 중요하게 작용한 변수는 전쟁위기가 강하였지만 북한과 직접교섭을 못하는 것으로 인한 대북억제력, 미국의 선제타격에 대해서는 반대하면서도 패트리어트를 배치하는 동맹에 대한 고려를 하였던 점이라고 분석된다.

1) 군사기술력

전두환 정부의 한국의 군사기술력의 수준은 상당히 낙후된 상태였다. 박정희 정부는 1967년 과학기술 장기종합계획을 수립하고 과학기술진흥법을 제정하였다. 또 과학기술처를 설립하면서 과학기술을 발전시키는 토대를 만들게 된다. 국방과학연구소가 1970년 8월 6일 창설되고 1971년에 번개사업인 긴급병기개발을 하면서 탄약, 로켓 등을 개발하였다. 1974년 3월에 조선 시대 때 10만 양병론을 이야기하였던 율곡 이이의 호를 따서 율곡사업이 추진되었다. 북한과의 군사력 격차를 해소하고 국방력을 향상시키는 것이 필요하였기 때문이다. 1975년 방위산업을 육성하기 위하여 방위성금을 걷는 정책도 추진하였다.[302] 1978년 9월 26일 백곰 발사에 성공하게 된다. 백곰은 전세계에서 7번째로 시험발사에 성공한 지대지미사일이다. 당시로서는 군사과학기술이 단기간에 빠르게 성장한 것이지만 선진국과의 군사력의 격차는 여전히 컸다.303)

1978년부터 1990년까지 한국은 외국 무기를 모방해서 일부 개발하거나 개량하는 정도의 군사기술력 밖에 보유하지 못하였다. 한국은 지대지미사일 현무, 잠수정 돌고래, 다연장 로켓 규룡 등을 개발하였지만 선진국과 비교하였을 때 기술력은 낮은 상황이었다.304)

해외의 선진국들은 1980년대이후에 기술보호주의 정책을 추진하게 된다. 이로 인하여 한국은 모방을 통하여 기술을 획득하기 쉽지 않은 상황에 처하게 되고 한국 스스로 원천기술이 부족한 한계에 부딪히게 되었다. 전두환 정부는 이러한 어려움 속에서 한국의 과학기술을 발전시켜야 한다는 기조하에 정책을 추진하였다.

전두환 정부는 과학의 날로 1981년 4월 21일을 지정하였다. 1982년에 과학기술 연구개발투자비율은 GNP대비 0.9%에 머물렀다. 이는 미국의 2.5%, 일본의 2% 투자와 비교하였을 때 낮았다. 전두환 정부는 과학기술의 뒷받침 없이는 지속적인 성장이 어렵다고 판단하고 기술만이 살 길이라는 명제를 강조하며 국가적으로 발전시키려는 전략을 추진하게 된다.305)

전두환 정부는 연구개발비를 증가시켰다. 1986년에 국민총소득에 대비하여 1.73%였던 연구개발비를 1987년에 1.81%로 올렸다. 노태우 정부에서도 연구개발비는 증가하였다. 1988년에 국민총생산에 대비하여 1.87%였던 금액을 1992년에는 2.03%로 올렸다. 김영삼 정부는 1993년에 2.22%인 것을 2.70%로 증가시켰다.306)

---

302) 한국민족대백과사전, "율곡사업"
http://encykorea.aks.ac.kr/Contents/SearchNavi?keyword=율곡사업&ridx=0&tot=1047
문화체육관광부 대한민국역사박물관 영상자료, "1970년대 방위산업 육성: 자주국방의 토대 구축"
https://www.much.go.kr/L/Z6oA5C4Axy.do

303) Nicholas Seltzer, "Baekgom: The Development of South Korea's First Ballistic Missile", *The Nonproliferation Review* Vol.26 No.3-4, pp.290-291.

304) 국가기록원, "분단국가의 현실 속에 쉬지 않고 달려온 국방과학"
http://theme.archives.go.kr/next/koreaOfRecord/natlDefense.do

305) 전두환, 『전두환 회고록 2권 청와대 시절 1980-1988』, (경기도: 자작나무숲, 2017), pp.204-208.

전두환 정부에서 1988년 1월 29일 미국의 SDI에 참여한다는 결정을 내릴 때 공식적 참여 이유로 군사기술력 측면에서 미국에 비하여 낙후되었던 기술 수준에서 첨단 기술을 받을 수 있는 기회라고 밝혔다. 전두환 정부는 1987년 3월 29일부터 4월 11일까지 SDI 기술조사단이 제1차 미국 출장을 다녀오게 하였고 1987년 11월 1일부터 11월 15일까지 제2차 미국 출장을 다녀오도록 하였다. 당시 SDI 기술조사단이 분석하여 보고한 자료에 따르면 전두환 정부는 한국의 과학기술 수준으로 SDI에 주계약자로서 참여할 수 없다는 점을 알고 있었다. SDI 기술조사단은 SDI에 참여를 하더라도 하청 형식으로 참여가 가능하다고 보았으며 분야에 있어서도 전자통신, 컴퓨터, 부품, 신소재 분야에 하청 형식으로 가능하지 군사적인 측면에서 하청을 할 수 있다고 보지 않았다.[307]

이 당시의 한국의 군사기술력은 미국이 추진하는 SDI에 주계약자로 참여하기에 역부족이었다. 전두환 정부 때의 한국의 군사기술력은 세계적인 수준과 비교하였을 때 낙후되어 있었다. 북한의 위협을 받고 있는 한국의 입장에서 무엇보다도 시급한 일은 미국의 보호를 받는 것이었다. 미국의 안보적 지원은 한국의 국익에 가장 이익을 가져오는 것이었기 때문이다. 따라서 전두환 정부는 미국이 원하는 대로 선뜻 미국의 SDI에 참여하겠다는 결정을 내린 것이다. 한국이 SDI에 참여하게 되면 기술을 발전시킬 수 있겠다는 미래지향적 판단도 있었으나 보다 중점적으로 고려된 것은 미국의 보호를 받아 안보적 이익을 얻고자 하였던 것으로 분석된다.

2) 경제력

한국은 6.25전쟁을 치른 이후에 박정희 정부 때 괄목할 만한 경제적인 성장을 이룩하였다. 전두환 정부 때 경제성장률이 높게 나타났지만 이 성장은 세계적인 수준과 비교하였을 때는 뒤쳐진 것이었다. 왜냐하면 한국은 6.25전쟁에서 폐허와 다름없는 상황에서 딛고 일어나는 과정에 있었기

306) 과학기술부, 『2000 과학기술연구활동조사보고』, (과학기술부, 2000), p.33.
307) 외교부 외교사료관, 2019년 비밀·비공개 해제문서 "미국 SDI(전략방어계획) 참여, 1985-88, 제6권 제2차 SDI 조사단 미국 방문", 등록번호 26674. (검색일: 2019년 3월 31일)

때문이다.

한국은 1940년대에서 1970년대까지는 미국의 원조에 의존하여 경제적 지원과 군사원조를 받았다. 국회예산정책처의 정권별 경제성장률 추이 자료에 따르면 전두환 정부 때인 1981년부터 1987년까지의 연평균 경제성장률은 8.70%이다. 전두환 정부는 한국의 경제력으로는 미국의 SDI에 주계약자로서 전적인 참여는 어렵지만 일부 참여가 가능하다고 판단였고 한국의 군사과학 발전에 SDI참여가 도움이 된다고 보았다. 노태우 정부 때인 1988년부터 1992년까지의 연평균 경제성장률은 8.36%이다. 김영삼 정부 때인 1993년부터 1997년까지의 연평균 경제성장률은 7.1%를 나타냈고 마지막 해에 해당하는 1997년에는 IMF 경제위기가 있었다.[308]

SDI는 미국이 추진하면서부터 경제적인 비용을 무수하게 치렀던 정책에 해당한다.[309] SDI를 일단 추진하게 되면 기술이 개발되기 전까지 실패하는 비용을 치러야 한다. SDI에 참여하게 되면 치러야 하는 대가가 비싼데도 불구하고 전두환 정부가 SDI에 선뜻 참여하겠다는 결정을 내린 것은 당시 낙후된 한국 경제를 미국이 잘 아는 상황이었기 때문이다. 한국의 경제 수준이 폐허수준에서 성장하는 단계라는 점을 미국이 알고 있기 때문에 한국에 대하여 SDI에 참여한다고 하여도 경제적 비용을 치르게 하지 않을 것이라고 보았던 것이다. 설령 비용을 지불하라고 하여도 전두환 정부의 한국 경제는 SDI를 감당할 경제적 여력이 없었기 때문에 낼 능력이 없는 상황이었다.

한국 경제는 노태우 정부가 1988년 서울올림픽을 성공적으로 치른 뒤에도 경제성장의 측면에서 이제 발걸음을 뗀 수준에 불과하였다. 1989년 11월 9일 독일의 베를린 장벽이 무너지는 등 탈냉전 분위기 속에서 북방정책을 추진하면서 1990년 9월 30일 소련과 수교하였고 1992년 8월 24일 중국과 수교한다. 1991년 9월 27일 미국의 부시 정부가 단거리 전술핵무기를 전면 폐기하고 철수한다는 내용의 선언을 하였다. 1991년 11월

---

308) 『연합뉴스』 2008년 7월 1일
https://www.yna.co.kr/view/AKR20080630199300002 (검색일: 2019년 5월 7일)

309) 현인택·이정민·이정훈, "미사일 방어체제의 개념과 쟁점", 『전략연구』 제34호, (한국전략문제연구소, 2005), pp.145-147.

8일 노태우 정부는 한반도 비핵화선언을 하고 1991년 9월 17일 북한과 유엔에 동시 가입하였다. 그러나 국제사회에서 사회주의 국가와 이제 막 수교를 시작하는 단계에 불과하였고 이렇다 할 경제교류도 적은 상황이었다.

노태우 정부 때인 1990년 미국이 걸프전을 치를 때 한국에 대해 경제적 지원을 실제적으로 해달라는 요청을 받게 된다. 미국은 당시에 약 4억 5,000만 달러의 금액을 지원해달라고 요청하였고 한국은 협의를 거쳐 2억 2,000만 달러를 지원하기로 약속하였다. 이후에 미국은 추가적인 지원을 요청하였다. 미국은 다국적군이 치러야 하는 전쟁 비용이 늘어나자 한국에 대하여 경제적인 지원을 더 해달라는 요청을 한 것이다. 노태우 정부 때 한국은 미국이 전쟁을 치를 경우에 연루되어서 경제적인 비용을 치러야 함을 알게 된다. 노태우 정부는 걸프전을 겪으면서 한국이 SDI와 SDI에서 변화한 GPALS에 참여한다는 점을 명확하게 하게 되면 경제적인 대가를 지불할 수도 있겠다는 판단을 하였을 것으로 분석된다.

노태우 정부는 그러면서도 미국과 방위산업 협력 교류를 하고 1989년 미국의 SDI에 참여하여 연구공동체인 테크노라인을 구축한다는 내용의 과학기술처 한미 과학기술협력 추진을 한다. SDI에 참여한다는 입장을 밝히면서도 이를 공식적으로 추진하는 것에서는 조심스러운 입장을 유지하였다. 1989년 부시 대통령이 SDI를 GPALS로 변화시키고 FY90예산에 46억 달러를 요청하는 것과 관련하여 미국 의회의 국방관련 예산 법안 심의 동향을 살폈던 것은 1989년 4월 25일 박동진 주미대사의 보고문서에서 확인할 수 있다.310)

김영삼 정부는 OECD국가에 들어가는 것이 선진국이 되는 반열에 들어서는 것이라고 보고 OECD회원국 가입을 추진하였다. 한국은 1996년 9월 12일에 아시아에서 두 번째로 OECD에 가입하게 된다. 첫 번째 국가는 일본이었다. 김영삼 정부는 세계화 시대에 발맞추기 위하여 시장개방을 하는 경제정책을 추진하였는데 1997년에는 IMF를 겪게 되었고 한국

---

310) 외교부 외교사료관, 2020년 비밀·비공개 해제문서 "미국 의회의 국방관련 예산 법안심의 동향 1989", 등록번호 28321. (검색일: 2020년 3월 31일)

경제가 위기를 겪게 된다.[311]

김영삼 정부는 전두환 정부, 노태우 정부보다 경제적으로 성장한 시점에 있었다. 한국이 미국의 TMD에 참여할 경우에 비용분담을 해야하는 상황이었다. 김영삼 정부는 출범이후 줄곧 OECD에 조기 가입하기 위하여 1994년 후반 세계화, 개방화, 자율화 정책에 초점을 두었다. 한국이 내실을 좀 더 쌓아야 하는 기간에 OECD 조기 가입을 추진하다보니 외형적으로 성장을 높이는 위주로 경제정책을 하게 되었다. 이로 인하여 외채 관리를 소홀하게 하거나 종합금융회사의 인허가를 남발하였고 금융 감독을 부실하게 하는 모습이 나타나게 되었다. 부실하게 경제적 감독을 하였던 점은 1994년부터 1996년까지의 국제수지 악화와 적자 누적이 복합적으로 작용하면서 1997년 외환 위기가 발생하는데 영향을 준다. 규제완화를 하더라도 별도의 보완 조치를 통하여 경제적 타격이 적도록 하여야 하는데 OECD 조기 가입추진과 맞물리면서 금융시장을 안정화시키지 못하였고 이러한 요인들이 복합적으로 작용하여 정책적 부작용이 나타나게 된다. 금융부문에서 외화 유동성이 부족하게 되었고 중앙은행의 외화자산 보유액이 적어지게 되었다. 외화대출의 경우에 방만하게 이루어지거나 무리하게 조달하는 현상으로 인하여 경제적 위기를 겪게 된다.[312]

김영삼 정부는 OECD 조기 가입을 추진하는 경제정책을 취하였고 1996년 아시아에서 일본에 이어 들어가는데 성공하였다. IMF를 겪기 전까지는 성장세를 보였기 때문에 김영삼 정부가 미국의 TMD에 들어가게 되면 비용을 분담하여야 하는 부분이 발생한다는 점을 알고 있었을 것이다. 외형적으로는 성장하였지만 내실의 측면에서 약점을 극복하지 못하는 부분이 존재하였다. 이 경제적 취약성은 IMF 사태에서 여실히 드러나게 된다. 이러한 점에서 김영삼 정부는 TMD에 참여할 경제적 여유가 많지 않았고 TMD참여를 감당할 역량도 부족하였다. 김영삼 정부는 IMF 외환

---

311) Hyun In Taek, "Strategic Thought toward Asia in the Kim Young Sam Era", in Hyun In Taek · Lee Shin Wha·Gilbert Rozman (ed.), *South Korean Strategic Thought toward Asia*, (New York: Palgrave Macmillan, 2008), pp.56-58.

312) 행정안전부 국가기록원 대통령기록관, "정책기록 경제" http://www.pa.go.kr/research/contents/policy/index020502.jsp

위기를 타개하는 것과 북한의 핵위협에 대처하는 능력을 기르는 것이 보다 급선무인 상황이라고 판단하였고 그로 인하여 미국의 TMD에 참여하는 것을 부차적인 문제로 고려하게 된다.

3) 대북억제력

대북억제력은 두 가지 측면에서 살펴볼 수 있다. 첫째, 한국이 북한으로부터의 위협의 정도를 어떻게 판단하느냐이다. 둘째, 한국과 미국이 북한 및 주변 위협에 대하여 어떻게 판단하느냐로 나누어 분석하면 다음과 같다.

우선 한국이 느꼈던 북한의 위협을 살펴보면 다음과 같다. 전두환 정부 때에는 북한의 위협이 높았다. 북한이 1983년 10월 9일 미얀마에서 암살 테러 사건을 일으키는 등 직접적으로 위협하는 경우가 있었다. 당시 17명이 사망하고 14명은 중경상을 당하였다. 1987년 11월 29일에는 북한이 대한항공 858기를 폭파시켰다. 이 때 탑승 승객 및 승무원 115명이 전원 사망하였다. 북한 공작원 김현희 등이 일으킨 이 사건은 한국이 북한의 위협을 크게 느끼게 하였다. 이후 노태우 정부에서는 북한의 위협은 상당 부분 낮은 수준에 머물렀다. 북한의 도발이 없지는 않았다. 노태우 정부에서 1992년 5월 22일에 은하계곡 무장공비 침투 도발 사건이 있었다. 그러나 상대적으로 전두환 정부 시기보다는 줄었다.[313] 김영삼 정부 때 북한은 1993년 3월 12일 NPT탈퇴 선언을 했고 1994년 3월 19일에는 서울을 불바다로 만든다는 위협을 하였다. 국방백서에 따르면 북한이 1980년대에 국지도발과 침투를 한 것이 228번이다. 1990년대에 231번으로 나타났다. 그러나 이러한 도발 중에서 미사일과 대공포사격과 격추 수는 1980년대에 1번, 1990년대 1번 발생하였다.[314]

전두환 대통령은 직접적으로 아웅산 테러사건에서 북한으로부터 생명의 위협을 받기도 하였기 때문에 미국의 SDI에 참여하면 미국의 보호를 받을 수 있다고 보고 참여를 결정하였다. 미국의 보호를 받는 것은 한국의 대북 억제력에 도움이 된다. 미국도 한미동맹을 통하여 북한의 도발과 핵

---

313) 통일교육원, 『북한이해 2014』, (통일부 통일교육원, 2014), pp.167-168.
314) 국방부, 『국방백서 2014』, (국방부, 2014), p.251, p.255.

개발시도를 막아야 한다고 보았다.[315] 노태우 정부는 전두환 정부가 내린 결정과 반대되는 행동을 취하였다. 노태우 정부의 경우는 SDI와 GPALS에 공식적으로 참여를 한다는 입장을 나타내지 않았다. 참여한다는 입장을 내지 않은 채 미국 정부의 SDI와 GPALS 추진 추이를 살폈다. 과학기술처에서 SDI 참여계획을 세웠으나 노태우 정부가 추진 입장을 내지 않으면서 미국의 SDI에 참여한다는 결정을 내린 전두환 정부의 결정은 번복되었고 추진이 무산된다. 미국은 국방부가 SDI를 추진하였고 한국은 과학기술처가 SDI를 총괄하게 되면서 상이한 부서라는 이유로 노태우 정부에서 SDI 추진이 사실상 무산되었다. 노태우 정부는 SDI와 GPALS에 공식적으로 참여하기 보다는 북방정책을 통하여 남북관계를 개선하고 평화분위기를 조성하는데 보다 주의를 기울였다. 김영삼 대통령은 취임 직후 북한이 NPT를 탈퇴하면서 1차 북핵위기를 겪게 된다 .김영삼 정부는 패트리어트를 도입하여 대북억제력을 확보하려는 노력을 하였다. 북한의 침투와 국지도발에서 미사일로 위협한 일이 1980년대에 1번, 1990년대에 1빈 있었기 때문에 전두환 정부, 노태우 정부, 김영삼 정부는 미사일을 방어하는 TMD를 우선시하지 않게 된다. 북한이 미사일을 쏜 횟수가 적었던 점은 한국 정부로 하여금 북한의 미사일 위협이 크지 않다고 판단하는 데 영향을 주게 되었다.

다음으로 한국이 북한 및 주변 위협에 대하여 어떻게 판단하느냐를 살

315) Memorandum for the Vice President the Secretary of State, The Secretary of Defense, Assistant to the President for National Security Affairs Director of Central Intelligence Chairman, Joint Chiefs of Staff, Director of the Arms Control and Disarmament Agency, “United States Policy Toward North Korea’s Nuclear Weapons Program”, The White House Washington D.C Top Secret Document 21384, Declassified PER E.O. 12958, George H.W. Bush Presidential Library. Memorandum of Conversation The President Brent Scowcroft, Assistant to the President for National Security Affairs Paul Wolfowitz, Under Secretary of Defense for Policy Robert M. Gates, Deputy Assistant to the President for National Security Affairs Henry Rowen, Assistant Secretary of Defense for International Security Affairs Karl Jackson, Special Assistant to the President for National Security Affairs, Lee Sang Hoon, Minister of National Defense Park Dong Jin, Korean Ambassador to the U.S., “Meeting with Lee Sang Hoon, Minister of Defense of Korea”, Confidential Document The White House Washington D.C 5728, Declassified PER E.O. 12958, July 20, 1989, George H.W. Bush Presidential Library.

펴보면 한국의 경우에는 전두환 정부 때 중국, 러시아와 수교를 하지 않았다. 일본의 경우는 1965년 12월 18일에 국교정상화가 이루어졌기 때문에 한반도 주변 상황에 대하여 한국의 안보를 지원하는 국가는 미국이 거의 유일한 국가였다. 따라서 전두환 정부는 미국의 SDI에 들어간다고 하고 미국이 원하는 결정을 내려서 안보적 지원을 받고자 하였다. 노태우 정부에서 1990년 9월 30일 소련과 수교하고 1992년 8월 24일 중국과 수교하면서 국제구조가 한반도에 위협적이지 않게 변화하였다. 탈냉전 분위기 속에서 소련, 중국, 북한으로부터 미사일 위협의 정도가 크지 않다고 한국 정부가 인식하게 되는 상황이 만들어진 것이다. 김영삼 정부에서 북한이 NPT를 탈퇴하고 1차 북핵위기가 발생하였으며 서울 불바다 협박이 이어졌지만 이를 패트리어트로 대응하면 된다고 판단한 것으로 분석된다. 김영삼 정부는 TMD에 들어가는 것이 시급하지 않다며 정책적 우선순위에서 부차적인 부분으로 놓고 정책을 추진하였다.

4) 동아시아 지정학에 대한 판단

동아시아 지정학은 국제정치 구조가 변화하는 것이 반영된다. 냉전시대에 동아시아 지정학에 대한 시각과 탈냉전시대에 동아시아 지정학에 대한 시각이 변화하게 된다. 이러한 시각은 한미 간에 특히 다른 모습이 나타났다. 냉전시대에는 동아시아 지정학에 대한 시각이 한미 간에 거의 유사하였다.

전두환 정부 시기는 한국이 소련, 중국과 외교관계를 수립하지 않았을 때이다. 공산주의 국가인 소련, 중국, 북한의 군사력이 강했고 북한이 직접적으로 위협하는 상황에서 한국은 동아시아 지정학에 대해 미국과 비슷한 시각을 가질 수밖에 없었다. 한국은 미국의 SDI에 참여하는 것이 동아시아 지정학적인 측면에서 이익이 된다고 보았다. 전두환 대통령의 대통령 취임사에 한반도 긴장이 커질 수 있다는 점이 언급되었다. 미국과 소련 간의 긴장이 높아지고 있고 동북아시아에서 열강의 움직임으로 전략적 균형이 변화할 징후가 있다는 점에 대해서 언급하기도 하였다. 전두환 대통령은 한국이 북한의 전쟁위협에 대응해야 하고 어려운 국제정치 환경에 있다고 이야기하였다. 또 공산주의에 대응하기 위하여 투철한 안보의식을 갖는 것이 필요하다고 보았다.316) 전두환 정부는 공산주의 국가로 둘러싸여 있고 외교도 수립되지 않은 동아시아 지정학이 위협적이라고 인식한 것이다. 미국은 소련의 위협이 크다고 판단하였다. 소련은 핵무기를 다수 보유하고 있었고 생물학 무기와 화학 무기도 보유하고 있다. 이러한 무기를 미사일에 싣고 발사할 경우에 파괴력은 더 커지게 된다. 게다가 중국도 제한적이지만 핵무기, ICBM, SLBM을 보유하고 있다. 소련과 러시아는 지속적으로 군사력을 증강하고 있는 상황이었기 때문에 미국은 이러한 위협을 상쇄시키기 위해서는 SDI를 구축하는 것이 필요하고 한국도 SDI에 참여하는 것이 필요하다고 보았다.317)

노태우 정부가 되면서 한미 간의 동아시아 지정학에 대한 시각 차가 발생하게 되었다. 노태우 정부 시기는 국제정치적 환경이 변화하는 가운데 있었다. 1989년 11월 9일에는 베를릭 장벽 붕괴가 있었고 1991년에는 소련이 해체된다. 또 공산주의 진영이 동유럽에서 붕괴되기 시작하면서 탈냉전의 국제정치 상황이 전개되었다. 노태우 정부는 북방정책을 추진하였고 공산권 국가들과 관계개선을 추진하였다. 예를 들어 1990년 9월 30일에는 소련과 국교를 수립하고 1992년 8월 24일에는 중국과 수교한다. 노태우 정부가 추진한 북방정책은 강대국이 약소국에 대하여 전리품을 나누어주는 과정에서 약소국이 행위영역을 확장한 것을 묵인하는 가운데 외교적 기동성을 얻은 것이라고 볼 수 있다. 랜달 슈웰러(Randall L. Schweller)가 편승을 네 가지로 나누었다. 첫 번째는 자기보존적(self-preservation)인 사자, 두 번째는 자기순종적(self-abnegation)인 양, 세 번째는 제한적 목적을 추구하는 자기확장적(self-extension) 자칼, 네 번째는 무제한적 목적을 추구하는 늑대이다. 한국은 탈냉전 이후에 한

316) 행정안전부 국가기록원 대통령기록관, 제11대 대통령 취임사, (전두환대통령연설문집 제5공화국출범전 대통령비서실, 1980),
http://www.pa.go.kr/research/contents/speech/index.jsp

317) Keith B. Payne, "The Strategic Defense Initiative and ICBM Modernization", in Barry R. Schneider·Colin S. Gray·Keith B. Payne (ed.), *Missiles for the Nineties ICBMs and Strategic Policy*, (Boulder and London: Westview Press, 1984), pp.74-77.

미동맹을 통하여 한국의 이익을 확대하면서 동시에 소련, 중국과 국교를 맺고 외교관계를 통하여 한국의 활동영역을 확장시키게 된다. 한국은 제한적인 목적을 추구하면서 자기확장적인 모습을 보이는 자칼의 편승을 한 것이다.318)

노태우 정부는 냉전이 끝나는 시기에 서울올림픽을 성공적으로 개최하고 동아시아 지역의 공산권 국가와 관계 개선을 통하여 한국의 외교적 활동 영역을 확장시키고 이익을 얻으려 하였다. 노태우 정부는 동아시아 지정학이 한국에게 위협적이지 않은 구조라고 인식하였다. 전두환 정부 때와 다르게 노태우 정부는 북방정책을 추진하면서 공산국가와의 관계 개선을 통하여 위협을 감소시킬 수 있다고 판단하게 된다.

탈냉전 이후에 한미간에 동아시아 지정학을 바라보는 시각은 차이가 나게 되었다. 미국의 입장은 한국의 시각과 달랐다. 미국은 탈냉전 국제정치 환경이 되었지만 그럼에도 불구하고 새로운 형태로 위협이 지속될 수 있다고 보았고 WMD 등의 무기가 확산될 우려가 있다고 보았다. 미국은 아시아 지역에서 여전히 지역적 안정을 추구하였고 핵무기 등의 위협이 여전히 남아있기 때문에 이러한 위협으로부터 보호가 여전히 필요하다고 판단하였다.

김영삼 정부는 동아시아 지정학에 대하여 한국에 위협적인 상황이라고 판단하지는 않았다. 특히 중국, 러시아와 무역이 늘고 있는 상황이었고 직접적으로 한국을 대상으로 하여 위협을 가하지는 않을 것이라고 보았다. 산업통상자원부 정보공개청구 자료에 따르면 1993년부터 1997년까지 무역 금액이 증가하는 것을 확인할 수 있다. 산업통상자원부에 문의한 결과 국교를 수립하기 전의 소련과의 무역 액수 자료는 확인되지 않았다. 현재 확인되는 자료는 1992년부터 수출 수입 자료가 있었다. 1992년에 약 1억 1,800달러, 1993년에 약 6억 달러, 1994년에 약 9억 6,000달러, 1995년에 약 14억 1,000달러, 1996년에 약 19억 6,000달러, 1997년에 약

---

318) Randall L. Schweller, "Bandwagoning for Profit", International Security, Vol.19 No.1 Summer, (1994), pp.100-104, 이성훈, 『한국 안보외교정책의 이론과 현실』, (서울: 도서출판 오름, 2012), pp.53-54에서 재인용.

17억 6,000달러를 수출한다. 또 수입은 1992년에 약 7,000달러, 1993년에 약 9억 7,000달러, 1994년에 약 12억 2,000달러, 1995년에 약 18억 9,000달러, 1996년에 약 18억 1,000달러, 1997년에 약 15억 3,000달러 규모였다.[319] 중국과의 무역도 증가하고 있었다. 1993년에 약 51억 달러, 1994년에 약 62억 달러, 1995년에 약 91억 달러, 1996년에 약 113억 달러, 1997년에 약 135억 달러를 수출했다. 중국으로부터 수입은 1993년에 약 39억 달러, 1994년에 약 54억 달러, 1995년에 약 74억 달러, 1996년에 약 85억 달러, 1997년에 약 101억 달러 규모를 수입했다.[320]

김영삼 정부 때는 한국이 중국, 러시아와 무역 규모가 증가하고 있는 상황이었다. 한국은 중국, 러시아로부터 직접적인 공격이 있을 것이라는 판단을 하기 보다는 북한으로부터의 공격에 대비하는 것이 우선순위라고 보았다.

김영삼 정부는 1차 북핵위기를 거치는 동안 북한과 대화를 시도하였으나 본 회담을 단 한차례도 열지 못하였다. 김영삼 정부는 한반도 전쟁설이 나오는 동안 북한 문제와 관련하여 온건노선과 강경노선을 오고가면서 대북 정책에 일관성을 잃었다는 비판을 받았다. 김영삼 정부는 TMD와 관련된 명확한 입장을 내지 않으면서 패트리어트를 도입하게 된다. 김영삼 정부는 한반도에서 전쟁이 발생하지 않게 하는데 집중하여 정책을 추진하였다. 김영삼 정부는 동아시아 지정학에 대하여 한국을 겨냥하여 직접적 위해를 가하지 않는다는 판단을 한다. 중국의 경우에 1993년 전후를 살펴보면 북한 문제에 대하여 관찰자(observer)에 머무르고 직접적인 영향력 행사는 적었다.[321] 김영삼 정부는 중국, 러시아의 위협에 대하여 간과하는 판단을 한 것이다.

반면 미국의 판단은 한국과 달랐다. 소련이 북한의 핵 프로그램을 개발하는 데 도움을 주었고 그 결과 1980년대에 북한의 영변에 5MW원자로

---

319) 산업통상자원부 정보공개청구자료, 2020년 9월 28일 접수번호: 7129855.
320) 산업통상자원부 정보공개청구자료, 2020년 9월 28일 접수번호: 7129805.
321) 박병광, "한반도 신뢰프로세스와 북한 핵문제: 한중협력의 관점에서", 『KDI북한경제리뷰』, (세종: 한국개발연구원, 2013), p.36.

가 건설되었다고 본 것이다. 소련이 붕괴되었지만 핵무기와 미사일 위협은 여전히 남아있었기 때문에 이를 방어하는 것이 필요하다는 시각을 계속해서 지니게 되었다. 미국이 바라보는 중국은 북한에 대하여 오랜 기간 경제적인 지원과 보호를 하였던 점으로 인하여 위협이 사라지지 않았다고 보게 된 것이다. 미국은 북한을 활용하여 중국이 중국의 국경을 침범하지 못하도록 중국의 경계선 역할로 사용하는 전략을 쓰고 있다고 보았다. 북한을 중국의 전략적 자산으로 보고 중국이 계속해서 북한의 생존을 돕는 역할을 한다고 보았기 때문에 여전히 동아시아 지역에서 방어가 필요하다고 본 것이다. 미국은 탈냉전 이후에도 러시아, 중국, 북한의 위협이 크다고 판단하였으며 동아시아 지정학에 대하여 위협의 수준을 높다고 보았다.[322]

5) 동맹에 대한 고려

동맹에 대한 고려에 있어서 동맹국 간에 편익이 클 경우에 서로 견해에 대한 차이점을 줄이려는 노력을 하게 되고 편익이 작을 경우에는 그 반대의 상황이 나타나게 된다. 한미동맹은 특별한 관계 속에서 동맹이 강화된 경우이다. 한국과 미국은 6.25전쟁을 겪으면서 동맹이 맺어지게 되었다. 특별한 관계 속에서 동맹이 형성되다보니 특정 사안을 특정 시점에서 떼어놓고 결정을 내리기보다는 동맹을 맺는 동안의 여러 사안을 종합적으로 고려하여 정책을 결정하는 모습이 나타났다.

전두환 정부 시기는 국제정치적으로 냉전 상황일 때였다. 미국은 소련이라는 적이 있었고 한국은 북한이라는 적이 강력하게 자리를 잡은 상황이었다. 전두환 정부는 미국과의 동맹을 중요하게 여겼다. 강력한 적이 있는 상황에서 동맹은 굳건하게 유지되었다. 전두환 정부는 미국이 추진하는 SDI에 대하여 깊은 관심을 보였고 공식 참여한다는 결정을 내렸다. 전두환 정부는 한국의 과학기술 발전에 도움이 되면서 동시에 동맹에도 이익이 되는 결정을 내린 것이다. 전두환 정부는 강력한 한미동맹을 통하여

---

322) Leszek Buszynsky, *Geopolitics and the Western Pacific: China, Japan and the US*, (New York: Routledge Taylor & Francis Group, 2019), pp.89-102.

지지세력을 확보하고 소련, 중국의 위협을 상쇄하고자 하였다.

전두환 정부 때 주미한국대사관에서 1987년도부터 일을 하였던 정태익 정무참사관은 전두환 대통령이 미국으로부터 5공화국에 대한 정통성을 얻기 위하여 한미동맹을 중시하였다고 증언하였다. 전두환 정부는 한미동맹을 강화하는 것이 한반도의 안보에 도움이 되고 경제적으로 번영할 수 있는 토대를 다지며 자유민주주의를 뿌리내리는 데 이익이 된다고 본 것이다. 전두환 정부 시기는 냉전 대립이 강하게 나타난 시기였고 미국과 소련이 경쟁을 할 때 미국의 입장에서 자유민주주의와 시장경제체제가 성공하는 것이 중요하였다. 미국의 입장에서 한국은 자유민주주의와 시장경제체제가 성공한 사례가 될 수 있는 국가에 해당하였다. 정태익 정무참사관은 미국의 슐츠 국무장관이 전두환 정부 때 가장 많이 한국을 방문한 국무장관이라고 기억하면서 미국이 전두환 대통령의 단임 약속을 받고자 노력하였다고 증언하였다. 미국은 한국이 민주주의와 시장경제가 성공한 국가가 되도록 하는데 있어서 단임제를 하는 것이 필요하다고 보고 이를 다짐받는 외교적 노력을 하였다. 개스턴 시거 미국 국무부 동아태 담당차관보는 김경원 주미한국대사를 국무부로 불러서 면담하는 자리에서 전두환 대통령이 단임 약속을 지킨다면 미국의 조지 워싱턴 초대 대통령과 같이 존경받는 역사적 인물이 될 수 있다는 발언을 하였다고 증언한다.[323]

전두환 대통령의 회고록에 따르면 당시 군에 남으려고 하였던 노태우를 설득해서 예편을 하게 하였고 군에서 예편한 후에 정무장관으로 기용하였다. 1983년 7월에는 서울올림픽, 아시아게임에 노태우를 조직위원장을 맡게 하였다. 1986년 6월 10일에는 민정당의 제4차 전당대회, 대통령후보지명대회 때 노태우 대표가 지명되었다. 전두환 대통령은 제5공화국이 단임제로 마무리되는 것이 한국에 도움이 된다고 판단하였다. 단임제로 끝나야 한국이 경제적으로 성장하고 민주주의가 발전할 수 있다고 보았다.[324] 전두환 정부는 당시 미국이 단임제로 끝나기를 바라는 점과 한국

323) 『조선일보』 2013년 12월 9일
https://m.chosun.com/svc/article.html?sname=premium&contid=2013120801185
324) 전두환, 『전두환 회고록 2권 청와대 시절 1980-1988』, (경기도: 자작나무숲, 2017), pp.614-616.

이 발전하기를 바라는 점에 대하여 접점을 찾은 것으로 판단된다. 전두환 정부는 한미동맹을 중요시하면서 한국의 이익을 추구한 것이다.

노태우 정부는 상대적으로 한미동맹보다 공산권 국가들에 대한 관계 개선에 무게를 두었다. 북방정책을 추진하면서 공산권 국가들과의 외교에 집중하였다. 노태우 대통령은 미국 의회에서 한국이 6.25전쟁으로 어려울 때 미국이 결정적인 도움을 주었고 감사한다는 표현을 사용하였다.[325] 그러나 1989년 과학기술처에서 미국의 SDI에 대하여 긍정적으로 검토하고 추진하려는 방향이 있었음에도 불구하고 노태우 정부는 미국의 SDI에 참여한다는 공식 입장을 내지 않았고 GPALS에 대해서도 입장을 내지 않는 모습을 보였다. 오히려 전두환 정부의 SDI참여 결정에 대해서 공식 발표하지 않으면서 이 결정을 뒤집는 결정을 내렸다. 이러한 점을 종합적으로 검토하였을 때 노태우 정부는 탈냉전 분위기 속에서 한미동맹보다는 북방정책을 통하여 공산권 국가와의 관계를 개선하는 것에 보다 중점을 두는 정책을 취하였다고 판단된다. 노태우 정부의 김종휘 대통령외교안보수석비서관은 남북기본합의서를 채택하고 한반도 비핵화선언 협상을 주도하였으며 북방정책을 입안하였다.[326] 김종휘 대통령외교안보수석비서관은 1989년 2월 헝가리를 시작으로 노태우 정부가 퇴임 직전인 1992년 12월 22일에 베트남과 수교하였다면서 5년간 37개의 공산권 국가와 외교수립을 하였다고 증언하였다. 이는 박정희 정부가 18년 동안 90여 개국과 수교한 것보다 많은 숫자이다.[327] 노태우 정부가 북방외교에 상당한 공을 들이고 추진하였음을 확인할 수 있다.

전두환 정부가 1988년 서울올림픽 이후에 미국의 SDI에 참여한다는 내용을 공식적으로 발표하겠다는 계획을 세웠으나 노태우 정부는 이와 반대로 행동하였다. 노태우 정부는 서울올림픽에 소련이 참여하도록 하기

---

325) 행정안전부 국가기록원 대통령기록관, "제43차 유엔총회 본회의 연설", 관리번호: CEB0001225, (1988.10.18.) http://pa.go.kr/research/contents/speech/index.jsp

326) 『동아일보』 2006년 8월 11일 https://www.donga.com/news/Politics/article/all/20060811/8338934/1 (검색일: 2017년 9월 19일)

327) 『중앙일보』 2010년 11월 21일 https://news.joins.com/article/4687719 (검색일: 2019년 9월 8일)

위하여 SDI에 들어간다는 점에 대하여 명확한 입장을 내지 않고 애매모호한 태도를 유지하면서 SDI에 들어가지 않는 쪽으로 방향을 틀었다. 부시 정부가 SDI를 GPALS로 변화시킨다는 입장을 밝혔음에도 불구하고 노태우 정부는 GPALS에 함께 동참한다는 내용을 밝히지 않았고 GPALS에 대하여 입장을 내지 않았다.

김영삼 정부는 1차 북핵위기를 겪으면서 북한 영변 핵시설을 직접적으로 타격하는 것과 관련하여 미국과 이견을 나타냈다. 미국은 북한 핵시설을 타격해야 한다는 입장이었고 한국은 이를 말리는 입장이었던 것이다. 김영삼 정부도 1993년 6월에 북한에 대하여 강경한 입장을 나타냈다. 핵무기를 갖고 있는 국가와는 결코 악수할 수 없다고 이야기하였다. 그러나 제네바 합의를 거치는 동안에 북한이 미국과만 대화하려고 하고 한국과 대화하지 않는 통미봉남 정책으로 일관한다. 김영삼 정부는 통미봉남 정책에 제대로 대처하지 못하면서 북한 핵문제에 대하여 주도권을 발휘하지 못하게 된다.[328] 김영삼 정부는 패트리어트를 배치하여 북한의 위협에 대응하려고 하면서도 미국의 TMD에 참여하는 것과 관련하여 입장을 내지 않는 선에서 마무리하는 모습을 보였다.

4. 소결

약소국의 연루의 두려움의 원인에 대한 요인과 관련하여 다섯 가지의 가설 형태로 되어 있는 원인 요인을 분석하여 이를 전두환 정부부터 김영삼 정부에 적용하면 다음과 같이 분석할 수 있다.

첫 번째 가설인 미사일 방어 참여의 기술적 이익이 적으면 적을 수록 참여에 소극적일 것이라는 부분에서 전두환 정부는 군사기술력이 매우 낮아서 SDI에 참여하는 것이 기술적 이익을 크게 가져온다고 판단하고 SDI에

328) 통일부 북한정보포털, "북한 핵위기"
https://nkinfo.unikorea.go.kr/nkp/term/viewKnwldgDicary.do?pageIndex=1&dicaryId=91

참여하겠다는 결정을 내렸음을 확인할 수 있다.

노태우 정부의 경우에는 군사기술력이 매우 낮았고 SDI와 GPALS에 참여하게 되면 얻게 되는 기술이익이 적다고 판단하였고 김영삼 정부는 군사기술력이 낮았는데 TMD에 참여하여 얻게 되는 기술이익이 적다고 판단하였다. 전두환 정부외에 노태우 정부, 김영삼 정부는 미사일 방어에 참여할 때 얻게 되는 기술적 이익이 없지는 않지만 이익이 적다는 판단을 하였고 이로 인하여 미국의 SDI, GPALS, TMD에 참여하는 것에 소극적인 행동을 취하였음을 확인할 수 있다.

두 번째 가설인 미사일 방어 참여의 경제적 비용이 크면 클 수록 참여에 소극적일 것이라는 부분에서 전두환 정부의 경제력은 매우 낮았기 때문에 한국에 굳이 비용을 부담시키지 않을 것이라고 판단한 것을 살펴볼 수 있다. 노태우 정부의 경우에도 한국의 경제력이 매우 낮은 수준이었다. 물론 한국의 경제력이 성장하는 가운데 있었으나 세계적인 수준에서 살펴보면 낮은 경제적 위치에 있었기 때문이다. 그러나 노태우 정부 때 한국은 걸프전을 치르면서 미국이 세계적으로 치르는 분쟁에 연루될 경우에 실질적인 경제적 부담을 져야 한다는 점에 대하여 현실 인식을 강하게 하게 된다. 또한 SDI와 GPALS에 들어갈 경우에 한국이 치러야 하는 경제적 비용이 크다고 판단하였다. 김영삼 정부는 OECD 조기가입을 추진하면서 경제적 성장에 있어서 내실이 약한 상태에서 정책적 보완을 하지 못하면서 IMF를 맞게 된다. 경제적으로 어려움에 처한 상황에서 TMD에 들어가게 되면 한국이 내부적으로 경제적인 대응을 하는 데 집중하지 못하게 되며 경제적인 비용을 치러야 한다고 판단하였다. 전두환 정부외에 노태우 정부, 김영삼 정부의 경우에는 미국의 미사일 방어에 들어가게 되면 경제적 비용을 크게 치러야 한다고 판단하였다고 분석된다.

세 번째 가설인 적으로부터의 위협 정도와 그것을 느끼는 동맹국 사이의 시각 차가 크면 클수록 정책의 상이점이 커질 것이라는 부분에서 전두환 정부는 아웅산 테러 등 북한의 위협이 크다고 판단하였고 SDI에 참여하는 결정을 내리게 된다. 노태우 정부의 경우에는 북방정책을 통하여 공산국가들과 관계 개선을 우선시하는 정책을 폈는데 이로 인하여 대북억제력이 낮았고 SDI와 GPALS에 참여하는 것을 거부하게 된다. 김영삼 정부는 서울 불바다 위협과 북한의 핵개발로 인하여 위협이 크다고 보았지만 TMD에 참여하는 것에 대해서는 입장을 나타내지 않으려 하는 모습을 보인다. 북한으로부터의 위협이 크다고 본 전두환 정부는 SDI에 참여하는 결정을 하였지만 김영삼 정부의 경우에는 북한으로부터의 위협이 컸으나 패트리어트를 배치하면서 TMD에 대하여서는 입장을 명확하게 나타내지 않고 입장이 없는 정도에 머무르는 것을 볼 수 있다. 이 세 번째 가설 부분에서 유의미한 부분이 나타나는 데 적으로부터의 위협이 컸고 그것을 느끼는 동맹국 사이의 시각 차가 있는 가운데 패트리어트 배치처럼 미사일 방어에 주안점을 두면서도 약간의 정책의 차이가 나타나는 것을 확인할 수 있다. 한국의 경우에는 북한으로부터의 위협이 크지만 한반도에서 전쟁이 발발하는 것에 대해서는 민감할 수밖에 없기 때문에 이러한 정책의 상이점이 나타났다고 분석된다.

네 번째 가설인 동아시아 지정학에 대한 동맹국 간의 시각이 다르면 다를 수록 정책의 괴리가 커질 것이라는 부분에서 전두환 정부는 중국, 소련과 수교하지 않았고 공산국가로부터 강한 위협을 느끼는 상황에서 동아시아 지정학에 대한 판단이 미국과 같은 시각이었고 이로 인하여 SDI에 참여하게 된다. 노태우 정부는 북방정책을 통하여 공산국가와 관계를 개선하는 것을 통하여 위협을 낮추려 하였고 동아시아지정학에 대한 판단에 있어서 시각이 달라지는 모습을 보인다. 이로 인하여 SDI와 GPALS에 참여하지 않는 결정을 내리게 된다. 김영삼 정부는 중국, 러시아와 지속적으로 무역이 증가하고 관계가 개선되는 상황에서 동아시아지정학이 위험하지 않다고 판단하였고 특히 중국에 대한 시각이 미국과 차이가 나게 된다.

다섯 번째 가설인 동맹국에 대한 정책적 고려 또는 배려가 크면 클수록 정책의 괴리는 작아질 것이라는 부분에서 전두환 정부는 미국에 대한 동맹의 고려가 매우 컸으며 SDI에 참여하는 공식 결정을 내리게 된다. 노태우 정부는 한미동맹을 중요하게 여기면서도 상대적으로 공산국가와의 관계 개선을 우선시하는 모습을 보이면서 SDI와 GPALS에 참여하지 않는 방향으로 정책을 바꾸었다. 김영삼 정부는 미국과의 동맹에 대하여 높은 고려를 하면서도 북한을 선제타격하게 되면 한반도에서 전쟁이 발발할 수 있기 때문에 이와 관련하여 미국과 이견을 보이게 되고 패트리어트를 배치하지만 TMD에 대해서는 참여입장이 없는 정도에 머무르는 모습을 보인다. 한미 양국이 서로에 대한 고려가 높을 때 미사일 방어와 관련한 정책이 유사하게 나타난 것을 확인할 수 있다.

전두환 정부부터 김영삼 정부에서 미사일 방어와 관련한 결정이 변화하는 것을 세부적으로 적용하여 원인을 분석한 결과는 다음과 같다.

첫째, 전두환 정부가 미사일 방어에 참여하였을 때 기술적 이익은 컸다. 당시 낙후된 한국의 기술력을 높일 수 있는 기회였다. 한국은 1971년 번개사업으로 로켓, 탄약을 만들기 시작하고 1978년 세계에서 7번째로 지대지미사일 백곰을 개발한다. 전두환 정부는 미국의 SDI에 참여하게 되면 얻는 기술적 이익이 있으며 미국으로부터 보호를 받을 수 있다고 보고 SDI에 참여하는 결정을 내린다. 그러나 선진국과 비교하였을 때 한국의 군사기술력은 낮은 수준에 머물렀다. 지대지미사일 현무, 다연장로켓 구룡, 잠수정 돌고래 등을 개발하였으나 외국의 무기를 모방하고 개발하는 정도였다. 이러한 모습은 노태우 정부와 김영삼 정부에서도 이어진다. 노태우 정부와 김영삼 정부는 미국의 SDI, GPALS, TMD와 같은 미사일 방어에 참여하여 최첨단 무기 기술을 얻기 보다 당장 긴급하게 필요한 재래식 무기를 개발하고 얻는 데 집중하였다. 한국 정부는 연구개발비를 계속해서 증가시키지만 재래식 무기 기술을 확보하는 것이 급선무였던 상황에서 미국의 SDI, GPALS, TMD에 참여할 때 얻게 되는 최첨단 기술에 대한 이익은 다소 낮게 평가하게 된다.

둘째, 전두환 정부는 6.25전쟁 이후 박정희 정부를 거쳐서 경제가 성장하는 단계에 있었다. 폐허와 다름없는 상황에서 딛고 일어나는 단계였기 때문에 경제성장률이 높게 나타났지만 실질적으로 미국의 SDI에 참여하여 비용을 분담할 정도의 경제적 수준은 아니었다. 전두환 정부는 미국이 한국의 낙후된 경제적 상황을 잘 알고 있기 때문에 경제적 분담을 시키지 않을 것을 알기에 선뜻 참여한다고 결정한다. 노태우 정부가 1988년 서울올림픽을 성공적으로 치른 이후에도 이제 발걸음을 뗀 경제수준이었으나

1990년 걸프전을 치르면서 1차로 2억 2,000만 달러를 지원하고 추가로 2억 8,000만 달러를 지원하는 결정을 하면서 비용분담에 대한 우려를 느끼게 된다. 김영삼 정부의 경우에는 OECD에 조기가입을 추진하면서 외형적 성장을 하였으나 외채관리와 금융감독을 부실하게 하여 IMF 위기를 맞게 되고 미국의 TMD를 부차적으로 고려하게 된다. 전두환 정부 초기에는 경제적 비용이 적게 들어갈 것이라고 판단하였으나 노태우 정부와 김영삼 정부에 오면서 경제적 비용분담에 대한 우려를 하게 된다.

셋째, 전두환 정부는 냉전시기 미국의 SDI에 참여하면 미국의 보호를 받을 수 있다고 보고 참여를 결정하게 된다. 북한의 위협을 받는 한국으로서는 미국의 안보적 지원이 절실한 상황이었다. 노태우 정부는 탈냉전 시기를 거치면서 미국이 SDI에서 GPALS로 변화하는 것에 대하여 추이를 살피고 과학기술처에서 SDI참여를 검토하기도 하지만 북방정책을 통하여 남북관계를 개선하고 소련, 중국과 수교하여 위협을 줄이려는 데 보다 주의를 기울인다. 노태우 정부는 전두환 정부가 1988년 서울올림픽 이후 SDI를 공식 참여한다고 발표하겠다는 계획과 반대로 행동한다. 노태우 정부는 서울올림픽에 소련을 참여시키기 위하여 SDI에 대하여 언급을 삼가다가 미국 국방부가 SDI 주관부서인 반면, 한국은 국방부가 아닌 과학기술처가 이를 총괄한다는 점에서 상이한 부서라는 이유를 들어서 참여하지 않는 쪽으로 방향을 바꾼다. 김영삼 정부는 취임 초기부터 북한이 NPT를 탈퇴하고 1차 북핵위기를 겪는데 미북협상, 제네바합의로 이어지는 동안 북한과 단 한차례의 회담을 하지 못하였다. 북한의 위협에 대응하기 위하여 패트리어트 배치를 하면서 TMD에 들어가는 것은 시급한 사안이 아니라며 정책적으로 부차적인 부분으로 두게 된다. 전두환 정부의 북한에 대한 위협은 컸고 한국과 미국의 시각은 유사하였다. 탈냉전 이후에 노태우 정부는 북한의 위협에 대하여 다소 낮다고 판단하였고 중국, 러시아와 국교를 수립하면서 관계 개선을 한다. 김영삼 정부는 북한의 위협을 강하게 느꼈지만 중국, 러시아에 대하여 위협적이지 않다고 보는 시각을 유지한다.

넷째, 전두환 정부는 소련, 중국과 국교를 수립하지 않았을 시기로 한미간에 동아시아 지정학을 바라보는 시각이 거의 유사하였다. 전두환 정부는 투철한 안보의식으로 공산주의에 대응하는 것이 필요하다고 보았다. 탈냉전 이후에는 한국과 미국의 시각이 달라지게 된다. 노태우 정부는 소련, 중국과 국교를 정상화하면서 지역적 긴장을 외교적으로 낮추려고 한다. 냉전이 끝나는 시기에 동아시아 지역의 공산권 국가와 관계 개선을 통하여 외교적 활동영역을 확장하고 경제적 이익 등을 얻고자 하였다. 노태우 정부는 동아시아 지정학이 한국에게 위험하지 않다고 판단한 것이다. 이러한 시각은 중국, 러시아와 무역이 증가하기 시작한 김영삼 정부도 마찬가지였다. 반면 미국은 소련이 여전히 탄도미사일과 핵무기를 다수 보유하고 제작 기술도 있기 때문에 이러한 위협으로부터 방어하는 것이 여전히 필요하다는 시각을 지니게 된다.

다섯째, 전두환 정부는 냉전 시기를 미국과 함께 겪으면서 소련이라는 미국의 강력한 적과 북한이라는 한국의 강력한 적을 두고 한미동맹은 굳건해진다. 전두환 정부는 미국이라는 강한 동맹국의 지원을 통하여 안보를 보장받고자 하였다. 미국은 자유민주주의와 시장경제체제가 성공한 사례가 한국이 될 수 있다고 보았고 전두환 정부의 단임 약속을 받고자 노력하는 모습을 보인다. 전두환 대통령도 1986년 노태우 민정당 대표를 후계자로 지명하면서 단임제를 통하여 한국의 민주주의 성장과 경제발전을 실천하고자 하였다. 전두환 정부는 미국이 추구하는 SDI에 공식참여한다는 결정을 내렸다. 노태우 정부는 한미동맹을 중시하였으나 상대적으로 공산권 국가와의 관계개선을 추구하는 북방정책에 더 중점을 둔다. 노태우 정부는 1989년 10월 19일 이승만 대통령 이후에 최초로 미국 의회에서 연설하고 한미방위산업 교류를 이어간다. 그러나 미국의 미사일 방어 정책이 SDI와 GPALS로 변화하는 동안에 참여한다는 명확한 입장을 내지 않고 애매모호한 태도를 유지하면서 참여하지 않는 쪽으로 정책의 방향을 바꾼다. 김영삼 정부는 한미동맹을 강조하였으나 1차 북핵위기를 거치면서 영변 핵시설 타격과 관련하여 미국과 입장 차이를 보이게 된다. 김영삼 정부는 북한 문제에 있어서 주도권을 쥐지 못하게 되면서 명확한 입장을 나타내지 못하게 되었고 TMD와 관련하여서도 패트리어트를 배치하지만 TMD에 대하여 부차적으로 고려하는 입장에 머무른다. 한국은 미국으로부터 포기의 가능성을 낮추고자 SDI에 참여하는 결정을 내리고 패트리어트를 배치한다. 그러나 동시에 미국의 SDI, GPALS에 참여할 경우에 연루될 위험에 대하여 인식하게 되면서 명확한 입장을 내지 않는 모습을 보인다. 미국은 SDI, GPALS, TMD로 미사일 방어 정책을 변화시키면서 꾸준하게 추진하는 동안 SDI에 참여 의사를 밝힌 이후 GPALS, TMD에 참여하겠다는 입장을 나타내지 않는 한국과 정책적 괴리가 커지게 된다.

전두환 정부부터 김영삼 정부까지 나타난 모습을 연루와 포기의 관점을 적용하여 분석한 결과는 다음과 같다.

전두환 정부 때 군사기술력이 낮을 때 SDI에 참여하여 기술을 얻고자 하였지만 노태우 정부와 김영삼 정부에서 이러한 기술적 이익이 적다고 판단하였다. 노태우 정부는 SDI, GPALS에 참여하지 않겠다고 하였고 김영삼 정부는 TMD에 참여하지 않는다. 이러한 점에서 한국은 SDI, GPALS, TMD에 참여하지 않아서 군사기술력을 고도화하지 않고 재래식 전력을 확보하는 수준에 머무르게 되고 미국으로부터 포기될 수 있다는 위협을 한국의 군사기술력을 독자 개발하고 확보하는 방향으로 안보딜레마를 낮추고자 하였다. 또 전두환 정부 때 경제력이 낮을 때 SDI에 참여하기로 한 것은 한국이 경제적 비용을 치르지 않아도 된다고 판단하였기 때문이며 노태우 정부와 김영삼 정부에 와서 경제적 비용을 크게 치러야 한다고 생각하였고 연루의 위협을 크게 느끼게 된다. 전두환 정부와 김영삼 정부에서 북한에 대하여 위협을 강하게 느꼈지만 한반도 전쟁까지 확전될 수도 있는 상황에서 미국과 의견차이가 있었고 연루의 위협을 강하게 느끼게 되었으며 정책에 있어서 전두환 정부가 SDI에 참여하였지만 김영삼 정부는 패트리어트를 배치하면서도 TMD참여와 관련한 입장을 나타내지 않는 선에 머무르게 된다. 김영삼 정부는 TMD에 참여할 경우에 전쟁의 위협이 더 커지게 되고 북한을 자극할 수 있다고 보았기 때문에 이러한 부분에서 정책의 상이점이 나타난 것으로 분석된다. 전두환 정부 때 미국과 동아시아 지정학에 대한 판단이 동일하였으나 노태우 정부와 김영삼 정부에 오면서 공산국가와 수교하고 관계개선, 무역을 하면서 동아시아지정학에 대한 시각이 달라지게 되었고 특히나 중국에 대한 시각에 있어서 미국과 차이가 달라지는 모습이 나타났다. 전두환 정부에서 미국과의 동맹을 굳건하게 여기고 강한 고려를 하였지만 노태우 정부는 공산국가와의 관계 개선을 우선시하면서 SDI에 참여하기로 한 전두환 정부의 결정을 바꾸게 되고 GPALS에 대한 참여도 입장을 나타내지 않게 된다. 김영삼 정부는 미국에 대하여 높은 동맹의 고려를 하였지만 선제타격과 관련하여 이견이 있었고 TMD에 참여하게 되면 연루될 위협이 크다고 판단하여 TMD에 대한 참여입장이 없는 정도에 머무른 것으로 분석된다.

제2절 김대중, 노무현 정부의 한국의 미사일 방어정책의 확립

1. 부시 정부의 MD추진과 김대중 정부의 미사일 방어 참여거부

(1) 부시 정부의 MD 추진과 김대중 정부의 한러정상회담 ABM조약 외교참사

부시 정부는 2001년 5월 1일에 MD를 공식 추진한다고 밝혔다. 부시 대통령은 미국 국방대학교에서 TMD와 NMD를 통합한 MD를 구축하여야 한다는 내용의 연설을 하였다. 부시 대통령은 MD를 구축하는 데 장애가 되는 ABM조약에 대해서도 공식 탈퇴를 검토하고 있다고 시사한다. ABM조약으로 인하여 미국이 세계적으로 받는 위협에 대해서 대응하기 어렵다는 점에 대하여 이야기한 것이다. 미국은 미국의 본토와 미국 동맹국을 지키기 위해서는 군사기술력을 높여야 하는데 ABM조약으로 인하여 제약을 받고 있다고 하였다.[329)]

부시 대통령은 불량국가들의 위협이나 테러단체로부터 미국의 본토, 미국의 동맹국의 안보를 지키기 위해서는 MD가 필요하다고 판단하였다. 부시 정부는 다층방어를 통하여 방어하는 것이 필요한 이유에 대하여 요격에 실패하더라도 다층적으로 방어 구조를 만들어서 요격 시도를 늘릴 필요가 있다고 보았다. 또 군사기술력을 발전시키기 위해서는 MD를 추진하는 것이 필요하고 군사기술력 발전은 추후 비용을 줄이는 이익을 가져온다고 보았다.[330)] 1999년 4월에 공화당이 미국 의회의 대다수를 장악한 이후 미국 국방성은 동아시아 TMD구상에 관한 보고서를 통하여 한국의 TMD를 배치하는 것이 필요하며 패트리어트, 사드, 해상방어 등이 필요하다고 제시하였다.[331)]

---

329) U.S. President George W. Bush's Speech on Missile Defense at the National Defense University on May 1 2001.

330) Michael Sirak, "BMD Takes Shape", *Jane's Defense Weekly* Vol.35, (2001), pp.29-30.

331) U.S. Department of Defense, Theater Missile Defense Architecture Options in The Asia-Pacific Region, *U.S. Department of Defense*, May 1999.

미국에서 한국이 TMD에 참여하면 좋겠다는 내용의 발언도 이어졌다. 1999년 7월 1일 미국의 국무부에 있는 고위급 인사의 발언이 그것이다. 한국이 미국의 TMD참여를 재고하면 좋겠다는 내용이었다.332) 1999년 10월 13일의 보고서에 따르면 윌리엄 페리 대북정책조정관은 북한이 핵무기를 개발하고 탄도미사일을 고도화하기 때문에 한반도 평화가 위협을 받는다고 지적하였다. 한국이 미국의 TMD에 참여하는 것은 꼭 해야 할 의무사항이 되지는 않지만 연계할 기회가 있다고 보았다.333)

1999년 11월 30일의 미국 의회보고서에 따르면 한국이 북한의 스커드 미사일에 대응할 수 있기 위해서는 미사일 방어 무기를 추가적으로 배치하는 것을 고려하는 것이 필요하다고 보았다. PAC-3의 경우에는 40km 이상의 고고도는 방어하지 못하기 때문에 사드가 필요하다고 보았다. 그러나 한국이 미사일 방어를 구축하는 것을 우선순위로 두고 있지 않다고 지적하였다. 한국은 서울을 비롯한 지역을 부분적으로 방어하고 인접한 군대를 방어하는 정도에 그치려는 모습을 보인다고 보았다. 한국이 한미동맹을 통하여 협력을 하고 있고 미국의 군 장비의 경우에 상호운용성을 높여서 원활한 훈련을 도모하기 위해서는 무기 도입을 신중하게 하는 것이 필요하다고 보았다. 러시아 S-300에 대한 도입을 염두에 두는 것과 관련하여 상호운용성이 맞지 않을 수 있다는 점에 대해서도 이야기하였다.334)

김대중 정부에서 한국이 TMD에 들어가지 않는 것과 관련한 우려의 목소리가 존재하였다. 이러한 우려는 북한이 1998년에 대포동 미사일을 발

---

332) A Henry L. Stimson Center Working Group Report, "Theater Missile Defenses in the Asia-Pacific Region", *The Henry L. Stimson Center* No.34, June 2000, pp.33-35.

333) William J. Perry, "Review of United States Policy Toward North Korea: Findings and Recommendations", Report by U.S. North Korea Policy Coordinator and Special Advisor to the President and the Secretary of State, Washington, DC, October 12 1999.

334) Robert D. Shuey·Shirley A. Kan·Mark Christofferson, "Missile Defense Options for Japan, South Korea and Taiwan: A Review of the Defense Department Report to Congress", Congressional Research Service Report RL30379, Updated November 30 1999, pp.18-20.

사하는 실험을 하면서 나오게 된다. 북한의 미사일 발사에도 불구하고 김대중 정부는 미국의 TMD참여에 대하여 입장을 나타내지 않았다. 김대중 정부는 북한과의 대화와 관계개선을 통하여 문제를 해결하고자 하였으나 결과적으로 북한 핵문제와 미사일 문제를 해결하지 못하였다. 국회에서는 김대중 정부가 TMD와 관련하여 명확한 입장을 나타내지 않고 북한과의 관계 개선에 집중하였는데 북한은 실질적으로 변화하지 않는다는 점을 지적한 비판이 제기되었다. 이는 김덕 의원과 임복진 의원의 국회에서의 질의에서 확인할 수 있다. 김덕 의원은 한국이 미국의 TMD에 참여하지 않는 것과 관련하여 우려하는 지적을 한다. 김덕 의원은 일본이 TMD에 참여하는 것은 중국과 관계없는 사안이고 일본의 이익을 위한 것이라면서 TMD참여를 명확하게 밝혔다고 지적한다. 미국과 일본이 TMD를 함께 추진할 경우에 일본의 방위 개념이나 전략이 수정될 수 있고 TMD도 가속화될 것인데 이러한 국제 정세가 변화하는 가운데 한국의 입장에 대하여 묻는다. 김덕 의원은 한국이 TMD에 참여하지 않는 방침으로 이해하는데 이러한 입장이 김영삼 정부의 입장이 맞는지를 묻는다. 김덕 의원은 한국이 TMD를 구매하는 것이 절대적으로 필요하다는 것을 알면서도 예산이 많이 들기 때문에 고충이 있다고 지적한다. 한국은 TMD가 필요하지만 경제적인 부담이 크게 드는 것에 대하여 상충하는 요구가 있고 이로 인하여 곤혹스러운 부분이 있는데 현재의 한국의 국방예산으로 향후 5년 간 TMD를 구매하는 것이 어려운 부분이 존재한다고 지적하였다.[335]

임복진 의원은 한국이 미국의 TMD에 들어가지 않을 경우 불이익을 받을 수 있고 북한의 미사일 위협이 커진 상황에서 국방부가 무덤덤한 점에 대하여 지적하였다. 미국과 일본이 TMD를 공동연구개발하기로 이미 실무협의가 끝났고 TMD와 관련하여 기술 정보를 이미 4-5년 전에 제공하였다고 하면서 한국의 국방부가 명확한 입장을 내어야 하는데 김영삼 정부와 국방부는 미온적으로 입장을 나타낸다고 지적한다. 임복진 의원은 일본이 TMD에 참여하기로 하면서 미국이 일본에 대해서 배려를 해주고

---

335) 국회회의록, 제15대 국회 제196회 제2차 국방위원회 (1998년 9월 3일), p.8.

있으며 앞으로 동북아시아에서 TMD와 관련하여 미일 간 정보력이 높아질텐데 이 부분에 대하여 대비하는 것이 필요하다고 지적하였다.336)

TMD와 관련하여 우려의 목소리가 존재하였으나 김대중 정부는 미국의 TMD에 대하여 참여하지 않는 다는 입장을 나타냈다. 김대중 정부의 안병길 국방부 차관은 1998년에 북한의 미사일 발사 이후에 한국이 미국의 TMD에 참여하지 않는다라는 점이 김대중 정부 방침이라고 이야기하였다.337) 천용택 국방부 장관의 경우에도 한국이 미국의 TMD참여에 대한 입장을 묻는 질의에 대하여 비공개 답변을 하겠다는 발언을 하고 공개적으로 발언하는 것을 거부하는 모습을 보였다. 심지어 북한의 대포동 미사일 발사하면서 미국과 일본이 공동으로 TMD추진을 할 것이라는 점을 알면서도 이러한 공개 발언을 꺼리는 모습을 나타냈다. 천용택 장관은 미국과 일본이 TMD에 적극적이라는 점을 인지하고 있었다. 이는 국회에서의 발언에서 확인할 수 있다. 천용택 장관은 일본이 북한이 대포동미사일을 발사하면서 이를 계기로 하여 미국과 TMD공동연구를 하는 것을 보다 적극적으로 할 것으로 예상된다는 이야기를 하였다.338) 그러나 이에 대하여 천용택 장관은 TMD에 참여할 지에 대해서는 비공개 답변을 하겠다면서 공개적인 답변을 하지 않았다. 당시 천용택 장관은 미국과 일본이 TMD를 구축하는 것 그리고 한국의 TMD에 대하여 어떻게 대응할 것인지에 대해서 비공개 답변을 하겠다고 말하면서 공개적인 답변을 하지 않았다.339)

1999년에도 TMD와 관련하여 안보적으로 우려하는 지적이 나왔으나 김대중 정부가 TMD에 들어가지 않는다는 입장을 유지하였다. 이러한 모습은 하경근 의원과 천용택 국방부 장관의 질의에서 확인할 수 있다.

하경근 의원은 일본이 TMD를 구축한다는 것은 동북아 안보환경의 변화를 초래하고 한국의 군사안보에도 심각한 문제가 되는데 TMD참여와 관련하여 정부의 입장을 물으면서 우려의 목소리를 나타낸다. 하경근 의

336) 국회회의록, 제15대 국회 제196회 제2차 국방위원회, (1998년 9월 3일), p.19.
337) 국회회의록, 제15대 국회 제196회 제2차 국방위원회, (1998년 9월 3일), p.8.
338) 국회회의록, 제15대 국회 제196회 제2차 국방위원회, (1998년 9월 3일), p.23
339) 국회회의록, 제15대 국회 제196회 제2차 국방위원회, (1998년 9월 3일), pp.27-28.

원은 1월 초에 천용택 국방부 장관이 일본의 노로타 호세이 방위청 장관과 회담을 하면서 일본이 TMD에 참여한 것은 북한의 미사일 위협에 대응하기 위한 것이고 이러한 위협에 대응하기 위하여 일본이 정보위성을 불가피하게 도입할 수밖에 없다는 점에 대하여 말하였을 때 천용택 장관이 마치 이러한 일본의 입장을 이해하거나 동의하는 듯하였다는 언론 보도가 나왔는데 이에 대하여 입장을 밝혀달라는 발언을 한다. 하경근 의원은 일본이 미국의 TMD에 참여하게 되면 군사적으로 강력하게 무장을 하게 되고 미사일을 개발한다는 것을 의미하게 되는데 이러한 동북아 안보 환경의 변화가 중대한 것이라고 본다고 말하였다. 또 일본이 TMD를 참여하면 중국을 크게 자극할 수 있는데 이로 인한 여파가 지역 내 안보 환경을 변화시킬 수 있다고 지적한다. 천용택 장관이 1월 초에 노로타 호세이 장관과 회담한 이후 홍순영 외교통상부 장관은 일본의 움직임에 대하여 제동을 거는 발언을 하였고 이러한 점으로 인하여 다행인 면이 있었지만 천용택 국방부 장관이 안보를 담당하는 장관으로서 일본의 TMD 참여에 대하여 안이하게 대응하였다는 점을 지적하는 발언을 한다. 천용택 장관이 한일국방장관 회담 자리에서 일본이 TMD에 참여한다는 점을 이야기하고 정보위성을 발사하겠다는 점을 이야기하였는데도 불구하고 이에 대하여 이해하겠다고 말한 것이 맞는지 아니면 외교적 수사로서 한 것인지 김대중 정부의 공식 입장을 밝혀달라고 하였다.340)

이에 대하여 천용택 국방부 장관은 TMD와 관련하여 일본에 대해서 군사력을 확장하게 되면 군비경쟁이 일어날 수 있기 때문에 보다 투명하게 추진하라고 한 점을 언론이 양해한 것으로 잘못 보도한 것이라고 답변한다. 그러나 천용택 장관은 김대중 정부가 미국의 TMD 참여를 거부하는 입장이고 국방부, 외교통상부의 경우에도 이러한 입장이 바뀌지 않았다고 말한다. 천용택 장관은 일본이 TMD에 참여한다는 것에 대하여 일본이 군사대국화될 수 있다는 가능성을 포함하여 신중하게 고려할 사안인 것을 알고 있다고 하면서 노로타 호세이 장관에게 이야기 한 것은 일본이 북한

340) 국회회의록, 제15대 국회 제201회 제1차 국방위원회, (1999년 2월 24일), p.17.

의 대포동 미사일 발사로 충격을 받고 이에 대하여 대응하는 것이 필요하다는 입장은 이해하나 일본이 TMD에 참여하면 정보위성 등 첨단 기술 무기를 들여오게 되어 주변국을 자극하므로 동북아시아 지역에서 군비경쟁이 있을 것이라는 가능성에 대한 우려를 전달한 것이 잘못 보도된 것 같다고 발언한다. 그러면서 하경근 의원이 우려하는 국방부, 외교통상부 간의 이견이 있는 것은 아니며 홍순영 외교통상부 장관도 천용택 국방부 장관과 동일한 의견에 있다고 말하였다.[341] 그러면서도 김대중 정부가 TMD에 참여할 지에 대하여서는 명확하게 답변을 하지 않는 모습을 보였다. 김대중 정부에서 국방부, 외교통상부가 모두 TMD와 관련하여 미온적인 입장을 취하거나 참여하지 않는다는 점이 정부의 방침이라고 밝히거나 TMD에 참여하지 않는다는 취지로 읽혀지는 발언이 이어지는 모습이 나타났다.

2001년 1월 6일 김대중 대통령은 NMD에 대하여 입장표명을 하지 않는 인터뷰를 하였다. 인터내셔널 헤럴드 트리뷴과의 인터뷰에서 미국의 NMD에 참여할지를 묻자 대답을 하지 않고 북한 미사일에 대한 중재가 필요하다는 이야기를 하였다. 김대중 대통령은 미사일 방어와 관련하여 외교적으로 큰 참사를 일으키기도 하였다. 김대중 정부는 한미정상회담을 2001년 3월에 열기로 하고 그 한 달 전 한러정상회담을 2001년 2월 말에 하기로 하였다. 김대중 대통령은 러시아 푸틴 대통령과 한러정상회담을 할 때 ABM조약을 지지한다고 입장을 표명하면서 외교적 참사를 빚었다. 문제가 된 문구는 제5항이다. 2001년 2월 27일에 열린 한러정상회담에서 김대중 대통령과 푸틴 대통령은 공동성명을 하였다. 문제가 된 제5항은 ABM을 보존 강화한다는 문구가 들어갔다. 김대중 대통령은 제5항에 한국과 러시아가 ABM조약을 보존하고 강화한다는 내용이 있었음에도 불구하고 이에 동의한다고 밝혔다. 김대중 대통령은 ABM조약이 전략적 안정을 가져오는 초석이 된다고 하면서 공동성명에 동의하였다. 이 외교적 참사는 ABM조약과 미사일 방어에 대한 김대중 대통령의 이해 부족으로 발

341) 국회회의록, 제15대 국회 제201회 제1차 국방위원회, (1999년 2월 24일), pp.27-28.

생하게 된다. 또한 김대중 대통령을 보좌하는 외교참모진이 이해력이 떨어지고 외교적인 감각이 함량 미달이었던 데서 발생하게 된다. 김대중 대통령이 ABM조약과 미사일 방어에 대한 이해가 부족하여 발생한 외교적 참사에 대하여 미국의 부시 정부는 항의하게 된다. 김대중 정부의 외교적 참사에 책임을 지고 이정빈 외교통상부 장관, 반기문 차관은 경질된다.[342] 2001년 2월 27일에 주러시아대한민국대사관이 작성한 한·러 공동성명 전문의 제5항의 원문은 다음과 같은 내용이다.

"양측은 세계적 및 지역적 차원의 전략적 안정 유지를 위해 대량파괴무기와 그 운반수단의 확산 방지 및 궁극적인 철폐에 대한 결의를 재확인하였다. 대한민국과 러시아 연방은 1972년 체결된 탄도탄요격미사일 제한조약(ABM Treaty)이 전략적 안정의 초석이며 핵무기 감축 및 비확산에 대한 국제적 노력의 중요한 기반이라는데 동의하였다. 양측은 탄도탄요격미사일제한조약(ABM Treaty)을 보존하고 강화하는 가운데 전략무기감축협정 II(START II)의 조기 발효와 완전한 이행, 그리고 전략무기감축협정 III(START, Strategic Arms Reduction Treaty, 전략무기 감축협정, 이하 START)의 조속한 체결을 희망하였다."[343]

임동원 통일부 장관의 회고록에 따르면 한러정상회담에서 한국, 러시아가 ABM조약을 보존하고 강화하며 이것이 전략적 안정의 초석이 된다고 한 문구가 담긴 제5항은 한국외교에 있어서 역사상 꼽을 수 있는 외교적 참사였다는 점에 대하여 지적하였다.[344]

부시 정부는 김대중 대통령이 한러정상회담에서 ABM조약을 지지한다

---

342) 『동아일보』 2001년 3월 9일
https://www.donga.com/news/article/all/20010309/7660182/1 (검색일: 2016년 9월 1일)
『문화일보』 2001년 3월 10일
https://www.donga.com/news/article/all/20010309/7660182/1 (검색일: 2016년 10월 1일)

343) 주러시아대한민국대사관, "한·러 공동성명", (2001년 2월 27일)
http://overseas.mofa.go.kr/ru-ko/brd/m_7340/view.do?seq=559474&srchFr=&%3BsrchTo=&%3BsrchWord=&%3BsrchTp=&%3Bmulti_itm_seq=0&%3Bitm_seq_1=0&%3Bitm_seq_2=0&%3Bcompany_cd=&%3Bcompany_nm=&page=11

344) 임동원, 『피스메이커』, (서울: 중앙Books, 2008), pp.531-538.

고 하였던 점에 대하여 부시 정부는 강력하게 반발하였다.[345] 미국은 한국이 ABM조약을 보존하고 강화하겠다는 점에 대하여 문제를 제기한다.[346] 이정빈 외교통상부 장관은 한국이 미국의 NMD추진을 반대하는 뜻을 전한 것이 아니라고 해명한다. 또 김하중 외교안보수석은 콘돌리자 라이스 외교안보보좌관에게 미국에 반대한다는 것은 아니라는 점에 대해서도 설명하였다. 김대중 정부의 청와대 민정수석실이 2001년 3월 11일 한미정상회담 직후에 외교부에게 한러공동성명에 ABM조약에 동의한다는 문구가 들어간 것과 관련하여 경위서를 제출하라고 하였다.

외교부는 관련자 전체를 불러서 2-3차례 대책회의를 하였다. 반기문 차관이 주재를 한 회의를 한 이후에 2001년 3월 12일에 김대중 정부가 잘못을 인정하는 것이 필요하다는 내용이 담긴 경위서를 제출하게 된다. 이에 2001년 3월 26일 이정빈 외교통상부 장관이 경질되었다. 또 2001년 4월 2일에는 반기문 차관이 경질된다. 그러나 실무책임자, 실무자에 대한 문책이 필요하다는 지적이 고조된다. 청와대 민정수석실이 2001년 4월 23일 재조사 지시를 하였다. 외교부 감사관실에서 관련자 조사를 하고 한러공동성명 관련사항 조사보고서를 작성하였다. 이 조사보고서는 ABM문구가 들어간 것이 실무자가 양자적이면서 다자적인 문맥에 정통하지 못하다는 점으로 인하여 업무상의 실수를 한 것이라고 보았다. 또한 주미 한국대사관과 외교부 동구과가 여러 차례 협의를 요청하였지만 외교부 외교정책실이 이를 일축하면서 사태가 커지게 되었다고 지적하였다. 이 보고서에는 앞으로 유사한 사례가 발생하는 것을 막기위해서는 외교부 기강을 바로 세울 필요가 있고 관련자에 대해서 문책이 필요하다는 내용이 포함되었다. 문책과 징계가 필요한 대상자로 지적된 인물은 다음의 사람들이다. 징계 대상자 회부가 필요한 인물은 최영진 외교정책실장, 최성주 전

---

345) Office of the Press Secretary, "Remarks by President Bush and President Kim Dae-Jung of South Korea", March 7 2001, George W. Bush White House Archives, https://georgewbush-whitehouse.archives.gov/news/releases/2001/03/text/20010307-6.html

346) 『중앙일보』 2001년 3월 7일
https://news.joins.com/article/4046480 (검색일: 2016년 2월 4일)

군축원자력 과장이다. 경고 처분이 필요한 인물은 이수혁 구주국장, 장호진 전 동구과장, 김성환 북미국장이다. 주의 처분이 필요하다는 의견이 적힌 인물은 김원수 청와대 외교안보비서관, 김일수 구주국 심의관이다.[347)]

한국 정부가 공식적으로 ABM조약에 동의한다는 문구를 한러정상회담에 넣은 것과 관련하여 외교적 논란은 쉽게 가라앉지 않았다. 당시 김대중 대통령은 미국이 강하게 반발하고 여론이 악화되자 ABM조약과 관련된 내용이 한러 공동성명에 들어가지 말았어야 됐다고 발언하기까지 하였다. 부시 정부는 ABM조약 참사와 관련하여 김대중 정부가 러시아의 입장을 지지하고 미국의 미사일 방어를 반대하는 뜻으로 받아들이면서 상당한 불쾌감을 드러냈다. 김대중 정부가 ABM조약과 관련하여 외교적인 실수를 한 것과 관련하여 부시 대통령은 한국이 러시아 편을 든다고 생각하고 이의를 표하였다. 부시 정부는 2001년 2월 말 이후에 미국의 MD에 한국이 참여해달라고 본격적으로 의사를 표현하였다. 토켈 패터슨 미 국가안보회의 선임보좌관은 유명환 주미 한국대사관의 공사를 만나 한국이 미국의 MD에 참여하면 좋겠다고 직접적으로 뜻은 전하기도 하였다. 토켈 패터슨 선임보좌관은 2001년 3월 8일에 한미정상회담에서 한국이 미국의 MD에 참여한다고 입장을 밝히면 성공적인 회담이 될 것이라고 조언하기도 하였다. 게다가 미국은 한국이 미국의 MD에 참여하면 좋겠다는 내용의 문서도 보냈다.[348)]

---

347) 『한국일보』 2001년 6월 14일
https://m.hankookilbo.com/News/Read/200106140095717400 (검색일: 2016년 6월 19일)
외교부 정보공개청구자료, 2020년 8월 10일 접수번호: 7009851, 저자는 2020년 8월 10일 경위서와 감사문서를 외교부에 정보공개 청구하였으나 외교부 군축비확산담당관실은 공공기관의 정보공개에 관한 법률 제9조 제1항 제2호에 따라 비공개 대상으로 공개할 수 없다는 답변을 통보받았다)

348) 『한국일보』 2001년 6월 15일
https://www.hankookilbo.com/paoin/?SearchDate=20010615&Section=A (검색일: 2017년 8월 1일)
『오마이뉴스』 2001년 6월 15일
http://www.ohmynews.com/NWS_Web/view/at_pg.aspx?CNTN_CD=A0000045062 (검색일: 2019년 6월 1일)
『프레시안』 2013년 11월 11일
https://www.pressian.com/pages/articles/109728 (검색일: 2018년 7월 4일)
외교부 정보공개청구자료, 2020년 8월 10일 접수번호: 7009959 한미정상회담의 문서 원본

2001년 3월 2일에 미국은 김대중 정부에게 공식 입장을 문서에 적어서 보냈다. 미국이 보낸 문서는 세 문장으로 되어 있었다. 첫 번째 문장은 냉전시대와 지금의 세계가 근본적으로 다르고 방어 개념과 억제 개념에 대하여 새롭게 변화하는 접근이 필요하다고 보았다. 두 번째 문장은 부시 정부가 MD를 중요하게 생각하고 있고 대량살상무기와 탄도미사일 공격이 테러 수단이 될 경우에 위험할 수 있다고 보았다. 세 번째 문장은 주한미군과 영토 방어를 하기 위해서는 미사일 방어를 추진하는 것이 필요하다고 하였다. 미국은 한미정상회담에 앞서서 이러한 내용의 문장을 보내고 조율을 통하여 발표하기를 바란다는 점에 대하여 입장을 표명하였다. 그러나 김대중 정부는 한국이 미국의 MD에 참여하게 되면 남북관계 개선에 걸림돌, 중국 등 주변국 관계 고려, 경제적 부담 등의 문제점이 발생한다면서 반대하는 의사를 나타냈다. 김대중 대통령은 한미정상회담에서 첫 번째, 두 번째 문장의 경우에는 요구를 받아들여서 사용하였으나 세 번째 문장에서 MD가 필요하다는 문장을 삭제하였다. 김대중 정부는 마지막 문장을 빼면서 한국이 한미동맹을 토대로 하여 안보를 확보하고 국제평화를 추구할 것이라고 하면서 한반도 주변국가들과도 협의하여 문제에 대처하겠다고 바꾸었다. 김대중 정부가 미국의 MD참여를 거부하면서 부시 정부의 입장과 상반되는 정책을 추진한다는 점을 나타내자 부시 정부는 강하게 불만을 나타내게 된다. 심지어 한러정상회담에서 ABM조약을 보존하겠다고 밝히면서 러시아 편을 들었기 때문에 부시 정부는 불만이 더 클 수밖에 없었다. 김대중 대통령은 한미정상회담에서 부시 대통령에게 미북관계에서 북한에 대하여 포용적인 햇볕정책을 추진하는 것을 지지하여 달라고 하였다. 이에 대하여 부시 대통령은 김대중 대통령이 북한에 대해 잘못 판단하고 있고 순진하게 북한을 바라본다는 입장을 나타냈다.[349)]

을 외교부에 정보공개 청구하였고 김대중 대통령 재임 당시의 청와대 홈페이지에서 확인할 수 있다는 답변을 받았다.
http://15cwd.pa.go.kr/korean/diplomacy/kr_usa1/dip_03_6.php
또한 미국이 김대중 정부로 보낸 MD 관련 문서 원본은 비공개 대상정보인 외교관계에 관한 사항으로서 공공기관의 정보공개에 관한 법률 제9조에 따라 공개될 경우 외교관계에 영향을 끼칠 수 있으며 나아가 국가의 이익을 현저히 해할 우려가 있으므로 공개할 수 없다는 답변을 2020년 8월 31일 받았다)

MD를 강력하게 추진하는 부시 정부는 한미정상회담이 있던 같은 해인 2001년 12월 13일에 ABM조약 탈퇴를 한다. 불과 몇 개월 후에 발생할 일에 대하여 김대중 정부가 외교적인 예상을 하지 못하였다는 점은 외교적 참사라고 할만한 상황이었다. 한국이 러시아의 ABM조약을 지지하는 상황은 한국에 대하여 나쁘게 작용할 수밖에 없었다. 부시 정부가 추구하는 MD와 관련한 구상은 ABM조약을 정면으로 위배하는 측면이 존재하였다. ABM조약은 1972년 체결되었다. 이 조약에 따르면 미국과 러시아는 수도 지역, ICBM발사대 주변 지역 중에 한 곳에만 미사일 방어 체계를 둘 수 있도록 제한한다. 또 ABM조약에 따르면 새로운 미사일 방어 체계를 개발하는 것이 금지되어 있다. 따라서 미사일 방어를 구축하는 데 상당한 제한을 두는 조약으로서 미국이 추진하는 MD에 큰 걸림돌이 되는 조약이었다.[350]

부시 정부는 ABM조약은 소련과 합의하였던 것으로서 소련이 붕괴된 이후에 지속되어야 하는 점에 있어서 정당성 문제를 제기하였고 북한, 이란과 같은 불량국가들로부터의 위협에 맞서기 위해서는 ABM조약을 수정하는 것이 아니라 파기하여야 한다고 주장하였다. 부시 정부는 미사일 방어청(MDA: Missle Defence Agency)을 설립하였고 클린턴 정부의 TMD와 NMD로 구분하기 보다는 통합하여 운용하는 것이 효과적이라고 보면서 2002년도 MD와 관련한 예산안을 대폭 증액하였다. 2001년 12월 13일 부시 정부는 ABM조약을 공식적으로 탈퇴하겠다고 선언하였고 이

---

349) George W. Bush The White House Archives, "Remarks by President Bush and President Kim Dae-Jung of South Korea", Office of the Press Secretary March 7, 2001
https://georgewbush-whitehouse.archives.gov/news/releases/2001/03/20010307-6.html
Patrick E. Tyler, "South Korean President Sides With Russia on Missile Defense" 『The NewYork Times』 February 27 2001
https://www.nytimes.com/2001/02/27/world/south-korean-president-sides-with-russia-on-missile-defense.html (검색일: 2015년 11월 9일)
『프레시안』 2013년 11월 11일
https://www.pressian.com/pages/articles/109728 (검색일: 2018년 1월 3일)

350) Lynn F. Rusten, *U.S. Withdrawal from the Antiballistic Missile Treaty*, (Washington D.C: National Defense University Press, 2010), pp.1-2.

선언은 6개월 후 효력이 발휘된다.[351)]

부시 정부가 ABM조약탈퇴를 감행할 정도로 MD에 비중을 두는 것과 달리 김대중 정부는 2001년 2월 한러정상회담에서 외교적 참사를 일으키면서 미사일 방어와 관련한 입장을 밝힐 수밖에 없는 상황에 이르게 된다.

김대중 정부 초기에 국방부와 외교통상부가 TMD를 검토하지 않거나 모호한 입장을 표명하기도 하였고 김대중 대통령도 TMD와 관련하 즉답을 하지 않으려는 모습을 보였으나 한러정상회담에서 러시아의 ABM조약에 동의한다는 내용의 문구를 넣으면서 미사일 방어와 관련한 입장을 내지 않을 수 없는 상황으로 몰리게 된다. 그러나 김대중 정부는 TMD와 부시 정부의 MD에 대하여 거부한다는 입장을 명확하게 하면서 미국으로부터 포기될 위험을 높이게 된다.

(2) 김대중 정부의 미사일 방어 참여 거부

김대중 정부는 2001년 2월 한러정상회담의 외교적 참사를 일으켰다. 부시 정부는 한국이 ABM조약을 지지한다는 의사를 내비친 이후에 보다 노골적으로 한국에 대하여 미국의 MD에 참여하는 것이 좋겠다는 의사를 밝히게 된다. 김대중 정부는 미국의 반발로 인하여 미국의 MD요청에 답변하지 않을 수 없는 입장에 처하게 되었다. 그 이전에도 김대중 정부에 대하여 MD에 참여하면 좋겠다는 의견이 존재하였으나 김대중 정부는 TMD참여와 관련하여 모호한 입장을 표명하는 정도에 머물렀다. 그러나 한러정삼회담 외교 참사 이후 김대중 정부의 입장은 미국의 MD 참여를 명확하게 반대한다는 입장을 표시하는 것으로 변화하였다.

1990년대 후반부터 2000년대 초반에 한국에서 MD를 담당하는 부서가 없었던 것은 아니다. 한국에서 미국의 MD를 담당하였던 조직은 한미연합사에서 방공과 MD과, 미국 공군 산하의 공군구성참모, 제32육군 항공미사일 방어사령부(AAMDC)였지만 합동임무를 수행할 정도는 아니었

351) 박석진, "미국의 아시아회귀전략과 한국에서의 MD 전개과정", 『4·9통일평화재단 2015 제8회 동아시아 미군기지 문제 해결을 위한 국제 심포지엄 자료집』, (서울: 4·9통일평화재단, 2015), pp.9-11.

다. 사실상 유기적 조직이 아니었기 때문에 1999년 11월 찰스 헤플바워 중장은 조직을 재구성해야한다고 발언하였다. 찰스 헤플바워 중장은 2001년 미 7공군과 한미연합사와 주한미군에서 안보보좌관을 거치고 2001년 10월에는 주한민군 부사령관으로 재직하였다. 1999년 12월 한미 워킹그룹을 거쳐서 2000년 초 연합 및 합동전역미사일작전기구(CJTMOC: Combined and Joint Theater Missile Operations Cell, 이하 CJTMOC)가 창설되었다. 그러나 김대중 정부는 MD를 참여하는 것이 아니라는 입장에는 변함이 없었고 주한미군도 한시적인 워킹그룹일 수 있다는 발언을 하였다.[352]

1999년 3월 5일은 김대중 정부가 공식적으로 TMD참여 거부 의사를 나타낸 날이다. 천용택 국방부 장관이 외신기자클럽 초청 기자회견에서 TMD에 참여하지 않는다는 점을 서울 프레스센터에서 밝힌 것이다. 천용택 장관은 TMD가 북한의 미사일에 대응하는 효과적 수단이 아니고 전략적으로 대응할 수 있는 수단이 안된다고 말하였다. 천용택 장관은 한국이 TMD를 배치하게 되면 주변국의 견제를 받을 수 있다고 밝혔다. 또 한국이 미국의 TMD에 참여할 경제적 능력과 군사기술적 능력이 없기 때문에 반대한다는 점을 분명하게 한다고 밝혔다.[353]

김대중 정부는 북한의 미사일 위협의 심각성에 대하여 충분히 인식하지 못하고 TMD에 참여하지 않는다는 판단을 내렸다.[354] 김대중 정부는 출범 직후부터 북한에 대한 햇볕정책을 유지하여야 하고 북한과의 관계를 훼손할 수 있다는 우려 때문에 미국의 MD에 들어가는 것을 주저하는 모습을 보였다.[355]

---

352) 『한국경제』 2001년 12월 20일
https://www.hankyung.com/politics/article/2001122084618 (검색일: 2019년 4월 2일)

353) 『연합뉴스』 1999년 3월 5일
https://news.naver.com/main/read.nhn?mode=LSD&mid=sec&sid1=100&oid=001&aid=0004518825 (검색일: 2019년 4월 29일)

354) Office of the Press Secretary Washington D.C, "Official Working Visit of Kim Dae Jung President of the Republic of Korea Subject", The White House Office of the Press Secretary Washington D.C, July 2, 1999, Clinton Presidential Library.

355) 국가기록원 대통령기록관, "국민의 정부를 출범시키며 : 국난극복과 재도약의 새시대를 엽시다", 제15대 대통령 취임사, (1998년 2월 25일)

김대중 정부가 추구하는 햇볕정책이 근본적으로 북한을 변화시키기 어렵다는 지적도 나왔다. 북한은 계속 미사일을 고도화하고 있는데 이에 대처하지 않는다는 것이다. 이는 김현욱 의원의 국회에서의 발언에서 확인할 수 있다. 김현욱 의원은 김대중 정부가 북한의 미사일 고도화에도 불구하고 남북관계 개선에 매진하는 점에 대하여 비판하면서 북한은 근본적으로 변화하지 않았다고 비판한다. 김현욱 의원은 북한이 세계에서 미사일로 6위 강대국으로 부상하는데 한국이 이를 막을 수단이 전혀 없다고 지적하면서 우려하는 발언을 한다. 한국이 북한의 미사일에 대응하기 위한 요격용 미사일을 보유한 것은 사정거리가 50km미만인 미사일밖에 없으며 이 요격 미사일도 북한의 공격을 억제하는 것이 아니라 공격을 받게 되면 그 피해를 줄이는 방어용의 무기에 해당한다고 말한다. 한국이 보유한 공격용 미사일을 살펴보면 나이키 허큘리스의 경우에 사정거리가 140km이고 현무는 사정거리가 180km인데 이러한 공격용 미사일은 북한의 주요 목표에 도달하지 못하여 군사적으로 전혀 억제력을 발휘하지 못하는 것이라고 말한다. 또 김현욱 의원은 걸프전에서 패트리어트가 명성을 떨쳤지만 미사일 명중률을 살펴보면 9%였는데 한국의 경우에는 북한의 미사일에 대응하는 능력이 부족하다고 말하였다. 김현욱 의원은 김대중 정부가 무조건적으로 북한에 대하여 포용정책을 취하면 북한이 반드시 변화한다는 낙관적인 가정만을 기초로 하여 대북정책을 추진하고 있으며 이러한 포용정책은 북한이 수용하지 않을 경우에 어떠한 변화도 이루지 못하는 정책으로서 한국이 주기만 할뿐이고 북한으로부터 얻는 것이 전혀 없다고 지적하였다.356)

1999년 3월 5일 김대중 정부의 천용택 국방부 장관이 MD에 참여할 경제력과 기술력이 없다는 이유를 들어 공식적으로 거부하는 입장을 표명한 이후에 김대중 대통령도 TMD 참여 거부 입장을 공식적으로 나타냈다. 1999년 5월 5일에 열린 세계 언론인 초청 국제회의에서였다. 테드터너 CNN회장이 초청한 만큼 전세계의 이목이 집중되는 자리였고 전 세계로

---

http://15cwd.pa.go.kr/korean/president/library/chap/9802-1.php
356) 국회회의록, 제15대 국회 제198회 제8차 국회본회의, (1998년 11월 14일), pp.12-14.

보도가 나가는 자리였다. 김대중 대통령은 이 국제회의에서 약 30분 정도 연설을 하고 전 세계 기자들의 질문에 답을 하였고 이 모습은 전세계에 생중계되었다. 전 세계가 지켜보는 가운데 김대중 대통령은 한국이 TMD에 불참하기로 하였다고 공식 선언하였다. 김대중 대통령은 공식 석상에서 명확하게 TMD참여를 거부한다는 점을 밝혔다. 김대중 대통령은 휴전선부터 서울까지 약 40km이고 북한이 미사일을 발사할 경우에 거리가 짧아서 시간적으로 몇 분밖에 안 걸리는 점으로 인하여 TMD를 참여하는 것이 한국의 안보에 도움이 안된다는 판단을 하였다고 말하였다. 김대중 대통령이 TMD에 참여하는 것을 거부한다는 입장이 이날 전세계에 전달되었다.357)

1999년 5월 11일에도 김대중 대통령은 또 미국의 TMD에 참여하지 않는다는 인터뷰를 한다. 미국의 소리(VOA)와의 특집대담방송에서 약 25분 동안 한국이 TMD에 참여할 의사가 없다는 점에 대하여 이야기하였다.358)

한국은 미국의 TMD에 불참하기로 공식적인 언급을 두 차례 한 이후에 MD에 대해서도 언급을 자제하는 모습으로 일관한다. 한국은 MD에 참여하는 것을 거부한 이후 이에 대한 언급을 삼가는 모습이 1990년대 후반부터 2000년대 초반까지 이어진다. 김대중 정부는 MD를 추진하게 되면 남

---

357) 『국정홍보처』 1999년 5월 5일
http://www.korea.kr/news/pressReleaseView.do?newsId=30016707 (검색일: 2020년 2월 29일)
『KBS뉴스』 1999년 4월 29일
https://imnews.imbc.com/replay/1999/nwdesk/article/1779937_30729.html (검색일: 2020년 2월 29일)
『KBS뉴스』 1999년 5월 5일
http://news.kbs.co.kr/news/view.do?ncd=3801094 (검색일: 2020년 2월 29일)
『연합뉴스』 1999년 5월 5일
https://news.naver.com/main/read.nhn?mode=LSD&mid=sec&sid1=100&oid=001&aid=0004512294 (검색일: 2020년 3월 2일)

358) 『연합뉴스』 1999년 5월 11일
https://news.naver.com/main/read.nhn?mode=LSD&mid=sec&sid1=104&oid=001&aid=0004515533 (검색일: 2020년 3월 2일)
『연합뉴스』 1999년 5월 12일
https://news.naver.com/main/read.nhn?mode=LSD&mid=sec&sid1=104&oid=001&aid=0004507731 (검색일: 2020년 3월 5일)

북 관계 개선 분위기를 저해하고 햇볕정책을 통하여 북한의 미사일 위협을 해결할 수 있다고 보았다. 김대중 정부는 1999년에 몇 차례에 걸쳐서 MD에 참여하는 것을 거부한다고 공식 입장을 밝혔다. 김대중 정부는 그 뒤에 MD가 부각되지 않도록 조심스러워하거나 토의하지 않는 모습을 보인다.359)

발언을 삼가는 분위기는 반기문 차관이 자신의 발언을 정정하면서 보도를 하지 말라는 사례에서도 근거를 찾을 수 있다. 2001년 2월 21일 반기문 차관은 NMD와 관련하여 이정빈 외교통상부 장관이 상공회의소에서 초청연설을 하는 자리에서 NMD에 대하여 부정적으로 해석되는 발언을 하였다가 이 발언에 대하여 다시 부정적으로 해석하지 말라는 발언을 한 뒤 기사가 거의 보도되지 않게 되는 일이 있었다.360)

9.11테러 이후 미국은 약 20일 후에 QDR을 발표한다. 이 보고서에는 미국이 MD를 확고하게 구축한다는 내용이 담겨있다. 미국과 미국의 동맹국을 위협하는 적에 대하여 위협을 단념시키도록 프로그램을 진행하겠다는 능력을 확보하겠다는 점을 강조한 것이다.361)

2001년 12월 31일에는 미국 국방부가 핵테세검토보고서(Nuclear Posture Review Report)를 통하여 적의 공격을 억제하고 능동적 대처를 하기 위해서는 MD를 추진하는 것이 중요하다고 강조한다.362) 국방부 연례보고서에도 군비증강이 필요하며 요격 시스템의 성능을 제대로 갖추어야 적의 공격을 막을 수 있다고 하였다.363) 부시 정부는 MD 구축을 통하여 국가 안보를 지키겠다는 기조를 이어간다.364)

---

359) Bruce Klingner, 2011, "The Case for Comprehensive Missile Defense in Asia," *Heritage Foundation* No. 2506, January 7 2011, p.7.

360) 『월간조선』 2016년 6월호 http://monthly.chosun.com/client/news/viw.asp?ctcd=A&nNewsNumb=201606100016 (검색일: 2020년 3월 2일)

361) Department of Defense, *Quadrennial Defense Review Report* (September 3 2001).

362) Department of Defense, *Nuclear Posture Review Report* (December 31 2001).

363) Department of Defense, *Annual Report to the President and the Congress* (2002).

364) United States Government Accountability Office, Testimony Before the Strategic Forces Subcommittee Committee in Armed Servicess House of Representatives, *Defense Management Key Challenges Should be Addressed When Considering Changes to Missile Defense Agency's Roles and Missions*, (United States

2002년 9월에는 미국이 국가안보전략을 새롭게 발표한다. 이 전략에는 선제공격까지 포함하여 미국의 영토와 미국 동맹국을 지키는 것이 필요하다는 내용이 담겨있다. 부시 정부는 테러 국가들의 위협과 불량 국가들의 공격으로부터 안보를 확보하기 위해서는 미사일 방어를 꾸준하게 추진하는 것이 필요하다고 보았다.365)

그러나 김대중 정부에서 미국의 MD추진에 대하여 상황변화 추이를 살피면서도 MD가 부각되지 않도록 조심하는 분위기를 이어가게 된다. 이러한 모습은 미국의 9.11테러 이후 미국의 MD추진이 보다 가속화되는 상황에서도 이어진다.

이는 국방부 정책기획국장 김선규 소장은 국방업무보고에서 확인할 수 있다. 국방부 김선규 소장은 미국의 9.11테러 이후에 MD를 추진하는 것과 관련하여 국제정세 변화가 있다는 점에 대하여 보고한다. 김선규 소장은 미국이 9.11테러를 겪은 후에 국제 테러와 마약 등 초국가적인 위협이 늘어나고 있으며 반테러가 국제 연대 하에서 확전될 수도 있는 가능성이 있고 중앙아시아, 중동문제가 국제정치에서 안보의 주요 변수가 되고 있다고 말한다. 미국이 MD를 추진하면서 러시아, 중국 등과 갈등하고 있고 러시아의 경우에는 강력한 러시아를 건설하겠다면서 미국의 MD 추진에 대하여 중국과 공동으로 견제하려는 입장을 나타낸다고 말하였다. 또 동북아시아지역에서 다양한 분쟁 요인이 있는데 대만문제, 해양관할권과 관련한 분쟁 요인이 남아 있는 가운데 21세기에 새로운 위협이 현실화되면서 국가들 간에 협력과 경쟁을 할 수밖에 없는 상황이 되고 있다고 말하였다.366)

이 대화에서 김대중 정부가 MD와 관련하여 러시아, 중국이 미국의

Government Accountability Office, March 26 2009), GAO-09-466T, p.2, US Government, *Future Roles and Missions of the Missile Defense Agency: Hearing before the Strategic Forces Subcommittee of the Committee on Armed Services House of Represnetatives One Hundred Eleventh Congress First Session*, (Washington D.C: U.S Government Printing Office, 2010), p.47.

365) The White House, The National Security Strategy of the United States of America, (September 20 2002).

366) 국회회의록, 제16대 국회 제227회 제1차 국방위원회, (2002년 2월 8일), pp.15-16.

MD에 대하여 견제하는 입장에 있으며 MD는 이들 국가와 갈등의 소지가 있을 수 있음을 인지한다는 것을 확인할 수 있다.

강창성 의원은 김대중 정부와 부시 정부 사이의 갈등의 골이 깊어질 수밖에 없다면서 이를 우려하는 발언을 한다. 김대중 정부가 남북관계 개선에 매진하면서 MD에 들어가는 것을 거부하는 것이 부시 정부와의 간극을 심화시킬 것이고 사이가 멀어질 수밖에 없다는 점에 대하여 지적한다. 그러면서 김대중 정부가 햇볕정책을 추진하면서도 북한이 주적관계라는 점을 국방부는 잊으면 안 된다고 지적한다. 강창성 의원은 국방부가 안보에 관하여서는 냉정하면서도 현명하게 대처하여야 하는 중요한 부처이며 한국군과 인민군이 주적관계라는 사실에 대하여 한시도 망각하여서는 안된다고 말한다. 한국이 평화통일을 이루기 전에는 한국의 주적은 인민군이며 인민군의 주적도 한국군이라는 점을 망각해서는 안되며 김동신 국방부 장관이 최근 한미북 사이에 조성되는 국제정세를 명확하게 파악하여 군사적으로 안보를 굳건하게 대처하여 달라고 말한다. 북한이 개발한 스커드 미사일, 대포동 1호 미사일과 대포동 2호 미사일의 경우에 매우 위협적인 무기로서 대포동 1호 미사일의 경우에는 일본 전역을 대상으로 하며 대포동 2호 미사일의 경우에는 미국 전역을 대상으로 하는 데 시간이 걸리더라도 미국 일부 지역까지는 도달하는 것으로 안다면서 이에 대비하는 것이 필요하다고 발언하였다. 강창성 의원은 김동신 국방부 장관에게 중요한 시점에서 안보를 굳건하게 해야 하며 문란한 언사가 나오지 않도록 하는 것이 필요하다고 말한다. 강창성 의원은 작년 6월에 워싱턴 정가와 외교가에서 유행하였던 이야기를 몇 가지 하겠다고 말한다. 강창성 의원은 북한의 김정일이 가지고 있는 통일사상의 경우에 평화통일을 바라는 것이 아니라고 지적한다. 김정일이 바라는 통일은 무력으로 통일하고 공산화를 하겠다는 것이라고 말한다. 강창성 의원은 이러한 이야기의 결론은 결국에 김대중 대통령과 미국의 부시 대통령이 의견에 있어서 간격이 생길 것이라는 점을 이야기하고자 함인데 미국의 경우에는 미국이 원하는 바가 있기 때문에 김대중 정부가 추진하는 대북정책과 거리가 멀어질 수밖에 없다는 말을 하고자 함이라고 하였다. 강창성 의원은 대북정책에 있어서 한국과 미국의 시각 차가 있기 때문에 김대중 정부와 부시 정부의 의견 차이가 커질 것이라고 지적하였다.[367)]

이를 통하여 김대중 정부가 부시 정부가 MD문제와 관련하여 사이가 벌어질 수 있음에 대하여 인지하였으며 북한의 미사일 위협에 대하여 우려하는 목소리도 존재하였음을 확인할 수 있다.

김대중 정부는 2001년 한국이 미국의 MD에 참여하지 않겠다는 공식적 거부 결정을 내렸다. 한러정상회담에서 러시아 대통령에 대하여 ABM조약과 관련하여 지지한다는 내용의 문구를 넣는 외교적 참사 이후에 MD와 관련하여 입장을 묻는 상황에서 한국이 미국의 MD에 들어가는 것이 이익이 되지 않는다면서 거부한 것이다. 미국이 추진하는 TMD에 참여하지 않으면 불이익을 받을 수 있고 남북관계 개선에 매진하는 정책이 실질적으로 북한을 변화시키기 어렵다는 지적이 있었음에도 불구하고 김대중 정부는 MD에 참여하는 것을 거부하는 결정을 내리게 된다. 김대중 대통령은 미국의 TMD에 불참하기로 하였다는 공식적인 언급을 두 차례 하였다. 그 이후에는 김대중 정부에서는 MD에 대해서 언급을 자제하는 모습을 보인다. 한국이 2001년 MD에 참여하는 것을 거부하는 결정을 내린 이후 1990년대 후반부터 2000년대 초반까지 MD에 대하여 언급 자체를 꺼리게 된다.

---

367) 국회회의록, 제16대 국회 제227회 제1차 국방위원회, (2002년 2월 8일), pp.24-25.

2. 2000년대 초반까지의 한국의 미사일 방어정책

(1) 부시 정부의 MD 유지와 노무현 정부의 미사일 방어 참여 거부 유지

노무현 정부는 한국이 미국의 미사일 방어에 참여하지 않는 다는 결정을 내린 김대중 정부의 결정을 이어간다. 노무현 대통령은 주한미군에 의존하지 않고 자주국방을 하는 능력을 키워야 한다고 보았다. 이러한 시각은 2003년 8월 15일 경축사를 통하여 확인할 수 있다. 노무현 대통령은 경축사에서 한국의 안보를 주한미군에 의존하는 것이 옳지 않고 한국 자체의 국방력을 통하여 지키는 것이 필요하다고 하였다. 노무현 대통령은 한국의 안보를 언제까지나 주한미군에 의존하는 것은 옳지 않다면서 한국의 국방력으로 스스로 나라를 지키는 것이 필요하다고 말하였다. 노무현 대통령은 6.25전쟁 이후에 한국의 국군은 나라를 지킬 만한 규모로서 꾸준하게 군사력을 향상시키고 있지만 여전히 독자적으로 작전을 수행하는 능력이나 권한이 없다고 하였다. 노무현 대통령은 미국의 안보 전략이 수시로 바뀌고 있는데 이럴 때 마다 한국의 국방정책이 흔들리거나 국론이 소용돌이치면서 혼란을 겪어서는 안된다고 말한다. 노무현 대통령은 그렇지만 주한미군이 철수하기를 바라거나 주한미군에 대하여 반대하는 것은 옳지 않다고 하였다. 다만 한국 군이 향후 10년 내에 군사력을 강화시키는 것이 필요하다고 하였다. 정보와 작전기획 측면에서 보강하는 것이 필요하고 국방비를 재편하겠다고 하였다.[368]

노무현 정부는 자주국방을 통하여 군사력을 확대하여 미국이 한국을 포기할 지도 모르는 상황에 대비하여야 하며 방어력을 스스로 확보하는 것이 필요하다고 보았다. 그렇지만 미국의 미사일 방어에 참여하는 것에 대해서는 반대하는 모습을 보인다. 노무현 정부는 주변국가들을 고려하겠다는 입장에 머무른다. 노무현 정부는 한국이 미국의 미사일 방어에 참여하게 되면 주변 국가와 원하지 않는 분쟁에 휘말릴 가능성이 있다고 본 것이다. 이는 연루의 두려움이라고 분석할 수 있다. 노무현 정부의 미사일 방

368) 노무현, "제58주년 광복절 경축사", (노무현사료관, 2003)
http://archives.knowhow.or.kr/record/all/view/86645

어와 관련한 두려움은 국회에서 조영길 국방부 장관과 이종걸 의원의 발언을 통하여 확인할 수 있다. 조영길 국방부 장관은 한국이 미국의 MD에 참여하는 것은 논의된 바가 전혀 없다고 이야기하였다. 미사일 방어와 관련하여 주변국가의 의견을 종합적으로 고려하여 대처한다고 하였다. 이종걸 의원이 기술력을 활용하여 양국군을 변혁시킨다는 문구가 미국의 미사일 방어에 들어가는 것을 의미하는 것이 아닌지 묻자 조영길 국방부 장관은 미국의 미사일 방어에 참여하는 것과 관련하여 전혀 논의된 바 없다고 답변한다. 조영길 국방부 장관은 정상회담에서 한국이 미국의 미사일 방어에 참여하는 것과 관련하여 전혀 논의하지 않았고 노무현 정부의 기본적인 입장이 미사일 방어와 관련해서는 한미동맹 뿐만 아니라 주변국의 의견을 충분하게 고려하여 대처하겠다는 것이 기본 입장이라고 말하였다.369)

노무현 정부는 주변국의 의견을 종합하여 미사일 방어와 관련한 정책을 추진한다는 입장이었는데 이 입장은 사실상 한국이 미국의 미사일 방어에 참여하지 않는다는 것을 우회적으로 표현한 것이 된다. 노무현 정부는 중국, 러시아를 불편하게 하지 않는 것을 더 중요시 한 것이다. 이러한 모습은 김선규 국방부 정책기획실장의 국회에서의 발언을 통하여 확인할 수 있다.

김선규 국방부 정책기획실장은 국방부 보고에서 한국이 미국에게 미사일 방어에 참여에 대한 제의를 받은 바가 없고 향후 그러한 제의가 있을 경우에 국제적 동향 등을 고려하겠다고 발언하였다. 또 1999년 7월에 국방연구원에서 대북 미사일 방어체계를 구축하기 위한 연구과제 검토 때 향후 전력증강사업과 연계하는 것이 필요하다면서 KAMD라는 단어를 잠정적으로 사용한 바는 있으나 그 이후에 구체적으로 계획을 세우거나 정책을 추진한 바는 없다고 말하였다. 김선규 국방부 정책기획실장은 미사일 방어와 관련하여 일부 언론에서 2010년까지 KAMD를 구축하겠다는 계획을 수립하여 추진 중에 있고 PAC-3와 KDX-Ⅲ 등에 대하여 중앙 방

---

369) 국회회의록, 제16대 국회 제239회 제2차 국회본회의, (2003년 5월 19일), p.49.

공 통제소와 결합된 체계를 구성한다는 보도가 있었다고 말한다. 김선규 국방부 정책기획실장은 북한의 미사일 위협이 커지고 있기 때문에 이에 대하여 대북 대공 방어능력을 확보할 필요가 있고 미국의 미사일 방어는 북한의 위협과 국제정치적인 동향과 한미연합방위태세 등 다양한 부분을 고려하여 검토할 예정이라고 하였다.370)

노무현 정부는 미국이 구체적으로 미사일 방어에 참여하여 달라는 요청이 없었다면서 차후에 요청이 있으면 검토하겠다는 정도에서 머무르게 된다.

노무현 정부에서 미국의 미사일 방어에 참여하지 않는다는 정책 기조는 계속 유지된다. 이는 노회찬 의원과 윤광웅 국방부 장관의 국회에서의 답변에서 근거를 찾을 수 있다. 노회찬 의원은 미국의 글로벌 시큐리티라는 안보정책과 관련한 사이트에 들어가면 군사기밀을 누구나 다 볼 수 있는데 여기에 올라온 작전계획 5027-04를 살펴보면 북한의 미사일 공격에 대응하기 위한 미사일 방어체제를 구축하겠다는 내용이 포함되어 있다면서 북한이 지난 8월 입장을 발표하기도 하였다고 말하였다. 노회찬 의원은 윤광웅 국방부 장관이 이러한 것이 사실이 아니라면서 한반도에서 미국이 미국의 의사에 따라 전쟁을 할 수 없다고 본다고 편한 말씀을 하고 있다고 지적한다. 전통적인 전쟁 수행 능력에 더하여 이러한 새로운 작전계획이 완성될 경우에 엄청난 능력이 발휘될 것으로 보는데 이에 대한 입장을 묻는다. 이에 대하여 윤광웅 국방부 장관은 한반도에서 노무현 정부가 동의하지 않는 군사적인 분쟁이나 선제공격이 일어나서는 안된다고 본다면서 한미 간에 이러한 점을 충분하게 관리할 수 있도록 신뢰관계가 수립되어 있기 때문에 그러한 걱정을 하지 않아도 된다고 답변하였다.371)

노무현 정부 때 미일 간에 미사일 방어 구축과 공동개발을 통하여 군사기술적 이익을 얻는 데 반하여 한국은 뒤쳐진다는 점에 대하여 우려하는 지적도 나왔다. 이는 국회에서의 이화영 의원과 반기문 외교통상부 장관의 발언을 통하여 살펴볼 수 있다. 이화영 의원은 한국이 북한 미사일 문제를 가지고 설전하는 동안 미국과 일본은 미사일 방어를 통하여 기술이

370) 국회회의록, 제16대 국회 제240회 제1차 국방위원회, (2003년 6월 19일), pp.14-15.
371) 국회회의록, 제17대 국회 제250회 제8차 국회본회의, (2004년 11월 11일), pp.33-34.

전을 받는 등 진전을 이루고 있다는데 한국이 뒤처지는 것은 아닌지 우려의 입장을 표한다. 일본의 경우에 이미 미국과 탄도미사일 방어에 있어서 협력을 하겠다고 23일에 서명하였는데 반기문 외교통상부 장관이 이에 대하여 알고 있는지 묻는다. 그러면서 협정문에 따르면 일본이 미국에게 탄도미사일을 방어하는 기술을 이전하겠다는 것을 허용하는 조항이 포함된다고 지적한다. 이화영 의원은 일본 사토 에이사쿠 총리가 1967년 선언하였던 무기 수출 3원칙에 대하여 혹시 폐기되는 것이 아닌지 또 폐기되면 일본이 무기를 본격적으로 수출할 위험이 있다면서 이에 대한 외교통상부의 의견을 물었다. 반기문 외교통상부 장관은 미국과 일본이 미사일 방어 능력을 진전시킨 점에 대하여 알고 있지만 노무현 정부의 입장은 바뀐 부분이 없다고 이야기한다. 반기문 장관은 노무현 정부의 입장에 대하여 자신이 유권적 해석을 할 위치가 아니라고 하였다. 반기문 장관은 미사일 방어와 관련한 노무현 정부의 입장은 기존에 밝힌 바와 같다면서 한국의 참여에 대해서는 선을 긋는 모습을 보였다. 반기문 장관은 일본이 1998년 북한의 대포동미사일에 충격을 받고 미사일 방어 능력을 높이고 있다는 점을 알면서도 한국이 미사일 방어를 참여하지 않는다는 점에 대하여 밝히는 것이었다.372)

노무현 정부는 미국의 미사일 방어에 참여하는 것을 계속해서 거부하며 그와 관련한 입장은 기존의 입장과 동일하다는 선에서 더 나아가지 않는 모습을 보인다. 노무현 정부가 김대중 정부가 내린 미사일 방어에 참여하지 않는다는 입장을 유지하는 것은 한국의 입장에서 미국으로부터 포기의 위험을 계속해서 높이게 된다.

(2) 노무현 정부의 미사일 방어

미국은 2004년 5월 주한미군 감축계획을 밝힌다. 2005년까지 약 3분의 1에 해당하는 주한미군을 감축하겠다는 내용이었다. 한미양국은 2004년 10월에 감축 인원 조정을 하는 합의를 한다. 약 3만 7,500명이었던 주

372) 국회회의록, 제17대 국회 제260회 제3차 통일외교통상위원회, (2006년 6월 26일), p.40.

한미군을 약 1만 2,500명으로 줄이기로 하였다. 주한미군은 단계적으로 감축시키는 방향으로 진행하기로 하였다. 2004년 약 5,000명, 2005년 약 3,000명, 2006년 약 2,000명에 이어 2008년 약 2,500명을 줄이기로 한 것이다.[373]

그러나 북한이 핵무기 보유 선언을 2005년 2월 10일 한 뒤에 대포동2호를 2006년 7월 5일 시험발사하고 핵실험을 2006년 10월 9일 하면서 위기를 느끼게 된다. 북한의 도발에 대응하기 위해서는 노무현 정부가 패트리어트를 도입해야 한다는 필요성이 제기된 것이다.[374] 노무현 정부는 주한미군의 인원이 감축되는 상황에서 북한의 미사일 위협과 핵실험까지 연이어 발생하게 되자 이에 대처하는 것이 필요하다는 판단을 하게 된다. 그러나 노무현 정부는 한국이 미국의 미사일 방어에 참여하기보다는 KAMD를 통하여 국방력을 갖추어야 한다는 입장을 고수한다.

국방부는 SAM-X사업을 다시 추진하는 모습을 보였다. SAM-X는 2002년도까지 예산확보의 어려움 등을 이유로 하여 보류되었던 사업이다. 국방부는 예산안을 다시 제출하기 시작하였다. 국방부는 2003년 5월 말에는 기획예산처에 예산안을 제출하고 2004년도에는 국방예산안을 제출하였는 데 이 때 약 348억원의 SAM-X예산을 반영해달라는 내용을 담

---

373) 『연합뉴스』 2004년 5월 19일
https://news.naver.com/main/read.nhn?mode=LSD&mid=sec&sid1=100&oid=001&aid=0000653648 (검색일: 2020년 5월 15일)
『동아일보』 2004년 5월 28일
https://news.naver.com/main/read.nhn?mode=LSD&mid=sec&sid1=100&oid=020&aid=0000241621 (검색일: 2020년 5월 15일)
『동아일보』 2004년 6월 8일
https://news.naver.com/main/read.nhn?mode=LSD&mid=sec&sid1=100&oid=020&aid=0000243478 (검색일: 2020년 5월 16일)
『한국경제』 2004년 10월 6일
https://www.hankyung.com/politics/article/2004100618018 (검색일: 2020년 5월 19일)

374) Testimony of Jeff Kueter President George C. Marshall Institute, *Before the Subcommittee on National Security and Foreign Affairs Committee on Oversight and Government Reform*, (Washington D.C: U.S House of Representatives, April 16, 2008), p.2. U.S Government, *What are the Prospects? What are the Costs?: Oversight of Missile Defense(Part2): Hearing before the Subcommittee on National Security and Foreign Affairs on the Committee on Oversight and Government Reform House of Representatives One Hundred Tenth Congress*, April 16, 2008, (Washington D.C: U.S Government Printing Office, 2009), p.42.

았다. 국방부는 PAC-3를 도입하고자 약 1조 9,600억원을 배정할 예산을 세웠다. 2002년부터 약 10년동안 2개 대대 48기를 도입하려고 한 것이다. 그러나 금액과 관련하여 이견이 발생하였고 협상이 미루어지게 되었다. 당시에 육군 중장으로 근무하였던 차영구 국방부 정책실장은 한국 자체 방어능력이 시급하고 주한미군에 패트리어트가 있으나 한국 자체에는 없다는 점을 지적한다.[375)]

노무현 정부는 2005년 7월 새 패트리어트가 아니라 독일의 중고 패트리어트인 PAC-2를 구입하기로 하고 협상을 시작한다. 2005년 12월에는 M-SAM을 개발하는 계획을 세웠다.[376)] 합참의장 지휘지침서에는 2006년에 한국이 KAMD를 구축하겠다는 내용이 담기게 된다. 노무현 정부는 2007년 이지스함을 진수하면서 SM-3 미사일은 도입하지 않았다. 미국의 PAC-3와 사드를 도입하는 대신 러시아의 미사일 기술을 도입하여 M-SAM(Middle-range Surface-to-Air Missile, 중거리 지대공 미사일, 이하 M-SAM)과 L-SAM(Long-range Surface-to-Air Missile, 장거리 지대공 미사일, 이하 L-SAM)을 개발하려고 하는 등 국방력을 확보하기를 원하지만 동시에 노무현 정부는 미국과 거리두기를 하려는 모습을 보이게 된다.[377)]

이러한 모습은 미국으로부터 포기의 위험을 높였다. 한국 정부에서는 이러한 포기의 두려움에서 벗어나기 위하여 국방부는 SAM-X를 통하여 국방력을 확보하려는 시도를 하게 되며 독일의 패트리어트를 들여오려는 시도를 하게 된다.

SAM-X사업이란 나이키 허큘리스 지대공 미사일이 노후화되었다는 문제가 제기된 이후에 이를 대체하기 위한 방법으로 검토된 사업이다. 1965

---

375) 『동아일보』 2003년 6월 10일
https://www.donga.com/news/Politics/article/all/20030610/7952881/1 (검색일: 2020년 5월 15일)

376) 『노컷뉴스』 2005년 5월 12일
https://news.naver.com/main/read.nhn?mode=LSD&mid=sec&sid1=100&oid=079&aid=0000036854 (검색일: 2020년 5월 18일)

377) 평화재단 평화연구원, 2016, "북핵 포기를 포기해서는 안된다", 『평화연구원 현안진단』 제148호, p.3.

년에 미국이 나이키 허큘리스 지대공 미사일을 군사원조로 지원하였는데 1999년 12월에 오발사고가 일어나게 되었다. 나이키 허큘리스 미사일은 약 30년 넘게 사용을 하였기 때문에 대체가 필요하였다. 이를 대체하기 위한 무기를 구매하기 위하여 레이시온사로부터 패트리어트를 구입할 것인지 러시아로부터 S-300을 구입할 것인지를 두고 국방부는 고민하게 된다. 최종 후보로 두 가지의 무기가 있었다. 나이키 미사일을 대체하는 무기가 필요하다는 지적은 1990년대 초부터 있었고 1997년에 대체 무기 도입을 고려하다가 IMF경제위기를 겪으면서 예산이 부족하다는 이유로 도입은 연기되었다. 1999년 기종을 결정하고 2001년에 도입할 계획이었다. 북한의 스커드-C미사일과 중장거리 탄도미사일인 노동1호미사일과 대포동1호 미사일을 방어하는 것이 필요하기 때문이다. 그러나 당시 패트리어트는 주한미군에 48기가 배치되어있었기 때문에 사업의 실효성에 문제제기가 있었고 비용에 대한 부담 문제도 제기되었다. 패트리어트 1개 대대인 24기는 10억 달러 정도였기 때문이다.378)

패트리어트는 1991년 걸프전쟁에서 사용되면서 전세계적으로 유명해진 방어무기이다. 이라크가 걸프전쟁 기간 동안 이스라엘과 사우디아라비아에 발사한 스커드 미사일은 총 88발이다. 패트리어트 미사일은 당시 이스라엘에서 6발을 요격시켜 약 40%의 명중률을 보였고 사우디아라비아에서 20발을 요격시켜 약 70%의 명중률을 보였다. 미국이 걸프전쟁에서 사용하였던 패트리어트는 PAC-2미사일을 사용하였는데 원래 항공기 요격용으로 만든 것을 스커드 미사일을 요격하는 데 사용하도록 급하게 개조하여서 요격 성공률이 높지 않았다. 그러나 실전에서 미사일 요격을 할 수 있다는 점을 명확하게 보여준 사례에 해당한다.379)

국방부가 국회예산정책처에 제출하고 의견을 제시한 자료에 따르면 SAM-X사업이 지연된 이유에 대하여 확인할 수 있다. 국방부는 2006년도까지도 방공전력 투자예산이 그동안 저고도 방공무기체계에 집중되었다

378) 『월간조선』 뉴스룸 2000년 2월호
http://monthly.chosun.com/client/news/viw.asp?ctcd=&nNewsNumb=200002100018 (검색일: 2020년 3월 19일)

379) 이용준, 『북핵 30년의 허상과 진실』, (경기도: 한울아카데미, 2018), p.363.

고 밝혔다. 국방부는 SAM-X사업을 우선 추진한 바가 있으나 1991년 걸프전에서 패트리어트 방어능력에 대하여 논란이 일었던 점과 1997년 IMF 경제위기로 인한 예산 부족으로 SAM-X사업 추진이 지연되었고 2001년의 경우에는 미국 업체가 과도한 지불조건을 요구하였기 때문에 사업이 순연된 부분이 존재한다고 밝혔다. 저고도 방공무기체계가 덜 갖춰져 있는 상황에서 저고도를 먼저 방어하느라 고고도에 해당하는 SAM-X는 추진이 지연될 수밖에 없었고 중고도 방공무기의 경우에는 국내연구개발을 하였기 때문에 예산반영이 안 된 부분이 존재하였다는 것이다. 2006년에 작성된 최근 10년간 방공무기 투자현황을 살펴보면 실제로 무기가 저고도 방공무기체계에 집중되어 있음을 확인할 수 있다.[380]

노무현 정부 때인 2005년도까지 SAM-X예산이 국방부 예산에 전혀 편성되지 않았다. 이에 대하여 방어력 확보가 시급한데 예산이 없는 점에 대하여 우려하는 목소리가 나오게 된다. 이러한 모습은 김성곤 의원과 윤광웅 국방부 장관의 대화에서 확인할 수 있다.

김성곤 의원은 공군의 SAM-X예산에 방위역량 확충 예산이 전혀 없는데 독일의 중고 패트리어트라도 들어올 수 있도록 200억 정도의 예산을 배정하여 달라고 발언한다. 김성곤 의원은 2005년도의 국방부가 예산편성을 한 전력투자비를 살펴보면 방위역량을 확충하기 위하여 핵심전력을 확보하겠다고 하면서도 공군의 SAM-X예산을 전혀 반영하지 않았다고 지적한다. 김성곤 의원은 나이키 미사일이 노후화되고 있고 사용이 거의 어려울 정도라고 알고 있다고 말한다. 나이키 미사일이 노후화되어서 중저고도에 있어서 허점이 발생한 것은 이미 지난 국감에서 지적이 된 사안인데도 불구하고 SAM-X예산이 없다고 말한다. 김성곤 의원은 독일의 중고 장비라도 한국에 들여올 수 있도록 SAM-X예산을 최소 200억원은 반영하여 달라고 말하였다.[381]

김성곤 의원이 SAM-X 예산을 반영하여 달라는 발언에 대하여 윤광웅 국방부 장관은 같은 입장이지만 예산과 관련해서 획득정책관에게 자세한

380) 국회예산정책처, 『2007년도예산안분석(II)』, (국회예산정책처, 2006년11월), p.435.
381) 국회회의록, 제17대 국회 제250회 제5차 국방위원회, (2004년 11월 18일), p.32.

답변을 시킨다고 답변한 뒤 원장환 국방부 획득정책관이 답변한다. 원장환 국방부 획득정책관은 SAM-X와 관련하여 군에서 예산을 348억원을 요구하였다가 다른 핵심 사업이 많아서 빠지게 되었다고 말한다. 원장환 국방부 획득정책관은 SAM-X를 획득하는 방법으로서 신형 장비를 구매할지 아니면 독일의 잉여 장비를 구매할지를 고민하면서 올해 독일 출장을 다녀왔다고 말하였다. 독일에 방문하였을 때 독일은 잉여 장비를 팔겠다고 하였고 무기 체계의 모든 실태를 파악하였다고 답변한다. 원장환 국방부 획득정책관은 독일 정부가 금년 안으로 잉여 장비를 한국에 얼마나 팔 수 있을 지에 대하여 물량이 확정되게 되면 통보를 해주겠다는 약속도 받았다고 하였다. 그러면서 국방부가 내년 예산에 획득비용을 반영한다고 하여도 독일에 가서 이를 확인하고 협상한 뒤에 여러 사항을 점검한다고 하면 최소 1년 이상의 협상을 하는 기간이 필요하게 된다면서 현재로서 예산이 없는 것은 맞지만 국방부가 사전분석비에 2억 7,000만원을 배정하였기 때문에 약 1년 정도 협상 기간을 가진 뒤에 2006년에 이러한 예산을 반영하게 되면 전력화하는 데 이상이 없을 것으로 판단한다고 말하였다.382)

이를 통하여 노무현 정부가 상대적으로 가격이 저렴한 독일의 중고 무기를 구입하는 것을 고려하고 있었음을 확인할 수 있다. SAM-X사업은 예산 반영이 안되어서 계속 미루어지다가 2004년에서야 추진이 시작되었다. 2005년 한나라당의 권경석 의원, 송영선 의원, 황진하 의원과 열린우리당의 김성곤 의원, 안영근 의원이 약 100억원의 예산을 SAM-X에 배정하는 결정을 하였다. 한국은 2006년에 독일의 중고 패트리어트 발사대를 구입하기로 하고 미사일은 레이시온사에서 구입하기로 하였다. 레이시온사의 미사일에는 약 15억 달러를 지출하였다.383)

2020년 9월 3일과 2020년 9월 24일 국회 국방위원회 소속의 한나라당 권경석 국회의원은 저자와 인터뷰를 하였을 때 SAM-X를 도입할 때

---

382) 국회회의록, 제17대 국회 제250회 제5차 국방위원회, (2004년 11월 18일), p.33.
383) 『중앙일보』 2006년 9월 30일
https://news.joins.com/article/2463652 (검색일: 2020년 1월 19일)

미국의 MD에 참여하는 것은 단기적, 장기적 목표를 전략적으로 판단하였을 때 종합적인 고려를 통해 내린 결정이었다고 하였다. 권경석 국회의원은 단기적으로 예산을 고려할 수 밖에 없었는데 신형 패트리어트를 미국으로부터 새 것을 구입할 경우에 현실적으로 비싼 부분이 존재하였다고 설명하였다. 노무현 정부는 한국이 미국의 MD에 참여하기 보다는 KAMD를 통하여 독자적으로 방어하는 방향으로 고민하였다고 하였다. 국회 국방위원회에서 당시에 한미동맹을 굳건하게 하고 연합전력의 상호운용성을 높이기 위하여 미국의 신형 패트리어트 도입에 대해서도 고민하였지만 최종적으로 중고 패트리어트를 구매하는 쪽으로 논의가 진행되었다고 하였다. 나이키 미사일이 노후화된 것을 대체하는 것이 필요하다는 점에 대해서는 공감대가 있었고 공백상태를 우려하는 목소리도 존재하였다고 하였다. 권경석 국회의원은 SAM-X사업을 실용적으로 접근하되 중장기적으로 한미동맹을 굳건하게 해야 한다는 생각을 갖고 있었고 노무현 정부가 자주국방을 강조하였는데 현실적으로 이를 추진하기 위해서 장벽이 많았다고 증언하였다. 권경석 의원은 SAM-X예산에 있어서 독일의 중고 패트리어트를 사는 것은 신형 패트리어트를 사는 것보다 가격적인 측면에서 저렴하였던 것은 사실이지만 종합적으로 보았을 때 미국의 신형 패트리어트를 사는 쪽이 더 좋았을 것이라고 판단하였다고 말하였다. 권경석 국회의원은 미국의 신형 패트리어트가 우선은 비싼 것 같아도 자주국방을 하는 데 더 도움이 되는데 신형 패트리어트를 구매하면서 기술이전을 받게 되면 자강능력을 갖출 수 있게 되고 한미공조를 통한 억지전략을 추진하는데 용이하였을 것이라고 하였다. 그러나 한나라당이 추진하는 방향과 다르게 노무현 정부는 반대의 방향을 추구하였고 당시에 미국의 MD에 들어가는 것에 대하여 우려의 목소리도 있었던 점이 종합적으로 고려되어 이런 결정이 내려지게된 것이라고 본다고 증언하였다.[384]

---

384) 권경석 국회의원 국회 국방위원회 소속 위원 (2020년 9월 3일, 2020년 9월 24일), 저자와 전화 인터뷰.

3. 한국의 미사일 방어 정책의 확립과 한미동맹의 안보딜레마

(1) 한국의 미사일 방어 참여 거부와 한미동맹 갈등 악화

김대중 정부는 미국의 미사일 방어에 들어가지 않는다는 거부의 입장을 명확하게 나타내면서 한국의 포기의 위험을 높이게 된다. 1998년 출범한 김대중 정부는 클린턴 정부가 북한에 대하여 개입과 확대 정책을 취하는 동안 포용정책인 햇볕정책을 통하여 북한의 위협을 낮추고 관리할 수 있다면서 이를 추진하게 된다. 1998년 2월 12일 햇볕정책은 김대중 대통령 인수위원회의 평화, 화해, 협력의 실현을 통한 남북관계 개선으로 윤곽이 국민에게 처음 제시되었다. 김대중 대통령은 정경분리를 통하여 남북관계 개선을 추구하였다. 김대중 정부는 햇볕정책을 통하여 북한을 변화시킬 수 있다고 믿었으며 북한과의 관계 개선에 우선적으로 비중을 두는 모습을 보이게 된다. 김대중 정부 때 북한과 6.25전쟁 이후 최초로 남북정상회담을 하는 등의 관계 개선에는진전이 있었으나 북한의 미사일 개발과 핵무기 개발을 막지는 못하게 된다. 김대중 정부가 일관되게 북한을 포용하는 정책을 펼치고 북한의 도발에 대해서 다소 묵과하는 모습을 보이면서 북한의 의도에 따라 끌려다니거나 회담에서 주도권을 빼앗기는 약점이 발생하게 된다. 또한 남북정상회담을 성공시키기 위하여 회담의 속도 조절과 중단 등의 절차를 북한에 일임하게 되는 모습이 나타났다.[385]

김대중 정부가 햇볕정책을 통하여 북한의 위협을 관리할 수 있을 것이라고 본 것과 달리 미국은 북한의 위협이 점점 더 커질 것으로 판단하였다.[386] 1999년의 아미티지 보고서에 따르면 북한은 쉽게 붕괴되지 않을

385) 김창훈, 『한국 외교 어제와 오늘』, (경기도: 한국학술정보, 2008), pp.342-344.

386) Memorandum for Leon Fuerth Assistant to the Vice President for National Security Affairs, Kristie A. Kenny Executive Secretary Department of State, Neal Comstock Executive Secretary Department of the Treasury, Joseph Reynes Jr Executive Secretary Department of Defense, Mona Sutphen Executive Assistant to the Representative of the U.S to the United Nations, Erskine Bowles Chief of Staff to the President, James E. Steiner Executive Secretary Central Intelligence Agency, M. Manning USMC Secretary Joint Staff, "Principals Committee Meeting on North Korea", Confidential Document National Security Council July 21, 1998, Clinton Presidential Library, Memorandum for Samuel R. Berger from Jack Pritchard,

것이고 북한의 핵무기와 미사일 등 군사적 위협은 증가한다고 평가하였다. 또 포용정책에 대해서도 일정 부분 한계를 두는 것이 필요하며 포용하는 외교 정책이 실패할 경우에 북한을 선제타격하는 것까지 고려하여야 하고 북한이 핵무기를 없애고 생화학무기와 재래식무기를 감축하는 등 실질적인 조치가 이루어진 뒤 경제지원을 해야 북한의 핵 투명성을 보장할 수 있다고 보았다.387)

1998년 북한이 대포동 미사일을 발사한 이후 1999년 미국의 국가정보위원회(NIC: National Intelligence Council)는 보고서(NIE: National Intelligence Estimates)에서 북한의 대포동 2호 미사일이 3단계 기술을 갖추게 되면 미국 전역을 타격할 수 있을 것으로 분석하였다. 대포동2호 미사일이 2단계 기술일 경우에 수백 킬로그램의 탄두를 탑재하고도 미 서부 해안 정도인 1만km를 날아갈 수 있다고 보았다. 3단계 기술의 경우에 1만 5,000km를 비행할 것으로 평가하였다.388)

북한의 위협이 거세질 것이라고 보는 미국의 시각과 다르게 김대중 정부는 햇볕정책을 통하여 북한의 미사일 위협을 낮추고 핵무기를 개발하려는 시도를 없앨 수 있다고 보았다. 거기에 김대중 정부가 미국의 미사일 방어에 대하여 참여하지 않고 오히려 러시아의 ABM조약을 지지한다고 하였던 점은 미국으로부터 한국이 포기될 위협을 높이게 하였다.

미국은 북한이 대포동1호 미사일 실험을 한 이후 미국 본토가 위협될 수 있다는 분석을 하였고 부시 정부는 미사일 방어를 구축하기 위해서는 ABM조약 폐기까지 검토하는 상황이었다. 그런데 이러한 국제정세에 대하여 통찰하지 못하고 2001년 2월 25일 러시아의 푸틴 대통령이 방한하여 김대중 대통령과 가진 정상회담에서 외교적 참사가 발생한 것이다. 김대중 대통령은 한러정상회담 공동선언에서 러시아의 ABM조약을 지지하

"Agenda for Principals Committee Meeting on North Korea", Clinton Presidential Library.

387) Richard L. Armitage, "A Comprehensive approach to North Korea", *Strategic Forum National Defense University*, No.159, March 1999.

388) IISS, *North Korea's Weapons Programmes: A Net Assessment*, (London: The International Institute for Stategic Studies, 2004), pp.74-78.

며 이를 강화시켜야 한다는데 동의하였다. 러시아의 푸틴 대통령은 김대중 정부의 대북 포용정책을 지지하며 한반도 문제를 당사자 해결 원칙에 동의한다고 밝혔다. 김대중 대통령이 ABM조약을 지지한다고 하는 것은 미국을 간접적으로 비판하거나 미국의 전략에 대하여 반대하는 것으로 받아들여질 수 밖에 없었다.[389)]

김대중 정부가 당시 국제정세에 관하여 제대로 된 통찰에 실패하였다고 밖에 볼 수 없다. 2001년 12월 13일 부시 정부가 ABM조약 탈퇴를 폐기하기 전 이러한 움직임에 대하여 외교적으로 대응방안을 마련하였어야 했는데 이에 대비하기는 커녕 ABM조약에 찬성한다고 하였던 것은 단순한 실수로 끝날 수 없는 일이었다.

김대중 정부의 김하중 대통령 외교안보수석비서관은 ABM조약 외교참사이후에 2001년 3월 7일 한미정상회담을 앞두고 공동발표문의 4항에서 미국 측에서 미사일 방어라는 표현이 포함되어야 한다고 요청하였고 이 부분에서 김대중 정부가 추구하는 정책과 이 문구의 균형을 바로 잡고자 노력하였다고 증언하였다. 당시 이정빈 외교통상부 장관, 양성철 주미대사, 심윤조 외교통상비서관과 의견을 조율하였는데 미사일 방어라는 단어가 포함되지만 동맹국과 이해당사자들 간에 협의를 하는 것도 중요하다는 문구를 넣게 된다.[390)] 김하중 대통령 외교안보수석비서관은 백악관에서 콘돌리자 라이스 안보보좌관을 만나서 ABM조약에 대하여 한국 정부가 의도적으로 넣은 것이 아니고 실무진의 간과(oversight)였다고 설명하기도 하였다고 덧붙였다.[391)]

김대중 정부의 양성철 당시 주미대사는 한미정상회담 공동성명 문안에 김대중 정부가 미사일 방어라는 표현을 넣는 것을 흔쾌하게 받아들일 수 없었지만 결국 포함시키는 쪽으로 결론이 났고 당시 반기문 외교부차관이 희생양이 되었다고 증언하였다.[392)]

---

389) 신범식, "북방정책과 한국 소련 러시아관계" 하용출외7명, 『북방정책 기원, 전개, 영향』, (서울: 서울대학교출판부, 2006), p.96.
390) 김하중, 『증언: 외교를 통해 본 김대중 대통령』, (서울: 비전과리더십 2015), pp.545-549.
391) 국립외교원, 『한국 외교와 외교관: 김하중 전 통일부 장관 상권 한중수교와 청와대시기』, (서울: 국립외교원 외교안보연구소 외교사연구센터, 2018), pp.612-613.

부시 정부는 집권 기간 내내 미사일 방어를 강화하여야 한다는 정책을 추진하였고 9·11테러를 겪으면서 미사일 방어를 보다 본격적으로 추진하게 된다. 부시 정부는 9·11테러 이후에 힘을 통한 평화를 추구하는 정책이 옳다는 입장을 유지하게 된다. 부시 대통령은 북한 정부를 바꾸기가 쉽지 않을 것이라는 판단을 이미 내린 상태였다. 부시 대통령은 북한에 대하여 북한 주민을 굶주리게 하면서 김정일은 가장 비싼 음식을 먹고 자동차를 타고 다니는 등 호화생활을 즐기고 있다는 점에 대하여 강제수용소에서 탈출한 탈북자 강철환씨가 작성한 평양의 수족관 수기를 읽으면서 북한의 참혹한 현실에 대하여 인식하고 있었다.[393] 북한은 김일성의 아들인 김정일이 세습을 하면서 북한 정권과 일부 엘리트들이 대부분의 인민을 지배하는 구조로 작동한다.[394]

2001년 3월에 열린 한미정상회담에서 부시 대통령과 김대중 대통령은 북한을 보는 시각에 대하여 명백한 입장 차이가 있음을 확인하게 된다. 부시 정부에서 국가안보보좌관과 국무부 장관을 역임한 콘돌리자 라이스는 미국과 한국의 회담은 가장 가까운 동맹국이 균열하는 모습으로 끝이 났다고 평가하였다.[395]

김대중 정부가 미사일 방어를 거부하는 결정을 내리고 이를 유지하는 동안 부시 정부의 힘을 통한 평화를 추구하는 정책은 이어지게 된다. 부시 정부는 QDR에서 미사일 방어를 통하여 미국과 미국의 동맹국의 안보를 지킬 필요가 있으며 군사력을 강화할 필요가 있다고 보았다.[396] 2003년 6월 18일 미국의 울포비츠 국방부 차관은 미국 하원 군사위원회에서 북한의 핵무기와 미사일 위협에 대하여 비대칭적인 위협이 커지고 있고 이러한 부분에서 미사일 방어를 통하여 방어력을 확보하는 것이 필요하다고

---

392) 국립외교원, 『한국 외교와 외교관: 양성철 전 주미대사』, (서울: 국립외교원 외교안보연구소 외교사연구센터, 2015), pp.136-137.
393) George Walker Bush, *Decision Points*, (New York: Crown Publishers, 2010), p.528.
394) Patrick Mceachern, *North Korea*, (New York: Oxford University Press, 2019), pp.162-163.
395) Condoleezza Rice, *No Higher Honor*, (New York: Crown Publishers, 2011), p.36.
396) Department of Defense, *Quadrennial Defense Review Report*, September 30, 2001.

발언하였다.[397)]

김대중 정부가 미국의 미사일 방어에 참여하는 것을 거부하고 이를 유지하는 정책을 취하면서 부시 정부와 정책적인 부분에서 이견이 커지게 되었다. 김대중 정부는 북한이 미사일을 개발하는 것과 관련해서도 대화를 통하여 이를 해결할 수 있다고 보았고 북한이 핵무기를 개발하지 않을 것이며 햇볕정책을 통하여 북한을 변화시킬 수 있다는 일관된 입장을 표명하게 된다. 반면 부시 정부는 북한의 위협이 더 거세질 것이라고 보고 미사일 방어를 강화시켜야 한다는 입장이었기 때문에 한국의 포기의 위협은 커지게 된다.

(2) 한국의 독일 중고 패트리어트 도입과 한미동맹 갈등 악화

노무현 정부는 미국의 미사일 방어에 들어가지 않는다는 김대중 정부의 입장을 이어서 미사일 방어에 대하여 검토하지 않는다는 입장을 이어갔다.

노무현 정부 당시 SAM-X 예산이 필요하다는 것에 동의하였던 김성곤 국회 국방위원회 간사는 2020년 8월 25일 저자와의 인터뷰에서 노무현 정부에서 미국의 미사일 방어와 관련하여 들어가지 않는다는 입장이 일관적으로 나타났는데 KAMD를 통한 독자 방어가 한국의 안보에 더 도움이 된다고 판단하였다고 증언하였다. 김성곤 열린우리당 제17대 국회의원은 2004년 5월부터 2007년 6월까지 열린우리당 국회의원이고 2004년 5월에 국회 국방위원회 간사와 국회 예산결산특별위원회 위원으로 활동하였다. 2006년 국회 국방위원회 위원장을 역임하였고 2007년 8월 대통합민주신당 국회의원, 2008년 5월까지 통합민주당의 국회의원으로 활동하였다. 김성곤 국회의원은 김대중 정부에 이어 노무현 정부까지 약 10년 동안 한국이 미국의 미사일 방어에 참여하지 않는다는 입장이 변하지 않는 기조로 이어졌다고 말하였다. 김성곤 국회의원은 한국이 미국의 미사일 방어에 참여하면 중국의 반발이 있을 것이라고 보았다. 또 한반도 상황에서는 중국과 불편하게 관계를 맺을 경우에 불필요한 마찰이나 불이익을

---

397) American Forces Press Service, "Wolfowitz Explains Pentagon Strategy Changes", (USA: American Forces Press), June 23 2003.

받을 점에 대하여 우려한 점이 있다고 하였다. 김성곤 국회의원은 미국의 미사일 방어에 참여하지 않는다는 것이 지난 10년 간의 진보 정부의 기조였다고 설명하였다. 김성곤 국회의원은 SAM-X예산 통과는 국가안보에 도움이 된다는 판단 하에 찬성을 하였고 당시 국회 국방위원회 간사로서 한국의 국방에 도움이 되고자 노력하였다고 밝혔다.398)

국방부가 SAM-X사업을 재개하는 데에는 열린우리당 김성곤 의원, 안영근 의원, 한나라당의 권경석 의원, 송영선 의원, 황진하 의원의 역할이 중요하게 작용하였다. 2004년 국방부는 2005년 SAM-X사업으로 348억원을 요구하였으나 당시 기획예산처는 1차 심의과정에서 SAM-X예산을 전액 삭감하였다. 당시 국방위원회의 5명의 국회의원이 SAM-X사업에 동의하지 않았더라면 추진되기 어려운 상황이었다. 5명의 국회의원이 도입의 필요성에 적극 찬성하였고 100억원의 예산을 배정하는 결정을 내린 뒤 SAM-X사업이 추진되기 시작하였다.399)

한국이 SAM-X사업을 추진하면서 저고도의 방어력을 높이는 효과는 있었다. 그러나 노무현 정부가 중고로 구입한 PAC-2는 고장으로 인하여 가동하지 못하는 기간이 132일이 되는 등 전력공백이 불가피하게 발생하게 된다. 2013년 10월 14일 백군기 국회의원의 2012년 1월 이후 PAC-2포대 고장내역 및 수리결과 자료에는 약 132일 동안 패트리어트 포대를 운용하지 못하였음이 드러났다. 공군으로부터 제공받은 이 자료에는 PAC-2의 부품 고장이 있었고 부품을 조달하지 못하였다는 점이 담겨있다. 2012년 3월 8일부터 2012년 7월 17일까지 전력공백이 발생한 것이다.400)

노무현 정부가 들여온 독일의 중고 패트리어트는 발사하는 차량이 고장나기도 하였다. 독일의 중고 패트리어트는 차량 안에 탑재되어 운용되었다. 레이더, 통제소, 발사대, 발전기 등을 독일의 MAN사가 제작하였다.

---

398) 김성곤 국회의원 2004년 국회 국방위원회 간사 (2020년 8월 25일), 저자와 전화 인터뷰.
399) 『주간경향』 뉴스메이커 602호 2004년 12월 9일
http://weekly.khan.co.kr/khnm.html?mode=view&code=113&art_id=8684(검색일: 2018년 8월 1일)
400) 『연합뉴스』, 2013년 10월 14일
https://www.yna.co.kr/view/AKR20131014024100043?input=1179m(검색일: 2018년 9월 4일)

당시 고장에 대하여 독일 측에 수리를 문의하였으나 관련 부품 수리가 어렵다면서 수리 계약에 대해 해지를 통보한다. 노무현 정부는 이 장비를 독일로부터 수리하지 못하고 결국에는 미국의 레이시온사에 요청하여 수리를 하게 된다. 이 모습은 이석현 의원과 이용걸 방위사업창의 국회의 질의에서 근거를 찾을 수 있다.

이석현 의원은 패트리어트 미사일을 발사하는 사진을 보여주면서 패트리어트는 고정발사대에서 발사하는 것이 아니고 차량에서 패트리어트 미사일을 발사하도록 되어 있는데 차량에 발사대, 레이더, 통제소, 발전기 등이 모두 탑재되어 운영되는 것이라고 말하면서 이 차량이 고장 나서 패트리어트 미사일을 운영하는 데 치명적인 영향이 발생하게 되었다고 말한다. 독일의 MAN사에서 트럭을 제작하였는데 이 트럭이 고장났는 데도 고칠 수가 없다고 말한다. 작년 방위사업청과 독일의 MAN사와 수리부속을 하는 구매 계약을 체결하였는데 올해 5월에 이 계약이 해지가 되었는데 왜 5월에 계약 해지가 되었는지에 대하여 이용걸 방위사업청장에게 묻는다.

이용걸 방위사업청장은 이에 대하여 그 계약은 수리부속 판매에 대한 것인데 한국 내의 MAN사의 코리아사에서 독일 본사에 대하여 충분하게 확인을 하지 않고 단종된 것이고 자신들이 제공을 할 수가 없기 때문에 성급하게 판단하여 수리 계약을 해지하자고 말하였던 것으로 안다고 답변하였다. 이석현 의원은 이에 대하여 패트리어트 미사일을 발사하는 차량의 수리 부속에 대하여 단종된 것은 큰 문제라고 하면서 사진을 다시 보여준다. 독일의 MAN사가 단종되었다고 성급하게 판단하였다고 하시는데 그것은 사실이 아니고 독일의 MAN사가 여기 나온 부품 중에서 세 종류가 단종되어 구하기 어렵다고 방위사업청에 통보하면서 계약이행이 불가능하다고 하였기 때문이라고 지적한다. 이석현 의원은 이 부품 세 종류가 단종된 것이 사실이고 단종된 부품을 자세하게 살펴보면 차축, 조향장치에 해당하는데 이 패트리어트 탑재 차량의 핵심부품이라고 말하였다. 이석현 의원은 패트리어트 미사일을 앞으로 1-2년 쓸 것이 아니고 최소 20년 이상을 사용하여야 하는데 이렇게 핵심 부품이 단종되게 되면 어떻게 할 것인지에 대하여 묻는다. 이 부품을 위하여 공장을 새로 지을 수도 없고 어떤 대책을 도대체 가지고 있는 지에 대하여 항의하였다. 이에 대하여 이용걸 방위사업청장은 방위사업청이 가진 정보와 조금 내용이 달라서 다시 확인하고 이석현 의원의 지적대로 문제가 그러하다면 빨리 대체를 하거나 내부적인 검토를 하겠다고 답변한다. 이에 대하여 이석현 의원은 방위사업청이 문제가 심각한 상황인 것을 인지하지 못한다고 비판하는 발언을 한다. 이석현 의원은 한국이 수입한 패트리어트가 독일이 쓰던 중고제품을 들여온 것이고 핵심 부품이 단종되었는데도 불구하고 이를 대체할 수 있는 업체가 현재까지는 없다는 점에 대하여 상황이 심각하다는 것을 인지하지 못하는 것 같다고 발언한다. 이석현 의원은 당장 고장이 나서 고칠 수 없으면 독일에서 비싸게 주고 사온 패트리어트 미사일을 못 쓰는 것 아니냐면서 국방부 장관이 어제 한국의 미사일 방어체계에 있어서 PAC-2를 중심에 두고 구축한다는 발언도 하였는데 패트리어트를 운용하는 핵심 부품이 단종된 문제는 심각한 문제라고 하였다. 지난달에 한국의 중고도 유도무기 사업팀장이 독일을 방문하였다고 하지만 전혀 해결된 것이 없고 단종된 것을 해결할 다른 대체 업체를 찾는다고 하지만 여전히 대체 업체를 못찾았지 않냐고 말한다. 문제가 심각한 데 빨리 대체 업체를 찾아야 한다면서 문제가 이 정도 인 것을 모르고 있다는 것이 말이 되지 않으며 독일 공군도 그렇고 당장 MAN사에서 납품 못하겠다면서 한국과 계약을 해지한 마당에 다른 나라가 하니까 하겠다는 식으로 빗대어서 말하는 것은 안된다면서 대책을 반드시 만들어야 한다고 말하였다. 이에 대하여 이용걸 방위사업청장은 이석현 의원의 우려가 현실화가 되지 않도록 노력할 것이고 좌우간 부품 확보가 차질이 없도록 하겠다고 말한다. 이석현 의원이 최선을 다하라면서 질의가 끝났다.401)

2020년 10월 22일 백군기 국회 국방위원회 소속 새정치민주연합 의원은 저자와의 인터뷰에서 독일의 MAN사가 패트리어트 고장에 대하여 해결책을 제대로 제공하지 않았다고 설명하였다. 독일의 MAN사는 부품이 단종되었다면서 고장에 대하여 수리부속 조치를 하는 것과 관련하여 소극

401) 국회회의록, 제19대 국회 제320회 국방위원회 국정감사, (2013년 10월 17일), pp.11-12.

적으로 대응하였다는 것이다. 백군기 국회의원은 당시에 패트리어트가 고장난 것이 재발할 가능성도 있는 상황에서 공군이 이를 근본적으로 해결하는 것이 필요하다고 지적하였고 공군은 이에 대하여 PAC-3 성능개량사업으로 문제를 해결하겠다고 하였다는 것이다. 그렇지만 이 해결책은 시간이 상당히 걸리는 해결책이었다고 설명하였다. 부품이 단종되고 고장이 나는 것을 해결하고자 패트리어트 포대의 성능을 개량하고 MSE탄을 도입하였다고 하였다. 백군기 국회의원은 독일의 패트리어트 도입과 관련하여 한국이 김대중 정부 이후에 미국의 미사일 방어에 참여하지 않는다는 일관된 입장을 유지하였다고 보았다. 또 한국이 KAMD구축을 하는 것이 조금씩 성과가 나고 있었다고 본다고 설명하였다.402)

한국이 독일에서 중고로 구매한 패트리어트는 요격고도가 15~20㎞정도로 낮고 항공기를 요격하는 용도로 만들어진 방공시스템 무기이다. 중거리 유도미사일인 PAC-2는 중량이 935kg이고 탄두중량은 75kg이다. 사정거리가 100km이고 추진연료로 고체연료로켓 TX-486-1을 사용한다.403)

국방부가 구입한 독일의 중고 패트리어트는 약 1조 3,600억원의 예산이 들었고 총 8개 포대를 구매하였다. 이 중고 패트리어트를 PAC-2로 성능개량하는 데 7,600억원이 사용되었다. 여기에 PAC-3 미사일을 결합하고자 도입 비용으로 약 1조 6,000억원의 비용이 소모되었다. 총 사업비는 약 4조원에 해당한다. 한국이 처음부터 새 제품의 PAC-3를 8개 도입할 경우에 약 6조-8조가 소모된다는 점을 고려하면 기술을 이전받고 새 패트리어트를 구입하는 쪽이 국가의 이익을 위하여 더 도움이 되었을 것으로 판단된다.404)

---

402) 백군기 국회의원 국방위원회 소속 새정치민주연합 위원 (2020년 10월 22일), 저자와의 이메일 인터뷰.

403) 국방부 블로그 동고동락, "중거리 유도미사일 패트리어트(PAC-2)" https://blog.naver.com/mnd9090/221135112045

404) 기획예산처, 『2005년도 나라살림』, (기획예산처, 2005), pp.148-150, 기획예산처, 『2006년도 나라살림』, (기획예산처, 2006), pp.131-134, 기획예산처, 『2007년도 나라살림』, (기획예산처, 2007), p.138, 기획재정부, 『2008년도 나라살림』, (기획재정부, 2008), p.137, 기획재정부, 『2009년도 나라살림』, (기획재정부, 2009), p.153, 기획재정부, 『2010년도 나라살림』, (기획재정부, 2010), p.159, 기획재정부, 『2011년도 나라살림』, (기획재정부, 2011),

국방부에 정보공개청구한 자료에 따르면 한국군에 PAC-2가 도입된 시기는 2008년 10월이고 PAC-3로 업그레이드하여 운용된 시기는 2018년부터이다.405) 한국이 독일의 중고 패트리어트를 도입하고 이후의 과정을 살펴본 결과 중고 무기를 도입하는 것보다 신품 무기를 도입하면서 기술이전을 받는 쪽이 더 이익이었다는 교훈을 얻을 수 있다. 다른 국가가 사용하던 중고 패트리어트는 고장도 잦았고 전력공백 기간도 길게 나타나는 위험이 있었다. 게다가 본체가 중고인 상태에서 성능개량을 하고 신품 미사일을 끼우는 것은 잔고장 또는 접촉불량으로 인한 미가동의 위험이 크다. 한국은 미국과의 협상을 통하여 신형 패트리어트를 구입하면서 대신 기술이전을 받는 방식의 협상을 하였다면 한국의 국방과학기술을 발전시키는 기회를 얻게 되고 더 좋은 무기를 생산할 기회를 만들 수 있었다. 이 점은 큰 아쉬움으로 남으며 향후 이러한 기회비용을 고려하여 유사한 사업이나 무기도입을 할 때 노무현 정부의 중고 패트리어트 사례를 기억하여 신품 무기를 구입하면서 기술이전을 받는 방식의 협상을 추진할 필요가 있다.

노무현 정부 때 한미동맹은 균열을 보이면서 변화하는 단계에 있게 된다. 여중생 장갑차 사망사건으로 인하여 반미 분위기가 확산되었고 더글라스 맥아더 장군 동상을 철거하라는 시위가 벌어졌다. 노무현 정부에서 한미동맹에 대하여 비판을 제기하는 반미 목소리가 커지고 386세대로 대변되는 진보적인 목소리를 지닌 시민들이 미국에 대하여 불평등을 개선하라는 요구를 하면서 미국과 미국의 정책에 대하여 반감을 갖는 부분을 강

---

p.172, 기획재정부, 『2012년도 나라살림』, (기획재정부, 2012), p.171, 기획재정부, 『2013년도 나라살림』, (기획재정부, 2013), pp.172-176, 기획재정부, 『2014년도 나라살림』, (기획재정부, 2014), pp.172-175, 기획재정부, 『2015년도 나라살림』, (기획재정부, 2015), pp.186-190, 기획재정부, 『2016년도 나라살림』, (기획재정부, 2016), pp.181-184, 기획재정부, 『2017년도 나라살림』, (기획재정부, 2017), pp.187-191, 기획재정부, 『2018년도 나라살림』, (기획재정부, 2018), pp.199-202, 기획재정부, 『2019년도 나라살림』, (기획재정부, 2019), pp.202-206, 기획재정부, 『2020년도 나라살림』, (기획재정부, 2020), pp.203-205. 『서울신문』 2017년 5월 10일
http://nownews.seoul.co.kr/news/newsView.php?id=20170520601002&wlog_tag3=naver (검색일: 2019년 5월 17일)

405) 국방부 정보공개청구자료 (접수번호: 6922803, 저자는 2020년 7월 8일 한국의 PAC-2와 PAC-3배치시기와 관련하여 국방부에 정보공개를 청구하였고 국방부 대북정책관실 미사일우주정책과에서 답변을 통보받았다)

하게 표출하는 현상이 한국 사회에서 나타났다.406)

노무현 정부의 한미관계에 대하여 최악이라는 평가를 하는 주한 미국대사도 있었다. 노무현 정부의 알렉산더 버시바우 주한 미국대사는 2005년 11월에 열린 한미정상회담이 최악이었다고 평가하였다. 노무현 대통령은 북한의 방코델타아시아 계좌를 동결하는 것에 대하여 우려의 목소리를 전하면서 부시 대통령과 심하게 논쟁을 하였고 역대 한미정상회담 중 최악이라고 느낄 정도로 이 논쟁이 1시간 넘게 지속되었다고 말하였다. 버시바우 주한 미국대사는 2007년 10월 5일 미국에 외교전문을 보고하였는데 이를 위키리크스가 전문을 공개하면서 논란이 일었다. 당시 2차 남북정상회담의 10.4선언에 대하여 노무현 대통령의 은퇴공연(Swan Song)이라고 표현하였고 김정일에 대하여 북핵을 종식시켜야 한다고 말할 준비가 안되어 있는 것 같다고 표현하였다. 또 북한이 2006년 7월 5일 미사일을 발사한 직후에 남북장관급회담을 하는 것을 두고 버시바우 당시 대사가 아무일 없던 것으로 보일 수 있다면서 회담을 연기하는 것을 제안하자 반기문 장관이 화를 내고 자리를 박차고 나가며 회담을 예정대로 하겠다고 신경전을 벌였다고 밝혔다. 실제로 남북 장관급회담은 2006년 7월 11일에 열리기도 하였다.407)

노무현 정부는 김대중 정부의 북한을 포용하는 정책을 계승하여 평화와 번영 정책을 추진하였는데 이 정책은 부시 정부의 대북 압박 정책과 상충하는 것이었다.408)

노무현 정부는 미국의 미사일 방어에 들어가지 않는다는 입장을 유지하면서 포기의 위험을 높이게 된다.

---

406) Don Oberdorfer, "The United States and South Korea: Can This Alliance Last?", (The Seoul Peace Prize Cultural Foundation, 2005), pp.31-39.

407) 위키리크스(Wikileaks) 미국 외교전문 공개자료, (2006년 7월 5일), (2006년 8월 19일), (2007년 10월 5일),
『동아일보』 2011년 9월 5일
https://www.donga.com/news/Inter/article/all/20110904/40068271/1 (검색일: 2017년 9월 3일)

408) 김태준, "주한미군 신뢰구축방안" 한용섭외5명 『한미동맹 50년과 군사과제』, (서울: 국방대학교 안보문제연구소, 2003), p.123.

(3) 독립변수의 영향

김대중 정부는 MD에 참여하는 것을 거부하는 결정을 내렸고 노무현 정부는 이러한 결정을 유지하고 MD에 참여하지 않는 정책을 취하였다. 김대중 정부부터 노무현 정부까지 5가지의 변수를 살펴보면 김대중 정부 때는 군사기술력이 낮은 수준이었고 경제력, 대북억제력, 동아시아지정학에 대한 판단에 있어서 낮은 수준을 나타냈다. 동맹에 대한 고려에서 매우 낮은 수준을 나타냈다. 김대중 정부는 MD에 참여하지 않겠다는 뜻을 명확하게 하고 거부 결정을 내린 정부로서 김대중 정부의 이러한 낮은 군사기술력, 경제력, 대북억제력, 동아시아지정학에 대한 판단과 매우 낮은 동맹에 대한 고려가 MD참여 거부에 영향을 주었다. 김대중 정부는 MD에 참여하는 것을 군사기술 획득의 기회로 여기지 않았고 IMF 경제위기를 극복하는 것을 우선적으로 고려하면서 북한과의 관계 개선을 중요시 여기게 된다. 김대중 정부는 북핵문제를 외교로 풀 수 있다고 오판하였다. 김대중 정부에서 중국, 러시아와의 무역이 늘었으며 이들 국가를 위협국가로 보지 않았다. 김대중 정부는 ABM조약참사를 일으키고 MD에 참여하는 것에 대하여 명확하게 거부 의사를 나타내면서 미국에 대한 매우 낮은 동맹 고려를 하게 된다. 이러한 변수들이 김대중 정부가 MD에 참여하는 것을 명시적으로 거부하는 결정을 내리는 것에 영향을 준 것으로 분석된다. 이 결정에 특히 영향을 준 변수는 IMF경제위기 속의 한국의 경제력, 북한에 대하여 오판하는 대북억제력, ABM조약참사 등 매우 낮았던 동맹에 대한 고려 변수가 중요하게 작동하였다고 분석된다.

노무현 정부는 MD에 참여하는 거부한 김대중 정부의 결정을 유지하고 MD에 참여하지 않는 방향으로 정책을 추진하였다. 노무현 정부 때는 방위사업청을 개청하였고 군사기술력에 있어서 보통의 수준을 나타냈다. 경제력에 있어서도 점차 회복 추세에 놓이면서 보통의 수준이었다. 대북억제력에 있어서는 낮은 수준이었고 동아시아지정학에 대한 판단도 낮았다. 동맹에 대한 고려는 노무현 정부가 출범하기 한 해 전인 2002년에 여중생 장갑차 사망사건이 발생하였는데 반미감정에 대한 지지층을 확보하고 출범하였으며 MD참여를 거부하는 것을 유지하면서 동맹에 대하여 낮은 고려를 하게 된다. 노무현 정부는 MD에 참여하는 것을 군사기술 획득의 기회로 여기지 않았고 점차 회복되기 시작한 경제력을 갖춘 가운데 북한과의 관계 개선을 중요시여기는 정책을 폈다. 노무현 정부는 외교로서 북핵문제를 해결할 수 있다고 오판하였다. 노무현 정부에서 중국, 러시아와의 무역은 계속해서 증가하였으며 위협국가로 보지 않는 시각을 유지하였다. 노무현 정부는 미국의 이라크전쟁에 참여하겠다는 결정을 내리기는 하였으나 MD참여에 대하여 거부하는 정책을 유지하고, 독일에서 중고 패트리어트를 구입하겠다는 결정을 하면서 미국에 대하여 낮은 수준의 동맹에 대한 고려를 하였다. 노무현 정부가 MD에 참여하는 것을 거부하는 정책을 유지한 것에 특히 영향을 준 변수는 북한에 대하여 오판한 대북억제력과 MD참여를 거부하는 정책을 유지하고 독일의 중고 패트리어트를 구입하겠다는 결정을 내리면서 보여준 낮은 동맹에 대한 고려 변수가 중요하게 작용하였다고 분석된다.

1) 군사기술력

김대중 정부는 기본병기를 국산화 추진화한 뒤에 군사기술력이 이전보다 향상되었다. 한국의 과학기술을 발전시키는 것이 중요하다고 보고 1998년 2월에는 과학기술처를 과학기술부로 승격시킨다. 노무현 정부는 2003년에는 청와대에 정보과학기술보좌관을 신설하였다. 2004년에 과학기술부 장관을 과학기술부총리로 격상하였다.409)

김대중 정부 당시에는 재래식 무기를 조립하여 생산하고 모방하여 개발하는 정도의 군사기술력에서 벗어나려는 노력을 하였다. 한국의 과학기술이 예전보다는 발전하였지만 핵심부품의 경우에는 해외의 부품을 수입하여 만들었고 독자개발을 할 최신 기술은 보유하지 못한 상황이었다.

국방부는 1998년에 이러한 문제점을 인지하고 무기를 독자 개발하는 것이 필요하다고 보아 1999년에는 국방과학기술기획서를 발간한다.

409) 최영락, “한국의 과학기술정책: 회고와 전망”, 『과학기술정책』 제1권 제1호, (세종: 과학기술정책연구원, 2018), p.12

2001년 중장기 핵심기술 소요 계획서를 만들었다. 2002년에는 핵심기술 개발 종합발전계획을 세운다. 김대중 정부 때 한국은 군사기술을 발전시키고자 하는 계획은 있었으나 1998년부터 2000년대 초반까지 재래식 무기를 조립하여 만들고 핵심부품을 국산화하지 못한 상태에 머물렀다. 핵심부품은 수입을 통해 선진국에 의존하였다.[410]

IMF 위기를 겪으면서 국방비는 긴축운영을 하는 기조가 나타났고 이 기조는 2003년까지 이어졌다. 김대중 정부에서 국방비는 GDP대비 약 2%로 나타났다.[411]

김대중 정부에서 이전 정부에 비하여 한국의 군사기술력은 향상되었으나 재래식 무기 발달에 집중되는 한계를 벗어나지 못하였다.

김대중 정부와 노무현 정부로 이어지는 동안 한국 군의 전력은 증강되었으나 재래식 근접 전투무기에 집중투자되면서 한계를 지니게 된다. 김대중 정부와 노무현 정부 시기에는 상대적으로 이전에 비하여 군사기술력은 향상되었으나 미사일과 핵무기를 개발하고 있는 북한 군과 비교하면 여전히 전체 전력이 부족한 수준에 머무르게 된다. 국회예산정책처 자료에 따르면 한국이 제4차 한국군 전력증강을 김대중 정부, 노무현 정부를 거치는 동안 하였는데 이 전력증강에 약 46조 6,450억의 비용이 들었다. 그러나 북한 군의 전력과 비교하였을 때에는 약 90% 수준에 못미치는 것으로 드러났다.[412]

김대중 정부 때 한국의 군사기술력은 답보상태에서 벗어나지 못하자 노무현 정부는 이러한 상황을 타개하고자 방위사업청을 만들게 된다. 2006년 1월 1일에 노무현 정부는 방위사업청을 개청하였다. 방위사업청을 신설한 것은 무기체계를 개발하고 군사기술력을 확보하는 것을 보다 전문적이고 체계적으로 수행하고자 한 것이다. 방위사업과 관련한 부서는 기존에 국방부에 있었다. 1999년 1월에 국방부에는 무기도입 업무를 하는 부

410) 국방부, 『1998-2002 국방정책』, (국방부, 2002), pp.151-154.
411) 국방부, 『참여정부의 국방정책』, (국방부, 2003), pp.124-125.
412) 홍성표, “적정 국방비 논쟁과 국방력 발전 방향” 『주간국방논단』, (서울: 한국국방연구원, 2003년 9월 8일), 국회예산정책처, 『2008년도 예산안분석Ⅳ』, (2007년 10월), p.217에서 재인용.

서를 1개 부서로 통합하여 획득실을 설치한다. 그러나 무기도입 비리 사건이 발생하면서 제도적인 개선을 하게 된다. 2003년 12월과 2004년 1월에는 국방획득제도개선위원회를 설치하였다. 2005년 8월에는 방위사업청을 개청하기 위한 준비단을 만들고 직제를 개편하게 된다.[413)]

김대중 정부는 2001년에 한미 미사일 지침 개정을 하면서 군사용 미사일의 사거리를 300km로 연장하는데 합의하였다. 김대중 정부는 트레이드 오프(trade off)를 통과시켰는데 300kg로 탄두중량을 줄일 경우에 500km로 미사일 사거리를 연장할 수 있는 것이 가능해졌다. 김대중 정부는 미국과 협상을 할 때 북한이 대포동 미사일을 발사하였고 한국이 방어능력을 갖추는 것이 필요하다는 점을 강조하였다.[414)]

노무현 정부 때에는 한미 미사일 지침 개정을 하지는 못하였다. 그러나 KAMD를 추진하겠다는 방침을 세웠다. 1990년대 말부터 논의되었던 KAMD는 구체적으로 추진되지 않다가 2006년에서야 도입된다는 발표가 있었다. 노무현 정부는 한국이 미국의 미사일 방어에 들어가는 것에 대하여 거부감을 가졌고 KAMD를 통하여 M-SAM과 L-SAM을 개발하여 독자적으로 방어하고 하층 방어를 먼저 하겠다는 계획을 세웠다.[415)]

한국은 미국의 미사일 방어에 들어가지 않고 단독으로 군사기술력을 향상시키는 정책을 추진한다. 이러한 정책을 추진하면서 일부 무기에 있어서 군사기술적으로 방위산업 상황이 개선되는 면도 있었다. 그러나 이 노력들은 결과적으로 한국이 기회비용을 더 많이 치르도록 하고 기술이전을 받지 못한 채 무기의 완제품 수입에 치중하는 결과를 낳게 하였다.

한국은 독일의 중고 PAC-2를 구입하였지만 기술이전을 받지 못하였다. 독일은 중고 무기를 팔았음에도 불구하고 한국에서 운용하다가 발생한 무

---

413) 한국민족문화대백과사전, "방위사업청"
http://encykorea.aks.ac.kr/Contents/Item/E0066442

414) 설인효, "경제 살찌우고 군사력 키우는 미사일 주권", (대한민국 정책브리핑 정책주간지 공감, 2020년 8월 10일)
http://gonggam.korea.kr/newsView.do?newsId=GAJS0MoYYDGJM000&pageIndex=1

415) 양욱, "북핵 미사일 도발과 한국 해군의 전략적 대응" 『급변하는 동아시아 해양안보: 전망과 과제』, (서울: 해군-KIMS-한국해로연구회 공동주최 제13회 국제해양력 심포지엄 자료집, 2017), p.16.

기 관련 고장에 대하여 알면서도 이를 수리하거나 추가적 지원을 하지 않는 모습을 보였다.

노무현 정부가 들여온 패트리어트 차량이 고장났을 때 독일의 MAN사는 일정 시간이 지난 후 일방적으로 계약을 해지하면서 수리를 하지 않았다. 1조 3,600억 이상이 들어간 무기에 고치고 업그레이드 하는 비용이 7,600억원, PAC-3미사일을 도입하는 비용으로 1조 6,000억원이 들었다. 기술이전을 받지 못한 부분에서 치러야 하는 대가는 더 커지게 되었다.416)

브루스 벡톨(Bruce Bechtol)은 한국이 미국의 군사력을 따라잡기에는 중요 전력 자산이 결여되었다는 점을 지적한다. 정보지배력의 측면에서 한국이 부족하기 때문에 이를 따라잡기가 쉽지 않다고 본 것이다. 2006년에 브루스 벡톨은 한국이 약 15년동안 623조원의 비용을 쓴다고 하여도 자주국방을 하기 어렵다고 보았다. 한국은 중요 정보 자산이 결여되었기 때문이다.417)

김대중 정부가 미사일 방어에 들어가지 않기로 한 것은 당시 한국의 군사기술력이 재래식무기를 조립생산하고 핵심부품을 수입에 의존하는 수준에 머물렀던 것과 관련이 있다. 미국은 TMD를 통하여 세계적인 수준의 기술력을 보유하고 있었고 이를 구축하는 것을 함께 하자는 것이었는데 한국의 낙후된 재래식 무기 생산 정도의 수준에서 이러한 최첨단의 기술은 사실상 크게 필요로 되지 않는다는 판단을 김대중 정부가 하였던 것이다. 한국의 방위사업청이 노무현 정부인 2006년에서야 비로소 만들어졌다는 점도 이러한 단면을 확인할 수 있게 한다.

김대중 정부에서 미국의 미사일 방어에 들어가는 것을 거부하는 결정을

---

416) 기획예산처, 『2005년도 나라살림』, (기획예산처, 2005), pp.148-150, 기획예산처, 『2006년도 나라살림』, (기획예산처, 2006), pp.131-134, 기획예산처, 『2007년도 나라살림』, (기획예산처, 2007), p.138, 기획재정부, 『2008년도 나라살림』, (기획재정부, 2008), p.137, 기획재정부, 『2009년도 나라살림』, (기획재정부, 2009), p.153, 기획재정부, 『2010년도 나라살림』, (기획재정부, 2010), p.159, 기획재정부, 『2011년도 나라살림』, (기획재정부, 2011), p.172,

417) Bruce Bechtol, "충격적인 한미동맹 변화에 관한 서울,워싱턴포럼중계: 향후 15년간 623조원써도 자주국방 못한다", 『한국논단』 제201권, (2006), pp.34-39.

내리고 노무현 정부에서 이러한 결정은 이은 점은 한국의 군사기술력이 하층방어에만 머물게 하는 한계를 낳았다.

2) 경제력

김대중 정부는 IMF위기 직후 경제적으로 침체된 상황 속에서 출범한다. 한국은행에 정보공개청구한 자료에 따르면 한국의 경제성장률은 1997년 6.2%였는데 1998년에는 -5.1%까지 떨어졌다. 경제는 1998년 후반부터 회복되었는데 1999년에는 11.5%, 2000년에는 9.1% 경제성장률을 나타냈다. 미국이 경제적으로 침체되었던 2001년 한국의 경제성장률은 4.9%, 2002년 7.7%였다. 2003년에는 3.1%, 2004년 5.2%, 2005년 4.3%, 2006년 5.3%, 2007년 5.8% 경제성장률을 보였다.[418]

김대중 정부는 IMF를 극복하고 경제성장률을 다시 끌어올렸다. 노무현 정부 때에는 경제가 지속적으로 성장하는 모습이 나타났다. 한국이 IMF로 어려움을 겪었지만 이를 극복하였고 지속적으로 경제가 성장하는 모습이 나타났다. 한국이 미국의 미사일 방어에 참여할 경우에 회복된 경제력만큼 비용 분담을 하여야 한다는 우려를 하게 된다.

한국이 미국의 방위비를 분담하기 시작한 것은 1991년부터이다. 국방부 정보공개청구 자료에 따르면 한국은 방위비 분담을 1991년부터 1997년까지는 달러로 지불하였고 1998년과 2004년에는 달러와 원화로 지불하였다. 2005년부터는 원화로 방위비를 분담하였다. 한국이 부담한 방위비는 다음과 같다. 1991년에는 약 1.5억 달러, 1992년에는 약 1.8억 달러, 1993년에는 약 2.2억 달러, 1994년에는 약 2.6억 달러, 1995년 약 3억 달러, 1996년에는 약 3.3억 달러, 1997년에는 약 3.63억 달러이다. 김대중 정부가 출범하였던 1998년에는 방위비 분담이 줄어들었다. 약 1.35억 달러에 2,456억원이었고 -13.5%로 분담금이 줄었다. 1999년에는 약 1.41억 달러에 2,575억원, 2000년에는 약 1.55억 달러에 2,825억원, 2001년에는 약 1.67억 달러에 3,045억원, 2002년에는 약 0.59억 달

418) 한국은행 정보공개청구자료, 2020년 10월 19일, 접수번호: 7177950.

러에 5,368억원, 2003년에는 약 0.65억 달러에 5,910억원, 2004년에는 약 0.72억 달러에 6,601억원이었다. 한화로만 방위비를 지급하기 시작한 시기는 2005년부터인데 2005년에는 약 6,804억원, 2006년에는 약 6,804억원, 2007년에는 약 7,255억원, 2008년에는 약 7,415억원이다.[419)]

한국의 방위비 분담 금액을 살펴보면 김대중 정부부터 노무현 정부까지 한국의 방위비는 지속적으로 늘어나는 추세에 있다. 한국이 IMF를 통하여 경제적으로 위기를 겪었지만 이후에 경제성장률이 다시 오르는 것을 확인할 수 있다. 한국이 미국의 미사일 방어에 참여할 경우에 상당히 큰 비용 분담을 할 수밖에 없음을 한국의 경제력에서 확인할 수 있다.

미국이 미사일 방어에 사용한 예산을 살펴보면 미국의 미사일 방어 예산은 계속해서 늘어나는 추세를 보이게 된다. 김대중 정부 시기인 1998년 미국은 세출 승인 예산 기준 3.8 billion 달러, 1999년 3.5 billion 달러, 2000년 3.6 billion 달러, 2001년 4.8 billion 달러, 2002년 7.8 billion 달러를 예산으로 배정한다. 노무현 정부 시기인 2003년에는 7.4 billion 달러, 2004년 7.7 billion 달러, 2005년 9 billion 달러, 2006년 7.8 billion 달러, 2007년 9.4 billion 달러를 예산으로 승인하였다.[420)]

한국이 미사일 방어에 참여하게 되면 이 정도까지의 비용을 단기간에 내지는 않더라도 점진적으로 부담하고 그 액수가 늘어난다는 것이 충분히 예상되는 부분이다. 김대중 정부와 노무현 정부는 이에 대하여 경제적인 측면에서 연루될 경우에 치러야 하는 비용에 대하여 두려움을 느끼게

---

419) 국방부 정보공개청구자료, 2020년 9월 28일 접수번호: 7129560, 국방부 정보공개청구자료, 2020년 9월 28일 접수번호: 7129561.

420) US Missile Defense Agency, 2018, "Historical Funding for MDA FY85-17 Fiscal Year FY in Billions", https://www.armscontrol.org/factsheets/usmissiledefense, https://www.airforcemag.com/mda-funding-drops-despite-pentagons-proposed-budget-increase/, Grzegorz Nycz, *US Ballistic Missile Defense and Deterrence Postures*, (Washington D.C: Westphalia Press, 2020), pp.209-210, https://www.janes.com/article/94204/pentagon-budget-2021-missile-defense-agency-budget-ticks-lower-about-usd9-2-billion, https://missiledefenseadvocacy.org/alert/20-3-billion/ 자료를 바탕으로 저자가 재구성하여 작성.

된다.

한국은 미국의 미사일 방어에 들어가서 대가를 치르기 보다는 북한의 위협에 대하여 방어력을 키우는 것을 보다 우선순위에 두고 정책을 추진하게 된다. 한국은 육·해·공군력 강화를 우선시하였다. 한국은 KAMD를 통하여 자주국방을 추구하면서도 2006년에야 방위사업청이 개청될 정도로 실질적인 추진에 있어서는 다소 부족한 모습이 동시에 나타났다.

3) 대북억제력

대북억제력은 두 가지 측면에서 분석한다. 첫째, 한국이 북한으로부터 위협의 정도를 어떻게 판단하였는지이다. 둘째, 한국과 미국이 북한과 주변의 위협에 대하여 어떤 판단을 하였는지를 분석하자면 다음과 같다.

먼저 김대중 정부 때 북한의 위협을 살펴보면 1990년대에는 미사일 위협이 크지 않았다. 1998년에 북한은 대포동 미사일을 1회 발사하였다. 김대중 정부의 햇볕정책으로 남북정상회담이 성사되는 분위기 속에서 평화의 분위기가 존재하였다.[421] 김대중 정부가 햇볕정책을 추진하던 시기에 북한은 미사일을 적게 발사하면서 일부 국민들이 북한을 변화시킬 수 있지 않을까 하는 헛된 믿음을 가지게 하였다. 북한은 1999년부터 2005년까지 미사일 발사를 하지 않았다. 노무현 정부 정권 초기에도 북한은 미사일 발사를 전혀 하지 않았기 때문에 대북억제력에 대하여 잘못된 판단을 내리게 된다. 그러나 실제로 북한은 내부적으로 핵무기를 개발하고 탄도미사일을 고도화하면서 전략적으로 이를 숨기면서 양면적인 행동을 하였다. 북한은 2006년에 핵실험을 하였고 스커드-C미사일을 4회 발사하였

421) Unclassified Statement of Lieutenant General Henry A. Obering III, USAF Director Missiel Defense Agency, *Before the House Oversight and Government Reform Committee National Security and Foreign Affairs Subcommittee Regarding Oversight of Missile Defense*, House Oversight and Government Reform Committe · United States House of Representatives, Wednesday April 30, 2008, pp.6-7. U.S Government, *Oversight of Missile Defense(Part3): Questions for the Missile Defense Agency, Hearing before the Subcommittee on National Security and Foreign Affairs of the Committee on Oversight and Government Reform House of Representatives One Hundred Tenth Congres Second Session*, April 30, 2008, (Washington D.C: U.S Government Printing Office, 2009), pp.89-90.

다. 또 대포동2호 미사일을 1회 발사하고 노동미사일을 2회 발사한다. 또 2007년과 2008년에는 미사일 발사를 멈추었다.[422]

김대중 정부는 북한 문제는 외교로 풀어야 한다는 시각을 꾸준하게 유지하였다. 이는 대통령 되기 이전의 모습에서 확인할 수 있다. 김대중 대통령은 대통령에 당선되기 이전에 아태평화재단 이사장이었을 때 북한 핵에 대하여 2-3개를 갖고 있어도 문제가 되지 않는다는 말을 하여 물의를 일으켰다. 1994년 5월 15일에 워싱턴에서 이러한 발언을 하였다. 당시에 이 발언에 대하여 논란이 계속되었고 김대중 이사장은 미국이 북한이 핵무기를 만든다는 점에 대하여 지적하는 주장에 대하여 한 언급이라며 해명하였다.[423] 이 해명에 대해서도 논란이 일자 1994년 5월 26일에 북한 핵문제는 외교적으로 해결하는 것이 필요하다고 이야기한다.[424] 김대중 정부는 1998년 미국 뉴욕타임즈가 북한 영변시설에서 핵재처리를 할 가능성을 제기하자 김대중 정부는 의혹일 뿐이고 핵실험을 하지 못한다고 보았다. 박지원 의원은 2000년 8월 15일 김정일이 러시아의 푸틴 대통령에게 핵무기를 보유한다는 사실을 말한 적이 있다고 발언하였다. 2004년에 노무현 대통령은 북한이 핵무기를 개발한 것이 실제로 쏘려고 만든 것이 아니라 정치적인 목적으로 만든 것이라고 하여 물의를 일으킨 바 있다.[425]

김대중 정부는 6.25전쟁 이후 2000년 6월 15일 최초로 남북정상회담을 하였고 2000년 노벨평화상을 수상하였다. 2000년 12월 10일 군나르 베르게 노르웨이 노벨상위원회 위원장은 수상식 연설문에서 김대중 대통

---

422) 국방부 정보공개청구자료, 2020년 10월 9일 접수번호: 7154431.
423) 『한국경제』 1994년 5월 15일
https://www.hankyung.com/politics/article/1994051500261(검색일: 2015년 9월 1일)
424) 『MBC뉴스』 1994년 5월 26일
https://imnews.imbc.com/replay/1994/nwdesk/article/1929504_30690.html(검색일: 2016년 2월 20일)
425) 『TV조선』 2017년 10월 5일
http://news.tvchosun.com/site/data/html_dir/2017/10/05/2017100590089.html (검색일: 2017년 10월 5일)
『TV조선 유튜브』 2017년 10월 5일
https://www.youtube.com/watch?v=HKVca9BGQSA(검색일: 2017년 10월 5일)

령을 독일에서 동서독 간의 관계 정상화와 동방정책을 추진한 빌리 브란트와 비슷하다며 햇볕정책에 대해서 이야기하였다. 이솝우화에 나온 나그네의 옷을 벗긴 것은 바람이 아니고 따스한 햇볕이었다면서 김대중 정부가 남북간 화해협력을 이루는 첫 발을 내딛었다고 평가하였다.[426)]

노무현 정부는 김대중 정부에 이어 평화와 번영정책을 추진하였다. 노무현 정부는 김대중 정부의 6.15공동선언을 비롯한 남북 간 합의사항을 존중하고 승계하겠다고 밝혔다. 노무현 정부의 평화와 번영정책은 첫째, 남북간 북한 핵문제를 포함한 안보현안에 있어서 군사적 신뢰구축을 통하여 한반도에 평화를 증진시키고 둘째, 남북한 간에 경제공동체를 건설하여 동북아 국가들의 번영에 기여하겠다고 밝혔다. 그러나 노무현 정부의 평화와 번영정책은 평화와 협력을 동시에 추진하고 균형적으로 추진하였음에도 불구하고 실질적으로 북한의 변화를 이끌어내지 못하고 실패하였다는 평가를 받는다.[427)]

2003년 9월 24일 취임 이후 노무현 정부는 미국, 일본, 중국 방문을 한 뒤 북한 핵문제를 대화로 해결하여야 한다는 점을 강조하였다. 노무현 정부는 6자회담에서 대화를 통하여 평화적으로 핵문제를 해결할 수 있다고 보았다. 노무현 정부는 심지어 북한이 2006년 10월 9일 제1차 핵실험을 단행한 후에도 2006년 11월 6일의 시정연설에서 금강산 관광과 개성공단 사업을 계속해서 추진한다고 밝힌다. 노무현 정부는 6자회담을 통하여 대화를 통해 북한 핵문제를 평화적으로 해결할 수 있다고 보았다. 당시 상당한 시일이 소요된다는 점에 대하여도 인정하는 발언을 하였다.[428)] 그러나 결국 북한은 시간이 지날수록 핵무기를 고도화하는 것으로 반대되는 행동을 한다.

---

426) 김대중평화센터, "노벨평화상과 김대중 수상식연설문"
http://kdjpeace.com/home/bbs/board.php?bo_table=b02_02_02

427) 통일부 북한정보포털, "평화번영 정책"
https://nkinfo.unikorea.go.kr/nkp/term/viewKnwldgDicary.do?pageIndex=1&dicaryId=17

428) 노무현사료관, "주제별 어록, 북핵문제 어떻게 해결할 것인가: 북한과 한국, 북한과 미국의 문제는 신뢰의 부재"
http://archives.knowhow.or.kr/rmh/quotation/view/781?cId=116

다음으로 한국이 북한 및 주변 위협에 대하여 어떻게 판단하였는 지를 살펴보면 김대중 정부는 취임 초기부터 중국에 대하여 우호적인 시각을 견지하면서 햇볕정책에 대한 중국 정부의 지지를 얻고자 하였다.

김대중 정부가 세운 외교정책의 기조는 경제위기 극복과 재도약 기틀을 마련하는 현안을 처리하는 하에서 한반도 평화정착과 포괄적 안보체제 구축, 문화외교 활성화와 국가 이미지 제고, 재외동포 권익보호와 자조노력 지원을 내세웠다. 김대중 대통령은 1998년 11월 11일부터 11월 15일까지 장쩌민 주석의 초청으로 중국을 국빈 방문한다. 김대중 정부는 햇볕정책에 대하여 중국 정부가 지지하여달라면서 북한을 개혁개방하는데 외교적 노력을 해달라고 하였다. 장쩌민 주석은 햇볕정책에 지지한다는 뜻을 밝힌다. 또 한중관계에 대하여 21세기 협력동반자 관계라고 설정하자며 12개항의 공동성명에 합의하게 된다. 김대중 정부는 중국 안휘성이 추진하는 2개 사업에 70억원의 차관을 제공하기로 하였고 금융감독관리와 금융시장 부분에서 상호 개방과 협력을 강화하기로 한다.[429]

김대중 정부는 러시아로부터 햇볕정책에 대한 지지를 얻기도 하였다. 1999년 5월 27일부터 5월 30일까지 러시아를 국빈방문하여 보리스 옐친 대통령과 정상회담을 하였다. 김대중 대통령은 동북아시아에서 평화와 안정을 위해서는 한반도 문제는 직접적인 당사자인 남북한 간에 해결하는 것이 필요하다고 발언하였다. 옐친 대통령도 햇볕정책에 대하여 지지하면서 한반도 긴장 완화와 평화 구축 노력을 긍정적으로 평가하였다.[430]

김대중 정부는 중국, 러시아에 대하여 햇볕정책에 대한 지지를 얻고자 하였고 중국, 러시아도 이에 대하여 긍정적으로 지지한다는 입장을 밝힌다. 북한에 대해서도 대화로 문제를 해결하려는 시도를 일관되게 하였기 때문에 북한 및 주변의 위협에 대하여 크지 않다고 보았으며 대화와 협력으로 이러한 문제를 해결할 수 있다고 판단하였음을 확인할 수 있다.

---

429) 행정안전부 국가기록원, "김대중 - 장쩌민 한중 정상회담" https://www.archives.go.kr/next/search/listSubjectDescription.do?id=003041&subjectTypeId=07&pageFlag=C&sitePage=1-2-2

430) 행정안전부 국가기록원, "해외순방 러시아 방문" http://pa.go.kr/online_contents/diplomacy/diplomacy02_07_1999_06_01.jsp

노무현 정부는 5년 내내 동북아 균형자를 외교정책의 근간으로 두고 추진하였다. 한국이 동북아 균형자를 하겠다는 발언이 최초로 나온 것은 대통령 후보시절이었던 2002년 9월의 유럽연합 기자간담회자리이다. 미국, 중국, 러시아, 일본 등 4강 사이에서 한국이 평화를 중재하고 주도하겠다고 밝혔다. 중국, 러시아 등 동북아시아 국가들과 평화적 관계를 맺겠다는 의지는 노무현 대통령 취임사에서 확인할 수 있다. 동북아라는 표현을 18번 사용하였고 같은 해 8월 15일 경축사에서도 동북아라는 표현을 22번 사용하였다. 노무현 정부는 냉전시기의 진영외교나 상호대결에서 벗어나서 협력을 통하여 평화와 번영을 추구하는 것이 필요하다고 강조하였다.[431)]

노무현 정부는 중국, 러시아에 대하여 평화를 중재하겠다는 역할을 맡겠다고 강조하였다. 이것이 가능한지 여부에 대하여 논란이 일기도 하였으나 노무현 정부가 일관되게 추진하였던 것은 사실이다. 노무현 정부도 김대중 정부에 이어 중국, 러시아에 대하여 위협의 대상이 아니라 대화와 협력의 대상이라고 보고 이를 추진하였음을 확인할 수 있다.

4) 동아시아 지정학에 대한 판단

동아시아 지정학에 대한 판단은 한국의 시각과 미국의 시각이 다르게 나타났다. 김대중 정부와 노무현 정부는 탈냉전 이후 동아시아 지정학과 관련하여 우호적인 시각으로 보았으나 미국의 경우에는 동아시아 지정학이 위협적이라고 보았다. 김대중 정부는 탈냉전 이후에 동아시아 지정학이 한국에 대하여 위협이라기 보다는 북한 문제를 해결하는 데 협조를 요청하는 국가라고 보았다. 김대중 대통령은 한국과 북한이 중국과 모두 수교하고 있는 점을 들어서 중국이 다자회담에서 북한 핵문제에 적극적 협력을 해달라고 요청하기도 하였다.[432)]

---

431) 조경근, “노무현 정부의 동북아균형 외교 정책”, 『통일전략』 제8권 제1호, (한국통일전략학회, 2008), pp.71-76.

432) 김대중, “중국 베이징 대학교 연설: 동북아지역의 평화와 안정을 위한 한·중협력”, 김대중평화센터, (1998년 11월 12일)
http://www.kdjpeace.com/home/bbs/board.php?bo_table=d02_02&wr_id=173

중국은 제1차 북핵 위기와 제2차 북핵위기에서의 행동이 달랐다. 제1차 북핵위기 때 중국은 북한에 대하여 관찰자의 모습을 보인다. 특정한 행동을 하기 보다는 지켜보는 선에서 그친다. 그러나 김대중 정부 때 북한은 보다 적극적으로 북한 핵문제에 개입하는 태도를 보였다. 중국은 2003년 4월에는 3자회담에 대해 주선하였고 2003년 8월에는 6자회담을 추진하면서 회담 의장국을 맡는 모습을 보였다. 문제는 중국이 북한이 핵무기를 만들지 못하도록 하는 전략을 취하는 것이 아니었던 데 있었다. 중국은 순망치한이라는 전략의 한 부분으로서 북한이 핵무기를 만들어도 북한을 보호하는 태도를 보였다. 김대중 정부와 노무현 정부가 동아시아 지정학에 있어서 중국에 대하여 간과한 점은 중국이 공산국가라는 점이다. 이 부분을 놓쳤기 때문에 북한 핵문제를 해결할 수 없었다. 또한 북한 핵문제의 주도권을 중국에게 주어서는 안되었다. 한국은 중국에 의지해서 북핵문제를 해결하고자 하였지만 결과적으로 남는 것은 없었다. 이는 북한과 중국 모두가 공산주의 국가이기 때문이다. 근본적으로 일당독재를 시행하고 있는 공산주의 국가와의 협상은 한국에게 결과적으로 도움이 되지 않는다는 교훈을 얻게 한다. 중국은 전략적으로 한국과 북한 사이에서 중국의 이익을 취하려고 할 뿐이다. 북중관계에 있어서 북한에 대한 지원을 지속적으로 하거나 북한의 3대 세습과 공산주의 체제가 안정적인 방향이 되도록 돕는 모습을 보였다. 중국은 결과적으로 한국의 이익과 반대되는 방향으로 움직이고 있다. 중국은 북한에 대해서도 광물 등을 저렴한 가격에 매입하는 등 중국의 이익을 우선시하는 이중적인 모습을 반복하고 있다.433)

김대중 정부는 북한 핵문제를 한국이 주도적으로 해결하거나 당사국끼리 직접 대화로 풀지 않고 중국의 중재를 바라는 정책을 취하였다. 그러나 중국의 참여에도 불구하고 북한의 핵문제는 해결되지 않았다.

제2차 북핵위기는 김대중 정부가 임기를 끝나는 시점과 노무현 정부가 임기를 시작하는 시점에 발생하였다. 김대중 정부는 2003년 2월 임기가 끝났고 뒤이어 노무현 정부가 취임하게 된다. 김대중 정부 시기였던 2002

433) 이영학, "중국의 북핵 평가 및 대북핵 정책의 '진화'", 『중국의 북핵 평가 및 대북핵 정책의 진화』, (서울: 통일연구원, 2015), p.104-105.

년 10월 3일 평양에 특사자격으로 방문한 제임스 켈리 미국 국무부 동아시아태평양담당 차관보가 북한이 고농축우라늄(HEU)을 만든다는 의혹에 대하여 문제를 제기를 하면서 제2차 북핵 위기가 시작된다. 당시 북한의 강석주 외무성 제1부상은 북한이 HEU를 만들 권리가 있고 더 강력한 것도 가질 수 있다고 발언하였다. 2002년 10월 17일 미국은 북한이 HEU계획을 시인하였다는 발표를 한다. 미국은 제네바합의를 어겼다면서 2002년 12월 중유공급을 중단한다고 발표하였다.[434] 2002년 12월 12일 북한은 핵 동결을 해제하며 핵시설을 가동하고 즉각 건설을 재개한다고 밝혔다. 김대중 정부가 북한의 핵문제에 대하여 해결을 하지 못하고 제2차 북핵위기가 고조되는 상황에서 취임하였던 노무현 정부는 6자회담을 통하여 북한 핵문제를 해결하려는 노력을 하게 된다. 2003년 4월 23일 3자회담이 베이징에서 열렸으나 큰 성과가 없자 2003년 8월 27일 남북한과 미국, 일본, 중국, 러시아까지 참여하는 6자회담이 베이징에서 열렸다. 이후 2005년에 9·19 공동성명을 하고 2007년 2·13 합의를 하였으며 10·3 합의를 하였으나 합의사항을 북한이 이행하지 않았다. 게다가 2006년 10월 9일에 북한이 제1차 핵실험을 하면서 대북억제력을 발휘하지 못하였다.[435]

김대중 대통령은 햇볕정책과 다자회담을 통하여 북한을 변화시킬 수 있고 북한의 태도 변화를 이끌어 낼 수 있다고 보았다.[436] 노무현 대통령도 중국에 대하여 북한 핵문제를 중재해 줄 수 있는 국가라고 보았다. 2006년 1월 13일 노무현 대통령이 하루 일정으로 중국을 방문해 제1차 북한 핵실험에 대해 이야기하였던 사례가 대표적이다. 노무현 대통령은 중국의

---

434) Agreed Statement Between The United States of America and The Democratic Peoples' Republic of Korea, Geneva, Official Use Only Document, August 12, 1994, Clinton Presidential Library.

435) 통일부 북한정보포털, "북한 핵위기"
https://nkinfo.unikorea.go.kr/nkp/term/viewKnwldgDicary.do?pageIndex=1&dicaryId=91

436) 행정안전부 국가기록원 대통령기록관, "고려대학교 명예경제학박사 학위수여식 기념강연(총체적 국가개혁으로 21세기를 준비)", 김대중대통령연설문집 제1권 대통령비서실, (1998년 6월 30일)
http://pa.go.kr/research/contents/speech/index.jsp

후진타오 주석에게 북핵 문제 협조를 요청하였다. 2006년 11월에 한중정상이 베트남에서 만나서 미국의 BDA제재에 대하여 논의하자는 약속을 하기도 하였다.[437]

김대중 정부와 노무현 정부는 중국에 대하여 잘못 판단하는 오류를 범한다. 몇 십년이 지난 후에 결과적으로도 확인할 수 있지만 중국은 한국과 북한 사이에서 중국의 이익을 취하는 공산주의 국가일 뿐이다.

김대중 정부와 노무현 정부는 동아시아 지정학적 판단에 있어서 중국, 러시아와 같은 국가를 한국에 위협이 되는 국가로 보지 않았다. 오히려 북핵 위기에서 중국, 러시아로부터 다자회담을 통하여 문제를 해결할 수 있을 것이라고 보고 이들 국가와 협력하고자 하였다. 김대중 정부와 노무현 정부는 중국, 러시아가 위협적이지 않고 협조를 구해야 하는 국가로 보았으며 이러한 기조 하에 북핵 문제를 해결하기 위한 다자회담을 추진하였다. 김대중 정부는 미국의 미사일 방어에 들어가지 않는 결정을 내렸다. 동아시아 지정학에서 김대중 정부는 중국, 러시아로부터 협조를 얻는 것이 필요하다고 보았다. 그러나 중국, 러시아가 미국의 미사일 방어를 불편해하기 때문에 들어가지 않는 결정을 내린 것이다. 노무현 정부 역시 마찬가지였다. 6자회담에서 북한 핵문제에 대하여 중국, 러시아의 협조를 얻어야 한다는 판단을 내리게 된다. 노무현 정부는 김대중 정부가 내린 미사일 방어에 들어가지 않는다는 정책을 이어가면서 중국, 러시아가 불편해하는 정책을 거부하는 모습을 보인다.

반면 탈냉전 이후에 중국, 러시아를 바라보는 미국의 시각은 한국의 판단과 차이를 보이게 된다.

미국은 여전히 중국, 러시아가 미국의 잠재적인 적대국가라는 점을 잊지 않는다는 입장이었다.[438] 탈냉전기 미국의 군사전략은 아시아지역으로

---

437) 행정안전부 국가기록원, "노무현 후진타오 한중 정상회담" http://www.archives.go.kr/next/search/listSubjectDescription.do?id=003106&pageFlag=&sitePage=1-2-1

438) Testimony of Joseph Cirincione President Ploughshares Fund, *The Declining Ballistic Missile Threat*, United States House of Representatives Committee on Oversight and Government Reform · Subcommittee on National Security and Foreign Affairs, March 5, 2008, p.11, U.S Government, *Oversight of Ballistic*

변화하게 된다. 미국은 중국, 러시아 등의 국가가 아시아지역에서 지역적 패권국이 되지 않도록 하여 세력균형을 유지하는 것이 필요하다는 시각을 견지하였다. 미국은 아시아지역에서 한국, 일본, 호주 등의 미국의 동맹국들과 함께 위협에 대처할 필요가 있다고 보았다.[439] 미국은 동아시아 지정학에 대하여 중국, 러시아 등의 위협에 대처하기 위해서는 동맹국을 활용하여야 하는데 특히 일본의 역할에 대하여 중요성을 부여하는 정책을 취하게 된다. 아미티지 국무부 부 장관은 미사일 방어와 관련하여 2001년 5월 일본을 방문하여 미일동맹을 미국과 영국의 동맹 수준으로 끌어올리겠다는 뜻을 밝힌다. 당시 일본 고이즈미 총리는 이러한 토대 하에서 미일동맹을 강화하며 자위대의 역할을 확대하게 된다.[440]

5) 동맹에 대한 정책적 고려

동맹에 대하여 정책적 고려를 하는 것은 동맹국 간에 편익이 크면 차이점을 줄이려고 노력하며 편익이 크지 않다고 판단하게 되면 이러한 차이점을 줄이는데 주의를 기울이지 않게 된다.

김대중 정부와 노무현 정부는 북한, 중국, 러시아에 대해서는 우호적인 모습을 보였으나 한미동맹에 대해서 상대적으로 낮은 정책적 고려를 하였다. 김대중 정부는 정권 초기부터 북한에 대해서 햇볕정책을 추진하면서 이에 대한 협조를 구하였다. 김대중 정부는 미국, 중국, 러시아 등에 햇볕정책에 대해 설명하였다. 중국, 러시아의 경우에는 햇볕정책에 대해 동의하였으나 미국은 그렇지 않았다. 부시 정부는 북한이 탄도미사일을 만들고 핵무기를 만드는 것에 대해 우려하였고 북한에 대하여 경제 제재와 압박을 하여야 한다는 정책을 유지하였다. 부시 정부는 9.11테러 이후에는

Missile Defense(Part1): Threats, Realities and Tradeoffs, Hearing before the Subcommittee on National Security and Foreign Affairs of the Committee on Oversight and Government Reform House of Representatives One Hundred Tenth Congress Second Session, March 5 2008, (Washington D.C: U.S Government Printing Office, 2009), p.26.

439) 이상우, "21세기 미국의 세계전략", 오기평 편, 『21세기 미국패권과 국제질서』, (서울: 오름, 2000), pp.213-229, 김국신, 『미국의 대북정책과 북한의 반응』, (서울: 통일연구원, 2001), p.32에서 재인용.

440) 김국신, 『미국의 대북정책과 북한의 반응』, (서울: 통일연구원, 2001), p.32.

북한이 테러 국가들에게 이러한 무기를 팔거나 기술을 이전하는 등의 상황에 대하여 우려하게 된다.[441]

김대중 정부가 미국에 대하여 동맹의 고려를 적게하였던 점은 ABM조약과 관련한 외교 참사에서 확인할 수 있다. 김대중 대통령은 부시 정부가 MD를 적극적으로 추진하면서 ABM조약을 탈퇴할 것까지 고려하고 있는 것에 대하여 전혀 알지 못한 채 한러정상회담에서 제5항에 ABM조약을 지지하고 유지할 것이라는 내용에 동의하는 외교적 참사를 일으켰다. 미국의 미사일 방어에 대하여 정책적 고려를 하지 않고 불참한다면서 거부의 의사를 표현하였던 점에서도 동맹의 고려를 적게 한 것을 알 수 있다.

김대중 대통령은 햇볕정책을 중요하게 여기면서 부시 정부가 북한을 제재하여야 한다는 정책과 정반대의 입장을 나타내게 된다. 김대중 정부는 한반도 비핵화에 대하여 동의하고 한미동맹을 중요하게 여긴다고 발언하였지만 실제로는 북한과의 관계개선을 보다 더 우선시 하였다. 2000년 6.15 남북공동선언, 금강산 관광, 개성공단 조성 등일련의 과정에서 북한에 대하여 우호적인 입장을 견지하면서 미국에 대한 정책적 고려에 집중하지 않는 모습을 보였다. 김대중 정부의 북한에 대한 관계 개선은 2003년 미북 제네바 합의가 파기되면서 추가적인 진전을 거두는 데는 실패하였다.[442]

노무현 정부는 반미 감정에 대한 지지를 받고 임기를 시작하였다. 미군 장갑차로 여중생이 사망하는 사건 등에서 반미감정이 촉발되었는데 이러한 배경 하에서 노무현 정부는 동맹에 있어서 갈등을 겪게 된다. 노무현 정부는 동북아균형자를 하겠다고 자처하였고 미국의 미사일 방어에 들어가지 않는다는 점에 대하여 김대중 정부의 정책을 유지하게 된다. 노무현 정부는 탈냉전 이후에 중국, 러시아의 위협이 감소되었다고 보고 이들 국가와 관계개선을 하면서 미국이 취하는 정책에 대해서는 반대의 입장을

441) National Commission on Terrorist Attacks, *The 9/11 Commission Report: Final Report of the National Commission on Terrorist Attacks upon The United States*, (New York: National Commission on Terrorist Attacks, 2004), pp.361-367.

442) 행정안전부 국가기록원 대통령기록관, "김대중 정부 정책기록 외교" http://pa.go.kr/research/contents/policy/index040602.jsp

견지하면서 갈등이 빚어지게 된다.[443]

노무현 대통령은 반미감정을 지지층으로 하여 당선된 만큼 미국에 대하여 머리를 조아리지 않겠다는(not kow-tow)입장을 기본으로 하였다.[444] 노무현 정부는 미국의 미사일 방어에 들어가지 않는다는 김대중 정부의 입장을 이어갔다. 노무현 정부는 제2차 북핵위기 때 미국이 북한을 외과수술식 타격(surgical strike)하는 것에 대하여 우려한다. 노무현 정부는 한반도 무력 충돌이 발생하지 않기를 바라면서 외교적으로 문제를 해결하고자 하였다. 노무현 정부 때 한승주 주미대사는 제2차 북핵위기가 발생하자 미국이 북한에 대하여 지나치게 강경하지 않게 하는데 집중하였다고 증언한다.[445]

노무현 정부는 전시작전통제권 이양과 이라크 파병을 둘러싸고 갈등이 있었다. 노무현 대통령은 이라크 파병 결정을 내렸고 정책적 고려를 하는 모습을 보인다. 그러나 2004년 3월 12일에 노무현 대통령이 탄핵되었고 2004년 5월 14일이 되어서야 복권이 된다. 이라크 파병은 2004년 8월에 이루어졌다.[446]

미국은 2002년 아프가니스탄 전쟁을 하고 있었는데 이라크 전쟁을 개시하기 전인 2002년 11월부터 동맹국에 대하여 이라크 전쟁을 지지하고 지원을 해줄 것을 요청하였다. 미국은 2002년 11월, 2003년 3월에 두 차례에 걸쳐 전투병을 파병하고 전후복구를 도우며 인도적 지원을 해줄 것을 요청하였다. 이라크 전쟁은 2003년 3월 20일 시작되었다. 노무현 정부는 2003년 3월 21일에 건설공병지원단과 의료지원단을 파병하겠다고 결정하였다. 국회에서 파병안이 가결된 것은 2003년 4월 2일이다. 노무현 정부는 서희부대, 제마부대를 파병하였다. 2003년 10월 18일 이라크

---

443) 김준형, "한국의 대미외교에 나타난 동맹의 자주성 실용성 넥서스: 진보정부 10년의 함의를 중심으로", 『동북아연구』 제30권 제2호, (광주광역시: 조선대학교 사회과학연구원 부설 동북아연구소, 2015), p.18.

444) 『한국경제』 2006년 4월 3일 https://www.hankyung.com/politics/article/2003022535658

445) 한승주, 『평화를 향한 여정: 외교의 길』, (서울: 올림, 2017), p.234.

446) 대한민국 정책브리핑, "스티븐 코스텔로 특별기고" http://www.korea.kr/special/policyFocusView.do?newsId=70085047&pkgId=5000003&pkgSubId=&pageIndex=1

추가파병을 결정하고 2004년 2월 13일에 국회에서 동의를 거쳐 베트남파병 이후에 가장 큰 규모에 해당하는 사단급 규모의 부대인 자이툰부대를 파병 하였다. 또 2004년 7월 31일 다이만 부대를 파병하는 결정을 내린다.[447)]

노무현 정부가 이라크 파병으로 일부 동맹에 대한 고려를 하였지만 근본적으로 미국의 미사일 방어에는 들어가지 않는다는 입장을 유지하면서 미국은 한국보다는 미국의 미사일 방어에 적극적으로 참여하는 일본에 대해서 보다 이익을 주는 방향으로 정책을 추진하게 된다. 미일 동맹을 보다 강화한 것이다.

미국의 입장에서 한국은 6.25전쟁이후 특별한 관계를 맺고 동맹국으로서 중요하게 여기고 있었는데 한국이 미국에 대하여 반대의 입장을 취하자 한국이 아니라 일본을 활용하여 미국의 전략적 이익을 도모하는 방향으로 정책을 추진하게 된다. 미국은 일본에 대하여 실질적으로 안보적 지원을 하고 군사기술을 이전하는 등 반대급부를 제공하게 된다. 미국은 오랜 기간 군사적 경제적으로 한국을 지원하였는데 한국이 미국에 대하여 중요하게 여기지 않는 모습을 보이면서 이에 대하여 배신감을 느끼게 되었고 동맹에 대하여 새롭게 고려하여야 할 필요성을 느꼈다.[448)]

한국은 미국의 미사일 방어에 들어가는 것에 대하여 모호한 입장을 유지하다가 거부하겠다는 결정을 내렸는데 일본은 반대의 모습을 보였다. 일본은 미국의 미사일 방어에 들어간다는 점에 대하여 분명하게 찬성하는 입장을 표명하였다. 일본은 중국의 위협에 대하여 전략적으로 미일공조를 하여야 한다고 보았다. 일본은 TMD를 구축하여 미국과 함께 기술을 공동개발하겠다는 정책을 일관되게 추진하였다. 또한 TMD를 구축하면서 일본의 자위대의 활동영역을 넓히고 제한된 법을 개정하는 모습을 보인다. 미국의 경우에도 미사일 방어에 참여하는 것을 명확하게 밝힌 일본에 대

447) 김승기·최정준, 『국방 100년의 역사 1919-2018』, (국방부 군사편찬연구소, 2020), pp.597-604.

448) Edward A. Olsen, "Korean Security: Is Japan's Comprehensive Security Model a Viable Alternative?", Doug Bandow·Ted Galen Carpenter (ed.), *The U.S South Korean Alliance: Time for a Change*, (New Brunswick and London: Transaction Publishers, 1992), pp.140-153.

하여 전략적으로 우선시하게 된다.449)

김대중 정부와 노무현 정부는 한미동맹을 중요하게 여긴다는 발언은 하였지만 실질적으로 북한, 중국, 러시아와의 관계개선을 더 중시하는 정책을 취하게 되면서 동맹의 측면에서 균열이 커지게 되었다. 김대중 정부는 미국의 미사일 방어에 들어가는 것을 거부하는 결정을 내렸고 노무현 정부는 이러한 결정을 이어갔다. 김대중 정부는 미국의 미사일 방어에 들어가게 되면 연루될지 모른다는 두려움을 강하게 느끼게 되었고 노무현 정부에서도 이러한 연루의 두려움을 없애지 못하고 미사일 방어에 참여하지 않는 결정을 유지한다. 이 결정으로 미국은 동맹에 대한 정책적 고려에 있어서 한국보다 일본을 전략적으로 우선시하고 실리를 주는 방향의 정책을 취하게 된다.

449) Lars Abmann, *Theater Missile Defense (TMD) in East Asia : implications for Beijing and Tokyo*, (Berlin: LIT Verlag, 2007), pp.239-250.

4. 소결

약소국의 연루의 두려움의 원인에 대한 요인과 관련하여 다섯 가지의 가설 형태로 되어 있는 원인 요인을 분석하여 이를 김대중 정부부터 노무현 정부에 적용하면 다음과 같다.

첫 번째 가설인 미사일 방어 참여의 기술적 이익이 적으면 적을수록 참여에 소극적일 것이라는 부분에서 김대중 정부는 군사기술력이 낮은 상황에서 MD에 참여하는 것이 기술적 이익을 적게 가져온다고 판단하고 MD에 참여하는 것을 거부하는 결정을 내렸음을 확인할 수 있다. 노무현 정부는 군사기술력이 보통인 상황에서 MD참여로 인한 기술적 이익을 낮다고 판단하였고 MD참여거부를 유지하는 정책을 추진하였다. 또 방위사업청을 개청하면서 한국 독자적인 방어를 추진하겠다는 점에 보다 주안점을 두면서 미국의 MD에 참여하는 것을 거부하였음을 확인할 수 있다.

두 번째 가설인 미사일 방어 참여의 경제적 비용이 크면 클수록 참여에 소극적일 것이라는 부분에서 김대중 정부는 IMF경제위기를 회복하는 것에 주안점을 두었고 MD에 참여하게 되면 경제적인 비용이 크게 든다고 판단하였던 것을 살펴볼 수 있다. 노무현 정부는 경제력이 회복되면서 보통 수준을 나타냈지만 여전히 MD에 참여하게 되면 경제적 비용이 크게 든다고 판단하였던 것으로 분석된다. 한국은 IMF경제위기를 먼저 극복하는 것이 중요하다고 보고 MD에 들어갔을 때 내야 하는 참여입장료가 높다고 판단하였다고 분석된다.

세 번째 가설인 적으로부터의 위협 정도와 그것을 느끼는 동맹국 사이의 시각 차가 크면 클수록 정책의 상이점이 커질 것이라는 부분에서 김대중 정부와 노무현 정부는 북한에 대한 위협이 낮다고 판단하였고 외교로서 북핵 문제를 해결할 수 있다고 보았음을 확인할 수 있다. 대북억제력은 낮았으며 북한이 1998년 대포동1호 미사일을 1회 발사하였지만 1999년부터 2005년까지 미사일 도발을 하지 않았고, 2006년부터 대포동2호 미사일, 노동 미사일, 스커드C 미사일을 3회 발사하였으며 2007년과 2008년에 미사일 도발을 하지 않았기 때문에 이러한 점에서 외교로서 북핵문제와 북한의 미사일 개발을 막을 수 있다고 판단한 것으로 분석된다.

네 번째 가설인 동아시아 지정학에 대한 동맹국 간의 시각이 다르면 다를수록 정책의 괴리가 커질 것이라는 부분에서 김대중 정부와 노무현 정부는 동아시아지정학에 대하여 위험하지 않다고 판단하였고 중국, 러시아가 위협적이지 않다고 보았다. 이러한 시각은 미국의 시각과 차이가 크다는 것을 확인할 수 있다.

다섯 번째 가설인 동맹국에 대한 정책적 고려 또는 배려가 크면 클수록 정책의 괴리는 작아질 것이라는 부분에서 김대중 정부는 ABM조약에서 참사를 일으킬 정도로 외교적인 판단 부분에서 미흡하였으며 MD참여를 거부하는 결정을 내리면서 동맹에 대한 고려를 매우 낮게 하였다. 노무현 정부는 독일의 중고 패트리어트를 구입하는 결정을 내리고 자주국방에 대하여 가치를 두면서 동맹에 대하여 낮은 고려를 하였고 MD참여거부를 유지하는 결정을 내린 것을 확인할 수 있다.

김대중 정부부터 노무현 정부에서 MD에 참여하는 것을 거부하는 결정을 내리고 그러한 거부를 유지하는 정책을 취한 원인을 세부적으로 분석하면 다음과 같다.

첫째, 김대중 정부는 기본병기를 국산화 시키면서 군사기술력을 향상시키고자 하였다. 한국의 군사기술력은 재래식 무기를 조립생산하거나 모방개발하는 정도에 머물렀고 핵심부품을 해외에 의존하였다. 최신식의 무기를 독자개발하기에 핵심기술이 없었다. 한국 군의 전력은 이전에 비하여 상대적으로 증강되었으나 재래식 근접 전투무기에 집중투자되는 한계를 벗어나지 못하였다.

김대중 정부는 2001년 한미 미사일 지침을 개정하여 군사용 미사일 사거리를 300km로 늘렸다. 노무현 정부는 2006년 방위사업청을 신설하여 무기를 개발하고 도입하는 것을 보다 체계적으로 추진하게 된다. 노무현 정부는 하층방어를 강화하기 위하여 독일의 중고 PAC-2를 구매하였지만 기술이전을 받지 못하였고 무기 관련 고장에 있어서도 독일의 도움을 받지 못한다. 김대중 정부는 한반도 종심이 짧고 산악지형이며 북한의 미사일이 약3-4분만에 도달하기 때문에 미국의 미사일 방어처럼 최첨단의 기술은 한반도에 적합하지 않다고 판단하고 참여를 거부하는 결정을 내린다. 노무현 정부도 KAMD를 통하여 한국 단독 방위능력을 기르는 것이 더 시급하다고 보고 미국의 미사일 방어에 들어갔을 때 얻을 군사적 이익에 대하여 낮다는 판단을 한다.

둘째, IMF 경제위기 상황에서 출범한 김대중 정부는 경제를 회복하는데 집중하게 된다. 노무현 정부의 경우에도 경제가 지속적으로 성장하는 추세 속에 있었다. 한국과 미국의 방위비 분담제도는 1991년 시작되었는데 1991년부터 1997년까지는 달러로 방위비를 분담하였다. 1998년부터 2004년까지 달러와 원화의 두 가지 화폐로 방위비를 분담하였고 2005년부터 현재까지 원화로 방위비를 분담하고 있다. 이는 한미 방위비 협상에 따른 것이다. 한국은 1998년 IMF 경제위기로 방위비 분담금이 -13.5%까지 하락하였으나 이후 다시 회복 추세를 보이고 2005년 -8.9%로 한 차례 하락하고 2006년 동결된 것을 제외하고 증가추세를 보인다. 김대중 정부와 노무현 정부는 경제가 회복되는 추세 속에서 미국의 미사일 방어에 들어가면 참여입장료를 크게 부담할 것을 우려하게 된다.

셋째, 김대중 정부는 햇볕정책을 통하여 북한을 개혁개방의 길로 이끌고 북한 핵문제도 해결할 수 있다고 보았다. 분단이후 최초로 2000년 6월 15일 남북정상회담을 하고 노벨 평화상도 수상하였다. 북한은 1998년 대포동 1호 미사일을 1회 발사하였지만 김대중 정부와 노무현 정부에서 미사일 발사를 적게 하는 모습을 보였다. 국방부에 정보공개청구한 자료에 따르면 1999년부터 2005년까지 북한은 미사일을 발사하지 않았다. 그러나 2006년 북한은 핵실험을 하였고 대포동 2호 미사일 1회, 노동미사일 2회, 스커드-C미사일을 4회 발사한다. 횟수에 있어서는 북한이 미사일로 도발하는 부분이 적었기 때문에 김대중 정부와 노무현 정부는 북한의 미사일 위협이 크지 않다고 보는 잘못된 판단을 내리게 된다.

넷째, 김대중 정부와 노무현 정부는 탈냉전 이후 각각 햇볕정책과 평화와 번영 정책을 추진하면서 북한의 위협을 관리할 수 있다고 보았고 중국, 러시아의 경우에도 위협적이지 않다는 판단을 내리게 된다. 김대중 정부와 노무현 정부는 중국, 러시아와 관계 개선을 통하여 도움을 받고자 하였다. 그러나 이러한 시각은 미국이 동아시아 지정학을 바라보는 시각과 차이를 보이게 되었으며 시간이 갈수록 그 차이는 커지게 된다. 김대중 정부는 중국, 러시아에 대하여 햇볕정책을 지지해 줄 것을 요청하였고 받아들여졌다. 그러나 북한 핵 위기 때 김대중 정부는 중국, 러시아로부터 실질적인 도움을 받지 못한다. 노무현 정부는 동북아균형자론을 통하여 미국, 중국, 러시아, 일본 4강 사이에서 한국이 평화를 중재하고 주도한다고 밝혔으나 가능한지와 관련하여 논란이 일었다. 미국은 중국, 러시아를 여전히 위협적으로 보고 동아시아 지역에서 안보를 추구한다는 시각을 견지하면서 한국의 시각과 차이가 커지게 된다.

다섯째, 김대중 정부와 노무현 정부는 북한, 중국, 러시아와 관계개선을 추구하는 것과 비교하였을 때 상대적으로 한미동맹에 대하여 정책적 고려를 적게 하는 모습을 보였다. 김대중 정부는 햇볕정책을 강조하면서 미국, 중국, 러시아에 협조를 구하였는데 미국은 9.11테러를 겪으면서 미사일 방어의 중요성에 더 무게를 두게 된다. 김대중 정부는 부시 정부가 ABM 조약을 탈퇴 하는 것을 고려할 정도의 상황이었다는 점에 대하여 외교적 판단을 제대로 하지 못하고 한러정상회담에서 ABM조약에 동의한다는 조항에 합의하면서 외교적 참사를 일으켰다. 노무현 정부는 미군 장갑차로 여중생이 사망하는 등 반미감정에 대한 지지를 받으며 임기를 시작하였는데 미사일 방어에 들어가지 않는다는 입장을 유지하고 동북아균형자를 강조하면서 갈등을 겪게 된다. 노무현 정부는 이라크 전쟁에 파병을 하면서 동맹에 대한 고려를 하였다. 그러면서도 미국의 PAC-3가 아닌 독일의 중고 PAC-2를 구입하는 결정을 내린다. 미국은 김대중 정부가 미사일 방어를 거부하는 결정을 내리고 노무현 정부가 이를 유지하는 모습을 보이자 한국이 아닌 일본과의 동맹을 중시하거나 우선시하는 정책을 취하게 된다. 미국은 한미동맹보다 미일동맹을 활용하고 일본에게 군사적 이익을 주는 정책을 추진하게 된다. 미국은 6.25전쟁 이후 오랜 기간 군사적, 경제적 지원을 한 한국이 미국의 미사일 방어 정책에 참여하지 않거나 중요하지 않게 여기는 모습에 대하여 배신감을 느끼게 된다. 미국은 한국이 아닌 일본에 대하여 실질적으로 안보지원을 하고 군사기술을 이전하는 이익을 제공하게 된다.

김대중 정부부터 노무현 정부에서 MD에 참여하는 것을 거부하는 결정을 내리고 그러한 거부를 유지하는 정책을 취한 원인을 연루와 포기의 관점으로 적용하여 분석하면 다음과 같다.

김대중 정부는 군사기술력이 낮은 수준이었고 MD에 참여하는 것이 군사기술력을 획득하는 것이라고 판단하지 않았으며 재래식 무기를 먼저 만드는 것이 더 중요하다고 판단하였다. 노무현 정부는 군사기술력이 보통이었고 방위사업청을 개청하면서 자주국방을 한국 스스로의 힘으로 이루는 것에 대하여 중요시하였다. 한국은 미국의 MD에 참여하는 것을 거부하면서 미국으로부터의 포기의 위험을 낮추고 안보딜레마를 낮추기 위하여 군사력을 높이는 방향으로 정책을 추진하였다.

김대중 정부는 IMF 경제위기를 극복하는 가운데 MD에 참여하게 되면 참여입장료를 크게 내야 한다고 판단하였고 이러한 부담을 지는 것보다 국내 경제위기를 먼저 극복하는 것이 우선이라고 판단하였다. 노무현 정부는 경제위기에서 벗어나서 회복 추세의 경제력을 보였으나 김대중 정부가 내린 MD참여 거부를 이어가는 정책을 추진하였다. 김대중 정부는 한국이 미국의 MD에 참여하게 되면 경제적인 비용을 치러야 하는 연루의 두려움을 크게 느꼈다고 분석된다.

김대중 정부와 노무현 정부는 북한에 대하여 오판하고 낮은 대북억제력을 보였다. 북한과의 관계개선을 중요시하고 이에 매진하는 정책을 취하면서 외교로서 북핵문제를 풀 수 있다고 보면서 MD에 참여하지 않게 된다. 김대중 정부와 노무현 정부는 한반도에서 발생할지 모르는 안보딜레마 상황을 외교로서 해결하려고 하였으나 이에 실패하였고 한국의 안보딜레마는 커지게 되었다.

김대중 정부와 노무현 정부에서 중국, 러시아에 대하여 위협적인 국가로 생각하지 않았고 관계를 개선하고 무역을 증가시키는 모습이 나타났다. 이러한 점에서 미국이 판단하는 동아시아 지정학에 대한 판단과 차이가 벌어지게 되면서 MD에 참여하지 않는 결정을 내렸다. 김대중 정부와 노무현 정부는 MD에 참여하게 되면 중국, 러시아를 적대국가로 보는 미국의 시각에 동의하게 되어 연루될 위협이 크다고 보았고 이에 MD에 참여하는 것을 거부하게 되었다고 분석된다.

김대중 정부는 ABM조약에서 참사를 일으킬 정도로 매우 낮은 동맹에 대한 고려를 하면서 MD참여 거부 의사를 명확하게 결정 내리게 된다. 이로 인하여 한국의 안보딜레마는 커지게 되었다. 김대중 정부와 노무현 정부는 MD에 참여하게 되면 미국이 치르는 전쟁 등에 연루될 위협이 크다고 판단하였던 것으로 분석된다.

제3절 이명박, 박근혜 정부의 한국의 미사일 방어정책의 변화

1. 오바마 정부의 MD 유지와 이명박 정부의 미사일 방어 참여 거부 유지

(1) 오바마 정부의 MD 유지와 이명박 정부 초기 미사일 방어 참여 검토

이명박 정부는 미국의 미사일 방어에 들어가는 것에 대하여 긍정적으로 검토하였다. 이명박 정부는 대통령에 당선된 직후부터 대통령 인수위원회를 구성하는 동안에 MD에 대하여 전향적으로 검토하였다. 김태효 교수가 2008년 12월 26일에 동아일보에서 인터뷰한 자료에 따르면 이명박 대통령은 미국의 MD참여와 관련하여 국내 여론, 외교 환경을 고려하여 참여하는 방향으로 검토하였다. 당시 현인택 교수, 김우상 교수, 남주홍 교수가 대통령 인수위원회에 참여하였는데 미국의 미사일 방어 참여가 한국의 이익에 도움이 된다는 판단을 내린 것으로 알려졌다.450)

합동참모본부는 대통령 인수위원회에 한국이 미국의 미사일 방어에 적극 참여하는 것이 필요하다는 내용의 보고를 하였다. 미국 디펜스 뉴스는 한국 합참이 미사일 방어 개발이 필요하다고 보고 미국의 미사일 방어에 참여할 경우에 군사기술적으로 한국의 이익에 도움이 된다고 보았다는 점을 보도하였다. 한국이 일부 미사일 방어 개발 비용을 부담하면 국방력을 향상시킬 수 있다고 보았다는 것이다.451)

2020년 8월 24일 김태효 대외전략기획관과의 인터뷰에서 이명박 정부 초기에 미국의 미사일 방어에 들어가는 것을 검토한 것에 대해 확인할 수 있었다. 김태효 대외전략기획관은 2008년부터 2012년 1월에는 청와대 대통령실 대외전략비서관을 역임하고 2012년 7월까지는 대외전략기획관으로 근무하였다. 김태효 대외전략기획관은 이명박 정부가 미국의 미사일

---

450) 『신동아』 2008년 2월 12일
https://shindonga.donga.com/3/all/13/107085/1 (검색일: 2018년 6월 6일)
451) 『뷰스앤뉴스』 2008년 1월 29일
https://www.viewsnnews.com/article?q=28804 (검색일: 2018년 7월 4일)

방어 참여를 유보한 것은 세부사항 점검에서 한국의 1차적 목적은 북한의 핵무기, 탄도미사일 공격을 억지하는 것이라고 보았다고 하였다. 이러한 관점에서 1,000km이상의 탄도미사일을 방어하는 것은 동북아시아에서 한미일이 참여하는 것을 유보하였다고 증언하였다.[452)]

2020년 8월 23일 천영우 외교안보수석과의 인터뷰에서 이명박 정부가 KAMD를 구축하는데 있어서 PAC-2를 PAC-3로 향상시키는 교체를 하면서 저고도 미사일 방어에 집중하였다고 증언하였다. 한국은 저고도의 방어능력이 취약한 점을 우선적으로 고려하였고 당시 시점에서 미국의 미사일 방어에 참여하는 것은 핫이슈가 아니었던 점도 고려되었다고 설명하였다.[453)]

이명박 정부가 저고도 방어력 확보에 주안점을 둔 것은 국회에서 이석현 의원과 정승조 합동참모의장의 발언에서 확인할 수 있다. 이석현 의원은 북한이 핵무기로 공격할 수 있고 특히 최근에 소형화, 경량화를 추진하면서 미사일에 핵무기를 싣고 공격할 경우에 한국의 대응 방안에 대하여 묻는다. 정승조 합동참모의장은 한국군이 PAC-2를 PAC-3로 교체하고 대공 미사일을 개발하여 KAMD를 조기에 구축하여 대응한다고 답변하였다.[454)]

이명박 정부는 초기에는 미국의 미사일 방어에 참여하는 것에 대하여 긍정적으로 보았지만 김대중 정부가 미국의 미사일 방어에 들어가는 것을 거부한 결정을 쉽게 바꾸지는 못하는 모습이 나타났다. 이러한 모습은 국회에서 이상희 국방부 장관과 원유철 의원의 발언에서 확인할 수 있다. 원유철 의원은 한국형 MD를 건설한다는 보도가 어제 언론에서 나왔는데 국방부의 입장이 맞는지 묻자 이상희 국방부 장관은 국방부에서 공식으로 발표한 적이 없다고 말한다. 원유철 의원이 다시 언론 보도가 어떻게 나온 것이냐고 묻자 이상희 국방부 장관은 추측 보도인 것 같다고 말하였다. 원유철 의원은 한국형 MD에 대한 계획이 어떠한지를 묻는다. 이상희 국방

---

452) 김태효 대외전략기획관 (2020년 8월 24일), 저자와의 이메일 인터뷰.
453) 천영우 외교안보수석 (2020년 8월 23일), 저자와 전화 인터뷰.
454) 국회회의록, 제19대 국회 제313회 제1차 국방위원회, (2013년 2월 6일), p.12.

부 장관은 이에 대하여 한반도 지형이 종심이 좁으면서 산악지형이기 때문에 저고도에서 KAMD를 통하여 방어하겠다고 말한다. 이상희 국방부 장관은 한국이 KAMD를 갖추고 있지는 못하지만 그런 체계를 갖추는 과정 속에 있다고 말하였다.[455] 이상희 국방부 장관은 한국의 KAMD는 미국의 미사일 방어에 들어가 있는 것이 아니고 독자적으로 운용되는 것이라고 하였다.[456]

이상희 국방부 장관의 발언을 통하여 한국의 KAMD가 미국의 MD와 함께 하는 것이 아니라는 이명박 정부의 입장을 확인할 수 있다. 이명박 정부는 전임 정부가 MD에 참여하는 것을 거부한 입장을 번복하지 못하고 KAMD를 추진하는 정도에 머무르게 된다. KAMD와 미국의 미사일 방어가 함께 운용되는 것이 아니라는 점은 국회에서의 송민순 의원과 유명환 외교통상부 장관의 발언에서도 나타난다. 송민순 의원의 질의에 대하여 유명환 외교통상부 장관은 이명박 정부의 미사일 방어와 관련한 입장은 변한 것이 없고 KAMD는 한미 간에 MD를 추진하는 것이 아닌 개념이라고 답변하였다.[457] 이상희 국방부 장관과 유명환 외교통상부 장관의 발언을 통하여 미국의 미사일 방어에 들어가는 것을 거부한 김대중 정부의 입장을 바꾸지 못하고 KAMD를 구축하는 정도의 입장을 이명박 정부에서 유지하는 모습을 확인할 수 있다.

그러나 이명박 정부가 미국의 MD에 들어가는 것도 아니면서 KAMD구축을 한다는 것과 관련하여 기술 개발을 더디게 만들게 된다는 비판이 나왔다. 또 예산이 계속해서 들어가게 되는 상황에 대한 지적이 있었다. 이는 유승민 의원과 이상희 국방부 장관의 국회의 답변에서 근거를 찾을 수 있다. 유승민 의원은 미사일 방어와 관련하여 기술은 계속 개발이 늦어지고 예산은 많이 쓰면서 미국의 미사일 방어에 들어가는 것도 아닌 애매한 상황에 대하여 비판한다. 유승민 의원은 한국형 MD를 구축한다고 하면서 PAC-2 또는 SM-2(Standard Missile-2, 스탠더드 미사일-2, 이하

455) 국회회의록, 제18대 국회 제281회 제8차 국회본회의, (2009년 2월 16일), p.21.
456) 국회회의록, 제18대 국회 제281회 제8차 국회본회의, (2009년 2월 16일), p.21.
457) 국회회의록, 제18대 국회 제284회 제5차 외교통상통일위원회, (2009년 10월 26일), p.15.

SM-2)를 만든다는 이야기는 많이 나오고 있다. 그래서 우리나라 국민들이 국방부가 한국형 MD를 상당부분 진전시킨 것으로 오해하고 있는 데 지금 국방부가 하는 모습을 자세하게 살펴보면 전혀 준비가 되지 않은 것 같다고 말한다. 국방부가 한국형 MD 예산으로 잡은 것을 살펴보면 2011년이나 2012년이 되어서야 어느 정도 있지 전반적으로 준비가 되지 않은 것 같다고 말한다. 북한의 경우에는 핵무기를 개발하고 미사일을 빠른 속도로 개발하고 있는 데 2009년에도 한국형 MD는 다가오는 2011년, 2012년 예산을 늘어놓고 이게 MD라는 식으로 해서는 되겠냐는 생각이 든다고 말한다. 그러면서 한국형 MD이든 미국형이랑 똑같든 간에 예산을 확 당겨서 미사일 방어체제를 제대로 구축할 용의는 없냐고 질의하였다. 이에 대하여 이상희 국방부 장관은 미흡한 부분이 있는 것은 사실이지만 나름대로 KAMD를 통하여 일부 단거리에 한하여 하층 방어를 만들고 있다고 답변한다. 이상희 국방부 장관은 한국형 MD라는 것은 미사일만 이야기하는 것이 아니고 에어까지 이야기하는 것으로서 KAMD 다시 말해 Korean Air Missile Defense 시스템을 구축하는 것이며 한반도 지형이 종심이 짧고 일부 단거리 미사일의 하층 방어체계의 경우에 일부 항공기에 대하여 갖추는 대공 미사일 체계와 유사한 부분이 있어서 통합적으로 하려고 한다면서 KAMD가 전혀 안된 것이 아니고 나름대로 해나가려고 하는 상황이라고 답변하였다.458)

유명환 외교통상부 장관과 이상희 국방부 장관은 한국이 미국의 미사일 방어에 들어가는 것이 아니라는 점에 대하여 발언하였다.

그러나 이명박 정부에서도 한국이 미국의 미사일 방어에 참여하는 것에 대하여 긍정적인 시각도 존재하였다. 이는 국회에서 김태영 국방부 장관의 발언에서 확인할 수 있다.

김태영 국방부 장관은 미국의 미사일 방어에 들어가는 것이 안보에 도움이 된다는 발언을 하였다. 이는 신학용 의원과 김태영 국방부 장관의 대화에서 근거를 찾을 수 있다. 신학용 의원이 한국이 미국의 MD에 참여하

458) 국회회의록, 제18대 제281회 제2차 국방위원회, (2009년 2월 19일), pp.15-16.

면 반대급부가 있는지 묻는다. 김태영 국방부 장관은 한국이 미래지향적 측면에서 미국의 MD참여를 신중하게 고려하고 있고 일부 국민들이 우려하는 부분에 대해서도 고려한다고 이야기한다. 김태영 국방부 장관은 미국의 MD와 관련하여 이전에 거부적인 반응이 있었던 것은 옛날 미국이 미국을 중심으로 하여 MD를 구축하고 미국을 보호한다는 내용을 담아서 그런 것이고 지금은 그 내용이 바뀌었고 지역별로 고려되고 있다고 말한다. 이어 과거와 비교하였을 때 조금 달라진 부분이 있어서 미국의 MD참여를 신중하게 검토하고 있다고 말하였다. 신학용 의원이 한국이 미국의 MD에 참여하면 중국, 러시아가 한국에 적대적으로 대할 가능성이 높다면서 우려한다. 또 일본이 미국의 MD에 참여하고 있는 것으로 아는데 한국까지 들어가게 되면 한미일이 MD그룹이 된다면서 중국, 러시아가 적대적으로 나올 것을 걱정한다고 말한다. 그러자 김태영 국방부 장관은 한국에 주한미군 약 2만8,500명이 주둔하고 있고 한국과 미국이 MD를 제대로 구축할 경우에는 한국의 국익에 도움이 된다고 말하였다. 또 지역 내에서 MD체제가 잘 구축될 수 있다고 본다고 말하였다.[459]

2009년에도 한국이 미국의 MD에 참여하는 것이 필요하다는 지적이 있었다. 국회에서 구상찬 의원과 현인택 통일부 장관의 이야기에서 확인할 수 있다.

구상찬 의원은 현인택 통일부 장관에게 남북 간에 진행된 남북회담은 597회이고 남북 간 체결한 합의선느 225개라고 하면서 1991년 12월 13일의 남북기본합의서를 살펴보면 총 12개의 합의서를 도출하였고 68개의 합의사항을 만들었다고 말한다. 이어 이 중 41개가 미이행되고 1개가 부분 이행 되어서 학계, 정계, 좌우를 떠나서 남북 간에 가장 충실한 내용을 담고 있다고 인정되는 합의서인데 이행 후 중단이 1건인 실적인 상황이다. 그런데 이렇게 중요한 남북기본합의서도 36.7%의 이행률밖에 되지 않는데 왜 그런지 원인을 살펴보면 대부분이 북한이 합의서를 위반하였다고 본다고 말하였다. 한반도 비핵화 공동선언 5가지 대부분을 북한이 위

---

459) 국회회의록, 제18대 국회 제294회 국방위원회 국정감사, (2010년 10월 22일), pp.100-101.

반하였고 미이행되었으며 1994년에 남북 정상회담이 이루어지지 않았으나 준비과정까지 포함하고 2000년의 김대중 대통령과 2007년의 노무현 대통령의 남북정상회담에서 합의된 것까지 총 6개의 합의서가 있다. 이 6개 합의서 중 22개의 합의사항 중 이행 사항이 12건이고 미이행 사항이 6건이고 정치적 선언이어서 이행사항이 없는 부분이 3건 있고 부분 이행이 1건이다라고 말하였다. 정상회담 조차 이행률이 절반 밖에 되지 않는데 10년 동안 최고의 성과라는 남북 정상회담의 이행률이 이 정도 밖에 안되는데 장관급 회담, 실무 회담에서도 12개 합의서 중에서 37개의 합의사항이 있는데 20건이 이행되고 미이행은 15건 정도로 40.5%가 미이행이라고 말하였다. 구상찬 의원은 북한의 미이행률을 지적한 것은 북한과 평화를 담보할 정도의 상황이 아니라는 점을 이야기하려는 것이라고 한다. 또 군사안보적으로 북한이 위협을 계속하고 있어서 미국의 핵우산이 필요하며 미국의 MD침여에 대해서도 매우 바람직한 방향이라고 말한다. 북한이 남북 간에 정상이 합의한 사항을 20%밖에 지키지 않는 데 이런 합의는 합의할 필요가 없다고 할 정도로 낮은 이행 상황이라는 점을 고려하여야 한다고 말하였다. 이어 북한이 위반한 내용을 백서 등으로 만들어서 철저하게 이행사항을 체크하는 것이 필요하다고 발언한다. 이에 대하여 현인택 통일부 장관은 그렇게 하겠다고 답변한다.[460] 국회에서의 구상찬 의원과 현인택 통일부 장관의 질의 답변을 통하여 한국이 미국의 MD에 참여하는 것에 대하여 필요하다는 의견이 존재하였음을 확인할 수 있다.

이명박 정부에서 초기 인수위부터 미사일 방어에 대하여 긍정적인 검토를 하였고 김태영 국방부 장관이 미국의 미사일 방어에 참여하는 것은 국익에 도움이 된다는 발언이 나오면서 미국의 미사일 방어에 들어가는 것이 아니냐는 여러 의견이 나왔다. 현인택 통일부 장관도 미사일 방어에 들어가는 것이 바람직한 방향이라는 점에 대하여 일리 있다고 인정하였다. 그러나 이명박 정부는 미국의 미사일 방어에 실제적으로 참여한다고 공언하지 않고 검토를 하는 수준에서 머무르게 된다.

---

460) 국회회의록, 제18대 국회 제284회 외교통상통일위원회 국정감사, (2009년 10월 23일), pp.38-39.

(2) 이명박 정부의 미사일 방어

이명박 정부에서 미국의 미사일 방어에 참여하는 것은 약 2010년도를 전후로 하여 검토하지 않는 쪽으로 변화하였다. 이러한 모습은 국회에서 안규백 의원과 김태영 국방부 장관의 발언에서 확인할 수 있다. 안규백 의원이 전시작전통제권을 전환하는 것과 관련하여 원태재 대변인이 이야기하였듯이 한미 간에 MD체계에 대하여 어떤 이야기가 오갔는지를 묻는다. 김태영 국방부 장관은 미국은 한국이 미국의 MD에 참여하기를 원하고 한국은 현재로서는 하층방어 구축에 매진하고 미국의 MD에는 들어가지 않는다고 답변하였다. 김태영 국방부 장관은 한국이 미국과 MD를 연계하여 방어체계를 만드는 것과 관련하여 미국 정부가 원하는 바이고 미국 정부의 의견은 그렇지만 한국은 북한과의 거리를 고려하고 시급한 하층방어부터 최종단계의 방어력을 높이는 것이 필요하다고 말하였다. 또 한국이 일부분 미국의 MD와 관련하여 필요한 부분이 존재하지만 아직까지는 미국과의 MD연계를 검토하지는 않았다고 하였다. 한국은 패트리어트와 같은 무기가 필요한데 해상 방어 부문에서 한국의 장비도 일부분은 개발이 되어 있다는 점 등을 고려하고 있다고 말하였다. 이어 한국이 미국이 운영하는 것에 대하여 배우는 목적에서 운영에 협조하는 부분이 있으나 아직까지는 미국의 MD체계와 한국의 미사일 방어를 연계하는 것에 대해서는 검토하지 않고 있다고 말하였다. 그러면서도 MD와 관련한 부분은 앞으로 더 검토하면서 한국의 국익에 도움이 되는 방향으로 추진하겠다고 답변하였다.461)

김태영 국방부 장관과 안규백 의원의 질의에서 미국의 경우에는 한국이 미국의 MD에 들어오기를 바라는 입장이라는 것을 확인할 수 있다. 미국은 일관되게 한국이 미국의 MD에 함께 참여하기를 원한다는 것을 살펴볼 수 있다.

이명박 정부가 초기의 입장과 다르게 미국의 미사일 방어에 참여하지 않는 것으로 바뀌는 모습은 홍익표 의원과 김성환 외교통상부 장관의 국

---

461) 국회회의록, 제18대 국회 제287회 제5차 국회본회의, (2010년 2월 5일), pp.57-58.

회에서의 발언에서 근거를 찾을 수 있다. 홍익표 의원이 한미일이 정보군사협정을 하는 것이 MD에 들어가기 위한 것인지를 묻자 김성환 외교통상부 장관은 그렇지 않다고 말하였다. 이에 대하여 홍익표 의원이 재차 일본과 미국이 MD와 관련한 기술을 협력하고 있는데 한국과 MD협력을 하게 되면 그 기술을 한국 기업에게 제공하였을 때 한국 기업이 활용하지 못하게 제한한 규정이 아니냐고 묻는다. 이에 대하여 김성환 외교통상부 장관은 정보군사협력과 MD와는 관계가 없으며 그렇지 않은 것으로 안다고 이야기하면서 누가 먼저 제의를 하고 어떤 경로가 이루어지는 지에 대하여 확인하여 말씀드리겠다고 답변한다.462)

이명박 정부에서 2010년도 전후를 기점으로 미국의 미사일 방어에 들어가는 것이 아니라는 점을 공식화하는 모습이 나타났다. 이명박 정부는 미국의 미사일 방어에 참여하지는 않았지만 KAMD를 구체화하려는 노력을 하였다. 이명박 정부는 KAMD를 구축하기 위해서 필요한 점에 대하여 개선하려는 노력을 한다. 미사일 지침을 개정하면서 사거리 제한을 보다 완화하여 KAMD를 할 수 있도록 발판을 마련한 것이다. 이명박 정부는 2009년 청와대, 국방부, 국방과학연구소, 외교통상부, 교육과학기술부 등을 참여시키는 TF팀을 구성하여 대책을 세우게 된다. 미국 국무부와 2010년 9월의 첫 번째 회의부터 2011년 7월의 세 번째 회의를 거치는 동안 협의하였다. 2011년 8월에 천영우 외교안보수석이 미국을 방문한 후 2012년 김태효 대외전략기획관과 본격적인 협상을 하게 된다. 당시 김태효 대외전략기획관은 미국 국무부의 반대가 거세다는 점을 보고하였다. 2012년 3월 25일 오바마 대통령이 핵안보정상회의에 참석하기 위하여 한국에 방한한 뒤 협의가 이어졌다. 이명박 정부는 천안함 폭침 등을 미사일 지침을 개정하여야 하는 이유로 들면서 사거리를 800km로 늘리는 것이 필요하다는 입장을 표하였다. 천영우 외교안보수석은 국제법상으로 미사일 지침이 효력이 있는 것이 아니기 때문에 파기할 수도 있다는 발언을 하기도 한다. 미사일 지침 개정 논의를 시작하고 약 2년이 지난 뒤인 2012

---

462) 국회회의록, 제19대 국회 제309회 제1차 외교통상통일위원회, (2012년 7월 11일), p.45.

년 10월 최종합의안이 도출되었다. 이명박 정부는 300km였던 사거리를 800km로 늘렸다. 또 항속거리 300km이상 무인항공기(UAV)는 500kg였던 탄두 중량을 2.5t로 늘린다. 트레이드 오프(trade-off)를 적용하여 사거리 800km는 탄두 중량을 500kg로 제한하지만 사거리를 줄이면 탄두 중량을 늘릴 수 있도록 하였다. 한미 미사일 지침의 경우에는 1995년부터 논의를 시작하여 2001년에 김대중 정부가 첫 번째로 개정하였고 약 6년이 걸렸다. 두 번째 미사일 지침 개정은 기존에 신뢰를 쌓은 것을 바탕으로 하여 기간이 보다 단축된다. 천영우 외교안보수석은 오바마 대통령이 지시를 내려서 이명박 대통령이 바라는 대로 하라고 했다는 통화를 토머스 도닐런 미국 백악관 국가안보보좌관과 하였다고 증언하였다.[463]

이명박 정부는 KAMD를 내실있게 추진할 수 있는 발판을 마련한다. 한미 미사일 지침을 개정하여 미사일 사거리를 800km로 늘렸고 2008년 11월에는 패트리어트를 전력화한다. 또 2009년 2월에도 패트리어트를 추가적으로 전력화하였다. 현대중공업에서 만든 세종대왕급 이지스함 1번함은 2008년 12월에 해군이 인도되었다. 또 2009년 8월에 2번함, 2012년 8월에 3번함이 인도된다. 2009년 9월에 이스라엘의 엘타사가 제작한 슈퍼그린파인 블록B레이더를 도입하기로 하여 탄도미사일을 탐지하는 기능을 높였다. 이 레이더는 2012년 12월, 2013년 2월에 1기씩 각각 실전배치하였다. 900km를 탐지할 수 있고 30개 이상의 표적 식별이 가능한 레이더이다. 이명박 정부는 군사기술이 고도로 필요한 부분에서 능력을 보다 갖추는 데 매진하게 된다. 이명박 정부는 2010년 5월 제246차 합동참모회의에서 L-SAM개발을 결정하게 된다. 2015년 12월에 탐색 개발을 하고 2024년을 전후로 하여 실전배치한다는 계획을 세웠다. 이명박 정부는 한미일 공동 미사일 방어 훈련에도 참여한다. 2010년 태평양 드래곤이라는 훈련을 하였다. 또 미국의 전략사령부 주관 훈련 님블 타이탄에 2011년에는 옵서버로 참여하고 2012년 참가국이 된다. 이명박 정부는 2012년 10월 킬체인을 도입하고 맞춤형 억제 전략을 세웠다. 그러나 이

---

463) 이명박, 『대통령의 시간』, (서울: 알에이치코리아, 2015), pp.252-256.

명박 정부는 김대중 정부가 미국의 MD에 참여하지 않겠다고 한 선언을 번복하지 못하고 미국의 MD에 참여하지 않고 독자적인 KAMD능력을 높이는 방향으로 정책을 추진하였다.[464]

이명박 정부의 김태영 국방부 장관은 2010년 이후에 미국의 미사일 방어에 들어가는 것은 아니라는 점에 대하여 인정하는 발언을 하였다. 김성환 외교통상부 장관도 미국의 미사일 방어에 들어가는 것은 아니라고 발언하였다. 2010년을 전후로 하여 이명박 정부는 이전 정부가 미사일 방어에 들어가지 않는다는 입장을 표명하게 된다. 이명박 정부는 2010년 이후에는 KAMD를 보다 내실화있게 추진할 수 있도록 뒷받침을 하는데 매진하게 된다.

한국이 미국의 MD참여에 대하여 선뜻 들어가겠다는 입장을 계속해서 내지 않는 모습을 보이자 미국은 한국에 대하여 군사기술적 이익을 주기보다는 미국의 MD에 참여하는 일본에 대해서는 이익을 주는 전략을 취하였다. 미국은 한국에 대해서 무기 기술 이전을 하기를 꺼려하는 입장을 갖고 있었다. 2011년 1월 18일에 비밀이 해제된 CIA문서에는 미국이 무기의 원천 품목(origin items) 및 기술에 대해서 한국에는 팔지 않는다는 입장을 확인할 수 있다. 이 문서에서 미국은 한미동맹이 약 30년 동안 유지되고 있고 대북 억제력과 전쟁 방지에 도움이 되었음을 인정하면서도 미국의 무기 및 기술을 원천적으로 한국에게 주도록 하는 것과 관련해서는 법적인 조치가 의무적으로 필요하다고 기술한다. 북한이 호전적으로 행동하고 지속적으로 군사도발을 하는 것에 한미공조를 하겠다면서도 미국의 방위산업체 기반을 유지하는 것이 필요하다고 이야기하고 있다.[465] 무기기술의 경우에는 한 번 이전되게 되면 이를 바탕으로 더 최신형의 무기를 생산할 수 있기 때문에 이전자체가 쉽지 않은 특징이 있다. CIA문서를 통하여 미국이 한국에 대하여 한미공조를 유지하면서도 방어용 무기의 원천

464) 고영대, 『사드배치 거짓과 진실』, (서울: 나무와숲, 2017), pp.57-65.

465) CIA, "Current Issues in US-ROK Security Relations", Document Release Date: November 1, 2010, Approved For Release Januray 18, 2011, Document Number: CIA-RDP85M00363R000200260011-4, 이 문서는 2020년 11월 18일 저자가 CIA Library에서 수집한 문서임을 명시한다.

기술에 대하여 이전하지 않겠다는 점을 명확하게 하는 것을 확인할 수 있다. 2010년에도 이러한 미국의 기조는 이어지는 모습이 나타났다. 미국은 한국이 미국의 MD에 들어가지 않고 KAMD는 MD와 별도라는 점을 내세우자 한국보다는 일본에 대하여 기술이전의 이익 등을 주게 된다.

2. 2010년대 후반까지의 한국의 미사일 방어정책

(1) 오바마 정부의 MD 유지와 박근혜 정부의 미사일 방어 참여 거부 유지

박근혜 대통령은 한국의 미국 MD참여와 관련하여 대통령직 인수위원회가 유보 또는 현상유지를 하라는 내용을 보고받은 바 있다. 당시에 윤병세, 최대석 위원이 박근혜 대통령직 인수위원회에 참여하였고 미국의 MD에 참여하는 것은 MD에 들어가지 않는 방법, 들어가더라도 최대한 늦추는 방법이 있다는 내용을 논의하였다. 외교안보 퍼즐(NEAR watch report) 보고서에 따르면 동북아시아에서 발생하는 갈등상황을 해결하기 위해서 당분간 현상유지 원칙을 지키는 것이 필요하다고 보았다. 이 보고서는 26명의 전문가가 참여해 작성했다.[466]

외교안보 퍼즐 보고서에 따르면 미국이 한국이 미국의 MD를 참여하기를 바란다는 요청을 지난 20년 이상 하였고 이러한 요구는 앞으로 더 강해질 수 있다고 보았다. 미국은 한미공조를 통하여 북한의 위협 등을 막아야 한다는 입장이고 이러한 추세가 이어질 가능성이 높으며 미국의 MD에 참여하게 될 수 있다고 보았다. 그러면서 한국이 만약에 미국의 MD에 참여하게 될 경우에 진보 진영의 비난이 있을 수 있고 이에 대한 대응마련이 필요하다고 하였다. 또 북한 정권에서도 한국이 미국의 MD에 참여하는 것을 반대할 것이라고 보았다. 이 보고서는 미국의 MD에 참여한다는 결정을 내리더라도 서두르지 않고 적절한 시점까지 미루는 것이 좋다고 보

466) 『헤럴드경제』 2013년 1월 9일
http://biz.heraldcorp.com/view.php?ud=20130109000221 (검색일: 2018년 5월 13일)
『연합뉴스』 2013년 2월 13일
https://www.yna.co.kr/view/AKR20130213100700001 (검색일: 2018년 2월 3일)

았다. 한국이 미국의 MD에 빠르게 참여할 경우에 경제적 부담을 져야할 수 있고 중국, 러시아, 북한과의 관계가 악화될 가능성이 있기 때문에 적절한 시기를 살피는 것이 필요하다고 하였다.467)

이 보고서에 참여한 윤병세 위원은 MD에 대한 유보적 입장을 담은 내용대로 외교통상부 장관이 되었을 때에도 미국의 MD에 대하여 입장을 명확하게 나타내지 않았다. 이는 유승민 의원과의 국회의 대화에서 근거를 찾을 수 있다. 유승민 의원은 윤병세 외교통상부 장관에게 MD문제와 관련하여 광화문 또는 강남역에 북한의 핵미사일이 떨어지는 것을 막는 것이 중요한 일인지 아니면 중국에서 한국 기업들이 좀 더 돈을 버는 것이 중요한지 묻는다. 유승민 의원은 한국의 국방부 장관, 외교부 장관, 국가안보실장 등이 MD 그리고 사드와 관련하여 강 건너 불을 보는 듯하게 말을 한다고 지적한다. 예를 들어 주한미군에 사드를 도입하는 것은 괜찮다거나 한국 예산으로 사드를 살 생각은 없다고 말하는 것이 말이 안된다고 지적한다. 오히려 국민을 보호하기 위해서는 사드를 한국 예산으로 사야하고 중국에 대해서도 사드와 관련하여 간섭하지 말라고 하여야 하는 데 중국에 대해서는 배짱있게 나가지 못한다고 비판한다. 한국에는 최소한 사드가 3개 포대가 필요하다고 하는데 한국 예산으로 사드를 사야하는 데 KAMD를 한다면서 말도 안되게 하고 있고 외교부에서 사드를 도입하겠다고 대통령을 설득하고 국민을 설득하고 중국에 대해서도 이야기를 하여야 하는데 이런 부분을 하지 않는다고 지적한다. 유승민 의원은 어정쩡하게 해서는 안되는데 윤병세 외교통상부 장관이 어떻게 생각하는지를 묻는다. 이에 대하여 윤병세 외교통상부 장관은 이에 대하여 그동안 여러 차례 논의가 되었는데 외교 당국에서 종합적으로 국익을 고려하고 국방 당국이 중심이 되어서 제기한 문제에 대하여 심도있게 검토하겠다고 답변한다.468)

박근혜 정부는 미국의 MD참여와 관련하여 기존 정부의 결정을 이어갔

467) 정덕구·장달중외24인, 『한국의 외교안보 퍼즐』, The Near Watch Report, (경기도: 나남, 2013), p.92.

468) 국회회의록, 제19대 국회 제329회 외교통일위원회 국정감사, (2014년 10월 7일), p.46.

다. KAMD를 통하여 독자적인 방어력을 구축하기로 한 것이다. 그러나 한국의 KAMD 수준이 실질적으로 낙후되어 있기 때문에 방어력 측면에서 부족하다는 비판이 나왔다. 이러한 모습은 신학용 의원과 김관진 국방부 장관의 국회에서의 이야기에서 확인할 수 있다. 신학용 의원은 북한의 탄도미사일 방어능력에 대하여 한국이 실질적으로 향후 10년 이내에는 무방비상태라고 비판한다. 신학용 의원은 북한의 탄도미사일은 초고속으로 발사되는데 이에 대하여 실질적으로 무방비상태라는 점을 지난 국정감사에서 지적하였고 그 때 국방부가 인정하였다면서 북한의 탄도미사일이 워낙 초고속으로 날아와서 PAC-2로 맞추기가 어렵고 PAC-3를 갖춰야 하는데 예산이 많이 들어서 못한다는 점에 대하여 지적한다. 그러면서 현재 북한의 초고속 탄도미사일을 방어하지 못하는 것이 맞냐고 묻는다. 이에 대하여 김관진 국방부 장관은 한국의 방어력이 미흡한 수준이라는 점에 대하여 인정하며 앞으로 보다 하층 방어 능력을 높일 수 있도록 노력하겠다고 답변한다. 또 자세하게 밝히기는 어렵지만 제한된 능력 하에서 방어가 가능하고 하층 방어 능력을 보유하도록 자체 개발을 하고 있다면서 수 년 내에는 개발할 것으로 본다고 답변하였다.[469)]

이를 통하여 2012년에도 한국의 미사일 방어 능력이 미흡한 수준에 머물러 있으며 하층 방어 능력을 보유하지 못하고 있음을 확인할 수 있다.

박근혜 정부는 사드 배치와 관련해 출범초기에는 3NO(No Request, No Consultation, No Decision 요청 협의 결정 없음, 이하 3NO)를 나타냈다. 박근혜 정부가 애매모호한 입장을 유지하는 것에 대하여 우려하는 목소리는 신기남 의원과 이완구 국무총리의 국회에서의 이야기에서 확인할 수 있다. 신기남 의원은 사드와 관련하여 미국과 중국이 첨예한 입장을 나타내면서 부딪치고 있는데 G2(Group of Two)인 미국과 중국이 한국에서 힘겨루기를 한다는 국내외 분석에 대하여 어떤 의견인지를 묻는다. 박근혜 정부가 사드 배치와 관련하여 모호한 입장을 유지하고 있고 소위 말하는 3NO라면서 요청이 없었고 협의가 없었고 결정된 바가 없다는

469) 국회회의록, 제18대 국회 제306회 제1차 국방위원회, (2012년 4월 13일), p.3.

데 이렇게 모호한 입장을 유지하는 사이에 국론이 분열되고 있다고 지적한다. 심지어 여당에서도 혼선이 일고 있는데 박근혜 정부의 사드 배치에 대한 입장이 무엇인지를 묻는다. 이에 대하여 이완구 국무총리는 박근혜 정부가 사드와 관련하여 3NO 기조 하에 있는데 국익의 관점에서 문제를 판단할 필요가 있다고 생각한다고 답변하였다. 이완구 국무총리는 한미 간에 안보를 굳건하게 하고 중국 관계 역시 무역의 규모가 1순위로 있다는 점을 고려하여 경제적으로 굳건하게 할 필요가 있다고 본다고 말한다. 또 북한과의 관계는 한반도 신뢰 프로세스를 바탕으로 하여 대화의 통로를 만드는 노력을 다각적으로 취하겠다고 말하였다.[470] 신기남 의원과 이완구 국무총리의 질의에서 사드와 관련하여 박근혜 정부가 모호한 입장을 취하고 있으며 중국과의 무역 등을 고려하여서 이러한 모호한 입장이 나타나고 있음을 살펴볼 수 있다.

신기남 의원은 사드를 배치할 경우에 한미일과 북중러로 대립 구도가 세워지게 되면 한국이 불이익을 받거나 통일을 하는데 중국의 협조를 받기 어려운 점을 우려하는 발언을 한다. 신기남 의원은 한반도가 통일하여야 하는데 한미일 대 북중러 이렇게 3각 동맹이 대립구도로 가고 한국이 여기에 편입되게 되면 통일이 멀어진다고 지적한다. 한국이 여러 가지 여건 상 미국과 안보적으로 동맹을 굳건하게 할 필요가 있지만 신 냉전구도로 가게 되는 것은 막아야 한다고 지적한다. 그러면서 한국이 미국과 중국 사이에서 어떤 외교를 취해야 하는 지 전략을 말하라고 묻는다. 이에 대하여 이완구 국무총리는 한미동맹은 포괄적으로 안보를 포함하여 여러 분야에서 전략적인 관계가 유지될 필요가 있다고 본다고 답변한다. 또 중국과는 경제적인 측면에서 특히 전략적으로 협력하는 것이 필요하다고 말하였다. 한미와 한중 관계에 있어서 한국이 투트랙으로 국익의 관점에서 미국과는 포괄적 동맹관계를 하고 중국과는 전략적인 협력관계로 가는 것이 필요하다는 생각을 한다고 답변하였다.[471]

이를 통하여 한국의 경우에는 사드 등을 들여오면 한미일과 북중러 이

---

470) 국회회의록, 제19대 국회 제332회 제4차 국회본회의, (2015년 4월 13일), p.36.
471) 국회회의록, 제19대 국회 제332회 제4차 국회본회의, (2015년 4월 13일), p.36.

렇게 3각 동맹이 신 냉전구도가 되면 통일이 어려워지게 된다는 점을 우려하고 있고 중국과의 경제적인 무역이 늘고 있는 가운데 중국과 대립을 하는 것을 꺼려하는 모습이 있었음을 살펴볼 수 있다.

박근혜 정부 초기에 미사일 방어 참여에 대하여 유보적인 입장은 정세균 의원과 윤병세 외교통상부 장관의 질의에서도 확인할 수 있다.

정세균 의원은 미국에서 사드를 한국에 배치하는 것과 관련하여 한미국방 당국자가 사드와 관련하여 논의하다가 논란이 있으면 공식적으로 협의한 바가 없다는 식으로 입장을 바꾸는데 여러 가지 과거의 정황이나 발언 등을 보면 한미 간에 물밑 협상이 있는 것은 아닌지에 대하여 묻는다. 또 사드가 미국이 추구하는 MD체제의 핵심으로서 그동안 한국 정부가 미국의 MD에 들어가는 것과 관련하여 유보적인 입장이었는데 현재에도 이러한 입장이 같은지를 묻는다. 이에 대하여 윤병세 외교통상부 장관은 미국의 MD에 들어가는 것과 관련한 입장은 특별하게 무엇인가가 바뀌기 전에는 변경되었다고 보기에 어렵다고 답변하였다.

또한 윤병세 외교통상부 장관은 정세균 의원이 미국의 미사일 방어에 들어가게 되면 중국과의 외교에 있어서 마찰이 발생할 수 있는데 이에 대한 입장을 묻는 질의에 대하여 윤병세 외교통상부 장관은 한국은 KAMD를 구축하는 것이고 미국의 미사일 방어에 참여하는 것은 아니라고 답변한다. 정세균 의원은 시진핑 주석이 방한하였을 때 사드에 대하여 신중하게 해달라는 입장을 보인 것으로 아는데 MD체제의 편입과 관련하여 중국에 대하여 한국의 입장을 밝힌 바가 있는지 묻는다. 중국의 우려에 대한 한국 정부의 입장과 사드에 대한 입장을 묻는다. 이에 대하여 윤병세 외교통상부 장관은 MD문제와 관련하여 오랜 기간 한국이 KAMD를 통하여 대응 능력을 높이는 것이 한국의 기본 입장이라고 일관되게 밝혀왔고 중국에 대해서도 한국의 일관된 입장이 이미 다 알려진 것으로 안다고 말하였다. 미국의 MD참여와 관련하여 공식적으로 미국에서 요청이 들어온 것이 아니며 한국 국방부와 미국 국방부도 사드와 관련하여 비슷한 취지의 답변을 한 것으로 아는데 미국의 어떤 결정이 내려진 것이 아니어서 현 단계에서 MD문제와 관련하여 정부의 입장은 이미 국방부가 밝힌 입장 그대

로라고 답변한다.[472]

박근혜 대통령은 2013년 10월 한국이 KAMD를 구축하여 북한의 도발에 대응하겠다고 건군 제65주년 기념식에서 이야기하였다. 또 2014년 11월 박근혜 정부는 PAC-3 미사일 136기를 도입하겠다는 결정을 내렸다. 2015년 5월에는 킬체인과 KAMD를 구축하여 북한의 위협에 대응하겠다는 2016-2020 국방중기계획을 세웠다. 이 계획에는 약 8조 7,000억원의 예산이 배정됐다. 킬체인은 4단계로 구성되는데 북한이 핵무기나 미사일을 발사하려 할 때 이를 먼저 탐지하고 식별한 뒤 판단과 결심을 하고 타격이 가능한 부대에 무장운용의 지시를 내리게 된다. 킬체인은 미국 공군이 사용하는 F2T2EA(Find Fix Track Target Engage Assess, 탐지 식별 추적 목표조준 교전 평가)와 유사하다고 볼 수 있다. 미국 공군은 F2T2EA를 역동적인 표적처리절차(Dynamic Targeting Step)로 부르기도 하는데 적대 국가의 미사일을 탐지, 식별, 추적, 결심, 교전, 평가하는 단계를 거치고 있다. 미국 공군의 F2T2EA 전략은 이라크 전쟁 당시 이동식 스커드미사일 발사대를 파괴하기 위하여 구상되었다. 박근혜 정부는 F2T2EA와 유사한 킬체인, KAMD를 구축하여 북한의 위협으로부터 대비한다는 방침을 밝혔다.[473]

그러나 박근혜 정부는 한국이 KAMD를 독자적으로 구축하는 것이고 KAMD추진이 미국의 MD 참여와는 다르다는 입장을 나타냈다. 최윤희 합동참모의장 후보자의 인사청문회에서 이러한 조심스러운 입장을 확인할 수 있다. 한기호 의원이 최윤희 후보자에게 KAMD추진이 미국의 MD에 가입하는 것이 아닌지를 질의한다. 한기호 의원은 우리 민족끼리에 나온 KAMD, 킬체인에 대한 내용을 읽겠다면서 킬체인은 미국이 주도하는 MD에 적극 가담하는 것으로서 괴뢰들이 북한의 핵무기와 미사일에 대응하려고 한다는 내용의 자료인데 북한이 이러한 자료를 계속해서 내놓고 있다고 말하였다. 한기호 의원은 북한이 한국을 괴뢰라고 부르면서 미국

472) 국회회의록, 제19대 국회 제329회 외교통일위원회 국정감사, (2014년 10월 7일), pp.75-76.
473) 박석진, "미국의 아시아회귀전략과 한국에서의 MD 전개과정", 『제8회 동아시아 미군기지 문제 해결을 위한 국제 심포지엄 자료집』, (서울: 4·9통일평화재단, 2015), pp.15-18.

의 MD에 들어가고 대량살상무기 확산방지구상에 들어간 것은 미국의 압력에 굴복한 것이라고 주장하는데 KAMD, 킬체인이 미국의 MD에 들어가는 것이 맞는 지에 대하여 질의한다. 이러한 질문들에 대하여 최윤희 합동참모의장 후보자는 KAMD와 미국의 MD가 체계가 다르다고 설명한다. 한국의 KAMD는 주로 하층방어를 하는 것으로서 북한이 미사일을 발사하였을 때 종말 단계에서 요격하는 것을 하는 개념이라고 하였다. 반면에 미국의 MD는 다층방어를 통하여 체계적으로 미사일 공격을 막는 개념이라고 하였다.474)

김재윤 의원은 미국이 한국에 대하여 공식적으로 MD참여 요구가 있었는지 묻자 최윤희 후보자는 미국이 공식적으로 참여를 요청하지 않았다고 말한다. 다시 김재윤 의원이 비공식적으로는 미국이 요청한 적이 있는지 묻는다. 이에 대하여 최윤희 후보자는 한국의 KAMD는 미국이 추진하는 MD와 기본적인 능력의 측면과 표적의 측면에서 다른 부분이 있다고 설명한다. 그러면서 한국의 KAMD는 미국의 MD와 공유되지는 않는다고 말하였다.475)

박근혜 정부에서 사드 도입 이야기가 오고 가는 도중에 사드를 도입하는 것이 미국의 미사일 방어에 들어가는 것이 아닌지를 우려하며 정부의 입장을 밝혀달라는 질의에 대하여 정홍원 국무총리는 사드와 관련하여 공식적 제의를 받은 바 없고 KAMD를 구축하며 이것은 미국의 미사일 방어와 다르다고 답변한다. 이는 김성곤 의원과 정홍원 국무총리의 발언에서 확인할 수 있다. 김성곤 의원은 주한미군 유지비용으로 9,200억원을 내고 있는데 미국이 공짜로 한국의 방위를 책임져주는 것이 아니라고 말하면서 미국이 사드를 도입하겠다는 데 대하여 한국 정부의 입장이 어떤 것인지를 정리하여 확실하게 말해달라고 질의한다. 이에 대하여 정홍원 국무총리는 미국이 사드에 대해서 공식적인 제의가 없었고 한국 정부도 논의하거나 의향을 가진 바가 없다고 하면서 한국은 KAMD를 구축하고 있는데 KAMD는 미국의 MD와 다른 체계라고 말하였다. 김성곤 의원이 재차 한

474) 국회회의록, 제19대 국회 제320회 제4차 국방위원회, (2013년 10월 11일), p.44.
475) 국회회의록, 제19대 국회 제320회 제4차 국방위원회, (2013년 10월 11일), p.57.

국이 KAMD를 고수하는 한 미국의 MD에 들어갈 계획이 없다는 것이 확실하냐고 묻자 정홍원 국무총리는 KAMD를 추진하는 한 관계가 없다는 답변을 하였다.

정홍원 국무총리 뿐만 아니라 김관진 국방부 장관도 KAMD를 유지하겠다면서 미국의 MD에 들어가는 것과 다르다는 박근혜 정부의 입장을 나타냈다. 김성곤 의원은 김관진 국방부 장관에게 정홍원 국무총리가 국방부가 미국의 MD에 들어가지 않고 KAMD를 유지한다는 그동안의 기본입장을 이야기 하였는데 이것이 기본입장이 맞는지를 묻는다. 이에 대하여 김관진 국방부 장관은 맞다고 답변한다. 김성곤 의원이 지난 3일에 주한미군사령관이 한국에 사드를 배치하는 것을 검토하겠다고 밝힌 다음 날 국방부는 사드를 도입하는 것을 고려하지 않는다고 말하였다가 그 다음날인 5일에 미국 국방부의 미사일정책국장이 사드 성능, 사드 가격 등에 대하여 한국 정부가 물었다고 하였다가 그 다음날 미국 국방부가 오전에는 아니라고 하였다가 오후에는 단순하게 정부차원에서 알아본 것이라고 말을 바꾸었는데 진상을 이야기하여 달라고 말한다. 이에 대하여 김관진 국방부 장관은 사드는 현재 미국 내에서 논의 중이고 한국이 사드를 구입하여 배치한다는 계획이 없다는 점을 명확하게 한다고 말하였다. 김성곤 의원이 재차 "그러면 미국이 들여오는 것은 괜찮습니까?"라고 묻자 김관진 국방부 장관은 "예, 주한미군에 전력화되는 것은 상관이 없습니다."라고 답변한다. 김성곤 의원은 미국이 사드를 주한미군용으로 한국에 들여오는 것은 괜찮은 것인지 재차 묻자 이에 대하여 김관진 국방부 장관은 그렇다고 답변하였다. 김성곤 의원이 정홍원 총리가 말한 입장과 차이가 있는 것 같다고 묻자 김관진 국방부 장관은 총리도 그렇게 말씀하셨다고 말하였다. 김관진 국방부 장관은 이어 한국이 자료를 요청한 것은 한국군에 자체적으로 KAMD를 구축하기 위하여 L-SAM을 개발 중에 있는데 여기에 참고하기 위하여 유사한 무기를 찾아보는 가운데 미국의 사드, 이스라엘의 무기체계를 살펴보고 있고 미국, 이스라엘 양쪽으로부터 이미 자료를 요청한 바가 있으며 그 내용을 이야기하는 것이라고 말하였다. 다시 말해 사드와 관련한 자료를 요청한 것이 아니고 KAMD를 구축하는 데 필요한 L-SAM을 만드는데 자료를 요청한 것이라는 답변을 한 것이다.

김성곤 의원은 국방부가 주한미군에 사드가 배치되면 주한미군뿐만 아니라 한국 국민을 보호하는 것에도 도움이 된다고 말한 보도가 있는데 사실인지를 묻는다. 김관진 국방부 장관은 사드는 탄도미사일을 종말단계에서 요격하는 무기체계로서 주한미군에 배치될 경우에 패트리어트와 중첩적인 방어가 가능하다고 보고 북한의 탄도미사일을 요격시키는 능력을 높이는 결과를 가져온다고 생각한다고 말하였다. 김성곤 의원은 한반도의 종심이 짧은 점을 지적하면서 사드가 필요없다는 데 대하여 어떻게 생각하는 지를 묻는다. 김성곤 의원은 북한이 한국에 미사일을 쏠 경우에 300km 안팎의 미사일을 사용하게 되며 스커드계 미사일을 사용하여도 충분한 것으로 아는데 굳이 북한이 대기권 밖으로 미사일을 날려서 다시 대기권 안으로 떨어지는 장거리미사일을 발사하여 한국이 요격할 시간을 벌어주지 않을 것 같은데 한반도에 사드가 굳이 필요한 지를 묻는다. 김성곤 의원은 사드가 한국이 아니라 미국의 국방이나 특히 중국에 대한 포위망을 구축하는 의도로서 배치하는 것이라는 군사전문가들의 의견이 있는데 이에 대한 생각을 묻는다. 김관진 국방부 장관은 사드의 요격고도가 제한되어 있기 때문에 요격고도와 사거리가 작전 범위에서 한반도 내로 제한되어 있다고 답변하였다. 이어 북한의 미사일도 스커드 미사일 뿐만 아니라 북한이 충전물을 조정하여 노동미사일급 등을 포함하여 한반도에 사격이 가능한 미사일에 대하여 포괄적으로 대비하는 것이 필요하다고 답변하였다.[476] 이러한 국회에서의 질의를 통하여 박근혜 정부 시기인 2014년도에 한국의 KAMD는 제한적인 수준에서 구축되는 가운데 있었음을 알 수 있다. 이러한 모습은 한국 무기에 미국 군용 GPS를 달아야 한다는 것과 관련한 국회에서의 질의에서 확인할 수 있다. 강은호 방위사업청 지휘정찰사업부장, 김헌수 국방부 전력정책관, 이철희 소위원장, 김종대 의원이 한국산 무기에 미국의 군용 GPS에 대하여 이야기하였다. 이철희 소위원장은 한국이 제작한 무기에 미국 군용 GPS를 달면 재밍(Jamming, 전

476) 국회회의록, 제19대 국회 제326회 제1차 국회본회의, (2014년 6월 18일), pp.33-34.

파 교란, 이하 재밍)이 발생할 가능성이 있다면서 이에 대하여 질의한다. 강은호 방위사업청 지휘정찰사업부장은 재밍과 관련한 센서가 작동하게 되어 있고 자동뿐만 아니라 수동 조작이 가능하다고 설명한다. 또 UAV를 비상착륙하는 것도 가능하다고 말한다. 강은호 지휘정찰사업부장은 미국 군용 GPS장착과 관련하여 EL(Export License, 수출규제, 이하 EL)협상이 진행 중에 있고 한국이 개발한 무기에 장착하면 재밍에 보다 강한 기능을 사용할 수 있다고 답변하였다. 그러자 김종대 의원은 한국이 만든 UAV에 미국산 군용 GPS를 사용하는 것이 맞는 것인지를 묻는다. 이에 대하여 김헌수 국방부 전력정책관은 이미 유사한 사례가 있고 한국이 개발한 무기에 미국 군용 GPS를 달았던 사례가 있다는 답변을 한다. 국회에서의 질의를 통하여 한국이 중요한 정보 자산 부분에서 국산 군용 GPS를 다는 기술까지는 보유하지 못한 허점이 있었음을 확인할 수 있다.477)

2021년 5월 17일, 2021년 5월 21일 박근혜 정부 때 국방부의 김헌수 전력정책관과의 인터뷰에서 한국이 이전 정부에서 KAMD를 추진한다고 결정하고 정치적인 이유 등을 고려하여 미국과의 MD참여를 하지 않는 상황에서 국방부는 자체적으로 한국산 무기를 고도화하는 것에 중심을 두었다고 설명하였다. 김헌수 전력정책관은 당시로서는 한국이 자체적인 군용 GPS를 제작하는 기술이 없었다고 하였다. 또 GPS는 두 가지로 나눌 수 있는데 첫째 상용, 둘째 군사용이라고 하였다. 상용 GPS와 군용 GPS는 정밀도, 항재밍 능력, 보안성에서 차이가 난다고 설명하였다. 군사용 무기에는 군용 GPS를 장착해야 안전하게 무기를 운용할 수 있다고 하였다. 한국이 독자적으로 GPS를 제작하거나 보유하지 못해서 미국의 군사용 GPS를 구매하고 장착해야 하는데 이 경우에는 EL의 승인이 필요하다고 설명하였다. 김헌수 전력정책관은 한국이 독자기술이 부족한 부분과 중요 정보 자산에 대한 능력이 부족하다는 점에 대하여 국방부가 오랜 기간 동안 개선이 필요하다는 점에 대하여 공감대 형성이 되어 있었고 장기적으로는 한국 독자 기술을 발전시키는 것이 필요하다고 생각하였다고 말하였다.

477) 국회회의록, 제20대 국회 제346회 제2차 국방위원회, (2016년 11월 1일), p.51.

한국이 M-SAM, L-SAM을 개발하는 것도 이러한 기조 하에서 시작된 것이라고 하였다. 김헌수 전력정책관과의 인터뷰를 통하여 당시 한국이 국산 GPS를 만들 정도의 기술이 없었고 핵심 정보기술 측면에서 부족한 수준에 머물렀음을 확인할 수 있다.[478)]

(2) 박근혜 정부의 미사일 방어

박근혜 정부에서 미사일 방어가 제대로 구축되지 않고 있으며 기술 수준의 경우에도 한참 뒤떨어졌고 미사일 방어와 관련한 제대로 된 논리가 없다는 비판은 계속 나타났다. 박근혜 정부는 사드 배치와 관련하여 3NO 입장을 고수하면서 애매모호한 태도를 취하였다. 사드는 북한의 핵무기와 탄도미사일 위협에 대응하기 위하여 배치 필요성이 제기되었던 무기이다.[479)]

사드는 종말단계의 상층고도에서 적으로부터 날아오는 단거리 미사일과 중거리 미사일에 대하여 요격미사일을 발사하여 직격 파괴하도록 설계한 방어용 무기이다. 한국은 당장 북한의 미사일이 날아올 경우에 방어할 능력이 부족하기 때문에 L-SAM을 개발하여 방어하고자 하였으나 당장 배치할 수 있는 기술은 없는 상태였다.[480)]

사드는 미국이 1987년 개발을 시작하여 2008년 부대에 배치되기 시작하여 운용된 무기이다. 사드의 미사일은 적의 미사일에 직접 충돌하여 파괴하기 때문에 파편으로 요격할 때보다 명중률이 뛰어나다. 사드의 1개 포대는 6기의 발사대로 구성되는데 발사대 1기에 8발의 미사일을 실을 수 있다. 따라서 사드 1개 포대의 미사일은 48개가 된다. 사드 1개 포대는 약 2조원 정도에 거래된다. 사드는 한 발 가격이 110억원이 넘는데 최대

---

478) 김헌수 전력정책관 (2021년 5월 17일), 저자와의 이메일 인터뷰, (2021년 5월 21일), 저자와의 직접 만나서 대화한 인터뷰.

479) Ashton Carter Secretary, "Exit Memo: Department of Defense Taking the Long View, Investing for the Future", January 5, 2017, The White House President Barack Obama Archives.
https://obamawhitehouse.archives.gov/administration/cabinet/exit-memos/department-defense

480) Robert C. Watts, "Rocket's Red Glare", *Naval War College Review* Vol.71 No.2, (2018), pp.79-81.

속도가 소리의 속도보다 8배 이상이나 빠르며 마하 8.24의 속도로 요격한다. 사드는 미국 본토를 지키기 위하여 개발되었고 적국이 탄도미사일을 발사하였을 때 해상에서 이지스함의 SM-3(Standard Missile-3, 스탠더드 미사일-3, 이하 SM-3)로 요격하고 PAC-3로 요격한 뒤 알래스카에 있는 지상배치 요격미사일(GBI: Ground-Based Interceptor, 이하 GBI)로 요격을 시도한 후에 종말 단계에서 고고도에서 요격미사일을 직격파괴시켜서 땅에 떨어지기 전에 파괴시키는 방어무기이다. PAC-1, PAC-2가 공중에서 폭파하여 파편과 폭발력으로 항공기를 격추시키지만 직격 파괴하지 못하는 부분을 개선하여 PAC-3가 나왔는데 사드는 PAC-3가 방어하지 못하는 고고도에서 직격 파괴로 충돌하여 적의 탄도미사일을 막는데 유용하다.[481)]

박근혜 정부는 공식적으로 미사일 방어에 참여하지 않고 KAMD를 통하여 방어를 하겠다는 입장을 유지하였다. 미국의 미사일 방어에 들어가지 않는다는 기조 하에서 박근혜 정부와 국방부는 사드를 도입하는 것과 관련하여 MD에 참여하는 것은 아니라고 부정하면서 애매모호한 입장을 유지한다.[482)]

박근혜 정부가 모호한 입장을 유지하는 것은 당시 국방부와 외교부에서 미사일 방어와 관련한 제대로 된 기술적 정보나 또는 일관된 정책적 신조가 없이 일을 추진하는 것으로 오인될 정도였다. 이러한 모습은 유승민 의원과 윤병세 외교부 장관의 국회의 발언에서 근거를 찾을 수 있다. 이 발언을 통하여 박근혜 정부가 사드, SM-3 그리고 미사일 방어에 대하여 얼마나 조심스러워하는 입장을 가졌는 지를 살펴볼 수 있다. 유승민 의원은 한국 외교부에 과연 미사일 방어와 관련된 전문가가 있는지 의구심이 든다면서 외교부의 공무원들조차도 논리가 없는 것 같다는 비판을 한다. 유승민 의원은 외교부에 미사일 방어와 관련한 전문가가 없는 것 같다고 말한다. 북미국장, 과장님들 등 누가 제일 전문가인지 물으면서 국민의 생명

---

481) 유용원·남도현·김대영, 『무기바이블3』, (서울: 플래닛미디어, 2016), pp. 410-414.
482) Bruce Klingner, "The Importance of THAAD Missile Defense", *The Journal of East Asian Affairs* Vol.29, No.2, (2015), p.22, pp.31-33.

을 보호하기 위하여 사드나 SM-3를 도입하는 것이 필요하다고 생각하는데 한국 외교부의 공무원들은 중국, 북한에 대하여 미사일 방어와 관련하여 기술적, 논리적 측면에서 분명하고 자신 있게 대응하지 못한다고 지적하였다. 유승민 의원은 중국, 북한이 주장하는 논리를 살펴보면 한국이 사드, SM-3를 도입할 경우에 레이더가 함께 들어와서 중국, 북한의 것을 탐지할 것이고 괌, 미국 본토 등을 한반도의 사드, SM-3로 요격한다는 논리를 펴고 있는데 이것은 중국, 북한의 논리인데 왜 이에 대하여 대응하지 못하는 지를 묻는다. 이에 대하여 윤병세 외교부 장관은 아직 정부가 미사일 방어 참여에 대하여 공식적으로 협의를 요청받은 바가 없어서 공식적인 입장이 없다고 답변한다. 윤병세 외교부 장관은 국방부가 이러한 문제와 관련하여 중심이 되어서 하고 있고 앞으로 NSC 상임위원회 등에서 논의가 될 것이기 때문에 현재로서는 사드는 국방부가 밝힌 바대로 공식적으로 협의에 대한 요청이 없었고 그에 따라 공식적인 입장은 아직 없다고 답변하였다.[483] 유승민 의원은 국방부와 지난 6년 동안 이야기하였는데 미사일 방어와 관련해서는 한심한 수준에 그친다고 비판한다. 유승민 의원은 국방부 사람들이 MD와 관련하여 한심한 정도의 이야기를 하고 있고 국방부보다 외교부 외교관들이 기술적으로 더 모르는데 MD에 대한 공부도 제대로 안하면서 중국, 북한과 이야기한다고 지적하였다. 외교부가 MD 공부를 안하고 받아서 중국, 북한과 이야기해서는 논리적으로 게임이 되지 않는다고 말하였다. 유승민 의원은 윤병세 장관에게 미사일 전문가가 보다 진전된 답변을 하여 달라고 하자 윤병세 외교부 장관은 열심히 하겠다는 말로 답변하는 것으로 질의를 끝냈다.[484]

박근혜 정부가 미사일 방어와 관련하여 애매모호한 태도를 유지하였던 것은 주한미군에 사드를 배치하는 과정에서 여실히 드러난다.

한국에 사드를 배치하는 것이 필요하다는 발언은 커티스 스캐퍼로티 주한미군사령관이 2013년 7월 미 하원 군사위원회에서 열린 인사청문회에서 확인할 수 있다. 커티스 스캐퍼로티 주한미군사령관은 사드, 이지스함,

483) 국회회의록, 제19대 국회 제326회 제3차 외교통일위원회, (2014년 7월 11일), pp.29-30.
484) 국회회의록, 제19대 국회 제326회 제3차 외교통일위원회, (2014년 7월 11일), p.30.

패트리어트는 미국과 미국의 동맹국의 안보를 위하여 반드시 필요하며 상호운용성(interoperability)과 통합(integration)을 확대하여야 한다고 발언하였다. 2013년 9월 10일 록히드마틴의 마이클 트로츠키 부사장은 한국이 사드에 관심을 갖고 있다고 발언하였다. 그러나 한국의 국방부는 들어보지 못한 이야기라고 일축하기도 하였다.485)

2014년 8월 22일에 로버트 워크 미국 국방부 부장관이 사드를 배치하는 것이 필요하다는 발언을 방한 때 하면서 공식적으로 사드에 대하여 이야기가 나오게 된다. 로버트 워크 부장관은 한국이 북한의 미사일 위협에 대응하기 위해서는 사드배치가 필요하다고 말하였다.486)

로버트 워크 미 국방부 부장관의 공식적 발언 이후에 사드를 도입하는 것이 필요하다는 의견이 제시되었으나 박근혜 정부는 사드배치에 대해서 3NO의 입장을 유지하였다. 2015년 11월에 열린 제47차 SCM에 사드 배치와 관련해서 이러한 박근혜 정부의 모호한 입장이 나타난다. 한민구 국방부 장관은 애슈턴 카터 미국 국방부 장관과 함께 한국과 미국이 사드를 논의하거나 협의한 것이 없고 이러한 문제는 한미동맹에서 논의하고 결정하는 부분이라고 이야기하였다.487)

사드와 관련하여 입장을 내기를 꺼리는 모습으로 일관하던 박근혜 정부는 북한의 4차 핵실험 이후에 사드를 배치하는 것이 필요하다는 입장으로 선회하게 된다. 북한이 2016년 1월 6일에 제4차 핵실험을 하자 박근혜 대통령은 1월 13일에 사드를 배치하는 것이 국익에 도움이 된다고 이야기 한다. 이후 미국 전략문제연구소에서 2016년 1월 22일 북한의 위협에 대응하기 위해서는 사드를 배치하는 것이 필요하다는 분석이 나왔다. 북한이 2016년 2월 7일에 장거리 로켓 발사를 하였다. 북한의 도발이 거세지는 모습이 이어졌다. 그러자 2016년 2월 22일에 한민구 국방부 장관이

---

485) 『민중의 소리』 2016년 7월 20일
http://www.vop.co.kr/A00001049039.html (검색일: 2020년 3월 19일)

486) 『조선일보』 2014년 8월 22일
https://news.chosun.com/site/data/html_dir/2014/08/22/2014082200708.html (검색일: 2020년 3월 19일)

487) 『정책브리핑』, "제47차 한미 안보협의회의(SCM) 공동성명 전문" (2015년 11월 2일)
http://www.korea.kr/news/policyNewsView.do?newsId=148802662

사드 배치와 관련하여 미국이 공식적으로 제의를 하였고 한국이 이에 협의 중에 있다고 말하였다.[488]

사드 배치는 시간적으로 매우 짧은 기간 안에 추진되면서 배치가 급박하게 추진된 면이 있다. 박근혜 정부는 사드 관련 공동실무단을 구성하였고 사드 배치에 대하여 협의를 하게 된다. 2016년 2월 7일부터 22일까지 논의하고 약정체결은 2016년 3월 4일에 하였다. 경북 성주가 사드 배치 지역이라고 한미공동실무단이 발표한 시기는 2016년 7월 13일이다. 박근혜 대통령은 2016년 8월 4일에는 다른 부지 이전에 대해서도 검토하고 있고 국방부도 이러한 점을 검토한다고 밝혔다. 2016년 9월 30일에는 롯데그룹이 보유한 성주 골프장을 사드 배치 지역으로 대체한다는 점이 확정되었다. 주한미군사령부는 2017년 3월 6일에 사드가 한국에 반입되었다고 하였고 오산공군기지에 일부가 배치되었다.[489]

박근혜 대통령은 임기 초반에 3NO의 입장을 취하였다가 사드 배치에 대하여 협의와 논의와 공식발표는 빠른 시기 안에 마무리 짓게 된다. 한국의 사드 배치 결정 과정을 살펴보면 약 1년 정도의 기간에 사드 배치가 마무리 되는 것을 확인할 수 있다. 박근혜 대통령이 2016년 1월에 사드 배치가 필요하다고 발언한 뒤에 한국과 미국이 공동으로 2016년 7월 8일에 사드 배치가 필요하다는 발표를 하였다. 약 6개월의 기간이 걸렸다. 또 사드를 배치하는 부지를 선정하는 것과 관련하여 협의하고 논의를 거쳐서 롯데그룹의 성주 골프장 부지에 사드가 배치된 것은 2017년 4월 26일이다. 박근혜 정부가 임기 초반에 사드와 관련하여 배치가 필요하다고 보고 심도 있게 논의한 후에 배치를 하였다면 그에 따른 반발을 줄일 수 있고 사드 배치에 대한 이해도를 높일 수 있었는데 그렇지 못하였던 점은 아쉬움이 남는 부분이다.[490]

---

488) 『연합뉴스』 2017년 9월 6일
https://www.yna.co.kr/view/AKR20170906115500014 (검색일: 2020년 3월 3일)
489) 『뉴시스』 2017년 3월 8일
https://newsis.com/view/?id=NISX20170308_0014750341&cID=10810&pID=10800 (검색일: 2020년 3월 19일)
490) 국방부 정보공개청구자료 2020년 3월 2일 접수번호: 6502928, 저자는 2020년 3월 2일 사드배치시기와 관련하여 국방부에 정보공개를 청구하였고 국방부 대북정책관실 미사일 우

박근혜 정부가 사드 배치와 관련하여 임기 초반부터 계속해서 입장을 내지 않고 모호한 상태를 유지하자 비판도 나왔다. 국회에서는 박근혜 정부가 사드와 관련한 입장을 내는 것을 주저하는 것에 대하여 비판이 나왔다. 이는 강창일 의원과 황교안 국무총리와의 질의에서 이를 확인할 수 있다. 강창일 의원은 사드 배치 문제와 TPP(Trans-Pacific Strategic Economic Partnership, 환태평양 경제 동반자 협정, 이하 TPP)에 가입하는 문제를 포함하여 박근혜 정부가 국제적으로 미국, 중국에 대하여 어떤 전략을 세웠는지 이야기해 달라고 말한다. 이에 대하여 황교안 국무총리는 기본적으로 한국 정부는 미국과 동반자 관계를 공고하게 하는 바탕에서 주변국들과 협력한다는 전략을 취하며 경제 부분에 있어서도 국익을 기본으로 하여 국민들의 공감대를 만들어가겠다고 답변하였다. 강창일 의원은 그런 답변은 아주 초보적인 이야기이고 사드, TPP를 어떻게 할 것인지 재차 묻는다. 이에 대하여 황교안 국무총리는 아직까지는 상의 단계가 아닌 것으로 안다고 답변하였다. 강창일 의원이 사드에 대해서는 어떻게 할 것인지 묻자 황교안 국무총리는 협의 단계가 아직 아니어서 국익에 도움이 되는 방향으로 협의하겠다고 답변하였다. 강창일 의원은 박근혜 정부가 사드 배치에 대하여 모호한 입장을 유지하는 것이 미국, 중국 양쪽으로부터 불이익을 받거나 잘못하다가는 미국과 중국 양쪽으로부터 버림받고 국제 미아의 신세가 될 수도 있다는 점에 대하여 우려의 목소리를 낸다. 그리고 박근혜 정부가 생각보다 미국과의 관계와 중국과의 관계에 있어서 큰 그림을 그리지 못하고 전략적으로 부족하다고 지적한다. 강창일 의원은 줄타기 외교를 하면서 어정쩡한 입장을 유지하다가는 국제적으로 위험에 처할 수 있기 때문에 대전략이 있어야 하며 황교안 국무총리가 원론적인 이야기를 반복하는 것은 중학교 수준에서도 할 수 있으며 더 깊은 전략에 대한 이야기를 하여야 한다고 지적하였다.[491]

2020년 10월 9일 제17대·제18대·제19대·제20대 국회의원이고 박근

주정책과에서 2016년 7월 8일에 주한미군 사드배치 결정을 한미 공동으로 발표하였으며, 2017년 4월 26일에 사드 일부 장비를 성주기지에 최초 배치하였다는 답변을 받았다

491) 국회회의록, 제19대 국회 제337회 제7차 국회본회의, (2015년 10월 14일), pp.13-14.

혜 정부 때 국회에서 외교통일위원회 위원이었던 강창일 국회의원은 저자와의 인터뷰에서 박근혜 정부가 사드와 관련하여 명확한 입장이 없었던 점이 국민들에게 혼란을 발생하게 하였다고 말하였다. 강창일 국회의원은 황교한 국무총리가 중국에 가기 전에 사드에 대하여 미국과 연계된다는 정보를 받았고 이에 대해 질문을 한 적이 있다고 하였다. 당시 황교안 국무총리는 애매한 답변을 하면서 모른다고 답변하였다는 것이다. 중국에 가서는 황교안 총리가 사드 배치가 없다고 한 뒤에 1주일이 안되었을 때 말을 바꾼 적이 있다고 하였다. 강창일 국회의원은 사드 배치와 관련하여 한국이 중국과 수교한 후 경제적으로 무역을 많이 하고 있고 향후 통일과 대북 핵 문제 등에 있어서 협조를 받아야 하는 부분이 존재하기 때문에 국회에서 사드 관련 질의를 하였다고 설명하였다. 강창일 국회의원은 한국이 김대중 정부, 노무현 정부 그리고 이명박 정부, 박근혜 정부까지 수 십 년동안 미국의 미사일 방어에 들어가지 않는다는 입장을 유지하였고 이 기조 하에서 KAMD를 통하여 자주국방을 추진하는 것이 필요하다고 본다고 말하였다. 미국은 사드 배치를 통하여 중국을 견제하기를 원하고 한국은 중국과 미국 사이에서 불이익을 받는 점을 고려할 수 밖에 없다고 본다고 하였다. 강창일 국회의원은 지나치게 중국을 견제하거나 적대 국가로 두는 것은 한국에게 이롭지 않다고 판단하였다고 설명하였다.[492]

강창일 국회의원과의 인터뷰를 통하여 한국이 선뜻 미국의 MD에 들어가지 않고 독자적으로 KAMD를 구축하는 것을 강조하는 원인에 대하여 알 수 있다. 한국은 미국의 MD에 참여하거나 사드를 배치는 등의 정책을 추진할 경우에 러시아, 중국과 불편한 국제관계가 생기는 것을 두려워한다. 한국은 미국의 MD에 참여할 경우에 군사과학기술을 발전시키는 것에 대해서도 알고 있고 사드 배치 등을 통하여 대북억제력도 강해지는 것에 대해서 인지하고 있다. 한국이 미국과 긴밀한 관계를 유지하게 되면 러시아, 중국과는 불편한 관계가 발생하는데 지리적으로도 가깝기 때문에 한국이 얻는 불이익에 대하여 먼저 고려하게 되는 것이다. 한국이 오랜 기간

492) 강창일 국회의원 외교통일위원회 위원 (2020년 10월 9일), 저자와 전화 인터뷰.

동안 미국의 MD참여와 관련하여 명확한 입장을 내지 못한 것은 지리적으로 가까운 러시아, 중국의 위협에 대하여 불이익을 받고 싶지 않았던 것과 관계가 깊은 것이다. 한국은 북한으로부터 핵무기와 미사일 도발과 같은 상시적인 위협을 받는 도중에 지리적으로 가까우면서 특히나 북한에 대하여 순망치한의 관계를 갖고 영향력을 행사하는 중국과의 국제관계를 고려할 수 밖에 없다. 중국을 적으로 돌리게 되면 한국은 단기적, 장기적으로 불이익을 받게 된다. 특히 중국과의 무역에서 불이익을 감수하여야 한다. 한국은 중국과의 관계를 고려하였을 때 주한미군에 사드를 배치하는 것이 불리한 측면이 있음을 알지만 거세지는 북한의 핵무기와 미사일 위협 그리고 미국과의 동맹관계를 종합적으로 고려하여 사드를 배치하는 것이 옳다는 판단 하에 사드 배치 결정을 내리게 된다.

사드를 배치하게 되면 중국의 반발을 불러온다는 점을 우려하는 목소리는 금태섭 의원과 한민구 국방부 장관의 국회의 질의에서 근거를 찾을 수 있다. 금태섭 의원은 사실여부와 관계없이 중국이 사드가 미국의 미사일 방어에 들어가거나 편입되는 것으로 보고 중국이 사드를 배치할 경우에 경제적 군사적 조치를 취하려 한다는 점에 대하여 우려의 목소리를 나타낸다. 금태섭 의원이 중국이 사드를 배치하는 것에 대하여 한국이 미국의 MD체제에 편입되는 것이라고 보고 반발을 하는 데 사실 여부에 관계없이 중국에 대하여 사실과 다르다라든지 중국이 잘못 판단한 것이라든지 이런 조치가 있어야 하는데 하루종일 한민구 국방부 장관이 답변하는 내용을 들어보니 주한미군에 사드를 한국에 배치하는 것은 미국의 MD에 편입되는 것이 아니라는 이야기를 반복하고 있다고 지적한다. 금태섭 의원은 사드가 MD에 편입되는 것이 아니어도 중국이 한국이 MD에 편입된다고 인식하면 경제적, 군사적으로 조치를 취할 수 있고 이렇게 되면 문제가 발생하는 것이 아닌지 묻는다. 이에 대하여 한민구 국방부 장관은 중국에 대하여 한국이 MD에 편입되는 것이 아니라고 여러 경로로 이야기를 한 바 있고 중국이 그런 인식을 더 깊게 안하도록 한국의 노력이 필요하다고 본다고 답변하였다. 그러자 금태섭 의원이 사드는 미국 무기이고 그린파인 레이더는 이스라엘 무기인데 미국 정부의 공식 보고서 등에 따르면 이런 무기들이 MD체제에서 하나의 부품이 되거나 부분이 되는 것이 맞는지 재차 묻는다. 이에 대하여 한민구 국방부 장관은 미사일 방어는 레이더, 요격미사일이 시스템 안에 들어있고 여러 미사일 요격 체계 중에서 하나라고 이야기하였다. 금태섭 의원은 한국이 퍼시픽 드래곤 훈련을 하였는데 추적, 탐지에 초점을 맞춘다고 하였는데 퍼시픽 드래곤 훈련에서 요격 훈련을 실시하였다는 보도가 있는데 미사일을 요격하는 훈련을 하면 중국이 MD 체계라고 주장하면 어떻게 할지를 묻는다. 이어 2014년 네덜란드의 한미일 정상회담에서 오바마 대통령이 MD를 통하여 공동군사작전을 심화시킬지 논의하겠다고 한 바 있고 올해 2월에도 한국과 미사일 방어능력을 향상시키는 것에 대하여 처음으로 협의한다고 말한바 있는데 한국 정부가 사드와 관련하여 전략적 모호성을 유지하고 있는데 군사적 효용성에 대하여 여러 논쟁이 있지만 사드가 없는 것보다는 나을 것 같다고 보인다고 하였다. 그러면서 북한의 미사일 일부는 요격할 것 같은데 주변국에서 사드를 배치하면 MD에 편입되는 것이라고 하면서 강력한 반발을 하고 여러 조치를 취하겠다는 점에 대하여 북한이 사드가 배치되면 어떤 어려움에 처하는 지를 묻는다. 구체적으로 북한에게 어느 정도 어려움이 생기는 지 말하여 달라면서 중국, 러시아가 자신의 전략적 가치를 각인시키는 반대급부가 생길 수 있고 북한에게 얼마나 유리한 점이 발생할지 종합적으로 계산하여 달라고 말하였다. 한민구 국방부 장관은 림팩 훈련에서 해군 함정이 소위 말하는 미사일 요격을 하는 경보훈련을 참여하였는데 그 훈련에 대하여 이야기하는 것 같은데 림팩 훈련, 하와이 근해 훈련 등에 참여하는 것은 한국 자체가 표적에 대하여 미사일을 격추하고 요격하는 것이 필요하기 때문에 하는 것으로 한국이 참여한 바는 미사일 경보훈련이라는 점만 말씀드리겠다고 답변하였다. 이어 북한이 1,000여발이 넘는 미사일을 보유하고 있어서 이를 억제하고 미사일을 요격하는 능력이 향상되는 군사적 효과가 있다고 답변한다.493)

사드를 배치하는 것은 당장 미국의 미사일 방어에 참여하는 것이 아니

493) 국회회의록, 제20대 국회 제344회 제1차 국회본회의, (2016년 7월 19일), pp.50-51.

더라도 큰 틀에서 미국의 미사일 방어에 들어가는 것이 아닌지에 대한 지적도 존재하였다. 이는 김진표 의원과 한민구 국방부 장관의 질의에서 확인할 수 있다.

김진표 의원은 사드를 배치하게 되면 실질적으로 미국의 MD에 참여하는 것이 아니냐는 비판을 한다. 사드가 주한미군에 배치되게 되면 미국의 MD체제에 결과적으로 편입될 수밖에 없다고 보는 사람이 많은데 이에 대한 의견을 묻는다. 한민구 국방부 장관은 세 가지 이유를 들면서 미국의 MD에 참여하는 것이 아니라고 답변한다. 한민구 국방부 장관이 한국이 MD에 참여나 편입되는 것이 분명하게 아니라고 말하면서 들었던 세 가지 논거는 다음과 같다. 첫째, 한국은 김대중 대통령이 MD참여를 거부한 이래로 미국의 MD에 참여하지 않는다는 정책을 갖고 있으며 이 정책이 유지되고 있기 때문에 MD에 참여하거나 편입되는 것이 아니라고 하였다. 둘째, 김대중 정부가 거부 결정을 내린 정책에 따라서 한국이 북한의 미사일로부터 방어력을 갖추는 것과 관련하여 미국의 MD에 참여하는 것이 아닌 KAMD를 구축한다는 계획이 세워지게 되었고 이 정책이 지금까지 구축되기 때문이라고 하였다. 한국은 김대중 정부 이래로 정책 기조가 그러하기 때문에 한미간에 패트리어트, M-SAM과 L-SAM 등을 연구하여 개발하고자 한다고 하였다. 셋째, 한국의 작전 운용 절차는 MD 참여와 무관하게 되어 있는데 미국에서 개발한 사드 체계등이 연동이나 정보 공유 그리고 기술진화 등이 MD의 전초가 되는 것이 아닌지와 관련하여 사드는 한반도 안에서 한국을 방어하기 위한 체계라고 말하였다. 미국의 MD체계가 크게 세 가지로 구분되는데 레이더체계, 발사대체계, 요격체계라면서 이 세 가지 중 어떠한 것도 미국의 지역 md체제 등과 관련되지 않도록 되어 있으며 정보 공유도 하지 않게 되어있다고 답변하였다. 중국은 한국의 MD와 관련하여 사드를 문제 삼을 것이 아니고 일본의 전방배치모드(FBM: Foward Based Mode)가 두 곳에 있는데 일본의 레이더가 더 본질적인 것이라고 전문가들이 이야기하는 부분에 대하여 말하였다. 이어 북한이 핵무기를 미사일에 탑재할 경우에 사드는 그 미사일을 요격하는 능력이 있는 미사일로서 북한이 1,000개가 넘는 미사일을 보유하고 있고 이동식 미사일 발사대(TEL: Transporter Erector Launcher)의 경우에는 약 100개 정도 보유하는 것으로 평가하는데 북한이 미사일을 발사하면 한국은 패트리어트, 사드로 다층 방어를 통하여 요격을 할 것이라고 말하였다. 미국이 개발한 요격체계는 사드, PAC-3, PAC-2, SM-3, GBI의 순서대로 성능이 우수한 것으로 평가되는 것으로 본다고 말하였다.494)

이를 통하여 한민구 국방부 장관이 사드 배치가 미국의 미사일 방어 참여가 아니라는 입장을 밝히는 것을 확인할 수 있다. 사드 배치가 미국의 미사일 방어에 참여하는 것이 아닌 점에 대하여서 박근혜 정부는 일관된 입장을 보인다. 이러한 모습은 이용호 의원과 윤병세 외교통상부 장관의 질의에서 확인할 수 있다. 이용호 의원은 사드 배치는 한일 간의 정보를 긴밀하게 교환하는 것 그리고 미국의 MD에 편입되는 것과 유관하다고 볼 수도 있다면서 정부의 입장을 묻는다. 이에 대하여 윤병세 외교통상부 장관은 사드 배치가 미국의 미사일 방어에 참여하는 것이 아니라는 점에 대하여 발언한다. 윤병세 외교통상부 장관은 사드 배치를 결정하기 전인 십몇 년 전 또는 이십 년 전쯤에 한일 군사보호협정의 경우에는 아까 이야기 드린대로 1989년 이후에 국방부에서 오랜 기간 동안 한국이 필요하여 제의하였던 사안이라는 연혁과 관련하여 보면 한국이 한일군사보호협정의 필요성을 이미 인식하고 제의하였던 사안이고 사드를 배치하는 결정과는 분리하여 보아야 한다고 말하였다.495)

박근혜 정부는 주한미군에 사드를 배치하면서 미국의 미사일 방어에는 참여하는 것은 아니라고 입장을 밝힌다. 박근혜 정부는 사드는 미사일을 요격하는 무기이기 때문에 도입하는 것이라고 밝히면서도 미국의 미사일 방어에 들어가는 것은 결코 아니라고 하였다. 그러나 북한이 핵실험을 한 이후에 사드 배치 논의가 시작되었고 약 1년의 기간이 걸려서 사드 배치가 이루어지게 되었다.

사드를 배치하는 당일에 외교통상부 장관의 쇼핑 논란이 일기도 하였

494) 국회회의록, 제20대 국회 제344회 제2차 국회본회의, (2016년 7월 20일), pp.3-4.
495) 국회회의록, 제20대 국회 제346회 제4차 남북관계개선특별위원회, (2016년 11월 29일), p.12.

다. 윤병세 외교통상부 장관이 사드를 국내에 배치하기로 한 발표 날인 2017년 7월 8일 오전에 서울 강남의 한 백화점에서 양복을 수선하고 구입하였던 사실이 밝혀지면서 논란이 일었다. 주한미군에 사드를 배치한다는 발표를 하는 당일인데 중국과 러시아의 반응을 살펴야하는 외교통상부 장관이 중차대한 시점에 쇼핑을 할 정도라는 점은 박근혜 정부의 임기 말에 드러난 공직기강 해이 현상이라는 비판이 나올 정도였다. 당시 동북아 세력구도가 변화할 수도 있는 시점에서 며칠 전에 찢어진 옷을 외교통상부 장관이 직접 들고 백화점에 가야하는 것이 국가와 국민의 안위보다 중요하였냐면서 납득할 수 없다는 반응이 나오기도 하였다.[496] 이러한 지적은 강창일 의원, 설훈 의원과 윤병세 외교통상부 장관, 그리고 윤병세 외교통상부 장관이 부재하였을 때 외교부의 조태열 2차관의 발언에서 확인할 수 있다. 강창일 의원이 주한미군에 사드를 배치한다고 하는 당일에 꼭 윤병세 외교통상부 장관이 옷을 수선하러 간 것과 관련하여 세 가지를 지적한 적이 있는데 첫째, 사드 배치 발표 시간이라는 것을 알고서 갔다면 한심한 일이고 둘째, 만약에 사드 배치 발표라는 것을 몰랐다면 배제되었다는 뜻이고 셋째, 답변 태도를 보면 우물거리고 정확하게 말을 하지 않는데 일종의 사드 배치를 반대한다는 뜻의 항의인지에 대해서였다고 말하였다. 강창일 의원은 2년 전부터 외교의 외교가 깡통 외교라고 하면서 한일관계, 남북관계가 엉망이 되었고 미국 관계는 그대로이지만 중국 관계를 최상으로 만들어서 외교부에 대하여 기대를 하였는데 한중관계가 현재 안 좋게 되었다고 지적한다. 북한의 핵문제의 경우에도 중국의 힘을 빌려 해결하겠다는 외교전략이었는데 이 부분도 끝났다고 말한다. 그러면서 외교부의 명예를 위해서 또는 사드 배치 항의가 아니라 옷을 산 것이라면 도의적으로 업무시간에 간 것등을 책임을 지고 사퇴하는 것이 공직자의 기본적인 자세라고 지적하였다.[497] 강창일 의원이 질의하는 날 윤병세 외교통상부 장관은 참석하지 않아서 조태열 외교통상부 제2차관은 이에 대하여

---

496) 『매일경제』 2016년 7월 10일
http://news.mk.co.kr/v2/economy/view.php?sc=30000001&year=2016&no=494058&relatedcode=000090186 (검색일: 2020년 3월 12일)

497) 국회회의록, 제20대 국회 제343회 제5차 외교통일위원회, (2016년 7월 14일), pp.7-8.

한중관계가 이것과 상관없다는 답변을 한다. 조태열 외교통상부 제2차관은 이런 저런 고려를 하였는데 한중관계가 이 문제로 흔들리지 않는다고 답변하였다.[498]

설훈 의원은 사드 배치 당일에 배치를 발표하는 시각에 보였던 윤병세 외교통상부 장관의 처신에 대하여 외교부가 일종의 사보타주를 한 것이었는지에 대하여 질의하였다. 설훈의원은 조태열 외교통상부 제2차관에게 정부에 각 부서들이 각기 입장이 다를 수 있고 때로는 국방부, 외교부의 입장이 다를 수 있는데 사드 배치를 발표하는 시각에 외교부 장관이 백화점에 들렀다는 이야기를 듣고 처음에 정신이 나간 사람이라고 생각하였다가 나중에는 사드 배치에 대한 일종의 사보타주가 아닌가 하는 생각이 든다고 말하자 조태열 제2차관은 그것은 그렇지 않다고 답변하였다.[499]

사드 배치 발표 당일 오전에 발생한 일에 대하여 비난이 거세지자 외교부는 2016년 7월 10일 윤병세 외교통상부 장관이 평소 아끼는 바지를 수선하려고 백화점에 짬을 내서 들렀고 매장에 간 김에 새로 옷을 구입한 것이며 잦은 해외 출장, 심야회의로 시간을 내기 어려웠다고 해명하였다. 또 발표 전날 외교 경로를 통하여 사드를 배치한다는 점에 대하여 주변국에 설명을 하였으며 업무에 소홀한 것이 아니라고 해명하였다.[500]

외교부의 해명에 따르면 윤병세 외교통상부 장관은 첫째 사드배치를 발표하는 당일이라는 것을 인지하고 있었다는 점 둘째 옷을 수선하고 구입까지 한 것이 맞게 된다. 사드 배치 당일 공식적으로 사드 배치를 발표하는 시각에 윤병세 외교통상부 장관이 백화점에 방문하였다는 사실이 재차 확인된 것이다. 외교통상부 장관이 그렇게 한가할 수 있느냐 또는 열 번을 생각하여도 납득하기 어려운 해명을 한다며 논란이 일었다. 이 논란은 주한미군에 사드를 배치한다는 발표를 하는 당일 외교통상부 장관으로서 해서는 안 되는 처신이었다는 비판에서 끝이 나지 않았다. 박근혜 정부의 공

---

498) 국회회의록, 제20대 국회 제343회 제5차 외교통일위원회, (2016년 7월 14일), pp.7-8.
499) 국회회의록, 제20대 국회 제343회 제5차 외교통일위원회, (2016년 7월 14일), p.10.
500) 『동아일보』 2016년 7월 11일
https://www.donga.com/news/Politics/article/all/20160711/79121215/1 (검색일: 2019년 10월 31일)

직기강이 해이해졌다는 지적까지 나오게 되었다. 501)

사드 배치와 관련하여 찬성과 반대의 논의가 국회에서 이루어지기도 하였다. 이는 윤영석 의원과 황교안 국무총리의 발언에서 확인할 수 있다. 윤영석 의원은 북한의 탄도미사일 위협에 대응하는 능력이 없는 점을 지적하면서 사드를 배치하는 것이 필요하다고 발언하였다. 윤영석 의원은 한국이 KAMD를 구축한다고 하지만 당장 미사일 방어능력이 없다는 점을 지적하면서 비판한다. 한국이 KAMD, 킬체인으로 한국형 미사일 방어를 추진한다고 하는데 약 7년 후인 2023년에서야 KAMD가 실전배치가 가능하다는 데 당장 내일 북한이 미사일로 공격하면 방어할 수 있는 수단이 부족하다면서 사드로 북한의 미사일을 방어하는 것이 필요하다고 말하였다. 지난 2월부터 한미일 공동실무단에서 사드가 군사적으로 효용이 있는지를 객관적으로 검증하겠다고 하면서 이를 실시하고 있는데 사드를 도입하게 되면 다층방어를 할 수 있어서 북한의 미사일 공격에 대하여 방어 효과가 크다고 말하였다. 그러면서도 사드 1개 포대의 미사일이 최대 48발로서 북한이 1,000발이 넘는 탄도미사일이 있는데 겨우 48발로 대응이 가능한지에 대하여 의구심이 있는 점에 대하여 이야기하면서 북한이 미사일이 1,000발이 넘더라도 동시에 발사할 수 있는 능력이 갖춰져 있지 않다고 말하였다. 탄도미사일의 경우에는 발사차량이 있어야 미사일 발사가 가능한데 한국을 공격할 위험이 있는 스커드, 노동미사일을 발사할 수 있는 차량이 100대 정도이며 유사시 100대가 동시에 출동하는 것은 아니어서 사드를 활용하여 방어를 하는 것이 필요하다고 말하였다.502)

이에 대하여 황교안 국무총리는 윤영석 의원이 말하는 방어체계는 사드뿐만 아니라 킬체인, KAMD를 통하여 갖추는 중에 있고 통합적으로 운영하여 방어하는 것이 필요하다고 보지만 북한의 미사일이 고도화되고 있음을 고려하여 보다 보완을 하는 과정에 있다고 답변하였다.503) 이에 대하

---

501) 『조선일보』 2016년 7월 10일
http://news.chosun.com/site/data/html_dir/2016/07/10/2016071000831.html
(검색일: 2019년 10월 31일)

502) 국회회의록, 제20대 국회 제344회 제1차 국회본회의, (2016년 7월 19일), pp.2-3.

503) 국회회의록, 제20대 국회 제344회 제1차 국회본회의, (2016년 7월 19일), p.3.

여 윤영석 의원은 박근혜 정부가 사드를 배치하는 과정에서 정부 차원의 대응이 부족하였다는 점을 지적하면서 비판을 한다. 박근혜 정부가 지나치게 비밀스럽게 사드를 배치하게 되면서 불필요한 논란을 키웠고 갑작스럽게 사드를 배치하게 되면서 국민적 공감을 얻지 못하는 등 박근혜 정부가 정부차원의 노력을 소홀하게 하였다고 지적한다. 윤영석 의원은 박근혜 정부가 사드를 배치하는 과정에서 과도한 비밀주의 진행을 하여 불필요한 논란을 일으켰다면서 지난 7월 5일에 한민구 국방부 장관이 국회에서 사드 배치에 대하여 관련 보고를 받은 바가 없다고 말하였는데 3일 뒤인 7월 8일에 사드를 배치하겠다는 결정이 발표된 것에 대하여 지적하였다. 윤영석 의원은 갑작스럽게 사드를 배치하겠다는 결정을 내리거나 소통 없이 일방적으로 사드 배치 지역을 선정하는 것은 국민들의 공감을 받기 어렵다면서 박근혜 정부가 사드를 배치하는 것이 필요하고 사드 레이더의 전자파가 인체에는 무해하다는 내용에 대하여 충분하게 국민들에게 설명하고 의견을 나누는 것이 필요한데 박근혜 정부가 이런 노력을 소홀하게 하였다고 지적하였다.504)

박근혜 정부는 사드를 배치하는 것에 대하여 모호한 입장을 유지하다가 북한의 핵실험 이후 급격하게 배치하는 방향으로 변화하게 된다. 한민구 국방부 장관은 2016년 7월 5일에는 사드 배치 관련 보고를 받은 바가 없다고 발언하였지만 단 3일 후인 2016년 7월 8일에 사드를 배치한다는 결정이 공식 발표되었다. 사드 배치가 급격하게 이루어지는 모습은 국회 본회의에서 우상호 의원과 한민구 국방부 장관의 발언에서 확인할 수 있다. 우상호 의원은 한민구 국방부 장관이 7월 5일의 국회 대정부 질문에서는 사드 배치와 관련하여 결정된 바가 없다고 하였는데 그런 적이 있는 지를 묻는다. 이에 대하여 한민구 국방부 장관은 대정부 질문에서 언론보도를 보면서 부지가 결정이 된 것이 있냐고 질문하여 결과 보고를 받지 않았다고 답변한 적이 있다고 말하였다. 우상호 의원이 이어서 사드 배치가 7월 5일에 결정이 되어 있는지 재차 묻자 한민구 국방부 장관은 7월 7일에

504) 국회회의록, 제20대 국회 제344회 제1차 국회본회의, (2016년 7월 19일), p.3.

NSC상임회의에서 최종 배치가 결정되었다고 답변하였다. 그러자 우상호 의원은 그렇다면 7월 5일까지는 결정된 바가 없다가 7월 7일에 결정한 것이냐고 묻자 한민구 국방부 장관은 박근혜 정부에서 의사결정의 마지막 절차로서 NSC를 한 것이라고 답변하였다.505)

이렇게 급격하게 정부의 입장이 뒤바뀌는 모습에서 박근혜 정부가 사드 배치와 관련한 언급을 지나치게 조심스럽게 하였고 이로 인하여 불필요한 부작용이 발생하였다는 비판이 나왔다. 한민구 국방부 장관이 단 며칠 만에 사드 배치와 관련하여 상반되는 입장을 표하는 발언을 하는 것은 국민들에게 혼란을 줄 수밖에 없었다. 2016년 7월 5일 한민구 국방부 장관이 국회에서 사드와 관련하여 결정된 바가 없다고 하였는데 약 3일 후인 2016년 7월 8일에 국민들은 사드를 배치하겠다는 공식 발표를 듣게 된 것이다. 박근혜 정부가 사드를 배치하기로 결정하였다고 공식적인 입장을 밝히기 전에 순수하게 방어용으로 사드 배치가 필요하다는 점에 대하여 일본의 경우처럼 명확한 안보적 입장을 밝혔더라면 불필요한 소모적인 논쟁을 줄일 수 있었다. 또 박근혜 정부의 의도에 대하여 신뢰하지 못하겠다는 반응을 없애거나 최소한 이러한 반응을 줄일 수 있었다. 사드 배치와 관련하여 정부의 입장이 짧은 시간적 간격을 두고 급격하게 변화하면서 이를 받아들이는 부분에서 사드 배치를 받아들일 수 없다는 의견 충돌이 강하게 발생하게 된 것이다. 박근혜 정부가 사드의 군사적인 필요성에 대하여 보다 명확하게 설명을 하기보다 애매모호한 입장을 나타내는 전략을 취하면서 국민들은 혼란을 느끼게 된다.

한민구 국방부 장관이 3일 만에 배치가 결정된 바가 없다고 하다가 갑자기 사드를 배치하기로 결정하였다고 입장을 빠르게 변화시키는 모습은 박근혜 정부가 출범한 직후 줄곧 3NO 기조 하에 있었던 것과 관련이 깊다. 박근혜 정부가 사드와 관련하여 오랜 기간 3NO입장을 표명하였기 때문에 그 기조 하에서 한민구 국방부 장관은 고고도 방어에서 사드가 군사적으로 필요하다는 점에 대하여 알고 있었더라도 사드 배치가 필요하다고

---

505) 국회회의록, 제20대 국회 제343회 제5차 국방위원회, (2016년 7월 11일), p.3.

강하게 주장하기가 어려웠을 것으로 분석된다.

한민구 국방부 장관이 3일 정도의 간격을 두고 사드 배치 관련 보고를 받지 않았다는 발언을 하였다가 갑자기 사드를 배치하기로 결정하였다고 밝히는 모습은 박근혜 정부의 전략적 모호성 전략이 여실하게 드러났다고 볼 수 있다.

사드 배치 과정에서 박근혜 정부가 입장 선회를 지나치게 빨리하면서 국민들에게 혼선을 주고 사드 배치 자체에 대한 악화된 여론을 키울 수밖에 없었다는 지적이 나왔다. 당시 사드와 관련하여 괴담이 돌기도 하였다. 이 모습은 김진태 의원과 한민구 국방부 장관의 질의에서 확인할 수 있다. 김진태 의원은 사드와 관련하여 괴담이 무성한데 전자파의 안전거리와 사드 배치 비용에 대하여 묻는 질의를 한다. 이에 대하여 한민구 국방부 장관은 사드의 전자파는 무해한 정도이고 사드 배치 비용은 전적으로 주한미군이 부담한다고 답변한다. 한민구 국방부 장관은 사드가 약 100m외에는 전자파의 영향에 대하여 걱정하지 않아도되는 데 괌의 경우에 앤더슨 비행장 끝단 부분에 위치하여 해면과 비슷한 수평 고도이고 1.6km를 떨어져서 잰 지표이다. 성주에 배치되는 곳에는 지표가 389m로서 성주읍의 평균고도가 33m이다. 사드 레이더는 389m의 약간 후사면에 위치할 예정이고 최소 5도 각도에서 빔이 방사되는 데 24시간 방사되는 것이 아니고 평상시에는 장비 점검 등 수십 분 정도 운용하고 작전태세가 격상되었을 경우에 더 운용하는 수준이라고 말하였다. 무기체계별로 각각 안전거리가 다른데 100m 이내에서 레이더를 직접 방사하였을 때 100m를 기준으로 2.2%에서 4-5%정도가 최고치로 나왔다고 말하였다. 100m를 기준으로 하였을 때 걱정스러운 기준이 아니며 일반인에게는 그 거리를 벗어나면 문제가 없는 부분이며 레이더 안전거리는 레이더를 운용하는 장병에게 주의하는 정도의 문제이지 큰 문제는 없다고 판단한다고 답변하였다.

또 두 번째 작동에서 일반 주민들에게 전자파로 인하여 농작물에 해가 가거나 인체에 유해가 된다는 것은 있을 수 없다고 판단하였고 사드 배치 비용에 대해서도 미군이 무기체계를 구입하고 미사일을 구입하고 배치하는 비용을 담당하는 것으로 알고 있고 한국의 경우에는 부지, 부지 진입도

로를 제공한다고 말하였다.506)

한민구 국방부 장관은 사드 배치와 관련한 비용 문제에 대해서도 미국이 전액 부담하는 것이며 사격통제용 레이더의 거리는 중국과 접경하는 정도에 그친다고 발언한다. 한민구 국방부 장관은 사드 1개 포대, 미사일에 소요되는 비용이 약 1조 5,000억원 정도인데 운용 비용도 미국이 기본적으로 부담하도록 되어 있고 한국은 부담하지 않는다고 말하였다. 한국군이 1년동안 운용하는 패트리어트 1개 포대에 들어가는 금액이 약 21억 정도가 드는데 사드의 경우에 미군이 운용할 경우에 소요 비용을 예상해보면 패트리어트 1개 포대 가격보다 사드 가격이 2분의 1이 조금 못 미치는 상황이기 때문에 미국이 그 정도 금액을 감당할 것으로 평가한다고 답변한다. 사드의 경우에 레이더가 크게 두 가지인데 조기경보 레이더라고 하여서 적이 미사일을 발사하였을 때 조기에 미사일을 탐지하고 추적하여 요격하는 포대에 그 정보를 알려주는 기능을 하는 레이더가 있고 일본에 장거리를 탐지하는 조기경보 레이더가 2대 배치되어 있다고 말하였다. 이어 사드 포대의 경우에는 한국을 향하여 날아오는 미사일의 방향, 속도, 고도 등을 정확하게 측정하여 요격하는 포대에 그 정보와 명령을 하달하여 미사일을 요격하는 임무를 지닌 레이더는 사격통제 레이더에 해당한다. 조기경보 레이더가 장거리를 본다면 사격통제 레이더는 가까운 거리에서 미사일의 탄두를 정확하게 식별하는 기능을 한다. 사드의 사격통제 레이더는 작전의 최적 거리가 한반도, 중국이 접경하는 선 정도에 머무른다고 본다고 말하였다.507)

박근혜 정부는 사드 배치가 국회 동의가 필요한 사안이 아니며 한미상호방위조약의 제4조에 따라 이행하는 것이라고 밝힌다. 1953년 8월 8일 서울에서 이승만 대통령이 참관한 하에 변영태 외무부 장관과 존 포스터 덜레스 국무부 장관이 한미상호방위조약에 가조인을 하였다. 한미상호방위조약은 워싱턴에서 1953년 10월 1일 서명한 뒤 1954년 11월 18일 발효되었다. 한국에 사드가 배치된 근거로 한미상호방위조약 제4조가 명분

506) 국회회의록, 제20대 국회 제344회 제1차 국회본회의, (2016년 7월 19일), pp.16-18.
507) 국회회의록, 제20대 국회 제344회 제1차 국회본회의, (2016년 7월 19일), pp.16-18.

이 되는데 제4조의 원문은 다음과 같다.

> "상호적 합의에 의하여 미합중국의 육군, 해군과 공군을 대한민국의 영토 내와 그 부근에 배치하는 권리를 대한민국은 이를 허여하고 미합중국은 이를 수락한다"[508]

이러한 조약에 따라 사드 배치에는 국회의 동의가 없어도 된다는 이야기가 나왔다. 사드 배치에 국회 동의가 필요하지 않다는 것은 윤영석 의원과 황교안 국무총리의 발언에서 확인할 수 있다. 윤영석 의원이 사드 배치와 관련하여 국회에서 비준 절차가 필요한 것인지에 대하여 헌법 제60조 제1항을 살펴보면 국가나 국민에게 중대한 재정적인 부담을 지우는 조약, 입법사항에 관한 조약을 체결하는 데 있어서 체결 비준 동의권을 가진다는 내용이 있는데 사드의 경우에는 중대한 재정적인 부담이 없을뿐더러 한미상호방위조약, 한미주둔군지위협정의 경우에는 이행 기관 간의 약정으로 분류될 수 있다고 본다면서 사드에 국회 비준이 필요하지 않다고 판단하는데 이에 대한 황교안 국무총리의 의견을 묻는다. 이에 대하여 황교안 국무총리는 한미상호방위조약 제4조의 이행행위라는 측면에서 사드배치는 국회의 동의가 필요한 사안은 아니라고 답변한다. 황교안 국무총리는 사드는 북한이 제4차 핵실험을 포함하여 탄도미사일을 약 13-14차례 27발 정도 발사하였는데 반복해서 발사하고 있으며 안보 위협이 단기간에 굉장히 커져가고 있는 것으로 판단한다고 말한다. 이어 국가의 안위를 지키고 국민들의 생명, 안전을 지키는 것은 국가가 해야하는 책무로서 대처를 할 필요가 있으며 주한미군에 여러 무기체계가 배치되었는데 이러한 무기체계는 한미상호방위조약에 따라 배치가 이루어졌다고 말한다. 사드의 경우에도 한미상호방위조약 제4조에 따라 이행행위라는 측면에서 국회의 동의는 필요한 사항이 아니라고 답변하였다.[509]

---

508) 화정평화재단·21세기 평화연구소, "1953년 10월 1일 한미 상호방위조약 전문" http://www.hjpeace.or.kr/kor/hj_view.php?p0=0&classify=7&p3=746 (검색일: 2020년 10월 23일)

509) 국회회의록, 제20대 국회 제344회 제1차 국회본회의, (2016년 7월 19일), p.3.

박근혜 정부는 사드를 도입하는 과정에서 미국의 미사일 방어에 들어가는 것은 아니라는 점에 대하여 일관되게 주장함으로써 미국으로부터 포기의 가능성을 높이게 된다. 박근혜 정부는 커져가는 북한의 탄도미사일과 핵무기 위협에 대하여 방어하기 위한 수단으로서 주한미군에 사드 도입을 통하여 방어력을 확보하려는 시도를 하면서 미국으로부터 포기될 위협을 줄이려는 노력을 한다. 미국의 입장에서는 미국이 추구하는 미사일 방어에 대하여 수십 년째 공식적 거부를 하는 한국에 대하여 연루의 위협을 낮추기 위하여 주한미군에 사드를 배치하여 이러한 위협을 낮추려는 노력을 한다. 한국은 경제적, 군사적으로 지난 수십년 동안 급속하게 성장하였는데 미국의 미사일 방어에 들어가겠다는 것을 명확하게 하게 되면 중국의 반발을 살 수 있다는 점을 우려하여 미국의 미사일 방어에 들어가는 것이 아니라고 부정한다. 또 한국의 성장한 경제적 상황은 미국의 미사일 방어에 들어갈 경우 비용분담을 상당부분 떠맡을지 모른다는 연루의 두려움으로 작용하였다. 한국은 미국의 미사일 방어에 들어가게 되면 군사적, 경제적으로 연루될 위협이 크다는 판단에서 벗어나지 못하는 상태에 머무르게 되었다. 한국은 주한미군에 사드를 배치하였지만 미국의 미사일 방어에 참여하는 것은 아니라는 공식 입장을 유지하는 모습을 보인다.

3. 한국의 미사일 방어정책의 변화와 한미동맹의 안보딜레마

(1) 미사일 방어 참여 거부 유지와 한미동맹의 균열 심화

이명박 정부는 초기에는 미사일 방어에 대하여 참여하는 것에 대하여 긍정적인 검토를 하였으나 미사일 방어를 거부하는 이전 정부의 결정을 바꾸지 못하고 KAMD를 구축하게 된다. 박근혜 정부는 미사일 방어에 대하여 긍정도 부정도 하지 않는 입장을 견지하다가 북한의 제4차 핵실험 이후에 주한미군에 사드를 도입한다는 결정을 내리고 약 1년 정도의 기간 안에 사드를 배치하게 된다. 한국이 미국의 미사일 방어에 참여하지 않는 결정을 유지하는 것은 미국으로부터 포기될 위협을 높이는 요인으로 작용하였다.

한국은 성장한 국력만큼 미국의 미사일 방어에 들어가게 되면 군사적, 경제적으로 치러야 하는 대가에 대하여 우려하게 된다. 한국은 미국의 미사일 방어에 들어가지 않고 KAMD를 통하여 방어하겠다는 입장을 고수한다. 한국은 미국의 미사일 방어에 들어갈 경우 미국이 세계적으로 치르고 있는 군사적 분쟁에 휘말리게 되고 비용 분담을 하는 등의 경제적 대가를 치러야 한다고 판단하게 된다. 한국이 느끼는 연루의 위협이 점점 커지게 된 것이다.

2008년 2월부터 2012년 1월까지 청와대 대통령실 대외전략비서관으로 일하고 2012년 7월까지 대통령실 대외전략기획관으로 일한 김태효 대외전략기획관은 2020년 8월 24일 저자와의 인터뷰에서 미국의 미사일 방어에 들어가는 것은 유보하고 KAMD를 구축하게 된 이유로 북한의 핵무기와 미사일 위협을 억지하는 것이 우선적 목표였기 때문이라고 증언하였다. 또 한미 미사일 지침 개정의 경우에는 북한으로부터 날아오는 탄도미사일을 방어하고 미사일 사거리를 늘리고 탄두 중량을 늘리기 위한 것으로 2010년 이후 3년 동안 협상하는 과정에서 미사일 방어 참여문제와 연결지어서 논의된 적은 없다고 하였다. 미국이 한미 미사일 지침과 미사일 방어를 연계하여 제안한 적도 없고 한국이 꺼내지도 않았다고 밝혔다. 미국의 미사일 방어 참여의 경우에는 사거리 문제만 관련된 것이 아니라 북한과 중국에 대한 안보정책에 대하여 한미일 3국 간 인식을 공유하고 정보, 물자, 훈련의 공유와 협조가 동반이 되어야 하는 문제라고 이야기하였다. 김태효 대외전략기획관은 이명박 정부는 미사일 방어 참여를 부정적으로 본 것은 아니고 KAMD를 보다 내실있게 발전시키는 과정에서 미국, 일본과 필요한 협력을 추진한다고 보았고 한미 간의 C4ISR 협력체제를 강화하여 한국의 탄도미사일 방어능력을 높이고 한미일 안보협력을 내실화하는 것이 필요하여서 당시에 한일 정보보호협정을 먼저 추진하게 된 것이라고 증언하였다.510)

510) 김태효 대외전략기획관 (2020년 8월 24일), 저자와의 이메일 인터뷰.

이명박 정부에서 2010년 10월부터 2013년 2월까지 청와대 대통령실에서 일한 천영우 외교안보수석은 2020년 8월 23일 저자와의 인터뷰에서 미사일 방어와 관련하여 한미일 정보공유를 하는 것이 안보적으로 필요하다는 검토를 하였고 북한의 미사일을 방어하기 위한 최적 위치에 포대가 있어야 하고 미사일을 요격할 경우에 어느 포대에서 요격할 지에 대하여 정보를 공유하여야 이중 삼중으로 미사일을 쏘아서 예산을 낭비하게 되는 것을 막을 수 있다고 보았다. 또한 탄착지점과 미사일 궤도를 추적하기 위해서는 정보망을 한미일 공동으로 정보공유를 하는 것이 필요하다는 검토를 하였다고 증언하였다. 천영우 외교안보수석은 통합적으로 정보망이 구축되어야 가장 최적화된 방어를 할 수 있다고 보았다는 것이다. 또 미사일 지침 개정을 하면서 탄도미사일 사거리를 300km에서 800km로 늘렸고 사거리를 줄일 경우에는 기존에는 탄두중량을 500kg까지만 가능하였는데 이를 15t이상 늘릴 수 있도록 협상하였다고 말하였다. 항속거리가 300km이상인 무인항공기의 경우에는 탑재 중량을 기존에 500kg에서 2.5t까지 늘리는 데 집중하였다고 설명하였다. 또 사거리가 800km는 탄두 중량이 500kg으로 제한되었으나 사거리를 줄일 경우에 탄두 중량을 늘릴 수 있게 하는 트레이드 오프(trade-off)를 적용할 수 있도록 만드는데 노력하였다고 밝혔다.511)

이명박 정부시기는 한미동맹이 이보다 더 좋을 수 없다는 평가가 나올 정도로 한미동맹관계는 좋았다. 그러나 미국은 미사일 방어에 있어서 계속해서 들어오지 않는다는 입장을 유지하는 한국보다 일본을 더 우선시하는 정책을 취하게 된다.

한국은 김대중 정부가 미국의 미사일 방어에 들어가지 않는다는 결정을 내린 이후 노무현 정부, 이명박 정부, 박근혜 정부로 이어지는 동안에 미사일 방어 불참 결정을 유지하였는데 이후에 들어선 정부가 이전의 결정을 쉽게 번복하기 어려웠던 것으로 분석된다.

미국은 겉으로는 한미동맹이 강하고 결속이 되어 있다는 점을 주지하였

---

511) 천영우 외교안보수석 (2020년 8월 23일), 저자와 전화 인터뷰.

으나 미국은 일본에 대하여 방위산업 기술 이전 등 군사적인 이익을 한국이 아닌 일본에게 집중적으로 지원하였다. 일본은 2004년부터 미쓰비시 중공업이 PAC-3를 면허생산하였다. 한국이 2014년에 수입한 PAC-3 부품에서 약 30%를 미쓰비시 중공업에서 생산한 것이 언론에 알려지면서 사회적으로 크게 논란이 일기도 하였다. 일본은 미국의 미사일 방어에 들어간다는 입장을 명확하게 밝힌 뒤 일본의 방위산업 내실을 키우는데 미국을 적극 활용하여 기술을 얻어 냈다. 일본은 무기체계 국산화율이 90%에 달하며 미국과 SM-3 BlockⅡA를 공동개발하고 있다. 미일이 공동개발하는 이 무기는 최대 요격고도가 1,000km에 최대 사거리가 2,500km일 정도이다. 미일은 이 무기를 요격하는 시험도 함께 진행할 예정이고 SM-3 기술은 PAC-3 기술력 보다 발전된 것으로 알려졌다. 그러나 2011년부터 2017년까지 한국은 미국과 공동연구개발을 약 10여 건 정도 하는데 그쳤다. 게다가 한미 간에 이루어진 공동연구개발은 핵심기술을 획득하지 못한 채 대부분 응용연구에 머무르게 된다. 한국은 이 시기 기술적으로 큰 이득을 보지 못하게 된다.[512)]

미국은 실질적인 측면에서 한국이 아닌 일본에게 군사적인 실익을 주었고 이를 바탕으로 일본은 경제적인 실익까지 챙기게 된다. 미국과 공동연구개발한 기술을 바탕으로 일본의 미쓰비시중공업은 PAC-3를 수출하는데 성공하여 이윤을 창출하고 있다.

미국의 입장에서는 일본에 대하여 실익을 줄 수밖에 없는 상황이었다. 일본은 처음부터 미국의 미사일 방어에 참여한다는 입장을 명확하게 하였고 비용 분담을 하면서 꾸준하게 미사일 방어를 추진하였다.

일본의 나카소네 야스히로 총리는 레이건 대통령의 SDI추진에 대하여 긍정적인 지지를 표하였고 일본이 미국과 SDI 연구를 함께 진전시키는 것이 필요하다는 입장을 나타냈다.[513)]

---

512) 『서울신문』 2020년 6월 5일
https://www.seoul.co.kr/news/newsView.php?id=20200605021002 (검색일: 2019년 10월 31일)

513) CIA, "Allied Attitudes Toward The Strategic Defense Initiative", 8 February 1985, Document Number: CIA-RDP85T01058R000202390001-0, CIA, "JAPAN", November

일본은 1986년 일본은 미국과에 SDI를 공동연구를 한다는 데 합의한 이후 미쓰비시 중공업, 가와사키 중공업, 이시카와지마 중공업, 미쓰비시 전기, 토시바, NEC 등 8개 방산업체를 SDI연구에 참여시켰고 기술을 축적하기 시작하였다. 또 일본 방위장비공업회의 128개 방산업체는 자체적으로 TMD 연구회를 결성하여 미국 국방부와 군산복합체와 접촉을 하기 시작하였다. 일본은 미국의 미사일 방어에 들어가게 되면 일본의 가장 중요한 우방국인 미국과 동맹 결속력이 강해진다는 점에 대하여 인지하고 있었으며 일본 방산업체의 불황을 타개할 수 있다고 판단하여 SDI, TMD에 적극 참여하려는 움직임을 보이게 된다. 일본은 1987년 7월에 SDI에 참여하겠다는 협정을 체결하였다. 또 일본은 미국과 4년 간 TMD예비 연구를 하면서 지속적으로 SDI에 긍정적인 입장을 취하였다. 일본은 1989년 12월 WESTPAC Architecture Study를 추진하기 시작하여 1993년 5월까지 미국과 기술협력을 하였다. 일본은 미국의 SDIO가 1,500만 달러를 지원하는 이 연구를 통하여 서태평양 지역에서 소련, 중국, 북한의 미사일 위협에 대응하기 위한 미사일 방어 구축이 필요한지를 분석하고 어떻게 이를 효과적으로 방어하여야 하는지를 공동연구하였다. 당시 이 연구에서 탄도미사일 위협이 거세질 것으로 보았는데 북한이 1993년 5월 말 노동미사일을 동해로 발사하는 것의 시점을 연구한 부분이 일치하기까지 하였다. 미국은 레스 아스핀 국방부 장관을 보내 TMD에 일본이 참여하면 좋겠다는 요청을 하였고 안전보장 협의 위원회(SCC: Security Consultative Committe) 하에 TMD 실무작업 부서를 설치하여 기술적 검토를 하였다. 미국의 레스 아스핀 국방부 장관, 일본의 호소카와 총리, 나카니시 일본 방위성 장관은 TMD를 함께 공동연구개발하고 기술을 교류하겠다는 데 뜻을 모으게 된다. 1993년 12월 제1차 TMD 실무자 회담을 시작하여 1994년 9월 14일에는 미일 국방장관 회의를 워싱턴에서 갖고 TMD에 대한 보다 구체적인 협의를 하였다. 일본의 다마자와 도쿠이치로 방위성 장관은 미국의 페리 국방부 장관과 2002년을 목표로 TMD 협

14, 1985, Document Number: CIA-RDP85T01058R000303560001-9 이 문서는 2021년 1월 10일 저자가 CIA Library에서 수집한 문서임을 명시한다.

력을 추진하는데 140억 달러이상의 비용이 든다는 점에 대하여 인정하였고 일본은 TMD 완성 제품을 구입하는 것보다는 미일이 공동으로 개발하고 양산하는 것이 필요하다고 보았다. 당시 페리 국방부 장관은 일본이 TMD를 함께 참여할 경우에 일본에 대하여 전략적으로 군사적인 제공하고 일본에 대한 지원을 늘릴 것이며 미일 TMD공동훈련도 강화하겠다는 약속을 제안하였다. 미국은 일본이 이 연구를 함께 참여하는 것이 중요하며 이를 추진하기 위하여 적극적인 제안과 지원을 하려는 움직임을 보였다. 일본 정부는 이에 부응하여 1995년 방위성 방위예산에서 TMD 조사비를 2,000만엔을 배정하였다. 514)

일본은 1998년 8월 31일에 북한이 발사한 대포동1호 미사일이 1,600km를 비행하고 일본열도를 넘을 정도의 기술 수준을 보이자 이에 위협을 느끼게 된다. 일본은 1993년 북한이 NPT(Nuclear Non-Proliferation Treaty, 핵확산방지조약, 이하 NPT) 탈퇴를 선언하고 1990년대 중반부터 본격적으로 미사일을 개발하자 이를 대비하려는 노력을 하게 된다. 북한이 개발하는 노동미사일의 경우에는 일본이 사정거리에 들어갈 뿐더러 핵무기를 탑재하게 되면 심각한 안보적 위협을 줄 수 있기 때문에 이에 대한 대비가 필요하다고 본 것이다.515)

일본은 일본이 생산하는 무기를 수출할 수 있도록 규제를 완화시키는 치밀한 노력을 한다. 일본은 2차 대전 이후에 무기를 해외에 수출하는 것이 금기시되었던 점을 개선시키려는 노력을 하였다. 일본은 2차 대전에 패전한 이후에 미국이 무기 생산을 하는 것을 용인하지 않았던 것에 따르다가 1950년 한국전쟁이 발발하자 미군에 일본 무기를 납품하면서 군수물자를 조달하기 시작하였다. 일본은 1967년 무기수출금지 3원칙을 만들었다. 첫째, 공산국가에 무기 수출을 금지한다. 둘째, 유엔결의에 의하여 무기수출이 금지된 국가에는 무기수출을 하지 않는다. 셋째, 국제분쟁의 당사국이나 이러한 우려가 있는 국가에 대해서는 무기 수출을 금지한다고

---

514) 송영선, "TMD구상에 대한 미일간 협력", 한국국방연구원 주간국방논의 제596호 95-41, (1995년 8월 21일), pp.4-11.

515) 박휘락, "한국과 일본의 탄도미사일 방어(BMD) 추진 비교", 『국가전략』 제21권 제2호, (2015), p.55.

결정하였다. 그러나 2014년 4월에 무기수출과 관련하여 신3원칙을 만들어서 일본의 무기를 수출할 수 있는 제한을 풀고 수출에 보다 박차를 가하려는 노력을 하였다. 일본은 신3원칙을 통하여 일본이 독자적으로 국산화를 이룬 품목이 수출이 가능하도록 뒷받침을 하는 노력을 하였다. 다만 라이센스로 국내생산한 제품의 경우에는 라이센스 공여국인 미국과의 계약에 따라 공여국에 대해서만 수출이 가능하고 공여국 이외의 국가에 대해서는 제한을 두게 된다. 이를 통하여 일본은 라이센스 공여국인 미국에 대한 수출 활로를 개척하는 실질적인 성과를 얻게 된다.[516)]

일본은 2014년 4월 새로운 방위장비이전 3원칙을 만든 이후 약 3개월 후인 2014년 7월에 미쓰비시 중공업이 생산한 PAC-2의 부품인 고성능 센서를 미국 레이시온의 라이센스로 생산하였고 이를 미국에 수출하는 결정을 하였다. 아베 총리는 NSC 각료회의를 열어 미국에 PAC-2부품을 수출한다는 점을 결정하였고 이 부품으로 생산된 미사일은 카타르 등의 제3국에 수출되었다.[517)]

일본은 2006년부터 2014년까지 SM-3를 미국과 공동개발하기도 하였다. 총 30억 달러의 예산 중 미국이 18-20억 달러를 부담하였고 일본이 10-12억 달러를 부담하였다.

SM-3는 150km의 고도에서 미사일을 요격할 수 있는데 일본은 SM-3 미사일을 이지스함 6척에 장착하고자 일본 이지스함을 개조하는 노력도 하였다.

일본의 콩고라는 최초 이지스함에 약 3,500억원을 들여 SM-3미사일이 수직발사가 가능하도록 개조하였고 5척에 대해서도 개조하여 미사일 방어를 다층적으로 할 수 있도록 하였다.

일본은 SM-3 Block-IIA 미사일을 미국과 공동개발하기도 하였다. 미사일의 요격능력을 강화하도록 신형 적외선 센서를 통해 탄두를 포착하는

---

516) 권혁기, "일본 무기수출 규제 완화의 의미와 영향", 한국일본학회 『일본저널』 제102권 2015년 2월호, pp.157-158.

517) 『한국일보』 2014년 7월 6일 https://www.hankookilbo.com/News/Read/201407061971972573 (검색일: 2021년 1월 1일)

능력을 강화하였고 로켓모터에 대해서도 향상된 기술을 적용하였다. 미국은 키네틱(Kinetic)탄두를 개발하는 것을 담당하고 일본은 방향타, 탄두, 로켓모터 등의 부품과 소재 개발을 담당하였다. 일본은 2013년 9월 14일 엡실론(Epsilon) 1호 로켓발사에 성공하였다. 엡실론은 일본이 자체 개발한 고체연료 로켓으로 기존의 액체연료를 탑재한 H-2A 로켓보다 절반가량 작다. 일본은 1990년 일본국립우주과학연구소에서 고체연료를 사용하는 로켓을 개발하기 위하여 150억엔을 투자하기 시작하였는데 M-V를 개발하였고 이 후속 모델로 엡실론 1호를 개발하였다. 1998년 8월에 북한이 대포동1호 미사일을 발사하자 일본은 첩보위성을 4기를 구축하겠다고 선언하였고 2013년 1월에 첩보위성을 완성하였다.[518)]

일본이 미국의 미사일 방어에 적극 참여하는 수 십년 동안 한국은 미국의 미사일 방어에 들어가지 않겠다는 입장을 명확하게 하는 모습을 보인다. 이러한 점은 미국이 한국이 아닌 일본에 대하여 실리를 제공하는 정책으로 여실히 드러나게 되었다. 미국은 미사일 방어와 관련하여 KAMD를 추구하면서 미국의 미사일 방어에 들어가는 것을 거부하는 한국과 달리 일본에 대해서는 무기를 개발하고 헌법을 개정하여 무기를 수출하는 것이 용이하게 하는 것에 대해서도 묵인하는 모습을 보인다. 미국은 한국이 아니라 일본을 활용하여 북한의 위협에 대하여 연루의 위험을 낮추고자 하였다.

이명박 정부가 KAMD를 구축하려는 노력을 하였으나 한국은 저고도 방어망 확충을 2014년에도 완성하지 못하는 상태에 머무르게 된다.[519)] 한국이 계속해서 미국의 미사일 방어에 참여하는 것을 거부하고 하층방어에만 매진하겠다는 입장을 유지하면서 연루의 두려움을 없애지 못하는 모습이 나타났다.

---

518) 『월간조선』, 2014년 8월호
http://monthly.chosun.com/client/news/viw.asp?ctcd=&nNewsNumb=201408100026 (검색일: 2020년 1월 3일)

519) 국회회의록, 제19대 국회 제326회 제1차 국회본회의, (2014년 6월 18일), pp.33-34.

(2) 한국의 사드 도입·KAMD 추진과 한미동맹의 균열 심화

박근혜 정부는 미국의 미사일 방어에 들어가지 않는다는 입장을 유지하였다. 박근혜 정부는 KAMD를 구축하는 것에 집중하였는데 하층방어능력을 구축하는 것이 시급하다는 판단이 있었기 때문이다. 또한 동아시아 지역에서 중국을 포함한 국가들과 군비경쟁을 불러오는 것에 대하여 우려하였고 미국의 MD에 들어갈 경우에 발생할 수 있는 경제적 부담에 대하여 연루의 위협을 느꼈다.

박근혜 정부는 미국의 미사일 방어에 들어가는 것을 거부하는 결정을 유지하였는데 미국의 입장에서 보았을 때 일본은 미사일 방어를 구축하는데 적극 찬성하며 실질적으로 비용을 대는 반면 한국의 경우에 미사일 방어에 들어간다는 것을 거부하는 모습을 유지하고 있기 때문에 다른 접근을 하게 된다. 미국의 입장에서 미일동맹과 한미동맹을 동등하게 대하는 것에서 변화할 수밖에 없게 된 것이다.520)

박근혜 정부는 중국과 관계를 개선하는 것에 중점을 두었다. 이러한 모습은 특히 중국의 열병식에 참여한 것에서 나타난다. 2015년 9월 3일에 한국은 유일하게 미국의 동맹국 중에서 중국의 열병식에 참석한 국가가 되었다. 한국이 참석하는 것과 관련하여 한국 내에서도 반발이 있었고 국제적으로도 우려의 목소리가 존재하였다. 더글러스 팔 카네기 국제평화연구원 부회장은 박근혜 대통령이 중국의 열병식에 참석하여 대북 레버리지를 얻으려는 점은 일부 이해하겠지만 중국은 한국을 마지막이자 가장 직접적으로 침략한 국가라는 이야기를 하였다.521)

그러나 중국은 박근혜 정부가 유일한 미국의 동맹국으로서 전승절에 참여했는데도 불구하고 외교적인 하대를 하였다. 박근혜 대통령이 중국과 관계 개선을 하고자 위험을 감수한 것과 달리 중국은 북한이 핵실험을 하

---

520) Joshua H. Pollack, “Ballistic Missile Defense in South Korea: Separate Systems Against a Common Threat”, Center for International and Security Studies, (2017), pp.2-7.

521) 『연합뉴스』 2015년 9월 4일 https://www.yna.co.kr/view/AKR20150904006700071?input=1195m (검색일: 2019년 11월 1일)

였을 때 박근혜 대통령이 한중 공조를 요청하자 연락을 받지 않는 모습을 보였고 사드 문제에 있어서도 한국에 대하여 보복하는 모습을 보이면서 박근혜 정부의 희생을 짓밟았다.

중국이 한국이 전승절에 참석하자 외교적으로 본격적으로 하대하기 시작하였다는 분석도 나왔다. 중국이 한국을 얕잡아 본 시작점이 전승절 참석이었다는 것이다. 2019년 6월 5일 여야의원 연구단체 대한민국 미래혁신포럼 세미나가 국회 의원회관에서 열렸는데 이성현 세종연구소 중국연구센터장이 이러한 분석을 하는 주제발표를 하였다. 이성현 중국연구센터장은 미-중 전쟁, 누가 세계를 지배할 것인가라는 제목의 발표에서 박근혜 대통령이 2015년 9월 3일 중국의 전승절에 참석한 이후 중국이 하대하는 출발점이 되었다고 지적하였다. 중국이 한국을 동등한 외교적 상대국가로 보지 않고 하대하고 비대칭적으로 조공을 하는 국가로 보기 시작하였다는 것이다. 중국 내부적으로도 전승절에 한국이 참석하는 것이 아니라는 반응이 있었으나 박근혜 대통령이 이에 참석하면서 한국을 얕보거나 또는 우습게 보기 시작하였다는 것이다. 이성현 중국연구센터장은 전승절에 참석한 것은 박근혜 정부의 오판이었으며 외교보험 차원에서 접근한 것이 악수가 되었다고 지적하였다. 또한 미국을 비롯한 자유주의 국가들이 한국이 과연 자유민주주의와 시장경제를 우선시 여기는 지에 대하여 정체성에 대한 의구심을 갖게 하였다고 분석하였다. 자유민주주의 국가로서 전승절에 행사에 참석하는 것은 외교적인 참사에 해당한다는 것이다. 박근혜 정부가 중국의 전승절에 참석한 이후인 2016년 1월 6일 북한이 핵실험을 하게 된다. 이에 박근혜 대통령은 시진핑 주석에게 전화하여 한중공조를 요청하였는데 이 전화를 받지 않았다. 중국이 박근혜 대통령의 전화를 받지 않은 점은 이를 중재하거나 협조하는 것에 대하여 긴급성을 고려하지 않는다는 것과 한국이 전승절 참석을 하였음에도 반대급부가 없는 것을 증명한다.522)

박근혜 대통령은 북한이 2016년 1월 6일 핵실험을 하고 약 한달이나

---

522) 『파이낸셜뉴스』 2019년 6월 5일
https://www.fnnews.com/news/201906051745399667 (검색일: 2019년 11월 1일)

지난 2016년 2월 5일에서야 시진핑 주석과 전화통화를 하게 된다.[523)]

2020년 8월 23일 박근혜 정부 때 통일준비위원회 부위원장으로 2014년 7월부터 활동한 정종욱 전 외교안보수석비서관 및 주중대사는 저자와의 인터뷰에서 박근혜 대통령이 한반도 통일에 중국의 협조가 필요하다고 인식하고 중장기적인 시각에서 정책을 추진하였다고 밝혔다.[524)]

박근혜 정부는 사드 도입을 하면서도 집권 초기부터 사드와 관련하여 3NO입장을 유지하는 모습을 보였다. 미국의 요청이 없었고 협의가 없었고 결정된 바가 없다는 입장을 유지하였다. 박근혜 정부는 사드를 들여오는 과정에서도 중국의 눈치를 지나치게 보고 미국의 미사일 방어에 들어가는 것이 아니라는 점을 강조하였다. 중국은 주한미군에 배치된 사드를 문제삼아서 한국에 경제적인 보복을 심하게 하였다. 한국 군에 사드가 배치된 것도 아니었고 주한미군에 배치된 것이었는데도 말이다. 중국은 심지어 그 당시에 러시아판 사드에 해당하는 S-400을 6대를 이미 구매한 상태였다. 중국이 구매한 시기는 2014년도이다. 2년이나 먼저 중국이 S-400을 구입하고도 한국에 대해서 내정간섭에 가까운 사드 반대를 강요하고 이중적인 잣대를 통하여 한국이 마치 잘못한 것처럼 호도하였다. 군사적인 사실은 중국이 먼저 S-400을 구매하였다는 것이다.

박근혜 정부에서 KAMD를 추진하였지만 M-SAM은 전력화되지 못하였고 L-SAM을 개발 단계에 머무르게 된다. 박근혜 정부가 미사일 방어와 관련하여 전략적 모호성을 유지한 것이 한국의 국익에 상당한 해를 가져오게 되었다. 이는 사드의 사례에서 단적으로 드러난다. 한국은 중국과 미국 사이에서 애매모호한 태도를 취할수록 중국이 한국을 더 우습게 보고 보복한다는 점에 대하여 인정할 필요가 있다.

한국은 6.25전쟁으로 잿더미가 된 폐허 속에서 자유민주주의와 시장경제를 성공시키면서 세계에서 유례없이 성공한 국가로 일어섰다. 2차 대전 이후에 한국만이 원조받던 국가에서 원조를 하는 국가로 바뀌었다. 세계

---

523) 『SBS뉴스』 2016년 2월 5일
http://news.sbs.co.kr/news/endPage.do?news_id=N1003403439&plink=ORI&cooper=NAVER (검색일: 2019년 11월 1일)

524) 정종욱 외교안보수석 (2020년 8월 23일), 저자와 이메일 인터뷰.

에서 유일한 역사적 성공을 이룬 국가이다. 한국은 보다 세계 정세를 원칙에 입각하여 바라볼 필요가 있다. 왜곡된 해석이 아니라 한국에게 진정으로 이익이 되는 전략이 무엇인지를 고려할 필요가 있다.[525]

한국이 미국의 미사일 방어에 들어가지 않는 것도 결과적으로 한국에게 이로운 선택이 아니다. 한국이 단지 KAMD에만 머무르게 된다면 군사기술적인 부분에서 한계를 넘어서지 못하게 되는 부분이 존재할 수밖에 없고 하층방어에만 머무르는 기술밖에 얻지 못하게 된다.

(3) 독립변수의 영향

이명박 정부는 초기에 MD에 참여하겠다는 긍정적인 검토를 하였다가 MD에 참여하지 않기로 결정한 김대중 정부와 이러한 결정을 유지한 노무현 정부의 결정을 번복하지 못하고 KAMD를 추진하는 모습을 보였다. 박근혜 정부는 KAMD를 구축하겠다는 입장을 유지하면서 사드를 배치하였는데 미국의 MD에 들어가는 것이 아니라는 입장을 유지하게 된다.

이명박 정부와 박근혜 정부까지 5가지 변수를 살펴보면 이명박 정부 때는 군사기술력이 보통이었고 MD에 참여하는 것에 대하여 군사기술을 획득할 수 있는 기회로 여겼으나 한국의 재래식 전력을 확보하는 것을 보다 우선시하게 된다. 이명박 정부는 초기에 세계 금융위기를 겪고 경제력을 회복하는 단계를 겪으면서 보통의 경제력을 보인다. 이명박 정부는 북한의 핵위협이 크다고 판단하였고 미사일 위협도 커지고 있다고 보아 PAC-2를 PAC-3로 업그레이드하고 KAMD를 구축하는 것에 주안점을 두게 되면서 높은 대북억제력을 나타냈다. 이명박 정부는 중국, 러시아와의 무역이 늘었고 이들 국가를 위협적인 국가로 보지 않았으며 동아시아 지정학에 대한 판단을 낮게 하였다. 이명박 정부는 초기에 미국의 MD에 참여할 것을 긍정적으로 바라볼 정도로 동맹에 대하여 매우 높은 고려를 하였으나 전임 정부의 결정을 번복하지 못한다. 이러한 변수들이 이명박 정부가 MD에 참여하는 것을 초기에 고려하다가 KAMD를 추진하는 방향

525) 현인택, 『제35대 현인택 통일부 장관 연설문집 2009.2.12.-2011.9.18.』, (통일부, 2011), p.269.

으로 바꾸고 MD에 참여하는 것을 거부한 전임 정부의 결정을 번복하지 못하는 결정에 영향을 준 것으로 분석된다.

박근혜 정부는 MD에 참여하지 않고 KAMD를 추진하는 정책을 유진하는 모습을 보인다. 박근혜 정부 때 군사기술력은 보통이었고 MD에 참여하는 것이 군사기술 획득 기회로 여기지만 한국의 재래식 전력을 보다 확보하고 KAMD를 구축하여 내실화하고자 하였다. 박근혜 정부 때는 한국의 경제력이 성장추세를 보이면서 높은 경제력을 보이면서 한국이 MD에 참여하게 되면 경제적인 부담을 크게 져야 하는 것으로 보게 된다. 박근혜 정부는 북한의 핵위협이 크다고 판단하였으나 중국에 북핵문제를 해결하도록 의존하는 정책을 추진하면서 낮은 대북억제력을 나타냈다. 박근혜 정부는 중국, 러시아를 위협적인 국가로 보지 않았고 중국에 대해서 매우 높은 고려를 하면서 전승절에 참석하기까지 하였다. 그러나 중국에 대하여 오판하였고 동아시아 지정학에 대한 판단에 있어서 매우 낮은 판단을 하였다. 중국은 북한의 핵실험 이후에 한달이나 지나서 시진핑 주석이 전화를 받거나 외교적 하대를 하고 사드에 대해서 내정간섭에 가까운 협박을 하는 등 국익을 해치는 행동을 하였는데 이에 박근혜 정부가 속수무책으로 당하는 모습이 나타났다.

박근혜 정부는 낮은 동맹에 대한 고려를 하였는데 미국의 동맹국 중 어떠한 국가도 참석하지 않는 중국 전승절에 참석하고 중국에 대하여 매우 고려를 높게 하는 모습을 보였다. 사드 배치를 결정하면서도 미국의 MD에 들어가는 것이 아니라는 점에 대하여 명확한 입장을 표시하면서 낮은 동맹에 대한 고려를 하게 된다. 이러한 변수들이 박근혜 정부가 MD에 참여하지 않는 전임정부의 결정을 유지하는 데 영향을 준 것으로 분석된다.

1) 군사기술력

이명박 정부와 박근혜 정부는 KAMD를 통하여 군사기술력의 측면에서 이전 정부보다 발전된 모습이 나타났다.

이명박 정부에서 국방부의 국방비는 증가하는 추세가 나타났다. 2008년에는 2008년에는 약 26조 6,490억원, 2009년에는 약 28조 9,803억원, 2010년에는 약 29조 5,627억원, 2011년에는 약 31조 4,031억원, 2012년에는 약 32조 9,576억원으로 증가하였다. 또 국방기술력을 높이기 위한 연구개발비도 늘어나는 것을 확인할 수 있다. 2008년에는 약 227억원, 2009년에는 약 241억원, 2010년에는 약 265억원, 2011년에는 약 309억원, 2012년에는 약 289억원을 나타냈다. 박근혜 정부에서도 국방비는 증가 추세가 나타났다. 국방부 국방비는 2013년에는 약 34조 4,970억원, 2014년에는 약 35조 7,056억원, 2015년에는 약 37조 5,550억원, 2016년에는 약 38조 8,421억원, 2017년에는 약 40조3,347억원이었다. 또 박근혜 정부에서도 연구개발비는 증가하는 모습을 볼 수 있다. 2013년에는 약 294억원, 2014년에는 약 300억원, 2015년에는 약 353억원, 2016년에는 약 409억원, 2017년에는 약 383억원이었다.[526]

방위사업청의 방위력 개선비도 증가 추세가 나타났다. 2006년 방위사업청이 개청 당시에 방위력 개선비는 약 5조 8,077억원, 연구개발비는 약 1조 595억원, 연구개발 비율 18.2%을 나타냈다. 2007년에는 방위력 개선비는 약 6조 6,807억원, 연구개발비는 약 1조 2,584억원, 연구개발 비율 18.8%이다. 2008년에 이명박 정부는 방위력 개선비는 약 7조 6,813억원, 연구개발비는 약 1조 4,522억원, 연구개발 비율 18.9%이다. 2009년에는 방위력 개선비가 약 8조 7,140억원, 연구개발비가 약 1조 6,090억원, 연구개발 비율은 18.5%를 나타냈다. 2010년에는 방위력 개선비는 약 9조 1,030억원, 연구개발비는 약 1조 7,945억원, 연구개발 비율은 19.7%로 나타났다. 2011년에는 방위력 개선비가 약 9조 6,935억원, 연구개발비가 약 2조 164억원, 연구개발 비율은 20.8%였다. 2012년에는 방위력 개선비가 약 9조 8,938억원, 연구개발비가 약 2조 3,210억원, 연구개발 비율은 23.5%를 나타냈다. 박근혜 정부 때에도 이러한 기조는 이어지게 된다. 2013년에는 방위력 개선비가 약 10조 1,749억원, 연구개발비가 약 2조 4,471억원, 연구개발 비율은 24.1%로 나타났다. 2014년에는 방위력 개선비가 약 10조 5,097억원, 연구개발비가 약 2조 3,345억

526) 국방부 정보공개청구 자료, 2020년 8월 26일 접수번호: 7046911.

원, 연구개발 비율은 22.2%였다. 2015년에는 방위력 개선비가 약 11조 140억원, 연구개발비가 약 2조 4,355억원, 연구개발 비율은 22.1%였다. 2016년에는 방위력 개선비가 약 11조 6,824억원, 연구개발비가 약 2조 5,571억원, 연구개발 비율은 21.9%였다. 2017년에는 방위력 개선비가 약 12조 1,970억원, 연구개발비가 약 2조 7,838억원, 연구개발 비율은 22.8%였다.[527)]

이명박 정부는 대통령 임기 초반에 미국의 MD참여에 대하여 긍정적인 검토를 하였다. 그러다가 2010년을 전후로 미국의 MD에 참여하기 보다는 KAMD를 내실있게 구축하는 방향으로 변화하게 된다. 이명박 정부는 한미 미사일 지침을 개정하고 국방비와 연구개발비를 늘리면서 국방력을 강화하려는 노력을 하였다. 외형적으로는 군사기술력이 성장하는 모습이 있었지만 한국은 2010년도에도 여전히 구형의 무기를 다수 보유하고 사용하였다. 6.25전쟁과 월남전쟁에서 사용하였던 무기를 사용하는 상태에 있었다. M-48형 탱크 850대, M-47형 400대를 사용하였고 육군 기갑 무기 중에 약 50%는 낡았다고 판단되는 수준이었다. 공군의 경우에도 오래된 무기를 계속 사용하였는데 1960년대 사용한 기종을 2010년 기준 다수 보유하였다. 해군의 경우에도 구식 무기를 교체하지 못한 상태에 머무르는 경우도 다수 존재하였다.[528)]

이명박 정부에서 이러한 부분을 개선하기 위하여 약 835종 무기를 전력화한다. 이 중에서 약 370여종은 국내 생산 무기였다. 육군의 경우에는 K9자주포, 현무, K21 장갑차, 정찰용 무인항공기, 신형제독차량, K2전차, 비호, 열상감시장비(TOD), 해독제 키트, 군위성통신체계 아나시스, 신궁 등을 전력화하였다. 공군의 경우에는 공중통제기 KA-1, 기본훈련기 KT-1, 전투기용 전자방해장비 등을 전력화한다. 해군의 경우에는 함대함 유도 무기 해성, 함정용 전자전 장비, 경어뢰 청상어, 중어뢰 백상어, 장거리 대잠어뢰 홍상어, 어뢰음향 대항체계, 예인음탐기 등을 전력화하였다.[529)]

527) 방위사업청 정보공개청구 자료, 2020년 8월 26일 접수번호: 7046922.

528) 이춘근·박상봉·배정호, 『새정부 외교 안보정책제안』, (서울: 한국경제연구원 차기정부 정책과제6, 2012), p.241.

529) 국방과학연구소, 『국방과학연구소 40년 연구개발투자효과』, (대전광역시: 국방과학연구소,

박근혜 정부 때에도 무기 도입을 통하여 국방력을 향상시키는 모습이 나타났다. 천궁, 무인기, 경전투로봇, 중거리GPS 유도키트 등을 국내 개발하였다. 그러나 핵심부품에 있어서는 해외 수입을 통하여 제작하면서 핵심 기술을 보유하지 못하는 상황에서 벗어나지 못하게 된다.530)

이명박 정부와 박근혜 정부에서 국방예산은 점차 늘어나는 모습을 보였고 연구개발비의 경우에도 증가 추세를 보이게 된다. 국내에서 생산하는 무기도 다양하게 되었고 이를 전력화하여 군사기술력을 높이게 된다. 그러나 최첨단 무기의 경우에는 핵심 부품과 관련 기술이 없어서 해외 부품에 의존하는 한계를 벗어나지는 못하였다.

이명박 정부와 박근혜 정부가 군사기술력이 높아지는 상황이었음에도 불구하고 미사일 방어에 들어가지 않는 것은 세 가지로 분석할 수 있다. 첫째, 이명박 정부가 초기에 미사일 방어에 들어가는 것을 검토하다가 KAMD 구축으로 변화하게 된 것은 김대중 정부가 미국의 미사일 방어에 들어가지 않는다는 결정을 내리고 노무현 정부가 이를 계승한 상황에서 이전 정부의 결정을 쉽게 번복하기 어렵기 때문이다. 둘째, 한국의 과학기술력이 향상되는 중이었고 한국은 하층방어 자체를 단독으로 할 정도의 기술 수준이 되지 못하는 애매한 상황이었기 때문이다. 하층방어를 먼저 방어하는 것이 시급하다는 판단을 내리고 KAMD를 내실화하는 것이 먼저라고 생각하게 되었다. 셋째, 미국의 미사일 방어에 참여하게 될 경우에 최첨단의 기술을 얻게 되는 것이지만 육·해·공군력에 있어서 대북 억제가 최우선 과제인데 중국, 러시아 등의 위협을 막을 기술까지 당장 급하게 요구되지 않는다고 본 것이다. 한국으로서는 육·해·공군력 강화가 우선인데 미국이 보유하고 있는 더 첨단의 기술은 아이러니하게도 당장 필요하지 않다고 본 것이다.

2010), p.18.

530) 국가과학기술심의회, 『2014-2028 국방과학기술진흥정책서』, (국방부 전력정책관실 전력정책과, 2014), p.8.

2) 경제력

2008년 세계 금융위기가 발생하였을 때 이명박 정부가 출범하였다. 물가가 치솟았고 연평균 물가상승률은 약 4.7% 오르는 모습이 나타났다. 1998년에 IMF경제위기를 겪은 이후에 약 10년만에 물가상승률이 가장 높게 나타났다. 또 2008년 9월에는 리먼 브러더스라는 투자은행이 파산하면서 금융위기가 세계적으로 퍼졌다.[531]

한국은행 정보공개청구 자료에 따르면 한국의 실질경제성장률은 초반에는 하락하다가 주춤한 상태에서 다시 오르는 모습이 나타났다. 이명박 정부 시기인 2008년에 한국의 GNI경제성장률은 0.4%, 2009년에는 2.5%, 2010년에는 7.2%, 2011년에는 1.6%, 2012년에는 2.9%를 나타냈다. 또 박근혜 정부 시기인 2013년에는 GNI경제성장률이 3.8%, 2014년에는 3.5%, 2015년에는 6.3%, 2016년에는 4.4%, 2017년에는 3.3%였다.[532]

이명박 정부 때에 경제성장률이 초기에는 세계적인 금융위기의 여파로 낮은 수준에 머무르고 이후에도 약간 주춤하는 모습이 나타났다가 다시 오르는 모습이 나타났다. 그러다가 2011년과 2012년에 다시 낮은 수준의 경제성장률이 나타났다. 박근혜 정부에서는 경제성장률이 오르다가 다시 주춤하였다가 내려가는 모습이 나타났다.

국방부에 정보공개청구한 자료에 따르면 한미 방위비 분담금은 지속적으로 상승하는 모습이 나타났다. 이명박 정부 시기인 2008년에는 약 7,415억원, 2009년에는 약 7,600억원, 2010년에는 약 7,904억원, 2011년에는 약 8,125억원, 2012년에는 약 8,361억원을 분담한다. 박근혜 정부 시기인 2013년에는 약 8,695억원, 2014년에는 약 9,200억원, 2015년에는 약 9,320억원, 2016년에는 약 9,441억원, 2017년에는 약 9,507억원을 분담한다. 이명박 정부와 박근혜 정부 모두 한미 방위비가 지속적으로 금액이 상승하는 것을 확인할 수 있다.[533]

---

531) 『연합뉴스』 2013년 2월 19일
https://www.yna.co.kr/view/AKR20130219063700002 (검색일: 2017년 9월 27일)
532) 한국은행 정보공개청구자료, 2020년 10월 19일 접수번호: 7177950.

이러한 상황에서 미국의 미사일 방어 예산은 지속적으로 증가하게 된다. 미국 미사일 방어청의 예산을 살펴보면 2008년 미국은 세출 승인 예산 기준 8.7 billion 달러, 2009년 9 billion 달러, 2010년 7.9 billion 달러, 2011년 8.5 billion 달러, 2012년 8.4 billion 달러를 미사일 방어 예산으로 승인한다. 또 박근혜 정부 시기인 2013년 8.3 billion 달러, 2014년 7.6 billion 달러, 2015년 7.8 billion 달러, 2016년 8.3 billion 달러, 2017년 8.2 billion 달러를 예산으로 승인하였다.

이명박 정부와 박근혜 정부는 연도별로 경제성장률의 변동이 존재하였지만 큰 틀에서 경제가 어려웠다가 다시 회복하는 모습이 나타났다. 이명박 정부는 국제적으로 금융위기를 겪었지만 다른 국제사회의 국가들과 비교하였을 때 이러한 금융위기를 극복하는 데 성공하였다. 박근혜 정부도 오름세를 보이다가 다시 경제성장률이 낮아졌다가 다시 회복되는 모습으로 경제성장률의 변화가 있었지만 성장 추세를 보이게 된다. 한미 방위비 분담금도 2008년부터 2017년까지 지속적으로 늘어나는 것을 확인할 수 있다. 이러한 배경 하에서 이명박 정부와 박근혜 정부는 미사일 방어에 참여하게 되면 한국이 상당한 금액을 지불하거나 분담하여야 한다는 점에 대하여 인지하게 되었고 이를 우려하여 선뜻 미국의 미사일 방어에 들어가지 않고 김대중 정부가 미사일 방어 참여를 거부한 결정을 번복하지 못하게 된다.

3) 대북억제력

대북억제력은 두 가지 측면에서 살펴볼 수 있다. 첫째, 한국이 북한의 위협의 정도를 어느 정도로 판단하였느냐를 볼 수 있다. 둘째, 한국이 북한과 주변의 위협에 대하여 어떤 판단을 하였는지를 살펴보면 다음과 같다.

먼저 한국이 북한의 위협을 어느 정도로 판단하였는지를 살펴보면 이명박 정부와 박근혜 정부에서 북한의 위협은 상당히 커지고 있었음을 확인할 수 있다.

---

533) 국방부 정보공개청구자료, 2020년 9월 28일 접수번호: 7129560, 국방부 정보공개청구자료, 2020년 9월 28일 접수번호: 7129561.

이명박 정부 때 북한은 금강산에서 2008년 7월 11일 박왕자 씨를 사살하였다. 또 2010년 3월 26일에는 북한이 천안함을 폭침시키게 된다. 북한의 도발이 거세지자 현인택 통일부 장관은 국가안보를 지키고 국민을 보호하기 위하여 5.24조치를 시행한다고 발표하였다.534)

2010년 11월 23일에 북한은 연평도 포격 도발을 하였다. 연평도 포격은 민간인을 겨냥하여 발사하였다는 점과 한국 영토에 직접적 포격을 하였다는 점에서 상당히 위험한 도발이었다. 약 170여발이 발사되었고 군인뿐만 아니라 민간인에게도 공격이 가해졌다. 해병 2명이 사망하고 16명은 중경상을 입었으며 민간인 2명도 사망하고 다수의 부상자가 발생하였다. 133동의 건물도 파손된다.535)

국방백서에 따르면 북한은 2000년대에는 약 241번의 도발을 하고 2010년부터 2015년에는 약 251번의 도발, 2016년에 약 8번, 2017년에 약 5번의 도발을 한다.536)

북한은 미사일 도발도 지속적으로 하였다. 이명박 정부 때인 2008년에는 미사일 발사를 하지 않았다. 2009년에는 대포동2호 미사일을 1회 발사하고 노동미사일을 2회 발사하고 스커드-C 미사일을 5회 발사한다. 2010년과 2011년에 북한은 미사일을 발사하지 않았다. 2012년에 북한은 대포동2호 미사일을 2회 발사한다. 박근혜 정부 때인 2013년에 북한은 미사일을 발사하지 않았다. 2014년에는 스커드-C미사일을 11회 발사하고 노동미사일을 2회 발사한다. 2015년에 북한은 스커드-C미사일을 2회 발사한다. 2016년에 SLBM을 3회 발사하고 노동미사일을 6회 발사하고 대포동 2호 미사일을 1회 발사하고 무수단 미사일을 8회 발사하였으며 스커드-X 미사일을 3회 발사하고 스커드-ER 미사일을 3회 발사한다. 2017년에는 스커드 개량 미사일을 1회 발사하고 단거리 탄도미사일을 3회 발

---

534) 통일부, "천안함 사태 관련 대북조치 발표문" (2010년 5월 24일) https://www.unikorea.go.kr/unikorea/news/release/?boardId=bbs_0000000000000004&mode=view&cntId=14075&category=&pageIdx=

535) 통일부 통일교육원, "연평도 포격 도발 사건" https://www.uniedu.go.kr/uniedu/home/brd/bbsatcl/nsrel/view.do?id=16154&mid=SM00000535&limit=10&eqViewYn=true&page=2

536) 국방부, 『2018 국방백서』, (국방부, 2018), p.267.

사하고 스커드ER 미사일을 4회 발사하였으며 신형 ICBM급 화성 14형을 2회 발사하고 신형 ICBM급 화성 15형을 1회 발사하고 신형 고체추진 미사일을 2회 발사하고 신형 중거리 미사일을 3회 발사하고 불상의 미사일을 4회 발사한다.[537]

이명박 정부와 박근혜 정부에서 북한의 미사일 위협은 커지게 된다.[538] 이명박 정부의 경우에는 PAC-2를 PAC-3로 업그레이드 하는 것을 추진하고 한미 미사일 지침을 개정하는 등 KAMD를 내실화하려는 노력을 하였다. 박근혜 정부는 북한이 핵실험을 단행하고 미사일 발사를 계속하자 사드를 주한미군에 들여오는 결정을 내린다.

다음으로 한국이 북한과 주변 위협에 대하여 어떻게 판단하였는 지를 살펴보면 한국은 중국, 러시아에 대해서는 크게 위협적이라는 판단을 하지 않았던 것으로 분석된다.

이명박 정부는 굳건한 한미동맹을 바탕으로 하는 동시에 중국과의 관계 개선을 통하여 국익을 확대시키고자 하였다. 이명박 정부는 2008년 5월 27일 후진타오 주석과 정상회담을 하고 전략적 협력동반자 관계로 협력하는 데 합의한다. 그러나 중국은 2010년 4월 30일 천안함 폭침사건이 발생한 직후 이명박 정부가 한중정상회담에서 중국의 협조를 요청하였으나 후진타오 주석은 원론적인 입장으로 일관하였다. 후진타오 주석은 천안함 폭침사건에 대하여 위로의 뜻만 전하고 북한의 행동에 대하여 말을 아꼈다. 또 침몰 원인에 객관적 증거가 중요하다거나 한반도 긴장이 높아지지 않았으면 한다는 발언 정도에 그치는 모습을 보였다.[539]

이명박 정부는 2008년 9월 28일부터 10월 1일까지 메드베데프 러시아 대통령의 초청을 받아 한러정상회담을 가진다. 러시아는 2000년 1월부터

---

537) 국방부 정보공개청구자료, 2020년 10월 13일, 청구번호: 7158864.

538) Remarks Frank A. Rose, Assistant Secretary, Bureau of Arms Control, Verification and Compliance Institute for Corean-American Studies (ICAS), "Missile Defense and the U.S. Response to the North Korean Ballistic Missile and WMD Threat", Washington, DC May 19, 2015.
https://2009-2017.state.gov/t/avc/rls/2015/242610.htm

539) 변창구, "이명박 정부의 실용주의와 대중외교 평가", 『통일전략』 제13권 제1호, (한국통일전략학회, 2013), pp.170-173.

2008년 5월까지 푸틴 전 러시아 대통령의 임기가 끝나고 메르베데프 대통령이 취임하였던 시기였다. 메드베데프 대통령은 푸틴 대통령에 이어 강한 러시아를 만드는 것을 추진하였다. 이명박 정부는 한반도 문제에 러시아의 협력이 필요하다고 보았고 에너지와 자원의 안정적 공급, 경제협력 등을 추진하였다. 그러나 러시아는 미국이 추진하는 미사일 방어에 대하여 예민한 반응을 보이며 견제하려는 의도를 지닌 채 남북관계를 주시하는 모습을 보였다.[540)]

박근혜 정부는 2013년 출범하여 중국과 관계개선을 하려는 노력을 추진하였다. 한국에는 대통령이 취임한 첫 해에 미국, 일본, 중국, 러시아의 순서로 해외 방문을 하는 관례가 있었다. 그러나 박근혜 정부는 2013년 5월에 미국을 방문한 이후 2013년 6월 27일 중국을 두 번째로 방문하였다. 박근혜 정부는 2015년 9월 3일 무수한 반대와 우려에도 불구하고 중국 천안문 광장에서 전승절 기념 열병식에 참석하였다. 당시 미국의 동맹국으로 참석한 국가는 한국이 유일하였다. 그러나 북한이 제4차 핵실험을 하였을 때 시진핑 주석은 박근혜 대통령의 전화도 받지 않는 모습을 보인다. 중국의 시진핑 주석은 북한이 제4차 핵실험을 한 뒤 한 달이나 지난 2016년 2월 5일 박근혜 대통령과 통화를 하였다. 북한의 제4차 핵실험 직후에 전화를 받지 않고 한 달이 지난 뒤에 전화 통화를 하였다는 점에서 북한의 핵실험과 관련한 중국의 실제 모습을 확인할 수 있다. 시진핑 주석은 2014년 7월 3일 방한하여 사드 도입을 우려하는 발언을 하였고 이후 지속적으로 이에 대한 반대 의사를 표시한다. 중국은 러시아와 군사적 연합을 강화하면서 주한미군에 사드를 배치하는 것을 반대하고 있다. 사드 배치가 미국의 미사일 방어에 편입되는 것이라고 주장한다.[541)]

박근혜 정부가 사드를 배치하기로 결정을 내린 2016년에 중국인 관광객이 약 800만명이었는데 2017년에는 400만명으로 전년 대비 약 48%감

---

540) 여인곤, 『한러정상회담 결과분석』, (서울: 통일연구원, 2008), pp.1-5.

541) 이문기, 박근혜 정부 시기 한중관계 평가와 바람직한 균형외교 전략의 모색, 『현대중국연구』 제18집 2호, (현대중국학회, 2016), pp.115-125, 『SBS뉴스』 2016년 2월 5일 http://news.sbs.co.kr/news/endPage.do?news_id=N1003403439&plink=ORI&cooper=NAVER

소하여 급감하는 모습이 나타났다. 2019년에 500만명 대로 다소 증가하였으나 여전히 줄어든 모습에서 벗어나지 않고 있다.[542] 중국은 스스로 러시아판 사드인 S-400을 2014년에 러시아로부터 구매하였으며 그로부터 2년이 지난 뒤인 2016년에 한국 군에 배치된 것도 아니고 주한미군에 배치된 단 한기의 사드에 대하여 문제제기를 하였다. 중국 스스로는 러시아에서 들여온 S-300을 토대로 하여 1990년대에 HQ(Hong Qui)-9이라는 중국식 방어 무기를 개발하여 양산하였다. HQ(Hong Qui)-9은 미국의 PAC-3와 유사한 요격을 하는 무기체계이다. 중국은 이러한 무기를 이미 보유하고 있으면서 한국에 대하여 내정간섭에 가까운 협박을 하였다.[543]

사드 갈등이 장기화되는 것과 관련한 손실에 대하여 산업통상자원부, 통계청에 정보공개를 청구하였는데 저자는 이 과정에서 한국 정부가 정확한 사드 손실에 대하여 집계하지 않는 상황인 것을 확인할 수 있었다. 산업통상자원부 동북아통상과는 중국에 진출한 한국 기업의 애로는 중국 현지의 시장상황과 우리기업 및 경쟁업체의 경영환경 그리고 경제, 사회, 환경, 노동 등 다양한 행정규제 등에 따라 발생하고 있으며 한 가지 요인에 기인한 것으로 보기 어려운 측면이 있다고 답변하면서 사드와 관련한 손실을 집계하는 것은 한국 뿐만 아니라 중국에서 사업을 영위하는 과정에서 복잡한 요인으로 애로가 발생하고 있으므로 이에 대한 종합적인 통계를 파악하는 것이 현실적으로 어렵다는 점을 양해해달라는 답변을 하였다.[544] 통계청 운영지원과는 사드 갈등 장기화와 손실과 관련한 정보는 본 기관이 보유, 관리하는 정보가 아니고 정보부존재 처리한다고 답변하였다.[545]

다만 중국인의 관광객 수가 사드와 관련한 시점에 줄었다는 것에 대해

542) 신용석, 『방한관광시장 확대를 위한 비자제도 개선연구』, 한국문화관광연구원 정책연구 2020-04, (서울: 한국문화관광연구원, 2020), p.3.
543) 양혜원, “한국과 일본의 사드 배치 과정 비교에 관한 연구”, 『사회융합연구』 제4권 제6호, 국방안보연구소, (2020), p.151, pp.160-162.
544) 산업통상부 정보공개청구자료 2021년 4월 29일 접수번호: 7769533.
545) 통계청 정보공개청구자료 2021년 4월 29일 접수번호: 7769531.

서는 한국관광공사, 외교부에 정보공개를 청구한 것을 통하여 확인할 수 있었다. 한국관광공사는 정보공개청구에서 최근 5년동안의 동북아지역 방한 외래관광객수 자료를 공개하였는데 이 자료에 따르면 동북아전체지역 방한 외래관광객 수는 2016년 약 1,724만명, 2017년 약 1,333만명, 2018년 약 1,534만명, 2019년 약 1,750만명, 2020년 약 2,508만명이라고 하였다. 이 중에서 중국인 관광객수는 2016년 약 806만명, 2017년 약 416만명, 2018년 약 478만명, 2019년 약 602만명, 2020년 약 684만명이다. 사드논란이 세게 있었던 2016년과 2017년에 중국인 관광객이 약 400만명 감소하였던 것을 확인할 수 있다.[546] 또 외교부 동아시아 경제외교과는 정보공개청구에서 한국은행의 2020년 12월 자료를 토대로 하여 중국인 관광객 수와 관광 수입이 줄어들었다고 답변하였다. 2016년 7월부터 2019년 4월까지 중국인 관광객 수가 약 65%감소하였고 관광수입은 약 192억 달러 규모인 31%가 감소하였다고 답변하였다.[547]

사드와 관련한 피해는 관광부문에서 외국인 신용카드 국내지출액을 살펴보면서 사드와 관련한 시기의 관광부문에서의 피해를 일부 확인할 수 있다. 한국의 관광 부문의 국가별 지출액은 중국이 1조 3,758억원으로 전체의 약 43.5%를 차지한다. 2위가 5,091억원을 지출하고 16.1%를 차지한 미국이고 3위가 3,290억원으로 10.4%를 차지한 일본이다. 중국은 2016년 상반기에 2조 8,171억원, 2017년 상반기에 1조 4,999억원, 2018년 상반기에 1조 3,758억원을 외국인 신용카드로 사용하였다.[548] 사드와 관련한 시기에 중국의 신용카드 사용액수가 줄어든 것을 살펴보면 사드와 관련한 피해를 간접적으로 확인할 수 있다. 또 한국수출입은행이 발행한 사드와 관련하여 최근 중국 경제제재 파급효과 추정 보고서에 따르면 사드 관련 피해액은 최소 7조3억원에서 16조 2억원으로 추정하였다.[549]

---

546) 한국관광공사 정보공개청구자료 2021년 4월 29일 접수번호: 7769530.

547) 외교부 정보공개청구자료 2021년 4월 29일 접수번호: 7769532.

548) 한국문화관광연구원, 2018 상반기 외국인 신용카드 국내지출액 현황 분석보고서, (서울: 한국문화관광연구원, 2018), pp.21-23.

549) 김윤지·조재동, “최근 중국 경제제재 파급효과 추정”, 한국수출입은행 해외경제연구소 Issue

박근혜 정부는 출범이후 한러정상회담을 3차례 하였다. 2013년 9월의 상트페테르부르크에서 열린 G20 정상회의, 2013년 11월에 푸틴 러시아 대통령이 방한하였을 때 그리고 2015년 11월에 프랑스 파리에서 열린 제21차 유엔기후변화협약 총회 등이었다. 2016년 9월에 러시아 블라디보스토크의 제2차 동방경제포럼에도 참석하였다. 박근혜 정부는 사드 배치과정에서 러시아의 불만을 무마시키고 대북 제재에 대한 협력을 요청하였다. 러시아는 사드에 대하여 반대의 입장을 나타냈으나 한러정상회담 이후 이러한 비판을 자제하는 모습을 보인다. 그러나 러시아가 미국의 미사일 방어에 대하여 반대하는 입장을 여전히 유지하는 상황에서 외교적 갈등 요소는 남아있게 된다.550)

이명박 정부와 박근혜 정부는 미국의 미사일 방어에 들어가지 않는다는 점을 명확하게 하는 상황을 유지하는 모습을 보인다. 중국, 러시아의 경우에 한국이 사드를 배치하지만 미사일 방어에 들어가는 것이 아니라는 점을 유지하자 이에 대하여 반발하지 못하는 상태에 머무르게 된다.

4) 동아시아 지정학에 대한 판단

동아시아 지정학은 국제구조의 변화를 반영한다. 탈냉전 이후에 동아시아 지정학을 바라보는 시각은 한미 간에 달라지게 되었고 이러한 시각은 차이가 더 커지게 되었다.

이명박 정부 때 중국, 러시아와 관계를 협력적으로 유지하는 모습이 나타났다. 이명박 정부는 중국과는 전략적으로 협력하겠다는 입장을 보였고 북한 핵문제에 대하여 중국의 협조를 받고 6자회담에서 중재를 받고자 하였다. 이명박 정부는 동아시아 지역에서 평화와 번영을 추구하기 위하여 지역적인 차원에서 국제협력을 하는 것이 필요하다고 보았다. 한중 간에 무역을 함에 있어서 상생하는 경제협력을 확대하고 투자를 하며 문화와 예술 부문에서도 교류를 확대하고자 하였다. 러시아와는 에너지 자원 확보에 있어서 전략적 협력이 필요하다고 보았다. 향후 철도와 항만 그리고

Report Vol.2017-이슈-05, (2017), p.8.

550) 서동주·장세호, 『한러 전략적 협력의 쟁점과 과제』, (국가안보전략연구원, 2019), pp.37-39.

가스 공급에 있어서 협조를 받기 위해서 러시아와 협력을 하는 것이 필요하다고 본 것이다. 또 6자회담에서 러시아의 협조를 얻어 북핵문제에 도움을 받고자 하였다.[551]

산업통상자원부 정보공개청구 자료에 따르면 이명박 정부와 박근혜 정부 시기에 러시아, 중국과의 무역은 증가하는 추세가 나타났다. 이명박 정부 때인 2008년에 한국과 러시아 무역 수출액은 약 97억 달러를 나타냈다. 2009년에는 약 41억 달러이고 2010년에는 약 77억 달러였다. 2011년에는 130억 달러이고 2012년에는 110억 달러이다. 박근혜 정부 때인 2013년에 한국과 러시아 무역 수출액은 약 111억 달러를 나타냈다. 2014년에는 약 112억 달러이고 2015년에는 약 46억 달러였다. 2016년에는 약 27억 달러이고 2017년 약 69억 달러를 나타냈다. 러시아와는 자동차, 석유제품, 원유 등을 주로 교역하였다. 무역 수출액 뿐만 아니라 무역 수입액의 경우에는 금액이 증가하다가 잠시 감소 상태를 보였다가 다시 늘어났다. 이명박 정부 때 러시아로부터 수입을 한 금액의 경우에는 2008년에는 약 83억 달러이고 2009년에는 약 57억 달러이다. 2010년에는 약 98억 달러이고 2011년에는 약 100억 달러이다. 2012년에는 약 113억 달러이고 2013년에는 약 114억 달러이고 2014년에는 약 156억 달러를 나타났다. 2015년에는 약 113억 달러이고 2016년에는 약 86억 달러이고 2017년에는 약 120억 달러를 수입한 것으로 나타났다.[552]

이명박 정부와 박근혜 정부 시기에 중국과의 무역 수출입도 증가 추세를 나타냈다. 이명박 정부 때인 2008년에는 약 913억 달러이고 2009년에는 약 867억 달러이다. 2010년에는 약 1,168억 달러이고 2011년에는 약 1,341억 달러를 나타냈다. 2012년에는 약 1,343억 달러를 수출한 것으로 나타났다. 박근혜 정부 때인 2013년에는 약 1,458억 달러이고 2014년에는 약 1,452억 달러이다. 2015년에는 약 1,371억 달러이고 2016년에는 약 1,244억 달러이고 2017년에는 약 1,421억 달러를 수출한 것으로 나타났다. 중국과는 반도체, 센서, 평판 디스플레이 등을 주로

551) 청와대, 『이명박 정부 외교안보의 비전과 전략: 성숙한 세계국가』, (청와대, 2009), pp.24-25.
552) 산업통상자원부 정보공개청구자료, 2020년 9월 28일 접수번호: 7129855.

교역하였다. 이명박 정부 때와 박근혜 정부 때에 중국으로부터의 수입도 점차 증가하는 모습이 나타났다. 이명박 정부 시기인 2008년에는 약 769억 달러를 수입하였고 2009년에는 약 542억 달러였다. 2010년에는 약 715억 달러이고 2011년에는 약 864억 달러이고 2012년에는 약 807억 달러를 수입한 것으로 나타났다. 박근혜 정부 시기인 2013년에는 약 830억 달러를 수입하였고 2014년에는 약 900억 달러였다. 2015년에는 약 902억 달러이고 2016년에는 약 869억 달러이고 2017년에는 약 978억 달러를 수입한 것으로 나타났다.553)

이명박 정부와 박근혜 정부 때에 한국은 러시아, 중국과 지속적으로 교역을 하게 된다. 다소의 금액의 변동은 있었으나 수출입이 증가하는 추세에 있었다. 이러한 상황에서 이명박 정부는 KAMD를 내실화하는 것이 동아시아 지정학에 해가 되지 않는다고 판단하고 이를 추진하게 된다. 또 한미일 정보협력 등 공조를 통하여 위협에 대응하는 것이 필요하다고 보았다. 이명박 정부는 일본과 군사정보보호협정인 지소미아 협정을 맺는 것을 추진하면서 한미일 공조를 하려는 시도를 하였다. 2011년 1월 한일국방장관 회담에서 협정 추진에 대하여 합의하기도 하였다. 그러나 밀실추진이라는 반대 압박 여론이 강하게 나타나면서 2012년 6월 체결 직전에 취소하게 된다. 박근혜 정부는 2016년 10월 군사정보보호협정을 4년 만에 다시 추진하겠다고 발표하였고 11월에는 실무협의를 일본 도쿄에서 하였다. 2016년 11월 23일 한일 군사비밀정보보호협정을 체결하게 된다.554)

박근혜 정부는 사드 배치와 관련하여 취임 초기부터 3NO의 입장을 나타냈다. 그러다가 북한이 4차 핵실험을 한 이후에 배치를 하는 방향으로 갑자기 선회하게 된다. 사드는 약 1년 정도 후에 주한미군 기지에 배치되었다. 박근혜 정부가 갑자기 사드를 배치하는 듯이 비추어지게 되었고 기존의 모호한 입장을 내세우던 것으로 인하여 중국의 반발을 사게 된다. 한

553) 산업통상자원부 정보공개청구자료, 2020년 9월 28일 접수번호: 7129805.

554) 『뉴시스』 2019년 11월 22일
https://newsis.com/view/?id=NISX20191122_0000838786&cID=10301&pID=10300 (검색일: 2019년 11월 22일)

국은 중국이 2014년에 이미 러시아판 사드인 S-400을 구매하였다는 점에 대하여 한국 내에서 공론화되지 못한 채 오해를 받는 입장이 되었다. 한국은 한국 군이 사드를 산 것도 아니었고 주한 미군에 사드를 배치하는 것이었다. 반면 중국은 러시아판 사드인 S-400을 직접 구매하여 중국 군에 배치하였고 러시아와 계약을 통하여 S-400도입을 서두르기도 하였다. 중국은 기존에 S-300을 보유하고 있었고 추가적으로 S-400을 샀음에도 불구하고 마치 한국이 동북아의 평화를 깼다는 듯이 호도하면서 한국에 책임을 물었다. 실제로 먼저 구입한 국가는 중국이었는데 한국이 잘못했다는 듯이 군사적으로 잘못 알려지면서 한국이 피해를 보게 되었다. 군사적인 균형을 깨고 먼저 S-400을 구입한 국가는 중국이었다는 것이 군사적인 사실이다. 한국은 사드와 관련하여 크게 중국의 농간에 놀아나게 되었다. 한국이 잘못한 점이 없음에도 불구하고 중국이 한국 군에 배치한 것도 아닌 주한 미군에 사드를 배치하였다는 사실만으로 보복하였다는 것이 그 증거이다.

박근혜 정부가 처음부터 사드를 배치하는 것이 필요하다고 보고 그 점에 대하여 설득을 하는 시간을 가졌다면 불필요한 오해를 사지 않아도 되었는데 전략적으로 모호하게 정책을 취한 것이 오히려 독이 되었으며 중국, 러시아의 반발을 불러오게 된다.

반면 미국이 동아시아 지정학을 바라보는 시각은 한국과 달랐으며 그 시각 차이도 커지게 된다.

한미동맹은 북한의 위협에 대응하기 위하여 전통적으로 군사적 협력을 이어왔다. 그러나 탈냉전 이후에 미국이 동아시아지역을 바라보는 시각과 한국이 바라보는 시각에는 차이가 있게 된다. 미국은 한미동맹을 통하여 북한의 위협으로부터 안보를 제공하고 지역의 균형을 유지하고자 한다. 한국은 동아시아 지역에서 중국, 러시아, 일본과 인접한 위치에 있다. 이로 인하여 한국은 원하지 않더라도 지역적 긴장의 한 가운에 있게 된다. 중국의 경우에는 군사력을 계속해서 증강시키고 있으며 한미동맹이 지나치게 강화되어 중국을 견제하는 것에 대하여 우려한다.555)

미국은 북한 뿐만 아니라 동아시아 지역에서 중국, 러시아의 위협이 여전히 존재한다고 판단하고 있으며 이를 방어하기 위해서는 한국이 미국의 미사일 방어에 참여하고 전략적으로 방어능력을 높이는 것이 필요하다고 본다. 그러나 한국이 계속해서 이명박 정부와 박근혜 정부로 이어지는 동안 이러한 점에 대하여 모호한 입장을 밝히는 것에 대하여 개선이 필요하다고 본다. 왜냐하면 한국은 지역적으로 안보 긴장이 높은 위치에 있기 때문에 동아시아 지역의 위협에 대응하는 것이 필요하다고 본다.[556]

5) 동맹에 대한 정책적 고려

동맹에 대한 정책적 고려에 있어서 동맹국 상호 간의 편익이 크면 차이를 줄이려는 노력을 하게 되고 그렇지 않으면 반대가 나타나게 된다.

이명박 정부는 한미동맹을 중요하게 여기고 강화하고자 하였다. 이전 정부 때 한미동맹이 약화된 점에 대하여 한미동맹의 중요성을 복원시키고자 하였다.[557]

이명박 대통령은 대통령 취임사에서도 한미동맹을 굳건하게 한다고 밝혔다. 또 2008년 한미정상회담에서 부시 대통령과 만나 한국과 미국이 전략적 동맹관계를 굳건하게 하기로 합의한다. 또 2009년 6월에 오바마 대통령과 한미동맹 미래비전을 통하여 한미 간에 상호 이익이 되는 관계를 만드는 것에 합의하였다. 이명박 정부는 한미 통화스와프를 약 3백억 달러 체결하고 대외무기판매(FMS: Foreign Military Sales)의 프로그램 지위를 격상시키게 된다.[558]

이명박 정부는 한미동맹에 대하여 강한 고려를 하면서 미국의 미사일

555) Patrick M. Cronin·Seongwon Lee, "Expanding South Korea's Security Role in the Asia-Pacific Region", *Council on Foreign Relations*, (March 2017), pp.2-9.

556) Patrick M. Cronin, "If Deterrence Fails: Rethinking Conflict on the Korean Penninsula", *Center for a New American Security* (March 1 2014), pp.5-22.

557) The White House Office of the Press Secretary, "Statement Following President Obama's Meeting with President Lee of the Republic of Korea", The White House President Barack Obama Archives, April 02 2009. https://obamawhitehouse.archives.gov/the-press-office/statement-following-president-obamas-meeting-with-president-lee-republic-korea

558) 대한민국정책브리핑, "실용외교바탕 한미동맹 복원 강화", (2011년 2월 22일) http://www.korea.kr/special/policyFocusView.do?newsId=148707570&pkgId=49500522

방어에 긍정적인 검토를 하였다. 이명박 정부는 한국이 미국의 미사일 방어에 참여하면 안보적으로 이익이 되고 군사기술을 확보할 수 있으며 동맹을 강화할 수 있다고 보았다[559] 이명박 정부는 한미일 정보 교류를 통하여 안보적인 연대를 하려는 노력도 한다. 북한이 2009년 4월에 장거리 우주로켓 실험을 하고 2009년 5월에 제2차 핵실험을 단행하자 일본은 2010년 10월 지소미아를 체결하자고 제안하였다. 일본은 당시에 지소미아외에도 상호군수지원협정(ACSA)도 제안하였지만 내용에 유사시 일본의 자위대가 한반도에 개입할 수 있는 여지가 있다는 이유가 문제로 제기되기도 하였다. 지소미아는 2011년 1월 김관진 국방부 장관과 일본 방위상이 공식 논의를 시작하여 2012년 6월에 열린 국무회의에서 지소미아가 비공개 안건으로 상정되어 통과되면서 밀실추진 논란이 일었고 이명박 정부는 서명 직전 지소미아 체결을 연기하게 된다. 당시 조세영 외교통상부 동북아국장이 밀실 처리 파문에 대한 책임으로 문책성 인사를 받았다. 2012년 7월 5일 김태효 청와대 대외전략기획관이 협상에 책임을 지고 사의를 표명하였다. 지소미아 논의는 북한이 제4차와 제5차 핵실험을 강행하고 SLBM 등의 미사일 20여발을 발사하면서 논의가 다시 시작된다. 2014년 12월 박근혜 정부는 한미일 정보공유약정(TISA)을 맺었고 2016년 10월 27일 NSC에서 지소미아 체결논의를 재개하였다. 2016년 11월 23일 한민구 국방부 장관은 나가미네 야스마사 주한일본대사와 지소미아를 체결하고 최종 서명을 하였다. 이후 과장급 실무협의가 두 번 더 열렸고 최종 서명식이 진행되었다.[560] 이명박 정부는 한미일 공조를 통하여 안보적인 이익을 얻고 동맹으로서의 결속을 높이려는 노력을 한다.

박근혜 정부는 2013년 5월에 오바마 대통령과 한미동맹에 대하여 한미정상회담에서 글로벌 파트너십으로 질적인 향상을 하는 데 합의하였다.[561] 박근혜 정부는 한미동맹을 강화하는 것이 중요하다고 보았다.[562]

---

559) 『연합뉴스』 2013년 2월 19일
https://www.yna.co.kr/view/AKR20130218192200043 (검색일: 2019년 10월 31일)
560) 『중앙일보』 2019년 11월 22일
https://news.joins.com/article/23639601 (검색일: 2019년 11월 22일)
561) 이우태, "한미동맹의 비대칭성과 동맹의 발전방향", 『정치정보연구』 제19권 제1호, (한국정치

박근혜 정부는 초기에는 사드를 배치하는 것과 관련하여 미온적인 입장을 취하였다. 한미동맹을 중요하게 생각하면서도 중국으로부터의 보복을 받을 것을 우려하여 사드와 관련하여 3NO의 입장을 유지하였다. 박근혜 정부가 입장을 선회한 것은 북한이 제4차 핵실험을 한 이후부터이다. 박근혜 정부는 사드 배치와 관련하여 애매모호한 태도를 취하였다가 갑자기 정책적인 변화를 보이면서 불필요한 반발이나 사드에 대하여 오해의 소지를 낳는 부작용이 발생하게 된다. 한국이 사드를 배치하게 되면 미국의 미사일 방어에 참여하는 것이라면서 중국, 러시아의 견제를 받는 것을 인지하고 있다. 특히나 지리적으로 인접한 중국으로부터 상당한 견제가 들어온 다는 사실을 잘 알고 있다. 박근혜 정부 때 사드 배치는 국제적으로 안보와 관련된 사안으로 부상하였는 데 미중 간의 힘겨루기의 요인 중의 하나로 작용한 측면이 존재하였다. 한국은 사드를 배치하는 것이 북한의 위협으로부터 고고도방어망을 확충하는 데 도움이 된다는 알고 있지만 동시에 사드를 배치하게 되면 중국, 러시아로부터 불이익을 받을 것을 감수하여야 한다. 중국은 러시아판 사드인 S-400을 2014년 먼저 구입하고도 한국에 대하여 보복을 하는 이중적인 모습을 보였다. 중국은 S-300도 이미 보유하고 있었으며 HQ-9을 개발하였다. 중국은 더 많은 무기를 구입하고 생산하고 있음에도 불구하고 한국군도 아닌 주한미군에 배치한 사드를 문제로 삼는 내정간섭에 가까운 잘못된 행동을 하였다. 박근혜 정부는 북한이 핵실험을 지속적으로 하고 미사일을 고도화하는 상황에서 한미동맹을 강화하고 한국의 안보를 지키기 위하여 사드를 배치하겠다는 결정을 내렸다.[563] 미국 국방부는 2016년 7월 8일 사드를 배치한다고 발표하였을 때 미국 국방부는 동맹 결정(Alliance Decision)으로서 사드를 배치한다고

정보학회, 2016), p.61.

562) The White House Office of the Press Secretary, "Joint Fact Sheet: The United States-Republic of Korea Alliance: Shared Values, New Frontiers", The White House President Barack Obama Archives, October 16, 2015. https://obamawhitehouse.archives.gov/the-press-office/2015/10/16/joint-fact-sheet-united-states-republic-korea-alliance-shared-values-new

563) Remarks by Secretary Mattis and Defense Minister Han in Seoul, Republic of Korea, February 3, 2017. https://www.defense.gov/Newsroom/Transcripts/Transcript/Article/1070902/

밝혔다. 한국과 미국이 합의하여 동맹국으로서 내린 결정 사안이라는 것이다. 한국은 미국의 동맹국으로서 사드를 배치하였을 때 한국이 경제적, 외교적으로 중국, 러시아 등으로부터 보복을 받을 것을 알고 있었지만 동맹국인 미국에 대한 고려를 정책적으로 더 우선시 하는 판단을 내렸고 사드를 배치하기로 한 것이다.[564]

한국은 미국의 미사일 방어에 들어가지 않는다는 결정을 내린 김대중 정부의 결정을 번복하지 못하고 노무현 정부, 이명박 정부, 박근혜 정부를 지나는 동안 미사일 방어 참여 거부 입장을 이어갔다. 한국은 북한으로부터 상시적인 위협을 받으면서 육·해·공군력을 확대하여야 하는 상황에 놓여 있다. 또한 북한 핵문제를 외교적으로 해결할 때 중국, 러시아의 협조가 필요하다는 점을 인지하고 있다. 사드를 배치한 박근혜 정부의 경우에는 특히나 미국의 미사일 방어에 반대하는 입장인 중국, 러시아로부터 견제를 받거나 보복을 당할 수 있는 것을 알고 있었기 때문에 임기초반부터 사드배치 직전까지 애매모호한 입장을 유지하였던 것으로 분석된다.

미국은 동맹관계가 좋았던 이명박 정부와 박근혜 정부가 북한의 거세지는 위협에도 불구하고 미국의 미사일 방어에 들어가지 않는다는 정책을 취함으로 인하여 연루의 위협을 느낀다. 미국은 오랜 기간에 걸쳐서 한국이 미국의 미사일 방어에 참여하면 좋겠다는 의사를 표현하였다. 그러나 김대중 정부가 미사일 방어에 참여하는 것을 거부하는 결정을 내린 뒤 이후의 정부가 이를 번복하지 못하는 모습을 보이자 한국보다는 일본에 여러 이익을 주게 된다.

564) 현인택, "사드(THAAD)의 국제정치학: 중첩적 안보딜레마와 한국의 전략적 대안", 『신아세아』 제24권 제3호, (신아시아연구소, 2017), pp.38-41.

4. 소결

약소국의 연루의 두려움의 원인에 대한 요인과 관련하여 다섯 가지의 가설 형태로 되어 있는 원인 요인을 분석하여 이를 이명박 정부부터 박근혜 정부에 적용하면 다음과 같다.

첫 번째 가설인 미사일 방어 참여의 기술적 이익이 적으면 적을수록 참여에 소극적일 것라는 부분에서 이명박 정부는 군사기술력이 보통이었고 MD에 참여하면 군사기술을 획득할 수 있다고 보았다. 그래서 초기에 MD에 참여하는 것을 긍정적으로 검토하게 된다. 이후에는 한국의 재래식 전력과 KAMD를 구축하여 군사력을 증강시키는 것을 우선시하게 된다. 박근혜 정부는 군사기술력이 보통이었지만 KAMD를 구축하는 것에 보다 집중하면서 MD에 참여하지 않는 다는 입장을 이어갔다. 이명박 정부와 박근혜 정부는 MD에 참여하는 것이 군사기술력을 획득하는 방법이라는 점에서는 동의하였지만 MD가 아닌 KAMD를 먼저 추진하는 것이 필요하다는 판단을 한 것으로 분석된다.

두 번째 가설인 미사일 방어 참여의 경제적 비용이 크면 클수록 참여에 소극적일 것이라는 부분에서 이명박 정부는 초기에 세계 금융위기를 겪은 이후 회복추세를 보였고 박근혜 정부에서 경제력이 성장하는 모습이 나타났다.이명박 정부와 박근혜 정부는 MD에 참여하게 되면 점차 개선되는 경제력을 바탕으로 한국이 부담하여야 하는 부분이 클 것이라는 판단을 하였던 것으로 분석된다.

세 번째 가설인 적으로부터의 위협 정도와 그것을 느끼는 동맹국 사이의 시각 차가 크면 클수록 정책의 상이점이 커질 것이라는 부분에서 이명박 정부와 박근혜 정부는 북한의 위협이 커지고 있다는 점에 대하여 인식하였고 이에 대처하고자 하였다. 이명박 정부는 KAMD 구축과 한미동맹 강화를 통하여 북한의 위협에 대응하고자 하였고 박근혜 정부는 중국에 대하여 북한의 핵문제를 의존하려는 모습을 보이게 된다. 이러한 점에서 이명박 정부와 박근혜 정부의 정책의 상이점이 나타났다고 분석된다.

네 번째 가설인 동아시아 지정학에 대한 동맹국 간의 시각이 다르면 다

클수록 정책의 괴리가 커질 것이라는 부분에서 이명박 정부와 박근혜 정부는 중국, 러시아에 대하여 위협적인 국가로 여기지 않았고 동아시아지정학에 대한 판단에 있어서 특히 중국에 대하여 미국의 시각과 차이가 있는 모습이 나타나게 되었다. 박근혜 정부는 특히나 중국에 대하여 오판하면서 시각 차이가 커지게 된다.

다섯 번째 가설인 동맹국에 대한 정책적 고려 또는 배려가 크면 클수록 정책의 괴리는 작아질 것이라는 부분에서 이명박 정부는 동맹에 대하여 매우 높은 고려를 하면서 MD 참여를 검토하는 모습이 나타났다. 박근혜 정부는 동맹에 대하여 낮은 고려를 하였는데 한미동맹을 중요하게 여기면서도 중국에 대하여 보다 강하게 고려하는 정책을 취하였고 전승절 행사에 참석까지 하는 모습을 보였다. 그러나 중국에 대하여 오판하면서 중국의 하대가 거세지고 사드를 배치하면서도 미국의 MD에 들어가는 것은 아니라고 하면서 동맹에 대하여 낮은 고려를 하는 모습이 나타났다.

이명박 정부부터 박근혜 정부에서 MD에 참여하는 것을 거부한 전임 정부의 결정을 번복하지 못하고 MD참여 거부를 유지하는 정책을 취한 원인을 세부적으로 분석하면 다음과 같다.

첫째, 이명박 정부와 박근혜 정부에서 국방비는 지속적으로 증가하는 추세를 보인다. 연구개발비도 늘어나는 것을 확인할 수 있다. 이명박 정부는 임기 초기에는 미국의 미사일 방어에 들어가는 것을 긍정적으로 검토하였으나 2010년을 전후로 이러한 입장을 KAMD를 구축하여 군사력을 내실화하는 방향으로 변화시키게 된다. 한국은 외형적으로 군사기술력이 성장하였으나 2010년에도 한국전쟁과 월남전쟁에서 사용한 무기를 다수 보유하고 사용하는 모습을 보인다. 육군 기갑 병력의 50%는 고물이었고 M48형 탱크 850대, M-47형은 400대를 사용하였다. 공군도 1960년대 기종을 다수 보유하였고 F-5를 사용하고 있었다. 해군의 경우에도 구식 무기를 여전히 사용하며 현대화하는 도중에 있었다. 한국 군에 PAC-2가 배치된 것은 2008년 10월이고 PAC-3로 업그레이드를 하는 것이 2018년이라는 점도 이러한 한국의 군사적 현실을 보여준다. 이명박 정부는 KAMD를 내실화하는 것이 더 우선적이라고 보고 한미 미사일 지침을 개정하여 군사용 미사일 사거리를 800km로 늘리고 PAC-2를 PAC-3로 개선하는데 집중하게 된다. 박근혜 정부도 천궁, 경전투 로봇, 무인기, 중거리 GPS 유도키트 등 국방기술력을 확대하고 M-SAM과 L-SAM을 개발하는 것을 추진한다. 그러나 한국은 핵심 부품과 기능 재료에 대해서 해외부품에 의존하는 단점에서 벗어나지 못한다. 한국은 미국의 미사일 방어에 들어가는 것보다 당장 급한 하층방어를 하는 기술을 얻는 것이 먼저라고 판단한다.

둘째, 이명박 정부는 2008년 세계적인 금융위기에서 출범한다. 미국발 금융위기와 유럽발 재정위기가 겹쳤고 고유가 충격으로 물가는 치솟았다. 1998년 이후 10년 만에 연평균 물가상승률은 4.7%로 높아졌다. 2008년 9월 리먼 브러더스가 파산하고 이 여파로 한국의 경제성장률은 떨어지게 된다. 2008년 2.3%에서 2009년 0.3%로 떨어진 이후 회복되는 모습을 보인다. 박근혜 정부의 경우에도 경제성장률이 주춤하기도 하지만 전반적으로 회복하는 모습이 나타났다. 한미 방위비 분담금은 2008년부터 2017년까지 증가추세를 보인다. 2008년 7,415억원에서 2017년 9,507억원을 분담한다. 미국의 미사일 방어 예산은 증가추세를 보였다. 이명박 정부와 박근혜 정부는 미국의 미사일 방어에 참여할 경우에 상당한 금액을 지불하거나 분담하는 것에 대하여 우려를 하게 된다.

셋째, 이명박 정부에서 북한은 2008년 7월 11일 금강산 관광객 박왕자 씨를 사살하고 2010년 3월 26일 천안함을 어뢰로 폭침시킨다. 2010년 11월 23일 연평도 포격 도발을 가하였는데 군인이 아닌 민간인을 겨냥하여 170여발 이상을 발사하였다. 한국 영토에 대하여 직접적으로 포격을 감행하였으며 군부대 뿐 아니라 민간인에게도 발사하여 해병 2명이 전사하고 16명이 중경상을 입었으며 민간인도 2명이 사망하고 부상자가 다수 발생한다. 건물도 113동이 파손되었다. 군인이 아닌 민간인을 향하여 공격하고도 북한은 사과 한마디 하지 않았다. 북한은 이명박 정부가 임기를 시작한 2008년에는 미사일을 발사하지 않다가 2009년 대포동2호 미사일 1회, 노동미사일 2회, 스커드-C미사일 5회를 발사하였다. 2010년부터 2011년까지 미사일발사가 없다가 2012년 대포동2호 미사일을 2회 발사하였다. 박근혜 정부가 임기를 시작한 2013년 북한은 미사일 발사를 하지 않다가 2014년 스커드-C미사일 11회, 노동미사일을 2회 발사하였다. 2015년 스커드-C미사일을 2회, 2016년에는 SLBM을 3회, 노동미사일을 6회, 대포동 2호 미사일을 1회, 무수단 미사일을 8회, 스커드-X 미사일을 3회, 스커드-ER 미사일을 3회 발사하였다. 박근혜 정부는 2017년 3월 임기를 마쳤는데 2017년에는 개량형 스커드 미사일을 1회, 단거리 탄도미사일을 3회, 스커드ER 미사일을 4회, 신형 ICBM급 화성 14형을 2회, 신형 ICBM급 화성 15형을 1회, 신형 고체추진 미사일을 2회, 신형 중거리 미사일을 3회, 불상 미사일을 4회 발사하였다. 이명박 정부와 박근혜 정부에서 북한의 도발은 커지게 되었고 한국은 미국의 미사일 방어에 들어가서 최첨단 기술을 얻기 보다 북한의 도발을 우선적으로 막는 군사기술을 우선시하게 된다.

넷째, 동아시아 지정학에 대한 판단에 있어서 이명박 정부와 박근혜 정부는 중국, 러시아에 대하여 협력적 관계를 유지하는 모습을 보인다. 이명박 정부는 중국에 대하여 전략적 협력동반자 관계를 추진하고 북한 핵문제와 관련하여 6자회담에서 협조를 요청하였다. 러시아에 대해서노 에너지와 자원을 개발하고 확보하는 데 한러협력이 필요하다고 보고 북핵문제에 있어서도 6자회담에서 협조를 구하고자 하였다. 박근혜 정부는 취임 첫해에 미국, 일본, 중국, 러시아의 순서로 방문을 하는 관례를 깨고 2013년 5월 미국 방문 이후 2013년 6월 27일 중국을 방문하였다. 박근혜 정부는 2015년 9월 3일 무수한 반대와 우려에도 불구하고 중국 천안문 광장에서 열린 전승절 기념 열병식에 참석하였으나 이후 중국은 한국을 하대하거나 얕보는 모습을 보인다. 박근혜 정부가 북핵문제와 관련하여 레버지리를 얻고 일종의 외교적 보험 차원에서 선의를 보이고 희생하는 모습을 보였으나 중국은 철저하게 보복하고 한국을 얕보는 것으로 박근혜 정부의 외교적 선의를 짓밟는다. 실제로 박근혜 정부가 전승절에 참석한 이후 북한은 제4차 핵실험을 하였고 박근혜 대통령이 시진핑 주석에게 전화를 걸었을 때 이를 받지도 않았던 점은 박근혜 정부의 외교적 판단이 실패하였음을 증명한다. 시진핑 주석은 박근혜 대통령의 전화를 받지 않다가 2016년 2월 5일 북한의 제4차 핵실험이 발생한 지 약 한 달이나 지난 뒤에 박근혜 대통령과 통화를 하였다. 중국의 시진핑 주석이 북한의 핵문제와 관련하여 한 달이나 지나서 박근혜 대통령과 통화를 하였다는 점은 과연 중국이 북한의 핵문제를 해결하거나 이를 중재할 의지가 있는지에 대하여 의구심을 갖게 한다.

이명박 정부와 박근혜 정부는 중국, 러시아와 무역 수출입이 증가하는 추세 속에서 북핵문제와 관련한 협조를 얻는 대상으로 동아시아 지정학을 판단하였다. 그러나 미국은 이러한 시각과 반대로 여전히 중국, 러시아의 위협이 존재하며 미사일을 고도화하는 것에 대하여 우려하게 된다. 한미 양국이 시각 차가 발생하고 이러한 차이는 커지게 된다.

다섯째, 이명박 정부는 한미동맹을 강화하는 것이 중요하다고 보고 2008년 4월 부시 정부와 한미정상회담에서 21세기 전략적 동맹관계를 강화하는데 합의하였다. 이명박 정부는 2009년 6월에는 오바마 정부와 한미동맹 미래비전을 채택하는데 합의 한다. 한미 양국이 안보, 경제, 문화 등 다양한 분야에서 윈윈하자는 데 합의한 것이다. 이명박 정부는 미국과 3백억 달러의 통화스와프를 체결하고 무기구매국(FMS) 지위를 격상시키는 노력을 한다. 또 한미일 정보교류를 통하여 안보적 연대를 하고자 하였다. 2010년 10월 일본이 지소미아 체결을 제안하자 2011년 1월 공식 논의를 시작하였으나 2012년 6월 국무회의에서 비공개 안건 통과였다는 점이 문제로 제기되어 서명 직전 취소되었다. 지소미아는 북한이 제4차, 제5차 핵실험을 하고 SLBM 등 20여 발의 미사일을 발사하자 다시 논의가 제기되어 2016년 10월 체결논의를 재개하고 2016년 11월 23일 최종 서명되었다. 박근혜 정부는 한미동맹 강화가 중요하다고 보고 2013년 5월 오바마 정부와 글로벌 파트너십으로 동맹을 강화하는데 합의한다. 박근혜 정부는 임기 시작부터 사드와 관련하여 3NO의 입장을 고수하다가 북한의 제4차 핵실험 이후 사드를 배치하는 것이 필요하다고 보고 공식적 논의를 시작하게 된다. 박근혜 정부는 주한미군에 사드를 배치하지만 미국의 미사일 방어에 들어가는 것이 아니라는 점을 일관되게 주장한다. 한국은 사드를 배치할 경우에 미국의 미사일 방어에 들어가는 것이라고 주장하는 중국, 러시아로부터 견제를 받거나 보복을 받을 것을 우려하여 애매모호한 태도를 보이게 된다. 사드는 한국의 고고도방어에 도움이 되기도 하지만 한국에 사드를 배치하게 되면 실질적으로 미국이 추구하는 동아시아 지역 방어에 도움이 된다. 한국은 중국, 러시아로부터 불이익을 받을 것을 알면서도 동맹의 측면에서 미국에 대하여 보다 우선시하는 결론을 내리고 사드를 배치하는 결정을 내렸다. 미국은 동맹국으로서 결정을 내린 한국에 대하여 연루의 위험을 낮추게 되지만 여전히 미사일 방어에 들어가는 것을 거부하는 한국보다는 일본을 활용하여 미국의 이익을 확대하려는 정책을 유지한다.

이명박 정부부터 박근혜 정부에서 MD에 참여하는 것을 거부하는 결정을 내리고 그러한 거부를 유지하는 정책을 취한 원인을 연루와 포기의 관점으로 적용하여 분석하면 다음과 같다.

이명박 정부는 MD에 참여하는 것에 대하여 초기에 긍정적으로 검토하면서 기술을 얻고자 하였고 박근혜 정부는 MD에 참여하지 않는다는 입장을 유지하게 된다. 이러한 거부 결정을 유지하면서 한국은 미국으로부터 포기될 가능성이 높아지게 되고 KAMD를 구축하여 안보딜레마를 낮추려는 노력을 하게 된다. 이명박 정부는 초기에 세계 금융위기를 겪었지만 경제를 회복하는 추세에 있었고 박근혜 정부는 경제력이 보다 향상되면서 한국이 미국의 MD에 들어가게 될 경우에 경제적인 비용을 많이 부담하여야 한다는 판단을 하였고 이러한 점은 연루의 두려움으로 작용하였다고 분석된다.

이명박 정부와 박근혜 정부는 북한의 위협에 대하여 크다고 판단하였고 이명박 정부의 경우에는 한미동맹 강화와 군사력 확보를 통하여 북한의 위협에 대응하기로 하였고 이러한 모습은 박근혜 정부에서도 나타났다. 그러나 박근혜 정부는 북한의 핵위협을 중국을 통하여 해결하는 데 보다 주안점을 두는 정책을 추진하면서 정책에 상이점이 나타났고 이러한 점은 한국이 미국의 MD에 들어갔을 때 연루될지 모른다는 위협을 크게 느끼게 하였다고 분석된다.

이명박 정부와 박근혜 정부는 동아시아 지정학에 대하여 중국, 러시아가 위협적이지 않다고 보았고 이러한 판단은 미국의 동아시아 지정학에 대한 시각과 차이를 보이게 된다. 특히나 박근혜 정부는 중국에 대하여 오판하면서 미국의 시각과 더 크게 격차가 벌어지게 된다. 이러한 점은 한국이 미국의 MD에 들어가게 되면 동아시아 국가들과 적대관계가 될지 모르고 이러한 상황이 한국에 대하여 불이익할 수 있다고 판단하도록 연루의 위협을 느끼게 하였다고 분석된다.

이명박 정부는 미국의 MD에 참여하는 것을 검토할 정도로 높은 동맹에 대한 고려를 하였고 박근혜 정부는 동맹에 대한 고려에 있어서 한미동맹을 중시하기는 하였으나 상대적으로 중국에 대하여 고려를 크게 하는 모습을 보이면서 낮은 동맹에 대한 고려를 하였다. 이러한 점은 미국의 MD에 들어가게 될 경우에 한국이 연루의 위협을 크게 느끼게 하여 MD에 참여하는 것이 아니라 전임정부의 MD참여거부 입장을 유지하고 KAMD를 구축하는 정책으로 변화하는 데 영향을 주었다고 분석된다.

Chapter 04

결론과 정책적 함의

제4장 결론과 정책적 함의

본 연구는 스나이더의 포기와 연루의 딜레마에서 주의를 기울이지 않았던 약소국의 연루의 두려움의 원인에 대하여 분석하였다. 스나이더는 강대국은 포기와 연루의 두려움과 관련하여 국력이 강한 강대국은 원하지 않는 전쟁에 휘말리는 것에 대하여 두려워한다고 보았다. 강대국은 포기에 대해서는 크게 두려워하지 않는데 그 원인은 국력이 강한 강대국을 약소국이 포기한다고 하더라도 강대국은 불이익을 크게 받지 않기 때문이라고 보았다. 스나이더는 약소국의 경우에는 강대국으로부터 포기되는 상황을 두려워한다고 보았다. 약소국은 국력이 약하기 때문에 강대국이 약소국을 포기하게 되면 국가의 생존이 위태로워질 위험이 있기 때문이다. 그러나 스나이더는 약소국도 연루되는 것을 두려워한다는 점에 대해서는 집중하지 않았다.

본 연구는 국제정치학에서 약소국의 경우에도 연루를 두려워하고 있다는 점에 대해서 분석하였고 한국이 미국의 미사일 방어에 참여하는 것을 거부하고 수십 년동안 이를 유지한 사례에서 그러한 모습이 나타나고 있다는 점에 대하여 주목하였다. 약소국은 원하지 않는 강대국의 분쟁에 연루될 경우에 약소국의 국력을 낭비하게 되거나 약소국의 사활적 이익이 걸리지 않은 사안과 관련하여 전쟁에 휘말릴 위험에 대하여 고려하게 된다.

한미동맹에서 약소동맹국인 한국의 경우에는 미국의 미사일 방어에 참여하여 이익을 얻는 것이 국익에 도움이 된다. 일본의 경우에는 미국의 미사일 방어에 참여한다는 입장을 명확하게 하고 미일동맹을 활용하여 일본의 국익을 확보하였다. 그러나 한국의 경우에는 지난 수 십년 동안 미국이 미사일 방어에 함께 하기를 바란다는 의사를 여러 차례 표현하고 전두환 정부 때 미국의 미사일 방어에 참여한다는 결정을 내렸으나 이 결정이 번복되었다. 한국이 지난 수 십년동안 미국의 미사일 방어에 참여하지 않는 원인이 무엇일까? 본 연구는 한국이 미사일 방어와 관련하여 내린 결정의 원인을 분석하기 위하여 다섯 가지의 변수를 사용하였다. 군사기술력, 경제력, 대북억제력, 동아시아 지정학에 대한 판단, 동맹에 대한 정책적 고려를 살펴보았다.

전두환 정부부터 박근혜 정부까지 한국이 왜 미국의 미사일 방어에 들어가지 않았는지에 대하여 원인을 살펴보면 다음과 같이 분석할 수 있다.

첫째, 한국은 군사기술력의 측면에서 전두환 정부 때 SDI에 공식 참여한다는 입장을 밝혔고 한국이 얻게 되는 기술적 이익이 있다는 판단을 내렸다. 그러나 전두환 정부는 실질적으로 SDI 기술과 같은 최신식의 기술이 필요하기 보다는 미국으로부터 안보를 지원 받아서 군사적으로 보호를 받고자 하였다. 노태우 정부는 전두환 정부가 내린 1988년 서울올림픽 이후 SDI를 공식 참여 발표를 한다는 계획과 반대로 행동하였다. 노태우 정부는 미국이 미사일 방어 정책을 SDI에서 GPALS로 변화시키 것에 대하여 추이를 살펴보면서도 SDI와 GPALS에 참여한다는 입장을 내지 않았다. 노태우 정부는 전두환 정부가 미국의 SDI에 참여한다는 결정을 내렸던 것을 번복하고 참여하지 않겠다는 결정을 내렸다. 미국은 국방부가 SDI 주관부서였으나 한국은 국방부가 아닌 과학기술처가 총괄 부서였다. 노태우 정부는 미국의 주관부서와 한국의 총괄 부서가 상이한 부서라는 이유를 들어 미국의 미사일 방어에 참여 하지 않는 방향으로 정책을 바꾸게 된다. 한국은 국방비와 연구개발비를 점차 늘려갔으나 재래식 무기 기술을 확보하는 것이 급선무였기 때문에 미국의 SDI나 GPALS과 같은 최첨단 군사기술력을 들여왔을 때 얻게 되는 이익을 다소 낮게 평가하였다. 당시 한국은 군사적으로 낙후된 기술수준에 머물렀는데 그 시점에서 당장 미국의 최첨단의 기술이 필요하기보다는 재래식 기술력을 확보하는 것이 보다 절실한 상황이었다. 김영삼 정부는 1차 북핵위기를 거치면서 패트리어트를 들여오는 결정을 내리지만 TMD와 관련하여 부차적인 부분으로 바라보고 명확한 입장을 내지 않았다. 김대중 정부는 2001년 한미 미사일 지침을 개정하여 군사용 미사일 사거리를 300km로 늘리고 기본 병기를 국산화시켰으나 당시 군사기술력은 재래식 무기 조립생산 또는 모방개발 수준에 머물렀다. 노무현 정부는 2006년 방위사업청을 신설하였고 재래식 근접전투무기에 집중투자되었던 군사기술력을 KAMD를 통하여 구축하고자 하였다. 김대중 정부는 미국의 미사일 방어에 들어가는 것을 거부하는 결정을 내렸다. 김대중 정부는 육·해·공군력을 확대하는 것이 우선이라고 보았고 미국의 미사일 방어에 참여하였을 때 얻게 되는 군사적 이익을 낮게 평가하였다. 이러한 시각은 노무현 정부에서도 이어지게 된다. 이명박 정부와 박근혜 정부에서 국방비와 연구개발비는 증가 추세를 보인다. 이명박 정부는 취임 초기에 미국의 미사일 방어 참여를 긍정적으로 검토하였으나 2010년을 전후로 하여 KAMD를 구축을 통하여 군사력을 내실화하는 것에 집중하였다. 한국은 외형적으로는 군사기술력이 증강되었으나 내실에 있어서 구식 무기를 현대화하는 도중에 있었다. 2008년 PAC-2를 한국 군에 배치하고 PAC-2를 PAC-3로 업그레이드 하는 것을 추진하고 2012년 한미 미사일 지침을 개정하여 군사용 미사일 사거리를 800km로 늘린다. 박근혜 정부는 KAMD 구축을 추진하면서 M-SAM과 L-SAM을 개발하려는 노력을 한다. 한국의 군사기술력은 핵심 부품과 기능 재료를 해외 부품에 의존하는 상황에서 벗어나지 못하였다. 한국은 육·해·공군력 확대와 하층방어가 우선이라는 판단을 하고 미국의 미사일 방어에 들어가지 않고 KAMD를 추진한다는 판단을 내린다.

둘째, 한국은 6.25전쟁 이후에 잿더미 속에서 다시 일어서게 되는데 박정희 정부가 경제발전의 기반을 마련하였고 전두환 정부가 경제성장을 추진시키게 된다. 당시 경제성장률은 높게 나타났으나 폐허와 다름없는 낙후된 경제상황에서 일어나는 단계였고 미국도 한국의 낙후된 경제상황을 잘 알고 있었다. 전두환 정부는 한국이 SDI에 참여한다고 하여도 미국이 한국에게 큰 재정적 부담을 지우지 않을 것이라고 판단하게 되고 선뜻 미국의 SDI에 참여한다는 공식 결정을 내린다. 실제 이 시기에 한국은 미국의 SDI에 참여할 경우에 실제적으로 부담할 경제적 여유가 없었다. 노태우 정부는 1988년 서울올림픽을 성공적으로 치렀지만 여전히 한국 경제는 발돋움하는 단계에 있었다. 1990년 미국이 걸프전을 치르면서 한국에 비용분담을 요구하였는데 1차로 2억 2,000만 달러를 지원하였고 2차로 2억 8,000만 달러를 지불하겠다는 약속을 한다. 한국은 걸프전에서 미국을 지원하면서 세계적인 무대에서 미국이 참여하는 전쟁에 연루될 경우에 비용을 분담하게 된다는 점에 대하여 경험을 하게 된다. 노태우 정부는 미국이 SDI에서 GPALS로 미사일 방어를 추진하는 동안 전두환 정부의 결정과는 반대로 참여하지 않는 정책을 추진하면서 애매모호한 입장을 유지하다가 미국 국방부와 한국 과학기술처가 상이한 부서라는 점을 들어 하지 않는 쪽으로 정책의 방향을 틀게 된다. 김영삼 정부는 OECD 조기 가입을 추진하였고 1996년 아시아에서 일본 다음으로 두 번째로 가입하는 데 성공한다. 그러나 OECD 조기 가입을 추진하다보니 외형적 성장에 치우치고 외채 관리를 소홀하게 하거나 금융 감독을 부실하게 하여 1997년 외환위기를 맞게 된다. 김영삼 정부는 1차 북핵위기를 겪으면서 TMD에 참여할 시간적 여유가 많지 않았다. 김영삼 정부는 경제위기를 겪으면서 경제적 역량에 있어서도 부족한 상황이라는 점 등을 고려하여 미국의 TMD에 참여하는 것을 부차적인 사안으로 둔다. 김대중 정부는 IMF외환위기를 극복하는 데 주안점을 두고 경제를 회복시키고자 하였다. 1991년 시작된 한미 방위비 분담은 1991년부터 1997년까지 달러로 분담하고 1998년부터 2004년까지 달러와 원화로 이원화하여 분담하였다. 김대중 정부 취임 초기였던 1998년 방위비 분담이 -13.5%로 하락하였다가 노무현 정부 시기인 2005년 한 차례 -8.9%로 내려가고 2006년 동결된 것을 빼면 방위비 분담금은 지속적으로 증가 추세를 나타냈다. 김대중 정부와 노무현 정부는 경제가 회복되는 시기에서 미사일 방어에 참여하게 되면 참여입장료를 많이 내고 경제적 부담을 하여야 하는 점에 대하여 우려하게 된다. 2008년 미국발 금융위기와 유럽발 재정위기가 겹친 세계적 금융위기 속에서 취임한 이명박 정부는 고유가 충격으로 물가상승률이 치솟는 것에 대처하고 경제를 회복시키려는 노력을 한다. 2008년 9월 리먼 브러더스가 파산한 여파 등으로 한국의 경제성장률은 2008년 2.3%에서 2009년 0.3%까지 떨어지게 된다. 이후에 다시 경제성장률이 회복되고 박근혜 정부에서도 일부 주춤하는 모습이 나타났지만 다시 성장 추세로 돌아서게 된다. 한미 방위비 분담금도 2008년부터 2017년까지 증가 추세를 나타냈다. 이명박 정부와 박근혜 정부는 미국의 미사일 방어에 들어갈 경우에 비용분담을 하게 될 부분에 대하여 우려하게 된다.

셋째, 한국의 전두환 정부는 냉전시기에 동아시아 지정학에 있어서 북한, 중국, 소련에 대하여 위협적이라고 판단하였다. 미국은 소련이라는 강력한 적이 있었고 한국은 북한, 중국, 소련에 대하여 군사적 위협을 느꼈다. 전두환 정부는 미국이 추진하는 SDI에 참여하게 되면 미국으로부터 보호를 받을 수 있다고 판단하였고 미국의 SDI에 참여한다는 공식 결정을 내리게 된다. 탈냉전 분위기 속에서 노태우 정부는 1990년 9월 30일 소련, 1992년 8월 24일 중국과 차례로 수교를 하면서 동아시아 지역에서 외교를 통하여 안보적 위협을 낮추려는 북방정책을 추진한다. 노태우 정부는 미국이 추진하는 SDI와 GPALS에 참여하는 것보다 소련, 중국과 관계 개선을 통하여 위협을 줄이는 데 보다 주의를 기울이게 된다. 김영삼 정부는 취임 직후 북한이 NPT를 탈퇴하고 서울을 불바다로 만들겠다고 협박하면서 1차 북핵위기를 겪게 된다. 김영삼 정부는 영변 핵시설을 타격하는 것과 관련하여 미국과 이견을 보이면서 대북정책에 있어서 온건노선과 강경노선을 오가면서 일관성의 측면에서 혼란을 줄 소지를 비치게 된다. 또 북한과 회담을 단 한 차례도 직접적으로 하지 못하면서 대북정책에 대하여 명확한 입장을 내지 못하였다. 김영삼 정부는 패트리어트를 배치하여 북한의 위협에 대비하면서도 TMD에 참여하는 것은 부차적인 고려사항으로 놓고 TMD에 대하여 명확한 입장을 내지 않았다. 김대중 정부는 햇볕정책을 통하여 북한 핵문제를 해결할 수있다고 판단하였다. 분단 이후 처음으로 2000년 6월 15일 남북정상회담을 하는 데 성공한다. 김대중 정부는 1990년대 북한의 미사일 위협이 심각하지 않다고 판단하였고 외교적 노력으로 이를 해결할 수 있다고 믿었다. 1998년 북한이 대포동 미사일을 1회 발사하였지만 1999년부터 2005년까지 미사일을 발사하지 않았기 때문에 이에 대하여 간과하는 판단을 한 것이다. 노무현 정부 때인 2006년 10월 9일 북한은 제1차 핵실험을 하였고 대포동 2호 미사일을 1회, 노동미사일을 2회, 스커드-C미사일을 4회 발사하였다. 김대중 정부와 노무현 정부는 북한의 핵무기 개발과 미사일 개발을 외교적 노력으로 해결할 수 있다고 믿고 이러한 위협이 크지 않다는 판단을 내렸다. 이명박 정부에서 북한은 2008년 7월 11일에 금강산 관광객 박왕자씨를 사살한다. 또 2010년 3월 26일에는 천안함을 어뢰로 폭침시켰다. 2010년 11월 23일에는 연평도 포격 도발을 가하였다. 이는 한국 영토에 대한 직접적 도발이자 군인이 아닌 민간인까지 겨냥한 도발이었다. 북한은 이명박 정부가 임기를 시작한 2008년에는 미사일을 발사하지 않았다. 그러다가 2009년 대포동2호 미사일을 1회, 노동미사일을 2회, 스커드-C미사일을 5회 발사하였다. 2010년부터 2011년까지 미사일방사가 없다가 2012년 대포동2호 미사일을 2회 발사한다. 2013년 박근혜 정부 때 북한은 미사일 발사를 하지 않았다가 2014년 스커드-C미사일을 11회, 노동미사일을 2회 발사하였다. 2015년 스커드-C미사일 2회, 2016년 SLBM 3회, 노동미사일 6회, 대포동 2호 미사일 1회, 무수단 미사일 8회, 스커드-X 미사일 3회, 스커드-ER 미사일 3회 발사하는 도발을 한다. 박근혜 정부가 임기를 마친 2017년 3월에도 북한의 위협은 계속된다. 2017년 북한은 개량형 스커드 미사일 1회, 단거리 탄도미사일 3회, 스커드ER 미사일 4회, 신형 ICBM급 화성 14형 2회, 신형 ICBM급 화성 15형 1회, 신형 고체추진 미사일 2회, 신형 중거리 미사일 3회, 불상 미사일 4회 발사하였다. 북한의 도발은 거세지게 되었고 한국은 이를 막는 군사기술을 보다 우선시 하는 모습을 보인다. 한국은 미국의 SDI, GPALS, TMD로 이어지는 최첨단을 기술을 얻기 보다 당장 시급한 육·해·공군력 확보에 더 주안점을 두는 정책을 추진하였다.

넷째, 한국은 냉전 시기에는 북한, 소련, 중국 등 동아시아 지정학에 대한 판단이 한미 간에 유사하였다. 전두환 정부 시기 한국은 소련, 중국과 국교를 수립하지 않았다. 한국은 북한 뿐만 아니라 소련, 중국에 대하여서도 위협을 느꼈다. 미국은 냉전 시기 강력한 적이었던 소련에 대하여 SDI

를 통하여 방어하여야 한다는 입장이었다.

탈냉전 이후인 노태우 정부는 1990년 소련, 1992년 중국과 국교를 정상화하면서 동아시아 지역에서 공산권 국가와 관계를 개선하여 위협을 줄이려는 노력을 한다. 노태우 정부는 북방정책을 추진하여 외교적 활동영역을 넓히고 이익을 꾀한다. 노태우 정부는 탈냉전 이후에 동아시아 지정학이 한국에 대하여 위협적이지 않다는 판단을 내린다. 김영삼 정부는 중국, 러시아와 경제적 교류를 하면서 이들 국가와 관계를 개선하는 입장을 유지하였다.

그러나 탈냉전 이후 미국은 러시아, 중국에 대하여 핵무기와 탄도미사일을 다수 보유하고 있고 제작기술이 있으며 이를 고도화한다는 점 때문에 여전히 동아시아 지역을 방어하는 것이 필요하다고 보았다. 김대중 정부와 노무현 정부는 탈냉전 이후에 중국, 러시아와 무역이 늘어나고 있었고 북핵 문제와 관련하여 동아시아의 중국, 러시아가 한국에 위협적이지 않다는 시각 하에 햇볕정책과 평화와 번영정책을 추진한다. 김대중 정부와 노무현 정부는 러시아와 중국에 대하여 햇볕정책과 평화와 번영 정책을 지지하여 줄 것을 요청하였다. 그러나 북핵 위기에서 이들 국가로부터 실질적인 도움을 받지는 못하였다. 탈냉전 이후에도 미국은 여전히 중국, 러시아가 위협적이라는 시각 하에 있었다. 그러나 노무현 정부는 동북아 균형자론을 통하여 미국, 일본, 중국, 러시아 4강 사이에서 한국이 평화를 중재하며 주도할 수 있다는 주장을 하였으나 군사적, 경제적 측면 등 실현이 가능한 능력이 있는지에 대하여 논란이 일었다. 이명박 정부는 중국과 전략적 협력동반자 관계를 설정하고 북핵문제와 관련한 6자회담에서 중국의 협조를 요청한다. 러시아와는 에너지와 자원 개발에 있어서 협력이 중요하다고 보았고 6자회담에서 러시아의 협조를 요청하였다. 박근혜 정부는 취임 첫 해 미국, 일본, 중국, 러시아 순으로 방문을 하는 관례를 깨면서까지 중국과 관계 개선을 하려는 노력을 하였다. 2013년 5월에 미국을 방문한 뒤 2013년 6월 27일 중국을 두 번째로 방문하였다. 게다가 박근혜 정부는 무수한 반대와 우려에도 불구하고 북핵 문제에 대한 레버리지를 얻고 외교적 보험을 드는 차원에서 2015년 9월 3일 중국 천안문 광장에서 열린 전승절 기념 열병식에 참석하였다. 그러나 이후 중국은 한국에 대하여 얕보거나 하대하는 태도를 보였고 사드와 관련하여서도 보복을 가하면서 박근혜 정부의 외교적 노력을 짓밟는 모습을 보인다. 박근혜 정부가 전승절에 참석한 이후 북한은 제4차 핵실험을 하였고 그 당시 박근혜 정부가 중국 시진핑 주석에게 중재를 요청하였을 때 전화도 받지 않는 모습을 보였던 점이 이를 뒷받침 해준다. 시진핑 주석은 2016년 2월 5일 약 한 달이 지난 뒤에 박근혜 대통령과 전화 통화를 하였다. 한 달이 지나서야 전화 통화를 하는 모습에서 중국이 북한의 핵실험과 관련하여 중재를 하거나 해결할 실질적인 의지를 지니고 있지 않다는 것을 확인할 수 있다. 이는 박근혜 정부의 전승절과 관련한 외교적 판단이 실패하였음을 확인하게 한다. 북한의 제4차 핵실험 발생 직후의 중국의 태도, 박근혜 정부의 전승절 참석, 사드와 관련한 사례를 살펴보면 한국이 중국과의 관계에 있어서 애매 모호한 입장을 유지하거나 낮은 자세를 취할수록 보복을 당한다는 것을 여실하게 보여준 사례라고 할 수 있다.

박근혜 정부는 북핵문제를 해결하고자 외교적 노력을 하였지만 중국은 결코 중국의 이해관계를 벗어난 행동을 하지 않았다. 이러한 일련의 사례에서 한국 정부가 외교적 노력을 통하여 문제를 해결하려고 노력하여도 경제력, 군사력과 같은 국제정치가 작동되는 근간이 되는 힘의 논리를 완전하게 벗어나기는 어려우며 현실적인 이해관계를 넘어서는 결과를 낳기 어렵다는 점을 확인할 수 있다.

한국이 북핵문제와 관련하여 중국, 러시아의 협조를 구하고 경제적 협력을 하면서 동아시아 지정학에서 이들 국가가 위협이 아니라고 판단한 것과 달리 미국은 여전히 중국, 러시아를 여전히 위협적으로 보고 미사일 방어를 통하여 동아시아 지역에서 안보를 추구할 필요를 느끼게 된다.

다섯째, 한국은 냉전 시기를 미국과 함께 겪으면서 한미동맹을 보다 굳건하게 구축하게 된다. 미국은 소련이라는 강력한 적이 존재하였고 한국에게는 북한이라는 적이 있었으며 소련, 중국에 대해서도 위협적이라고 보면서 한미동맹은 결속력이 강해지게 된다. 전두환 정부는 한미동맹을 통하여 안보를 보장받고자 하였다. 미국의 입장에서 한국은 미국이 추구하는 자유민주주의와 시장경제가 성공적으로 정착한 사례가 될 수 있는 국가였다. 미국은 전두환 정부의 단임 약속을 받고자 외교적 노력을 하였고 전두환 대통령은 1986년 민정당 노태우 대표를 후계자로 지명하면서 단임제를 통하여 한국의 민주주의 성장과 경제발전을 실천하고자 하였고 미국이 추구하는 SDI에 공식참여한다는 결정을 내렸다.

노태우 정부는 한미동맹을 중요시하면서도 상대적으로 공산권 국가와 관계를 개선하는 북방정책에 더 중점을 두는 모습을 보인다. 노태우 정부는 전두환 정부가 1988년 서울올림픽 이후에 SDI 참여를 공식적으로 발표한다는 결정을 내린 것과 반대되는 행동을 하였다. 노태우 정부는 SDI와 GPALS에 대하여 애매모호한 입장을 취하면서 참여하지 않는 쪽으로 방향을 바꾼다. 김영삼 정부는 한미동맹을 강조하였으나 1차 북핵위기 때 북한의 영변 핵시설을 타격하는 문제와 관련하여 미국과 반대의 입장을 보이게 된다. 김영삼 정부는 북한에 대하여 주도권을 쥐지 못하고 단 한차례도 본 회담을 열지 못하게 되면서 입장을 명확하게 내지 못하게 된다. 김영삼 정부는 북한의 위협에 대응하기 위하여 주한미군에 패트리어트를 배치하는 결정을 내리지만 TMD에 참여하는 것은 아니라고 선을 그었다. 또 TMD는 당면한 문제가 아니고 부차적인 문제라는 입장을 보인다. 김대중 정부는 한미동맹보다는 상대적으로 북한, 중국, 러시아와의 관계개선에 주안점을 둔다. 햇볕정책에 대하여 동의를 구하였고 한러정상회담에서 러시아의 ABM조약에 동의한다고 밝히면서 외교적 참사를 일으켰다. 이후 김대중 정부는 미사일 방어에 들어가는 것은 한반도 종심이 짧고 산악지형에 맞지 않으며 3-4분만에 날아오는 북한의 미사일 위협에 대처하는 적절한 방법이 아니라면서 미사일 방어 참여를 거부하게 된다. 노무현 정부는 반미감정에 대한 지지를 받고 출범을 하였는데 미사일 방어에 참여하지 않는 다는 점을 유지한다. 노무현 정부는 이라크 파병을 결정하였지만 미국의 PAC-3가 아닌 독일의 중고 PAC-2를 구입하고 동북아 균형자를 강조하면서 갈등을 겪는다. 미국은 한국이 미사일 방어 참여를 계속 거부하고 이러한 입장을 유지하자 6.25전쟁 이후 오랜 기간 군사적, 경제적 등의 지원을 한 것에 대하여 배신감을 느끼게 된다. 미국은 한미동맹이 아니라 미일동맹을 활용하여 동아시아 안보를 유지하겠다는 판단 하에 미사일 방어에 적극 참여하는 일본에 대하여 군사적 기술을 이전하고 실질적 이익을 제공하는 방향의 정책을 추진하게 된다. 이명박 정부는 한미동맹 강화가 중요하다고 보고 2008년 4월 부시 정부와 21세기 전략적 동맹관계에 합의하였다. 또 2009년 6월 오바마 정부와 한미동맹 미래비전을 채택한다. 3백억 달러의 통화스와프를 체결, 무기구매국(FMS)지위를 격상, 한미 미사일 지침 개정 등의 노력을 하였다. 한국은 한미일 정보교류를 통하여 안보적 연대를 추진하였는데 2010년 10월 일본의 제안으로 지소미아가 추진되어 2011년 1월 공식논의를 시작하였다. 그러나 2012년 6월 국무회의에서 비공개안건 통과에 대하여 문제가 제기되면서 서명 직전 취소 되었다. 이후 박근혜 정부에서 2016년 10월 논의가 재기되어 2016년 11월 23일 최종 서명되었다. 박근혜 정부는 2013년 5월 오바마 정부와 글로벌 파트너십에 합의한다. 그러나 사드와 관련하여 박근혜 정부는 임기 시작부터 3NO의 입장을 고수하였다. 북한의 제4차 핵실험 이후에 박근혜 정부는 사드를 배치하는 것이 필요하다고 보고 공식적 논의를 시작한다. 박근혜 정부는 주한미군에 사드를 배치하는 것이 미국의 미사일 방어에 들어가는 것이 아니라고 일관된 입장을 나타냈다.

한국에 사드를 배치할 경우에 미국의 미사일 방어에 들어가는 것이라며 이를 반대하는 중국, 러시아의 견제와 보복을 우려하여 3NO와 같은 애매모호한 입장을 일관되게 나타낸다. 사드는 북한의 위협에 대응하고 한국의 고고도방어에 도움이 되는 측면이 있지만 사드를 배치할 경우 미국이 추구하는 동아시아 지역 방어에 도움을 줄 수 있다는 점을 한국은 알고 있다. 한국은 중국, 러시아의 보복을 받는다는 것을 알면서도 동맹국인 미국을 보다 더 고려하여 사드를 배치하는 결정을 내린다. 미국은 미사일 방어에 공식적으로 참여하는 것이 아니라는 입장을 유지하는 한국에 대하여 연루의 위험을 낮추고자 일본을 활용하여 미사일 방어를 견고하게 구축하려는 노력을 이어간다.

한국은 약소동맹국으로서 미사일 방어에 들어가겠다는 명확한 입장을 냈을 경우에 발생하게 되는 보복과 견제 그리고 한국 내부적으로 지니는 군사기술력, 경제력, 대북억제력, 동아시아 지정학에 대한 판단, 동맹에 대한 정책적 고려를 종합적으로 하였을 때 미국의 미사일 방어에 참여하게 되면 군사적, 경제적으로 연루될지 모른다는 두려움을 강하게 느끼게 된다. 한국은 연루의 위협을 없애지 못하고 미사일 방어에 참여하지 않는다는 입장을 유지하는 모습을 보이게 된다.

한국에 패트리어트, 사드를 배치한 것으로 인하여 일부 방어무기에 있어서 미국의 미사일 방어에 참여하는 것이라는 시각도 일부 타당한 부분이 있으나 안을 들여다보면 명확하게 미사일 방어에 들어간다고 하였던 일본과 비교하였을 때 그렇지 않은 면이 존재하고 차이가 분명하게 드러난다.

이스라엘의 경우에도 Arrow와 아이언돔을 개발하는 데 미국을 활용하면서 무기 기술을 공동으로 개발하는 데 성공하고 동맹을 강화하게 된다. 미국은 약소동맹국인 일본, 이스라엘과 미사일 방어를 구축하면서 일부 경제적인 지원을 하면서 무기를 고도화하는 데 도움을 주게 된다.

한국은 약소동맹국인 일본, 이스라엘의 경우와 다른 선택을 지난 수십 년 동안 유지하고 있다. 한국은 미국의 미사일 방어에 들어가지 않는 다는 입장을 김대중 정부에서 명확하게 나타내었고 노무현 정부에서 이러한 거부를 이어간 이후에 뒤이은 정부는 이러한 미사일 방어 참여 거부 결정을 번복하지 못한 채 KAMD를 구축하는데 머무르게 된다.

그런데 과연 그렇다면 KAMD는 제대로 구축되었으냐 하면 그렇지 못하다. 국방부 미사일우주정책과에 정보공개청구한 자료에 따르면 KAMD라는 용어를 최초로 사용한 것은 2006년이다. 국방부는 2006년 북한이 제1차 핵실험을 한 뒤에 한국 군의 미사일 방어 전력을 보강하는 것이 필요하고 소요 전력을 검토하는 과정에서 KAMD를 최초로 사용하였다고 답변하였다. 또 국방부에 따르면 한국이 Kill Chain이라는 개념을 최초로 사용한 것은 2012년 미사일 지침이 개정되면서부터 라고 답변하였으며 KMPR(Korea Massive Punishment and Retaliation, 대량응징보복, 이하 KMPR)을 추진한 시점은 2016년이라고 하였다. 북한이 제5차 핵실험을 한 직후에 북한의 핵 억제 능력을 제공하는 것이 필요하다는 기조에 따라 KMPR을 추진한다고 발표하였다는 것이다. KAMD라는 용어를 최초로 공식적으로 사용한 것이 2006년이라는 점을 고려하면 한국은 미사일 방어를 추진하는 시점이 늦었으며 독자방어를 할 수 있는 정도의 기술적인 토대를 구축하지 못하고 선진국에 비하여 뒤처진 채 수입에 의존하고 있다.565) 한국은 전략적으로 기술이전을 받는 것에 실패하였고 막대한 경제적 비용을 지불하였음에도 불구하고 실리를 챙기지 못하는 애매한 입장에 놓이게 되었다. 한국이 보인 전략적 모호성으로 인하여 미국, 중국 사이에서 어느 국가로부터도 제대로 된 지지를 받지 못하고 실리를 놓치는 악순환을 수 십년 간 반복 하고 있다. 한국이 지난 수십년 간 미국의 미사일 방어에 참여하는 것을 거부하면서 이를 인지한 미국은 한국이 아니라 일본에 대하여 실질적으로 군사기술을 이전시켜주었다. 또한 미국은 일본에 대하여 국제정치적 영향력 확대를 제공하였으며 이를 뒷받침하였다.

〈표1〉 전두환 정부부터 박근혜 정부까지의 5가지 변수 분석

한국 정부	미국 정부	군사 기술력	경제력	대북 억제력	동아시아 지정학에 대한 판단	동맹에 대한 고려	미사일 방어 참여결정
전두환 정부	레이건 정부	매우낮음	매우낮음	매우높음	매우높음	매우높음	참여
노태우 정부	부시 정부	매우낮음	매우낮음	낮음	낮음	낮음	참여안함
김영삼 정부	클린턴 정부	낮음	낮음	높음	낮음	높음	참여안함
김대중 정부	부시 정부	낮음	낮음	낮음	낮음	매우낮음	참여안함
노무현 정부	부시 정부	보통	보통	낮음	낮음	낮음	참여안함
이명박 정부	오바마 정부	보통	보통	높음	낮음	매우높음	참여안함
박근혜 정부	오바마 정부	보통	높음	낮음	매우낮음	낮음	참여안함

565) 국방부 정보공개청구자료 2020년 10월 23일 접수번호: 7188314.

한국의 전두환 정부는 미국의 SDI에 들어간다고 공식 결정을 내렸다. 이후 노태우 정부에서 이러한 전두환 정부의 결정을 뒤집고 SDI에 들어가지 않고 GPALS에 대해서도 입장을 나타내지 않는 방향으로 정책을 바꾸었다. 김영삼 정부는 TMD에 들어가는 것과 관련하여 입장이 없는 정도에서 머무르게 된다. 이후 김대중 정부에서 미국의 MD에 들어가는 것을 거부하는 결정을 내리고 노무현 정부에서 이러한 거부를 유지하게 된다. 이명박 정부는 MD에 들어가는 것에 대하여 초기에 긍정적으로 검토하였으나 전임 정부의 결정을 번복하지 못하였고 이러한 모습은 박근혜 정부에서 이어지게 된다. 전두환 정부부터 박근혜 정부까지 이러한 결정을 내리게 된 것과 관련하여 다섯 가지 변수 중에서 보다 중요하게 작용한 변수에 대하여 정부별로 분석하면 다음과 같다.

첫째, 전두환 정부에서 SDI에 참여하기로 결정을 내린 것은 한국의 매우 낮은 군사기술력, 경제력과 매우 높은 대북억제력, 동아시아지정학에 대한 판단, 동맹에 대한 고려가 영향을 주었다. 전두환 정부는 SDI를 군사기술 획득의 기회로 여기고 미국이 한국에까지 비용부담을 시키지 않을 것으로 판단하였다. 또 공산국가와 수교하지 않은 상황에서 미국에 대하여 높은 동맹에 대한 고려를 하면서 SDI에 참여하겠다는 결정을 내렸다. 전두환 정부 때에는 이러한 5가지의 변수가 모두 영향을 주었던 것으로 분석된다.

둘째, 노태우 정부에서 SDI에 참여하기로 공식 결정을 내린 전두환 정부의 결정을 뒤집고 SDI에 참여하지 않기로 하였으며 GPALS에 대해서도 입장이 없는 정책을 추진하게 된다. 이러한 점에는 한국의 매우 낮은 군사기술력과 경제력, 낮은 대북억제력, 동아시아 지정학에 대한 판단, 동맹에 대한 고려가 영향을 주었다. 이 5가지 변수 중 노태우 정부에서 특히 중요하게 작용한 변수는 경제력과 동아시아 지정학에 대한 판단이다. 1990년 걸프전 이후에 1991년 1월 30일까지 두 차례에 걸쳐서 2억 2,000만 달러와 2억 8,000만 달러를 지원하겠다는 약속을 하면서 미국의 SDI, GPALS에 들어가게 되면 비용을 부담할 수 있다는 연루의 위협을 느끼게 된다. 또한 노태우 정부가 미국과의 동맹을 고려하였지만 상대적으로 공산 국가와의 관계개선을 더 중요하게 여기는 정책을 추진하면서 동아시아 지정학에 대한 판단에 있어서 미국과 시각 차이가 있게 된다. 노태우 정부에서는 이 두 가지 변수가 중요하게 작용한 것으로 분석된다.

셋째, 김영삼 정부에서 TMD에 참여하는 것과 관련하여 입장이 없는 상태를 유지하는 모습을 보이게 된다. 이러한 점에는 김영삼 정부의 낮은 군사기술력과 경제력, 높은 대북억제력, 낮은 동아시아 지정학에 대한 판단, 높은 동맹에 대한 고려를 하였다. 이 중 김영삼 정부에서 특히 중요하게 작용한 변수는 서울 불바다 위협 등과 같은 전쟁이 발생한다는 위기를 겪으면서 북한과 직접 교섭을 단 한차례도 하지 못한 대북억제력과 미국의 선제타격과 이견을 보이면서도 패트리어트를 배치한 동맹에 대한 고려이다. 김영삼 정부는 한반도에서 전쟁이 일어나는 것에 대해서는 반대의 입장을 보이면서 미국과 견해의 차이를 보이게 되고 패트리어트를 배치하지만 TMD에 들어가는 것과 관련하여서는 입장이 없음을 나타내게 된다. 이러한 결정에 두 가지 변수가 중요하게 작용한 것으로 분석된다.

넷째, 김대중 정부에서 MD에 참여하는 것을 거부하는 공식 결정을 내리게 된다. 김대중 정부는 미국의 MD에 들어가지 않겠다는 점을 명확하게 하면서 거부하는 결정을 내렸다. 김대중 정부의 낮은 군사기술력, 경제력, 대북억제력, 동아시아 지정학에 대한 판단과 매우 낮은 동맹에 대한 고려가 영향을 주었다. 이 중에서 김대중 정부에서 특히 중요하게 작용한 변수는 IMF 위기를 겪은 경제력과 북한에 대하여 오판한 대북억제력, ABM조약의 참사를 일으킬 정도로 매우 낮은 동맹에 대한 고려가 영향을 주었다고 분석된다. 김대중 정부가 MD에 참여하는 것을 거부하는 결정을 내리는 것에 이 세 가지 변수가 중요하게 작용한 것으로 분석된다.

다섯째, 노무현 정부는 MD에 참여하지 않겠다면서 거부 결정을 내린 김대중 정부의 결정을 이어갔다. 노무현 정부에서 이러한 결정을 유지한 것에는 한국의 보통의 군사기술력과 경제력, 낮은 대북억제력, 동아시아 지정학에 대한 판단, 동맹에 대한 고려가 영향을 주었다. 이 중에서 노무현 정부에서 특히 중요하게 작용한 변수는 북한에 대하여 오판하는 대북억제력과 독일의 중고 패트리어트를 구입하는 결정을 내리는 등 낮은 동맹에 대한 고려를 한 것이 영향을 주었다고 분석된다. 노무현 정부는 김대중 정부에 이어서 외교로서 북한의 핵무기를 해결할 수 있다고 보았으며 독일의 중고 패트리어트를 구입하여 전력을 보강하고자 하였다. 이 두 가지 변수가 노무현 정부가 MD에 참여하는 것을 거부하는 김대중 정부의 결정을 유지한 것에 중요하게 작용한 것으로 분석된다.

여섯 째, 이명박 정부는 초기에 미국의 MD에 참여하려고 검토하였다가 전임 정부의 결정을 번복하지 못하고 KAMD를 구축하면서 MD에 참여하는 것을 거부하는 결정을 이어가게 된다. 한국이 보통의 군사기술력, 경제력을 갖추고 높은 대북억제력, 낮은 동아시아 지정학에 대한 판단, 매우 높은 동맹에 대한 고려를 한 것이 영향을 주었다. 이 중에서 이명박 정부에서 특히 중요하게 작용한 변수는 동맹에 대한 고려이다. 미국의 MD에 들어가는 것이 한국에게 이익이 되는 것에 대하여 인지하면서도 경제적인 비용 부담에 대하여 고려하였고 결국 전임 정부의 결정을 뒤집지 못하고 MD참여를 거부하는 이전 정부의 결정을 이어가는 모습을 보인다. 이명박 정부에서는 동맹에 대한 매우 높은 고려 변수가 이러한 초기의 MD검토와 이후의 MD거부 결정을 유지한 것에 중요하게 작용한 것으로 분석된다.

일곱 째, 박근혜 정부는 MD에 참여하는 것을 거부한 이전 정부의 결정을 유지하는 정책을 취하였다. 박근혜 정부는 KAMD를 구축하고 미국의 MD에 들어가는 것이 아니라는 점에 대하여 유지하였다. 한국이 보통의 군사기술력, 높은 경제력, 낮은 대북억제력, 매우 낮은 동아시아 지정학에 대한 판단, 낮은 동맹에 대한 고려를 하였던 점이 영향을 미치게 된다. 이 중에서 박근혜 정부에서 특히 중요하게 작용한 변수는 동아시아 지정학에 대한 판단과 동맹에 대한 고려이다. 박근혜 정부는 중국에 대하여 오판하였는데 북한의 핵문제를 중국의 도움으로 해결하고자 하였으나 실질적인 도움을 받지 못하였다. 미국의 동맹국 중에서 어떤 국가도 참서하지 않는 전승절 행사에 유일하게 미국의 동맹국으로서 참석한 이후에 중국의 하대가 거세지게 되었고 사드 배치와 관련하여 중국의 내정간섭에 가까운 협박을 받는 것에도 속수무책으로 당하게 된다. 박근혜 정부가 MD거부 결정을 유지한 것에는 이 두 가지 변수가 중요하게 작용한 것으로 분석된다.

〈표2〉 정부별 다섯 가지 변수와 중요하게 작용한 변수 분석

	다섯 가지 변수 적용	결과	분석	중요하게 작용한 변수
전두환정부	매우 낮은 군사기술력	SDI 선뜻 참여결정	군사기술 획득 기회로 여김	군사기술력 경제력 대북억제력 동아시아지정학에 대한 판단 동맹에 대한 고려
	매우 낮은 경제력	SDI 선뜻 참여결정	비용부담을 시키지 않을 것으로 판단	
	매우 높은 대북억제력	SDI 선뜻 참여결정	공산국가와 수교안함	
	매우 높은 동아시아지정학에 대한 판단	SDI 선뜻 참여결정	공산국가와 수교안함	
	매우 높은 동맹에 대한 고려	SDI 선뜻 참여결정	미국에 대한 고려 높음	
노태우정부	매우 낮은 군사기술력	SDI·GPALS 참여거부	군사기술 획득 기회로 여김	경제력 대북억제력 (공산국가 관계개선우선시) 동아시아지정학에 대한 판단 (공산국가 관계개선 우선시)
	매우 낮은 경제력	SDI·GPALS 참여거부	1990년 걸프전이후 1991년 1월 30일까지 두차례 2억 2,000만 달러, 2억 8,000만 달러 지원 약속	
	낮은 대북억제력	SDI·GPALS 참여거부	공산국가와 적극 수교	
	낮은 동아시아지정학에 대한 판단	SDI·GPALS 참여거부	공산국가와 적극 수교	
	낮은 동맹에 대한 고려	SDI·GPALS 참여거부	미국과 동맹 고려있으나 상대적으로 공산국가에 대한 동맹 고려 높음	
김영삼정부	낮은 군사기술력	TMD 참여입장없음	군사기술 획득 기회로 여겼으나 한국의 재래식전력확보를 보다 우선시함	대북억제력 (전쟁위기, 북한과 직접교섭 못함) 동맹에 대한 고려 (미국의 선제타격과 이견, 패트리어트 배치)
	낮은 경제력	TMD 참여입장없음	OECD조기가입추진하다가 IMF경제위기	
	높은 대북억제력	TMD 참여입장없음	대북 직접교섭 못함 서울불바다 위기	
	낮은 동아시아지정학에 대한 판단	TMD 참여입장없음	중국, 러시아와 무역늘고 위협국가로 보지 않음	
	높은 동맹에 대한 고려	TMD 참여입장없음	미국의 북한 선제타격과 이견 있었음 패트리어트 배치함	

	다섯 가지 변수 적용	결과	분석	중요하게 작용한 변수
김대중정부	낮은 군사기술력	MD 참여거부	군사기술 획득 기회로 여기지 않음	경제력 대북억제력 (북한에 대한 오판) 동맹에 대한 고려 (ABM조약참사, MD참여 거부)
	낮은 경제력	MD 참여거부	IMF경제위기	
	낮은 대북억제력	MD 참여거부	북한과 관계개선 중요시 외교로 북핵문제 풀 수 있다고 오판	
	낮은 동아시아지정학에 대한 판단	MD 참여거부	중국, 러시아와 무역늘고 위협 국가로 보지 않음	
	매우 낮은 동맹에 대한 고려	MD 참여거부	미국에 대한 고려 매우 적음	
노무현정부	보통 군사기술력	MD 참여거부 유지	군사기술 획득 기회로 여기지 않음	대북억제력 (북한에 대한 오판) 동맹에 대한 고려 (MD참여 거부 유지,독일 중고 패트리어트 구입결정)
	보통 경제력	MD 참여거부 유지	IMF에서 회복되기 시작한 경제력	
	낮은 대북억제력	MD 참여거부 유지	북한과 관계개선 중요시 외교로 북핵문제 풀 수 있다고 오판	
	낮은 동아시아지정학에 대한 판단	MD 참여거부 유지	중국, 러시아와 무역늘고 위협 국가로 보지 않음	
	낮은 동맹에 대한 고려	MD 참여거부 유지	이라크전쟁 참여하였으나 미국에 대한 고려 낮음	
이명박정부	보통 군사기술력	MD 참여거부 유지 (초기에 MD참여고려)	군사기술 획득 기회로 여겼으나 한국의 재래식 전력확보를 보다 우선시함	동맹에 대한 고려 (초기에 미국의 MD참여 고려하였으나 전임정부의 결정을 번복하지 못함)
	보통 경제력	MD 참여거부 유지 (초기에 MD참여고려)	초기에 세계금융위기 겪고 경제력 회복	
	높은 대북억제력	MD 참여거부 유지 (초기에 MD참여고려)	북핵 위협 크다고 판단	
	낮은 동아시아지정학에 대한 판단	MD 참여거부 유지 (초기에 MD참여고려)	중국, 러시아와 무역늘고 위협 국가로 보지 않음	
	매우 높은 동맹에 대한 고려	MD 참여거부 유지 (초기에 MD참여고려)	미국에 대한 동맹 고려 매우 높음	

<table>
<tr><th></th><th>다섯 가지 변수 적용</th><th>결과</th><th>분석</th><th>중요하게 작용한 변수</th></tr>
<tr><td rowspan="5">박근혜정부</td><td>보통 군사기술력</td><td>MD 참여거부 유지</td><td>군사기술 획득 기회로 여겼으나 한국의 재래식전력확보를 보다 우선시함</td><td rowspan="5">동아시아지정학에 대한 판단 (중국에 대한 오판)
동맹에 대한 고려 (미국의 동맹국 중 아무도 참석하지 않는 전승절 행사에 참여후 중국의 하대 거세짐, 사드배치결정)</td></tr>
<tr><td>높은 경제력</td><td>MD 참여거부 유지</td><td>높아진 경제력</td></tr>
<tr><td>낮은 대북억제력</td><td>MD 참여거부 유지</td><td>북핵 위협 크다고 판단하였으나 중국에 북핵 문제 해결을 의존하려고 함</td></tr>
<tr><td>매우 낮은 동아시아지정학에 대한 판단</td><td>MD 참여거부 유지</td><td>중국, 러시아와 무역늘고 위협국가로 보지 않음
중국전승절 참석이후 중국의 외교적 하대 거세짐</td></tr>
<tr><td>낮은 동맹에 대한 고려</td><td>MD 참여거부 유지</td><td>미국에 대한 고려 낮음, 중국에 대한 고려가 매우 높아짐 (중국 전승절 참석)</td></tr>
<tr><td>결과</td><td colspan="4">전두환 정부가 SDI 참여결정, 노태우 정부가 SDI·GPALS 참여 거부, 김영삼 정부 TMD에 대한 입장 없음, 김대중 정부 MD참여 거부, 노무현 정부 MD참여 거부 유지, 이명박 정부 MD참여 초기에 고려하였으나 전임정부 결정 번복 못함, 박근혜 정부 MD참여 거부 유지</td></tr>
</table>

한국은 미시일 방어와 관련하여 모호한 입장을 유지하면서 실질적으로 안보적인 이익을 잃어버리는 결과를 낳게 된다. 한국은 미국의 미사일 방어에 들어가지 않는 동안 실리를 잃어버리게 되었고 이로 인한 군사기술적 격차는 커지고 있으며 한국의 연루의 두려움은 더 커지게 되었다. 본 연구는 이러한 분석을 바탕으로 다섯 가지 가설을 세웠다. 약소국의 연루의 두려움의 원인에 대한 요인을 전두환 정부부터 박근혜 정부에 적용한 결과는 다음과 같다.

첫 번째 가설과 관련하여 전두환 정부에서 군사기술력이 낮은 수준에 머물렀을 때에는 연루의 두려움이 적었다. 그러나 노태우 정부, 김영삼 정부, 김대중 정부, 노무현 정부, 이명박 정부, 박근혜 정부를 거치는 동안 점차 증가되는 군사기술력은 미사일 방어에 참여할 경우에 얻는 기술적 이익이 적다고 판단하게 하였다. 한국은 미국의 미사일 방어와 같은 최첨단의 기술보다 하층방어기술자체를 얻는 것이 더 급선무라고 판단하여 미국의 미사일 방어 참여가 아닌 KAMD를 통하여 방어력을 확보하고자 하였다. 그러나 이러한 점은 한국의 연루의 두려움을 높이는 방향으로 작동하게 된다. 한국의 군사기술력은 낙후된 수준에서 점차 증대되었지만 핵심부품을 해외에 의존하는 것에서 벗어나지 못하는 상태에 머무르고 있다. 한국은 중요한 정보자산인 군용 GPS를 만들지 못하고 있다. 한국의 군사기술력은 몸집이 커지게 되었으나 내실에 있어서 부족한 상태에 머무르고 있으며 악순환이 반복되고 있다.

두 번째 가설과 관련하여 경제력에 있어서 전두환 정부 때 한국은 초기에는 비용분담에 대한 우려가 적었다. 전두환 정부는 미국이 한국의 경제수준을 고려하여 비용분담을 요구하지 않을 것이라고 판단하였고 실제 부담할 능력도 부족하였다. 노태우 정부에 오면서 한국은 미국의 걸프전에 경제적 지원을 하면서 연루의 위험을 경험하게 된다. 김영삼 정부 이후 박근혜 정부까지 경제력이 개선되면서 비용분담에 대한 우려를 하게 된다. 한국은 KAMD를 구축하는데 많은 비용을 사용하였고 일부 성과를 보이게 된다. 그러나 많은 비용을 투자하고도 독일의 중고패트리어트를 들여오고 이를 업그레이드 하는 데 그쳤을 뿐 기술이전을 받아서 다시 무기를 재판매할 수 있는 수준에 도달하지 못하고 있다. 이는 일본과 비교하였을 때 그 차이가 극명하게 나타났다.

세 번째 가설과 관련하여 대북억제력의 측면에 있어서 한국이 북한에 대한 위협을 바라보는 시각에 있어서 판단을 잘못 내렸고 이러한 판단은 미국과 차이를 보였다. 전두환 정부는 북한의 위협을 크다고 판단하였고 SDI에 참여하는 결정을 내린다. 그러나 노태우 정부는 북한, 중국, 소련 등 공산권 국가와 관계 개선을 통하여 위협을 관리할 수 있다고 보고 북방정책을 추진한다. 김영삼 정부는 취임 직후 북한이 NPT를 탈퇴하고 서울 불바다선언을 하고 전쟁 위기가 있었을 정도로 북한의 위협을 크게 느끼지만 한국이 북한 문제에 있어서 주도권을 쥐지 못하고 단 한 차례의 회담을 하지 못하였다. 이로 인하여 북한의 도발에 대하여 입장을 내놓지 못하게 된다. 김대중 정부와 노무현 정부는 각각 햇볕정책과 평화와 번영의 정책을 통하여 북한의 미사일 개발과 핵무기 개발을 외교적으로 해결하고 관리할 수 있다고 보았다. 김대중 정부는 북한이 대포동1호 미사일을 1회 발사하였지만 1999년부터 2005년까지 미사일을 발사하지 않는 것을 보고 이러한 위협을 관리하였다고 판단한다. 그러나 북한은 2006년 노무현 정부 때 핵실험을 하였고 미사일도 고도화하게 된다. 이명박 정부와 박근혜 정부는 북한의 미사일 위협에 대하여 6자회담을 통하여 해결하려는 노력을 하면서 KAMD를 내실화 하여 대응하고자 하였다. 북한이 핵실험을 한 이후에서야 한국은 북한의 위협이 커지게 되었다고 판단하게 된다. 한국은 북한의 위협에 대처하기 위하여 다자회담부터 남북합의까지 안해본 회담이 없을 정도로 외교적 노력을 하였지만 북한이 이를 어기고 핵무기를 계속해서 개발하였으며 탄도미사일을 ICBM급으로 개발하는 것도 막지 못하는 결과를 낳았다. 북한에 대한 위협을 느끼는 시각 차이에 있어서 전두환 정부, 김영삼 정부, 이명박 정부, 박근혜 정부는 미국과 유사하게 북한이 위협적이라고 보았고 노태우 정부, 김대중 정부, 노무현 정부는 미국의 시각과 다르게 북한에 대해서 협력을 하여야 하는 대상으로 보면서 시각 차가 나타나게 된다.

네 번째 가설과 관련하여 동아시아지형에 대한 판단력에 있어서 전두환 정부는 냉전시기에 북한, 중국, 소련에 대하여 미국과 거의 유사한 시각을 지니고 적이라고 바라보았다. 그러나 노태우 정부부터 박근혜 정부까지 탈냉전 이후 이러한 시각은 변화하게 되었으며 차이가 계속 벌어지는 모습이 나타났다. 탈냉전 이후 노태우 정부, 김영삼 정부, 김대중 정부, 노무현 정부, 이명박 정부, 박근혜 정부는 중국, 러시아에 대하여 협력을 하거나 관계 개선을 할 필요가 있는 국가로 보았다. 적이라는 위협에 대하여 다소 낮은 판단을 내렸다. 그러나 미국은 핵무기를 개발하고 탄도미사일을 보유하며 기술을 보유한 중국, 러시아에 대하여 여전히 동아시아 지역에서 위협적이라는 판단을 하였고 북한의 위협에 대하여도 거세질 것으로 보면서 한국과 시각 차이를 나타냈다.

다섯 번째 가설과 관련하여 전두환 정부는 미국의 SDI에 참여하겠다는 공식 결정을 내리면서 미국에 대하여 동맹국으로서 정책적 고려를 하는 판단을 내린다. 또 미국이 자유민주주의와 시장경제의 성공사례로서 전두환 정부가 단임제를 하기를 바라는 외교적 정책을 받아들이고 노태우 민정당 대표를 후계자로 지명하였다. 노태우 정부는 이승만 대통령 이후로 미국 의회에서 최초로 연설을 하고 한미 방위산업 교류를 이어가는 모습을 보였지만 상대적으로 미국보다는 북한, 중국, 소련과 같은 공산권 국가와 관계개선에 초점을 두는 북방정책을 추진하는 데 중점을 두었다. 김영삼 정부는 한미동맹이 중요하다고 보았지만 북한이 미국과 대화하려고 하는 통미봉남 정책을 사용하면서 북한과 회담을 단 한차례도 하지 못하였다. 북한의 영변 핵시설을 타격하는 것과 관련하여 미국과 의견의 차이를 보이면서 갈등을 겪기도 하였다. 김영삼 정부는 패트리어트를 주한미군에 배치하면서도 TMD에 들어가는 것은 아니라는 입장에 머무른다. 김대중 정부는 미사일 방어와 관련한 무기가 과연 한반도에 적합 한지에 대한 부분에 대하여 문제를 제기하고 산악지형인 한반도가 종심이 짧다는 점 그리고 북한이 미사일로 공격할 경우에 3-4분안에 대응이 가능한지 등에 대하여 한국에 미사일 방어가 필요하지 않다고 판단하고 미국의 미사일 방어에 대하여 참여를 거부하는 결정을 내린다. 노무현 정부, 이명박 정부, 박근혜 정부는 김대중 정부의 이러한 판단을 쉽게 번복하지 못하고 KAMD를 구축하는 모습을 보인다. 한국은 6.25전쟁 이후 한국의 안보와 경제성장에 큰 도움을 준 미국에 대하여 동맹에 대한 정책적 고려를 하면서도 미국이 추구하는 미사일 방어 들어가는 것은 끝까지 거부하고 이를 유지하는 모습을 보인다. 한국은 미국이 추구하는 미사일 방어에 들어갈 경우에 연루될지 모른다는 위협을 없애지 못하고 하층방어 구축에 머무르면서 결과적으로 한미동맹 관계에 있어서 실리를 잃게 된다.

한국은 명확하게 미국의 미사일 방어에 들어가고 안보를 추구한다고 밝혔을 경우에 얻게 되는 이익에 비하여 적은 성과를 이루는 데 그치고 말았다. 한국은 북한 핵문제와 관련한 협상, 추후의 통일에 대비하여 동아시아 지형에서 북한, 중국, 러시아와의 관계 개선을 추구하고 협조를 도모하였다. 그러나 한국의 판단은 한국의 실리를 잃고 한미동맹의 연루의 위험을 높이는 방향으로 작동한다.

한국이 미국의 MD에 들어가는 것을 거부하고 이러한 거부를 유지한 것과 관련하여 연루와 포기의 관점에서 살펴보면 다음과 같이 분석할 수 있다.

약소동맹국인 한국은 강대국에 해당하는 미국이 1983년 3월 23일 SDI를 추진한다고 레이건 정부가 선언한 이후 약소국에 해당하는 한국에 대하여 1985년 3월 27일 미사일 방어에 함께 참여하자고 요청하였을 때 긍정적인 결정을 내린다. 전두환 정부는 유관부처 장관회의를 거쳐 1988년 1월 29일 미국의 SDI에 참여한다는 공식 결정을 내렸다. 미국의 SDI에 참여하면 약소동맹국으로서 겪는 포기의 두려움을 낮추게 된다고 판단한 것이다. 미국의 경우에도 한반도에서 전쟁이 발생하였을 때 미국이 인계철선의 역할을 수행하고 전면전에 대처하여야 하는 연루의 위험을 낮추게 된다고 보고 미사일 방어 구축을 추진한다. 미국은 연루의 위험을 낮추고 한국은 포기의 두려움을 낮추기 위하여 합의점을 찾게 되고 한국이 미국의 SDI에 공식적으로 참여하겠다는 결정을 내렸다. 그러나 노태우 정부에서 레이건 정부가 추구하던 SDI가 부시 정부의 GPALS로 변화한다. 노태우 정부는 소련이 서울올림픽에 참여하도록 하여야 한다는 점, SDI를 총괄하는 부서가 미국의 경우에는 국방부였으나 한국의 경우에는 과학기술처로 주관부서가 다르다는 점을 들어 1988년 서울올림픽 이후 SDI에 공식 참여를 밝히겠다는 전두환 정부의 결정과 반대의 행동을 한다. 노태우 정부는 미국의 SDI와 GPALS에 대하여 애매모호한 입장을 유지하면서 참여하지 않는 쪽으로 방향을 틀었다. 이로 인하여 연루의 위험이 시작된 것이다.

김영삼 정부는 미국의 미사일 방어에 대하여 긍정적인 검토를 하지만 참여하기에 북한의 핵문제 해결이 우선이라는 입장을 취한다. 김영삼 정부는 패트리어트를 들여오는 것을 긍정적으로 검토하면서도 TMD에 들어가는 것은 아니며 TMD는 부차적 사안이라며 입장을 뚜렷하게 나타내지 않았다. IMF 경제 위기 이후에 출범한 김대중 정부는 남북관계 개선에 TMD가 도움이 되지 않고 한국이 참여할 경제적 기술적 여유가 없고 북한의 공격에 TMD가 효용성이 적다는 점을 들면서 참여를 거부하는 결정을 내린다. 김대중 정부는 한국이 미국의 미사일 방어에 들어가게 되면 발생하게 될 점에 대하여 연루의 위협을 크게 느끼게 된다. 반면, 일본의 경우에는 미국의 미사일 방어에 적극적으로 참여하면서 연루의 위협을 감소시키고 일본의 국익에 도움이 되는 방향으로 활용한다.

김대중 정부가 2001년 미국의 미사일 방어에 들어가지 않겠다는 공식 결정을 발표하였는데 이 결정으로 한국은 안보적인 실익을 잃어버리게 된다. 김대중 정부는 미국으로부터 포기될 수도 있다는 두려움을 느끼면서도 미국의 미사일 방어에 참여하게 되면 연루가 될 수 있다는 점에 대하여 더 두려움을 느끼고 미사일 방어 참여하지 않겠다는 결정을 내리게 된다. 이 결정으로 인하여 한국의 연루의 두려움은 더 커지게 되었다.

노무현 정부, 이명박 정부, 박근혜 정부를 거치는 동안 미국의 미사일 방어에 참여하는 것을 거부한다는 기존 정부의 입장을 유지한다. 노무현 정부부터 한국은 KAMD를 구축하려는 노력을 하면서 미국의 미사일 방어에 참여하는 것이 아니라는 점에 대하여 공언하였고 미사일 방어와 관련한 정부의 입장이 변하지 않았다고 여러 차례 밝힌다. 한국은 KAMD를 구축하면서 미국의 미사일 방어에 들어가는 것은 아니라는 애매모호한 정부의 입장을 유지하면서 중국에 대하여 사드와 관련하여 내정간섭과 경제적 보복을 당한다.

한국은 KAMD 구축을 통하여 포기의 두려움을 낮추는 시도를 하지만 미국은 여전히 미사일 방어에 참여하기를 거부하는 한국에 대하여 이익을 주지 않는 방향으로 정책을 굳히는 모습을 보인다. 미국은 미국의 미사일 방어에 적극 참여한다는 일본에 대하여 군사기술을 이전하고 국제정치에 있어서 영향력 확대를 지지하는 등의 안보적 실익을 주지만 한국에 대해서는 이익을 주지 않게 된다.

한국이 노무현 정부, 이명박 정부, 박근혜 정부를 거치는 동안 미국의 미사일 방어에 참여하는 것을 거부하는 공식 입장을 유지하는 것으로 인하여 연루의 위험은 커지게 된다. 한국은 미국의 미사일 방어에 들어가지 않는 결정을 유지함으로 인하여 안보적 위협이 커지게 되었고 이 격차로 인하여 악순환이 반복되는 구조의 모습에서 벗어나지 못한 채 머무르고 있다. 한국이 미국의 미사일 방어에 들어가지 않는다는 점을 명확하게 하고 이 입장을 유지하는 것은 미국의 포기의 가능성을 높였으며 한국의 입장에서 미국으로부터 포기될 위협과 연루될 위협을 동시에 높이고 악화된 채 머무르는 상황을 만들게 된다.

전두환 정부부터 박근혜 정부까지 다섯 가지 가설을 적용하고 중요하게 작용한 변수를 분석하여 표로 정리하면 다음과 같다.

〈표3〉 정부별 다섯 가지 가설 적용 분석

가설	정부	다섯 가지 변수 적용	결과	중요하게 작용한 변수
1. 미사일 방어 참여의 기술적 이익이 적으면 적을수록 참여에 소극적일 것이다.	전두환 정부	군사기술력 매우 낮음	SDI참여결정	기술이익 크다고 판단
	노태우 정부	군사기술력 매우 낮음	SDI·GPALS 참여거부	기술이익 적다고 판단
	김영삼 정부	군사기술력 낮음	TMD 참여입장없음	기술이익 적다고 판단
	김대중 정부	군사기술력 낮음	MD 참여거부	기술이익 적다고 판단
	노무현 정부	군사기술력 보통	MD 참여거부유지	기술이익 적다고 판단
	이명박 정부	군사기술력 보통	MD 참여거부유지	기술이익 크다고 판단 (초기 MD참여고려함)
	박근혜 정부	군사기술력 보통	MD 참여거부유지	기술이익 적다고 판단
2. 미사일 방어 참여의 경제적 비용이 크면 클수록 참여에 소극적일 것이다.	전두환 정부	경제력 매우낮음	SDI참여결정	경제적비용 적다고 판단
	노태우 정부	경제력 매우낮음	SDI·GPALS 참여거부	경제적비용 크다고 판단
	김영삼 정부	경제력 낮음	TMD 참여입장없음	경제적비용 크다고 판단
	김대중 정부	경제력 낮음	MD 참여거부	경제적비용 크다고 판단
	노무현 정부	경제력 보통	MD 참여거부유지	경제적비용 크다고 판단
	이명박 정부	경제력 보통	MD 참여거부유지	경제적비용 크다고 판단
	박근혜 정부	경제력 높음	MD 참여거부유지	경제적비용 크다고 판단
3. 적으로부터의 위협 정도와 그것을 느끼는 동맹국 사이의 시각 차가 크면 클수록 정책의 상이점이 커질 것이다.	전두환 정부	대북억제력 매우높음	SDI참여결정	북한에 대한 위협을 동일하다고 판단 (큰위협)
	노태우 정부	대북억제력 낮음	SDI·GPALS 참여거부	북한에 대한 위협을 적다고 판단 (공산국가관계개선 우선시)
	김영삼 정부	대북억제력 높음	TMD 참여입장없음	북한에 대한 위협 큼
	김대중 정부	대북억제력 낮음	MD 참여거부	북한에 대한 위협 낮다고 판단
	노무현 정부	대북억제력 낮음	MD 참여거부유지	북한에 대한 위협 낮다고 판단

가설	정부	다섯 가지 변수 적용	결과	중요하게 작용한 변수
	이명박 정부	대북억제력 높음	MD 참여거부유지	북한에 대한 위협 높다고 판단
	박근혜 정부	대북억제력 낮음	MD 참여거부유지	북한에 대한 위협 높다고 판단 (중국에 북핵문제 의존하려함)
4. 동아시아 지정학에 대한 동맹국 간의 시각이 다르면 다를수록 정책의 괴리가 커질 것이다.	전두환 정부	동아시아지정학에 대한 판단 매우높음	SDI참여결정	동아시아지정학 위험하다고 판단(시각같음)
	노태우 정부	동아시아지정학에 대한 판단 낮음	SDI·GPALS 참여거부	동아시아지정학 위험하지 않다고 판단(시각 달라짐)
	김영삼 정부	동아시아지정학에 대한 판단 낮음	TMD 참여입장없음	동아시아지정학 위험하지 않다고 판단(중국에 대한 시각이 미국과 차이남)
	김대중 정부	동아시아지정학에 대한 판단 낮음	MD 참여거부	동아시아지정학 위험하지 않다고 판단(중국에 대한 시각이 미국과 차이남)
	노무현 정부	동아시아지정학에 대한 판단 낮음	MD 참여거부유지	동아시아지정학 위험하지 않다고 판단 (중국에 대한 시각이 미국과 차이남)
	이명박 정부	동아시아지정학에 대한 판단 낮음	MD 참여거부유지	동아시아지정학 위험하지 않다고 판단 (중국에 대한 시각이 미국과 차이남)
	박근혜 정부	동아시아지정학에 대한 판단 매우낮음	MD 참여거부유지	동아시아지정학 위험하지 않다고 판단 (중국에 대한 시각이 미국과 차이남)
5. 동맹국에 대한 정책적 고려 또는 배려가 크면 클수록 정책의 괴리는 작아질 것이다.	전두환 정부	동맹에 대한 고려 매우 높음	SDI참여결정	동맹에 대한 고려높음
	노태우 정부	동맹에 대한 고려 낮음	SDI·GPALS 참여거부	동맹에 대한 고려낮음 (공산국가 관계개선 우선시)
	김영삼 정부	동맹에 대한 고려 높음	TMD 참여입장없음	동맹에 대한 고려높음 (선제타격과 미국과 이견, 패트리어트배치)

가설	정부	다섯 가지 변수 적용	결과	중요하게 작용한 변수
	김대중 정부	동맹에 대한 고려 매우낮음	MD 참여거부	동맹에 대한 고려 매우낮음 (ABM조약참사, MD참여 거부)
	노무현 정부	동맹에 대한 고려 낮음	MD 참여거부유지	동맹에 대한 고려 낮음 (독일 중고패트리어트 구입결정)
	이명박 정부	동맹에 대한 고려 매우높음	MD 참여거부유지	동맹에 대한 고려 매우 높음(초기 미국의 MD참여고려함)
	박근혜 정부	동맹에 대한 고려 낮음	MD 참여거부유지	동맹에 대한 고려낮음 (미국의 동맹국 중 아무도 참석하지 않는 전승절 행사에 참여후 중국의 하대 거세짐, 사드배치결정)

한국이 수십년 동안 미국의 미사일 방어에 참여하지 않기로 결정하고 이러한 결정을 내리면서 다음과 같은 문제가 발생하였다.

첫째, 군사기술력에 있어서 핵심 부품을 해외에 의존하는 상태에서 벗어나지 못하였고 최신 군사기술을 보유하지 못한 상황에서 벗어나지 못하고 있다. 한국은 미국의 미사일 방어에 들어가지 않은 이후 2006년에 방위사업청이 개청할 때 방위력개선비가 25.8%였던 이후에 지속적으로 예산이 증가하고 국방예산도 증가하고 있으나 핵심 부품을 해외에서 수입하여 사용하는 상황에서 벗어나지 못하고 있다. 한국 방위산업의 국산화율을 들여다보면 화력, 탄약, 화생방, 유도무기 등에서는 양호한 편이지만 함정, 광학, 항공 등 고도의 첨단 기술이 필요한 분야에서는 해외에 핵심 부품을 의존하고 있다. 한국이 그동안 KAMD를 구축한다고 외쳤지만 실질적으로 제대로 구축하는 데 여전히 성공하지 못한 모습에 머무르고 있다.566)

2021년 국회에서 의결된 국방부 예산은 52조 8,401억원이다. 이 중 방

566) 양혜원, "한국의 방위산업 발전을 위한 부품국산화 필요에 관한 연구", 『한국방위산업학회지』 제27권 제2호, p.88, pp.96-97.

위력개선비는 16조 9,964억원이다. 2021년 국방 R&D예산은 국방비 대비 8.2%이고 방위력개선비 대비 25.5%인 4조 3,314억원이다.[567] 한국의 국방비는 크게 증가하였고 무기를 개발하는 예산도 증가추세를 나타내지만 내실을 들여다보면 무기의 핵심부품을 해외에 의존하는 것에서 벗어나지 못한 상태에 머무르고 있다. 방위사업청에 정보공개청구한 자료에 따르면 지난 방위산업 육성사업 지원현황에서 무기체계 개조개발에 사용된 금액은 2014년 10억 4,000만원, 2015년 17억 200만원, 2016년 25억 8,300만원, 2017년 21억 7,600만원, 2018년 27억 9,000만원, 2019년 196억 3,600만원, 2020년 400억원, 2021년 465억 1,800만원이다. 2019년도부터 예산이 늘었지만 2018년까지는 무기체계 개조개발 비용은 전시회에 참가하는 비용을 지원하는 금액과 비교하였을 때 2014년과 2015년에는 낮았고, 2016년부터는 다소 상승하는 추세를 나타내다가 2019년부터 증가하는 모습이 나타났다.[568] 한국이 무기체계의 핵심 부품을 해외에 의존하고 조립하여 생산하는 것에서 벗어나지 못하는 이유가 이러한 예산 편성을 살펴보면 여실하게 드러난다.

한국의 국방비와 방위력개선비는 외형적으로 크게 성장하고 있지만 2021년 4월 26일에 군에서 30년 가까이 사용한 무전기 안테나가 걸핏하면 부러지는 것이 밝혀졌다. 1993년 국산화에 성공하여 주력화시킨 통신장비인 PRC-999K는 반경 8km까지 정보를 송수신하기 위하여 AT-72K라는 안테나가 필요한데 이 안테나가 나뭇가지에도 꺾이거나 차에서 사용하면 바람에 의하여 휘는 것으로 나타난 것이다. PRC-999K는 한국 전체 군에서 모두 3만 1,000여대를 운용 중에 있고 이 안테나가 망가지면 통신이 마비되는 장비이지만 값싼 스테인리스로 만든 중국산 부품을 사용하면서 계속 부러지는 것으로 나타났다.[569] 2015년 8월부터 추진된 대북확성

567) 방위사업청, "2021년 방위력개선사업 예산 편성 현황" http://www.dapa.go.kr/dapa/na/ntt/selectNttInfo.do?bbsId=331&nttSn=35774&menuId=354

568) 방위사업청 정보공개청구자료, 2020년 10월 9일 접수번호: 7154431, 방위사업청 정보공개청구자료, 2021년 5월 17일, 접수번호: 7828991, 양혜원, "한국의 방위산업 발전을 위한 부품국산화 필요에 관한 연구", 『한국방위산업학회지』 제27권 제2호, p.91에서 재인용.

기사업에서 제작한 대북확성기는 소리가 나지 않으며 핵심부품도 해외의 부품을 사용하는 것으로 드러났다. 제작된 대북확성기는 10km까지도 소리가 나지 않는 데도 불구하고 이러한 확성기를 만들어 사용하겠다고 한 것이다.570)

둘째, 한국은 경제적으로 엄청난 돈을 지불하였음에도 불구하고 독자방어를 구축하지 못하였고 KAMD의 경우에도 하층방어 수준에만 머무르는 정도에 그치게 되었다. 게다가 하층방어를 하는 능력도 완성하지 못하였다. 애초에 미국의 미사일 방어에 들어가게 되면 엄청난 비용을 지불해야 할 것이라는 기우 이상으로 비용을 지불하고도 결과가 없는 것이다. 미국의 미사일 방어에 들어가지 않은 상황에서도 한국은 경제적으로 엄청난 비용을 지불하였고 무기 기술이 없어서 주요 무기를 수입하고, 한국에서 생산하는 무기의 핵심부품을 해외에 의존하는 모습으로 남아있다. 비용을 절약했다고 볼 수 없을 정도가 된 것이다. 기술력이 없는 상황에서 KAMD만 고집하다보니 핵심 기술은 여전히 얻지 못하고 뒤쳐져 있으며 미사일 방어에 참여한다는 의사도 없다 보니 해외로부터 무기를 비싸게 수입하고 있는 무기 소비국으로 남아있게 되었다. 한국은 KAMD를 구축한다고 하였지만 수십 년이 지나고 경제적 비용을 치렀음에도 불구하고 여전히 하층방어 구축을 완성하지 못한 상태에 머물러 있다.571)

국방부 미사일우주정책과에 정보공개청구하여 받은 자료에 따르면 한국에 PAC-2가 도입된 시기는 2008년 10월이고 2018년부터 PAC-3로 업그레이드하여 운영한다. 국방부가 독일의 중고 패트리어트 8개 포대를 구매하는 데 1조 3,600억이 들었다. PAC-2를 개량하는 데 7,600억원이 들었고 여기에 PAC-3미사일을 도입하는 비용으로 1조 6,000억원이 들었다. 총 사업비가 약 4조원이 들어간 것이다.572) 처음부터 미국의 PAC-3

569) 『YTN』 2021년 4월 26일
https://www.ytn.co.kr/_ln/0103_202104260508262824
570) 『연합뉴스』 2018년 5월 13일
https://www.yna.co.kr/view/AKR20180512022351004
571) 양혜원외, "한국형 아이언돔 조기확보 필요에 관한 연구", 『한국방위산업학회지』 제29권 제1호, pp.88-89, 양혜원외, "육군 기동화력장비 엔진 및 변속기 국산화에 관한 연구(K-9자주포와 K-2전차를 중심으로), 『한국방위산업학회지』 제28권 제3호, pp.112-113.

를 8개 도입하였다면 6-8조가 소모되었을 것을 고려한다면 약 2조원의 차이에 기술을 이전받지 못하고 중고제품을 구입하였다. 한국이 사온 중고 제품은 부품이 단종될 때 독일의 MAN사가 일방적으로 수리를 할 수 없다며 계약해지를 통보하기까지 한다. 한국이 처음부터 신품 PAC-3를 도입하면서 기술 이전을 받았으면 더 국익에 도움이 되었을 것이다. 기술을 이전받게 되면 다시 무기를 수출할 수 있는데 이러한 이익도 잃어버렸다.

한국은 국산 무기라고 자랑하는 무기조차 핵심부품을 해외에서 수입하여 제작하기 때문에 그 부품 비용을 해외 국가에 내야하며 이러한 비용은 고스란히 한국 정부의 부담으로 남게 된다. 한국이 대북확성기조차 해외의 부품에 의존하면서 동북아 균형자를 하겠다고 외치는 모습은 한국이 미사일 방어에 들어가지 않은 처참한 결과를 여실히 보여준다.

셋째, 한국은 대북억제 측면에서 북한의 위협을 지속적으로 받고 있다. 북한은 제6차 핵실험을 하였고 중단거리 미사일과 ICBM급 미사일을 계속해서 개발하는 데 한국은 이러한 것을 막지 못하였다. 북한은 3대 세습을 하고 핵실험을 강행하였으며 미사일을 고도화하면서 위협의 수위를 높이고 있다.[573] 북한은 핵무기를 포기하지 않고 오히려 강화할 것이라는 입장을 유지하고 있다.[574] 북한은 한국이 포용정책을 펼치면서 경제적인

---

572) 기획예산처, 『2005년도 나라살림』, (기획예산처, 2005), pp.148-150, 기획예산처, 『2006년도 나라살림』, (기획예산처, 2006), pp.131-134, 기획예산처, 『2007년도 나라살림』, (기획예산처, 2007), p.138, 기획재정부, 『2008년도 나라살림』, (기획재정부, 2008), p.137, 기획재정부, 『2009년도 나라살림』, (기획재정부, 2009), p.153, 기획재정부, 『2010년도 나라살림』, (기획재정부, 2010), p.159, 기획재정부, 『2011년도 나라살림』, (기획재정부, 2011), p.172, 기획재정부, 『2012년도 나라살림』, (기획재정부, 2012), p.171, 기획재정부, 『2013년도 나라살림』, (기획재정부, 2013), pp.172-176, 기획재정부, 『2014년도 나라살림』, (기획재정부, 2014), pp.172-175, 기획재정부, 『2015년도 나라살림』, (기획재정부, 2015), pp.186-190, 기획재정부, 『2016년도 나라살림』, (기획재정부, 2016), pp.181-184, 기획재정부, 『2017년도 나라살림』, (기획재정부, 2017), pp.187-191, 기획재정부, 『2018년도 나라살림』, (기획재정부, 2018), pp.199-202, 기획재정부, 『2019년도 나라살림』, (기획재정부, 2019), pp.202-206, 기획재정부, 『2020년도 나라살림』, (기획재정부, 2020), pp.203-205.

573) 양혜원외, “한국 군 부사관의 바람직한 역할에 관한 연구”, 『사회융합연구』 제6권 제4호, p.40, 양혜원외, “군 사회복지사 제도 도입의 필요성”, 『한국군사회복지학회지』, 제15권 제1호, pp.38-42.

574) 현인택, “북한의 8차 당대회와 바이든 행정부의 출범”, 북한연구소 『북한』 통권 제590호, (2021), pp.10-12.

협력을 하는 동안에도 여전히 군사적 무기를 고도화하였으며 핵무기도 개발하였다.575)

국방부에 정보공개청구한 자료에 따르면 북한은 1984년 스커드B 미사일을 2회, 1985년 스커드B 미사일을 1회, 1986년 스커드B 미사일을 3회 발사하였다. 1990년에는 노동 미사일을 1회, 1991년 스커드C 미사일을 3회, 1993년 노동 미사일과 스커드B 미사일과 스커드C 미사일을 2회 발사하였다. 1998년에는 대포동1호 미사일을 1회 발사하였고 2006년 대포동2호 미사일과 노동 미사일과 스커드C 미사일을 3회, 2009년 대포동2호 미사일과 노동 미사일과 스커드C 미사일을 3회, 2012년 대포동 2호 미사일을 2회, 2014년 스커드C 미사일과 노동 미사일을 7회, 2015년 스커드C 미사일을 1회 발사하였다. 2016년 SLBM, 노동 미사일, 대포동2호 미사일, 무수단 미사일, 스커드C 미사일, 스커드ER 미사일을 15회 발사하였다. 2017년 스커드계열의 개량형 미사일, 단거리 탄도미사일, 스커드ER 미사일, 신형 IBCM급인 화성 14형과 화성 15형, 신형고체추진으로 작동하는 북극성2형, 신형 중거리에 해당하는 화성12형, 탄도미사일인데 불상으로 확인된 불상1, 불상2 미사일 까지 북한은 이전보다 개량되고 신형인 미사일을 15회 발사하였다. 2019년 SRBM궤도형인 신형 전술유도무기, SRBM차륜형인 신형 전술유도무기, SRBM신형 대구경 조종 방사포, 미상으로 밝혀진 신형 대구경 조종 방사포, 새롭게 선보인 SRBM, SRBM차륜형으로 제작된 초대형 방사포, SLBM인 북극성3형을 13회 발사하였다. 2020년에는 SRBM 전술유도무기, SRBM궤도형 초대형 방사포, SRBM차륜형 방사탄과 전선장거리포를 4회 발사하였다.576)

한국은 현재 이러한 북한의 미사일 공격에 방어능력을 충분하게 확보하고 있지 못하다. 주한미군에 배치된 사드는 북한이 위장탄두를 사용해 교란시키거나 동시다발공격을 하거나 회전 및 나선 기동 공격 등을 할 경우에 요격이 어렵다. 게다가 현재 배치된 주한미군의 사드만으로는 북한의 미사일 공격을 전국적으로 방어하기에 부족하다.577) 북한은 핵무기와 탄

---

575) 양혜원, "천안함 폭침이후 5.24조치에 관한 연구", 『전략연구』 제28권 제3호, pp.418-421.
576) 국방부 정보공개청구자료 2020년 10월 13일 접수번호: 7158864.

도미사일뿐만 아니라 사이버상에서도 위협을 지속적으로 하고 있으며 무인기를 통하여 군사적인 위협을 가하고 있다. 북한은 사이버상에서 김정은 정권을 옹호하는 활동을 하거나 북한에게 유리하도록 다른 국가를 비방하거나 허위정보를 퍼뜨리기도 한다. 또 바이러스를 퍼뜨려서 컴퓨터를 감염시켜서 서버를 다운시키거나 금융기관의 현금을 탈취하기도 한다. 북한은 2013년에 한국의 주요방송사인 YTN, KBS, MBC등의 전산망을 마비시키거나 농협은행, 신한은행에 대하여 시스템을 교란시키는 등의 위협을 가한 바 있다. 북한은 2014년 한국수력원자력 해킹, 2015년 서울지하철 컴퓨터 서버 해킹 등 비대칭 전력을 활용한 공격을 최근까지도 지속적으로 시도하고 있다.[578] 한국은 대북억제측면에서 북한의 도발을 억제하지 못하고 대처하지 못하는 결과를 낳았다.

넷째, 한국은 동아시아 지형에 대한 판단에 있어서도 애매모호한 태도로 일관하면서 사드 배치 때 불필요한 중국의 반발을 초래하고 경제적인 보복을 당하게 된다. 미국의 미사일 방어에 참여하는 것과 관련하여 1990년대에 상황을 안일하게 바라보고 중국에 대한 요소를 심각하게 보지 않는 판단을 내렸고 이 결정이 이어진 것은 한국의 국익을 최대화하지 못하는 방향으로 작용하였다. 중국의 내정간섭은 사드 배치에서 단적으로 드러나는데 한국의 국가안보와 방어력 증강을 위한 무기 배치에 중국이 개입하는 여지를 만들면서 국익에 해를 끼치게 되었다.

중국은 2014년 S-400을 러시아로부터 1포대에 3조 3,000억원에 총 30억 달러의 계약을 체결하였다. 한국은 2014년에 이미 S-400을 구매한 중국에 대하여 무려 2년이나 지난 뒤인 2016년에 본격적으로 경제적 보복을 당하였다. 중국은 그 전에도 사드와 비슷한 방공시스템이 있었다. 중국은 10년 이상을 러시아의 S-300을 사용하여 왔다. 중국은 한국의 사드

577) Inwook Kim·Soul Park, "Deterrence under Nuclear Asymmetry: THAAD and the Prospects for Missile Defense on the Korean Peninsula," *Contemporary Security Policy* Vol.40, No.3 (2019), pp. 165-192, 양혜원, "천안함 폭침이후 5.24조치에 관한 연구", 전략연구 제28권 제3호, pp.441-445.

578) 홍규덕·조관행·김영수·서석민, "북한의 사이버와 무인기 위협에 대한 대응방안 연구: PMESII 체계분석과 DIME 능력을 중심으로", 『신아세아』 제27권 제2호, (신아시아연구소, 2020), pp.76-82.

배치에 반대하면서 경제적 보복을 가하면서 동시에 중국 여러 곳에 S-300을 이용한 미사일 방어를 구축하였던 상황이었다. 중국은 2018년 러시아로부터 S-400 1차분을 인도받고 2018년 12월 시험발사에 성공하였다. 중국은 2018년 7월에 한반도를 훤히 들여다 볼 수 있는 산둥반도 인근 등에 S-400 Triumph 포대를 배치하였다. 중국은 그 밖에도 남중국해에 위치한 남사군도에 4개의 인공섬을 건설하면서 미사일 방어망을 구축하였다. 한국의 미사일 방어 능력은 주한미군에 배치된 PAC-3와 사드 그리고 한국 군이 보유한 PAC-2와 PAC-3인데 전국을 방어하기에는 부족한 부분이 존재한다.[579]

한국은 동아시아 지형에 대한 판단에 있어서도 중국에 대하여 오판하면서 한국의 이익이 훼손되는 결과를 낳게 되었다. 사드의 경우가 한국의 안보딜레마가 여실하게 드러난 사례인데 중국은 한국에 대하여 외교적, 경제적으로 불합리한 보복을 가하였다.[580] 중국은 러시아판 사드를 중국이 구입하고 산둥반도에 배치하였음에도 불구하고 이중적인 태도로 일관하며 한국의 국익을 침해하였다. 중국은 주한미군에 사드를 단 한 기를 배치하는 것과 관련하여 내정간섭을 하고 경제적인 보복을 가하였으며 북핵문제와 관련하여 실질적인 도움을 주지 않고 한국과 북한 사이를 오가고 있으며 심지어 북한을 중국 영토에 대하여 주한미군의 영토적 접근을 막을 수 있는 순망치한의 대상으로 보고 전략적 활용을 하며 이용한다. 중국 스스로는 무기를 보유하고 고도화하면서 한국이 주한미군에 배치한 사드 한 대에 대하여 경제적인 보복을 가하는 중국의 이중적인 행동에 대하여 속수무책으로 당하게 되었다.

중국은 북한 정권을 유지시키고 존속시키는 것이 중국의 전략적인 이익을 위하여 도움이 된다는 점을 잘 알고 있는데 이러한 점에 대하여 한국이 오판한 것이다. 중국은 제1차 북핵위기와 제2차 북핵위기에서 중국 나름의 판단을 통하여 북핵 문제를 해결하도록 다자 협상 구도를 만드는 데 일

---

579) 이용준, 『북핵 30년의 허상과 진실』, (경기도: 한울아카데미, 2018), p.361.
580) 현인택, "사드(THAAD)의 국제정치학: 중첩적 안보딜레마와 한국의 전략적 대안", 『신아세아』 제24권 제3호, (신아시아연구소, 2017), p.58.

조하기는 하였으나 9.19공동성명 등이 이행되는 과정에서는 결정적인 역할을 하지는 않는 모습을 보였다. 중국은 북한이 핵무기를 포기하도록 하는데 에너지 공급 중단, 식량 공급 중단 등의 강한 압박 정책을 사용하지 않고 애매모호한 태도를 취하면서 북한을 중국의 이해관계에 따라 이용하며 실질적인 도움을 주지 않는 선에 머무르는 모습을 보인다.[581]

중국은 미국의 미사일 방어를 비판하면서 중국 스스로 미사일 능력을 확보하기 위하여 노력하는 이중적인 전략을 추진하고 있다. 중국 정부의 방어 예산을 살펴보면 2010년 5,333억여 위안(Yuan), 2011년 6,028억여 위안, 2012년 6,692억여 위안, 2013년 7,411억여 위안, 2014년 8,290억여 위안, 2015년 9,088억여 위안, 2016년 9,766억여 위안, 2017년 1조 432억여 위안을 투입하였다.[582] 이러한 추세는 이어져서 중국은 2018년 국방예산을 8.1%를 증가시키고 2019년 7.5%를 증가시킨 뒤 2020년 국방예산을 6.6% 증가시켰다. 2021년 중국은 방어 예산으로 1조 3,553억여 위안을 편성하였다. 2020년과 비교하여 6.8% 늘어난 금액이다.[583]

다섯째, 한미동맹이 실질적으로 이완되는 모습이 나타나게 됐다. 한미동맹은 미일동맹에 비하여 결속력이 약화되었으며 실리의 측면에서도 일본은 군사적 경제적인 이득을 챙기는 것과 달리 실질적 이익을 잃어버리는 모습이 나타났다. 군사기술은 산업기술의 발전과도 밀접하게 연결되어 있다. 기술격차를 줄이지 못하면 그에 대한 대가를 더 치러야만 하게 된다.[584]

일본의 경우에는 미국과 이지스 SM-3 Block Ⅱ A를 공동연구개발하면

---

581) 한승주, 『한국에 외교가 있는가』, (서울: 올림, 2021), pp.196-198, pp.200-201.

582) Chinese State Council, China's national defence in the new era(新时代的中国国防), Released a *Defence White Paper*, (Beijing: Chinese State Council Information Office, July 2019), SIPRI, *A New Estimate of China's Military Expenditure*, (Solna Sweden: Stockholm International Peace Research Institute, January 2021), p.5에서 재인용.

583) 『연합뉴스』 2021년 3월 5일
https://www.yna.co.kr/view/AKR20210305080851097?input=1215m

584) 양혜원외, "한미동맹의 특징과 발전방향 연구", 사회융합연구 제6권 제1호, pp.52-54, 양혜원외, "한미 미사일 지침 해제과정 분석과 함의", 사회융합연구 제6권 제2호, pp.75-78.

서 기술을 발전시켰으며 동시에 미일동맹을 강화시키는 데 성공하였다. 미국과 일본은 SM-3 Block Ⅱ A를 공동연구개발하였는데 미국이 연구개발 비용을 일본 보다 많이 냈기 때문에 일본에게는 군사기술을 발전시키고 경제적인 비용에 있어서도 단독 개발보다 비용을 절감시키게 되었다. 2010년부터 2015년까지 미국과 일본이 SM-3 Block Ⅱ A를 공동연구개발한 비용을 살펴보면 2010년 미국은 2억 5,598만 7,000달러, 일본은 1억 9,617만 7,114달러 2011년 미국은 3억 1,823만 7,000달러, 일본은 7,663만 5,063달러 2012년 미국은 4억 5,752만 9,000달러 일본은 844만 751달러, 2013년 미국은 4억 2,063만 달러, 일본은 1,325만 1,734달러 2014년 미국은 3억 849만 3,000달러 일본은 5,122만 2,947달러 2015년 미국은 2억 6,369만 5,000 달러 일본은 8,537만 6,154달러를 연구개발 비용으로 사용하였다.[585] SM-3 Block Ⅱ A는 2017년 2월에 첫 실험에 성공하고 2017년 6월과 2018년 1월의 요격실험에는 실패하였다가 2018년 10월 26일 하와이 해역에서 미국 해군이 실시한 요격시험에 성공하게 된다. SM-3 Block Ⅱ A는 요격고도가 1,000km이고 요격고도가 300km였던 SM-3 Block Ⅰ과 비교하여 성능이 향상된 무기이다. 게다가 미국은 2018년 1월에 일본이 SM-3 Block Ⅱ A 미사일을 판매할 수 있도록 잠정승인을 하기도 하였다. SM-3 Block Ⅱ A는 미국의 레이시온사와 일본의 미쓰비시중공업이 공동으로 개발하는 데 성공한 무기이다.[586]

미국은 이스라엘과 Arrow, ArrowⅡ, ArrowⅢ를 개발할 때에도 비용

585) Office of the Undersecretary of Defense (Comptroller), "Research Development, Test & Evaluation Programs (R-1) FY2010-FY2015", DOD Comptroller and Japan Ministry of Defense http://comptroller.defense.gov/Portals/45/Documents/defbudget/fy2016/fy2016_r1.pdf, Japan Ministry of Defense, "Defense Budget FY2010-FY2015", http://www.mod.go.jp/e/d_budget/Rachel Hoff, U.S.-Japan Missile Defense Cooperation: Increasing Security and Cutting Costs, American Action Forum Research December 2, (2015), https://www.americanactionforum.org/research/u-s-japan-missile-defense-cooperation/#_edn18에서 재인용.

586) 『VOA』 2018년 10월 27일 https://www.voakorea.com/korea/korea-politics/4631151

을 제공하기도 하였다. 미국은 이스라엘과 Arrow, ArrowⅡ, ArrowⅢ를 공동연구개발하였는데 1990년 5만 2,000 million 달러, 1991년 4만 2,000 million 달러, 1992년 5만 4,400 million 달러, 1993년 5만 7,776 million 달러, 1994년 5만 6,424 million 달러, 1995년 4만 7,400 million 달러, 1996년 5만 9,352 million 달러, 1997년 3만 5,000 million 달러, 1998년 9만 8,874 million 달러, 1999년 4만 6,924 million 달러, 2000년 8만 1,650 million 달러, 2001년 9만 5,214 million 달러, 2002년 13만 1,700 million 달러, 2003년 13만 5,749 million 달러, 2004년 14만 4,803 million 달러, 2005년 15만 5,290 million 달러, 2006년 12만 2,866 million 달러, 2007년 11만 7,494 million 달러, 2008년 11만 8,572 million 달러, 2009년 10만 4,342 million 달러, 2010년 12만 2,342 million 달러, 2011년 12만 5,393 million 달러, 2012년 12만 5,175 million 달러, 2013년 11만 5,500 million 달러, 2014년 11만 9,070 million 달러를 이스라엘에 제공하였다. 약 230만 million 달러가 넘는 금액을 지원한 것이다.587) 미국은 미사일 방어를 공동연구개발하는 국가에 대하여 자금지원과 기술지원을 하면서 무기를 공동연구개발하고 있으며 이러한 지원은 지속적으로 이루어지고 있다. 미사일 방어를 공동연구개발한 일본, 이스라엘의 경우에는 군사기술력을 높이면서 자금 지원을 받아서 경제적인 도움도 얻게 되었을 뿐만 아니라 동맹에 있어서도 굳건함을 유지하게 되는 이익을 얻게 되었다.

미국은 압도적으로 군사기술을 보유하고 있으며 무기체계 인프라도 지니고 있다. 그런데 한국은 이러한 미국을 활용하여 군사기술이전을 받는데 집중하지 않고 있다. 중국을 비롯한 한국 주변의 열강들은 군사력을 증강시키는데 전략적인 노력을 지속적으로 하고 있으며 군사현대화에 성공하고 있다.588)

587) Jean-Loup Samaan, *Another Brick in The Wall: The Israell Experience in Missile Defense*, (Strategic Studies Institute, US Army War College, 2015), p.16.

588) 김태효, "COVID-19 시대 미-중 신냉전 질서와 한국", 『신아세아』 제27권 제3호,

한국은 상대적으로 약소동맹국으로서 미국으로부터 포기될 수 있다는 두려움과 미국의 미사일 방어체제에 들어갈 경우에 미국의 동아시아지역 또는 세계적 군사분쟁에 휘말릴지 모른다는 두려움을 강하게 느낀다. 예를 들어 미중 갈등 상황에 군사적으로 연루되어서 전쟁 또는 군사적 분쟁을 치를 경우에 한국이 치러야 하는 연루의 대가는 클 수밖에 없다. 중국과 지리적으로 멀리 떨어져 있는 미국과 달리 한국은 중국과 인접한 지정학적 위치에 있기 때문에 전쟁이나 군사적 분쟁에 연루될 경우에 한국 영토에 대해서 위협을 느낄 수밖에 없게 된다.

그러나 한국은 미국의 미사일 방어에 들어가지 않겠다고 거부 결정을 내렸고 이러한 결정을 수십 년동안 유지하면서 최첨단 기술을 이전 받지 못한 채 여전히 막대한 기회 비용을 치르고 있다. 미국이 SDI에서 GPALS, TMD, NMD, MD로 미사일 방어 전략을 변화시키는 동안 한국에 대하여 함께 참여하여 달라는 요청을 하면서 한미동맹을 강화하려는 시도를 하였다. 그러나 2001년 김대중 정부에서 미국의 MD에 들어가지 않는다는 공식 결정을 내리면서 KAMD를 통하여 하층방어 구축에 매진하는 정책을 추진하게 된다. 한국은 패트리어트, 사드를 들여오면서도 미국의 미사일 방어에 들어가는 것은 결코 아니라는 입장을 수십 년에 걸쳐서 유지하면서 미국으로부터 군사기술적 이익과 국제정치적 이익을 받는 데 있어서 실질적 이익을 받지 못하는 모습에 머무르게 된다.

본 연구는 한국이 약소동맹국으로서 미국의 미사일 방어에 들어가지 않은 원인에 대하여 분석하고 한국의 미사일 방어 정책에서 나타나는 안보딜레마에 대하여 분석하였다. 한국이 대부분의 한미동맹의 주요 정책에서 보이는 포기의 두려움을 바탕으로 한 정책과 달리 미사일 방어 정책에 있어서만큼은 그러한 모습이 나타나지 않는 것에 주목하여 원인을 분석하였다. 이 연구는 약소동맹국의 입장에서 어떠한 원인으로 인하여 연루를 회피하는 결정을 내리는 지 살펴볼 수 있는 중요한 사례를 분석한 것이며 한국의 안보와도 직결되는 것으로서 매우 중요하다.

(신아시아연구소, 2020), pp.35-36.

미사일 방어는 미사일을 직격파괴할 수 있는 방어기술을 획득하는 것으로서 점진적으로 군사기술을 발전시키게 한다.[589] 일본은 미국의 미사일 방어에 참여하면서 방어 무기와 관련한 군사기술을 획득하였으며 대북 억제력을 확보하려는 노력을 지속적으로 하고 있다. 일본은 미사일 방어를 통하여 미국과의 동맹을 굳건하게 하는 데 활용하고 일본의 방위산업 시장의 활로를 개척하는 데 성공하였다.[590] 이러한 모습은 이스라엘에서도 나타나며 무기를 공동개발하는 데 성공하였고 실전배치하여 사용하고 있다. 한국은 이렇게 다른 약소동맹국들이 미국의 미사일 방어를 활용하여 이익을 본 점에 대하여 주목할 필요가 있다.

미국은 동아시아 지역뿐만 아니라 인도 태평양 지역에서도 세계적으로 가장 높은 수준의 군사적인 힘을 유지하기를 원한다. 미국은 한국, 일본, 인도 등과 우호적인 관계를 유지하기를 원하며 이를 통하여 미국의 영향력이 지속되기를 원한다.[591] 미국의 미사일 방어에 참여한 일본은 전략적인 이익을 추구하였는데 일본이 공격적인 무기를 보유하지는 못하지만 방어적인 무기를 보유하는 데 성공하였고 최신식의 이지스 시스템이 장착된 SM-3 Block II A 미사일을 보유하는 데 성공한다. 일본은 스스로 전쟁을 일으키지 않는다는 내용을 담은 헌법 9조를 둘러싼 법적인 문제가 남아있

589) Michael E. O'Hanlon, "Forecasting Change in Military Technology, 2020-40", in Michael E. O'Hanlon, *The Senkaku Paradox: Risking Great Power War Over Small Stakes*, (Washington D.C: The Brooking Institute, 2019), p.201.

590) Sheila A. Smith, "Refining the U.S-Japan Strategic Bargain", in Takashi Inoguchi·G John Ikenberry·Yoichiro Sato (eds.), *The U.S -Japan Security Alliance Regional Multilateralism*, (New York: Palgrave Macmillan, 2011), p.46, Yasuyo Sakata, "Korea and the Japan-U.S Alliance: A Japanese Perspective", in Takashi Inoguchi·G John Ikenberry·Yoichiro Sato (eds.), *The U.S -Japan Security Alliance Regional Multilateralism*, (New York: Palgrave Macmillan, 2011), p.94, Scott Snyder, "Korea and the U.S.-Japan Alliance: An American Perspective, in Takashi Inoguchi·G John Ikenberry·Yoichiro Sato (eds.), *The U.S -Japan Security Alliance Regional Multilateralism*, (New York: Palgrave Macmillan, 2011), pp.124-126, Takashi Inoguchi·G John Ikenberry·Yoichiro Sato, "Conclusion: Active SDF, Coming End of Regional Ambiguity and Comprehensive Political Alliance", in Takashi Inoguchi·G John Ikenberry·Yoichiro Sato (eds.), *The U.S -Japan Security Alliance Regional Multilateralism*, (New York: Palgrave Macmillan, 2011), pp.274-276.

591) Roger Clif, *A New U.S. Strategy for the Indo-Pacific*, NBR Special Report 86, (Washington D.C: The National Bureau of Asian Research, 2020), p.105, pp.107-108.

지만 군사적으로 재무장하는 것에 현실적으로 성공하는 이익을 얻게 된다.[592] 일본은 PAC-3, BMD(Ballistic Missile Defense, 탄도미사일 방어, 이하 BMD)를 장착할 수 있는 이지스 시스템을 미국과의 공동연구개발을 통하여 군사기술을 획득하는데 성공하였으며 미국의 미사일 방어에 들어가고 협력하면서 미일동맹을 강화하고 일본의 이익을 극대화하는 데 활용하였다.[593] 한국은 아직도 가장 중요한 정보자산인 군용 GPS를 개발하는 중에 있다. 안보적인 공백을 메우기 위하여 한국은 정보협력 차원에서 한미정찰자산에서 협력을 강화하고 미국의 자산을 활용하는 것이 필요하다.

지난 수십 년 동안 한국은 미사일 방어와 관련하여 한국의 국익을 극대화하지 못하였다. 한국의 포기와 연루의 두려움은 여전히 사라지지 않았으며 오히려 악화되고 있다. 한국은 연루를 두려워하여 미사일 방어를 거부하였지만 미국이 급박한 순간에 한국을 포기할 수 있는 위험은 더 커지게 되었고 약소동맹국으로서 군사기술력 이전을 받지 못하여 무기의 핵심부품을 해외에 의존하는 모습에서 벗어나지 못하고 있다. 한국의 연루될 위험은 커지게 되었으며 이러한 두려움이 커지는 것은 악순환을 만들어내고 있다.

전두환 정부가 미국의 SDI에 공식 참여한다는 결정을 내린 이후 노태우 정부가 이러한 결정에 반대되는 행동을 하였고 김영삼 정부가 TMD에 대하여 모호한 입장을 보였다. 김대중 정부에서 미사일 방어에 참여하게 되면 연루될 것에 대하여 두려움을 크게 느끼고 참여 하지 않겠다는 공식 결정을 내리고 노무현 정부부터 박근혜 정부까지 이 결정을 바꾸지 못하고

---

592) Charles D. Ferguson·Bruce W. MacDonald, *Nuclear Dynamics In a Multipolar Strategic Ballistic Missile Defense World*, (Washington D.C: Federation of American Scientists, 2017), p.14.

593) Christopher W. Hughes, *Japan's Remilitarisation*, (New York: The International Institute for Strategic Studies, 2009), pp.92-98, Katahara Eiichi, "Tokyo's Defense and Security Policy: Continuity and Change", Lam Peng Er·Purnendra Jain, *Japan's Foreign Policy in the Twenty-First Century: Continuity and Change*, (Lanham Maryland: Lexington Books, 2020), p.148, pp.150-151, Sheila A. Smith, Japan Rearmed: The Politics of Military Power, (Cambridge Massachusetts: Harvard University Press, 2019), p,107, pp.114-116.

미국의 미사일 방어에 들어가는 것을 거부하는 정책을 유지하는 모습을 보였다. 이러한 모습은 한국의 포기의 두려움과 연루의 두려움을 악화시키는 역할을 하며 한국의 실익을 훼손하는 방향으로 작동하고 있다.

지난 수 십년 동안의 시행착오를 살펴볼 때 한국이 세계적으로 제1위의 군사기술력을 보유한 국가인 미국과 협력하는 것이 필요하다. 앞선 미사일 방어 기술을 획득하는 것은 한국의 군사기술력을 높이고 정책적 차원에서 동맹의 가치를 공고하게 할 수 있다. 한국이 미국과 강한 동맹을 바탕으로 협력하는 것은 포기와 연루의 위협을 줄일 수 있는 가장 확실한 대안이 된다. 한미동맹은 자유민주주의를 추구하고 시장경제를 함께하는 가치가 있는 동맹으로서 한국이 추구하는 이익에 있어서 발전적인 방향으로서 도움이 된다.

국제정치는 냉혹한 현실주의가 작동되며 힘의 논리는 사라지기 어렵다. 한국은 국익을 높이기 위하여 전략적 선택을 하는 것이 필요하다.[594] 한국은 미사일 방어 정책을 구축하여 국가를 위하고 국민을 지키도록 보다 합리적인 정책을 추진해야만 한다. 안보딜레마가 사라지지 않는 국제정치 속에서 한국의 이익을 높이는 것이 중요하다.

---

594) 현인택, "북한의 8차 당대회와 바이든 행정부의 출범", 『북한』 제590호, (북한연구소, 2021), pp.10-14, 현인택, "북한 핵 문제와 한반도 통일의 미래", 홍규덕, 『남북미소』, (서울: 디자인닷컴, 2020), pp.190-201.

〈문서 1〉 한국을 SDI 연구에 참여시키겠다는 내용의 CIA 문서595)

SECRET

Executive Registry
85- 1559

UNITED STATES ARMS CONTROL AND DISARMAMENT AGENCY
Washington, D.C. 20451

OFFICE OF
THE DIRECTOR

April 11, 1985

MEMORANDUM FOR THE SECRETARY OF STATE
THE SECRETARY OF DEFENSE
THE DIRECTOR OF CENTRAL INTELLIGENCE

SUBJECT: Cooperating with Allies in SDI Research

Attached is a paper, as you requested, describing the problems, opportunities and methods of cooperating with our Allies in SDI research. It includes many valuable comments from your staffs; formal clearances were not requested.

If managed properly, we should benefit programmatically and politically through cooperative SDI research arrangements. At the same time, such cooperation increases the risk of sensitive technology leakage, and measures to prevent this will be essential. Our cooperation must also be consistent with the ABM Treaty's stricture against providing ABM components or information sufficient to allow someone to build their own. To obtain expected benefits and avoid tensions over cooperation with our Allies, we will need to be clear at the outset about the ABM Treaty constraints and other necessary restrictions.

Based on these considerations, we should move out now on a four-tiered approach:

1. Review exactly what we want to share with which Allies and under what particular protective measures.

This work would be done by the SDI-IG (chaired by Richard Perle) in coordination with the Technology Transfer SIG (chaired by Bill Schneider). Program and technology transfer considerations need to be worked closely together. Besides reviewing the major considerations noted above, we should look at cooperation in SDI-related technologies that can have other applications and thus help our goal of strengthening NATO's conventional capabilities.

SECRET

595) CIA, "Cooperating with Allies in SDI Research", April 11, 1985, Document Number: CIA-RDP87M00220R000100030016-1, 이 문서는 2020년 11월 6일 저자가 CIA Library에서 수집한 문서임을 명시한다. 양혜원, 2021, 『약소동맹국의 연루 회피 원인 분석: 한국의 미사일 방어 정책 연구』, 고려대학교대학원 박사학위논문, pp.150-152에서 재인용.

〈문서 1〉 한국을 SDI 연구에 참여시키겠다는 내용의 CIA 문서[596)]

SECRET

-2-

2. In conjunction with the above review, define clearly what research can be shared consistent with the ABM Treaty and develop detailed guidelines for internal use and general guidelines for public diplomacy purposes.

3. Develop/negotiate appropriate umbrella agreements with each country where we want cooperative research activities.

These would preferably be government-to-government agreements, although other approaches are possible. They should describe basic areas and rules for cooperation -- including provisions for protecting technology from leaking or being retransferred without US approval.

4. Develop/negotiate appropriate Memoranda of Understanding between DOD and the relevant foreign agencies.

These, not the general agreements, would specify the research activities to be performed (e.g., by laboratories, private companies, etc.) and the detailed protective measures -- along with other necessary provisions.

We should get on promptly with the necessary reviews as we do not want the tail wagging the dog and the matter is already on the agenda with our Allies.

Ken

Kenneth L. Adelman

Attachment:
As stated

cc: Mr. McFarlane
General Vessey
General Abrahamson

SECRET

596) CIA, "Cooperating with Allies in SDI Research", April 11, 1985, Document Number: CIA-RDP87M00220R000100030016-1, 이 문서는 2020년 11월 6일 저자가 CIA Library에서 수집한 문서임을 명시한다. 양혜원, 2021, 『약소동맹국의 연루 회피 원인 분석: 한국의 미사일 방어 정책 연구』, 고려대학교대학원 박사학위논문, pp.150-152에서 재인용.

〈문서 1〉 한국을 SDI 연구에 참여시키겠다는 내용의 CIA 문서[597)]

SECRET

COOPERATION WITH OTHER COUNTRIES IN SDI RESEARCH

We have offered the 15 NATO Allies, Australia, Japan, Israel and the Republic of Korea the opportunity to participate in SDI research. We will need to elaborate our offer in the near future, and have a coherent, consistent position on this sharing.

Since SDI involves some sensitive technologies that are on the cutting edge, we need to protect against technology leaking to the Soviet Union. We also need to ensure that the cooperative research complies with the ABM Treaty and to guard against excessive Allied expectations. Within these constraints, however, some significant cooperation could and should go forward.

This paper (1)identifies factors that influence how we elaborate the offer and (2) recommends a general approach to research cooperation along with public diplomacy guidelines.

The Existing Offer

Elaborating on earlier discussions, Secretary Weinberger at the end of March extended an invitation to NATO Defense Ministers for their countries to participate in SDI research. This invitation has also been extended to Japan, Australia, Israel and South Korea. Each country was asked to indicate its interest in participating and in receiving detailed briefings in Washington.

The offer specified that all cooperative research activities will be consistent with the ABM Treaty. Press briefings and guidance regarding this invitation made clear that:

- much of the research will require more than normal measures of protection in whatever cooperative arrangements are worked out;
- such cooperation could include various mechanisms, such as scientific exchanges, specific research requests to individuals or specialized teams, open bidding, and joint laboratory-to-laboratory or company-to-company research; and
- financial contributions from the Allies, though welcome, would not be necessary to enter into a cooperative arrangement.

SECRET

597) CIA, "Cooperating with Allies in SDI Research", April 11, 1985, Document Number: CIA-RDP87M00220R000100030016-1, 이 문서는 2020년 11월 6일 저자가 CIA Library에서 수집한 문서임을 명시한다. 양혜원, 2021, 『약소동맹국의 연루 회피 원인 분석: 한국의 미사일 방어 정책 연구』, 고려대학교대학원 박사학위논문, pp.150-152에서 재인용.

〈문서 2〉 전두환 대통령에게 보고된 국방부의 SDI 한국참여검토결과보고[598)]

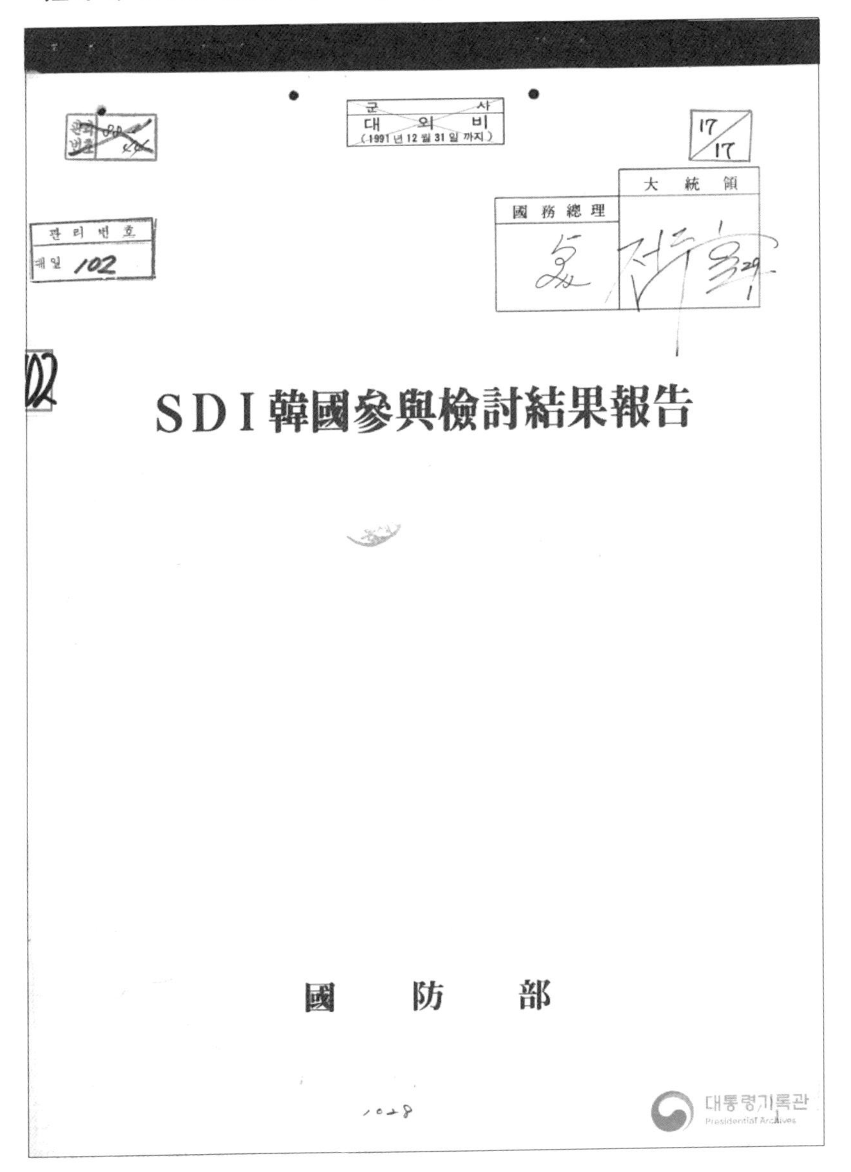

군사
대외비
(1991 년 12 월 31 일 까지)

17/17

大統領

國務總理

관리번호
재일 102

SDI 韓國參與檢討結果報告

國　防　部

대통령기록관
Presidential Archives

598) 행정안전부 국가기록원, "SDI한국참여검토결과보고", 국방부문서, (1988.01.29.), 본 문서는 국방부에서 작성한 문서(건번호: 1A00614174605041)로 저자가 국가기록원에 2020년 8월 14일 정보공개청구를 통하여 수집한 문서임을 명시한다. 양혜원, 2021, 『약소동맹국의 연루 회피 원인 분석: 한국의 미사일 방어 정책 연구』, 고려대학교대학원 박사학위논문, pp.153-154에서 재인용.

〈문서 3〉 전두환 대통령에게 보고된 국방부의 SDI 한국참여검토결과보고[599]

結論 및 建議

1. 結　　論

◦ **參與 與否**

2000年代의 科學技術立國을 指向하고 있는 現時點에서 매우 바람직

◦ **主管 部處** : **科學技術處**

* 經企院, 外務部, 國防部, 商工部 等 積極 協調 提供

◦ **參與 形態**

政府間 協定締結을 通해 參與民間企業의 實利增進 및 保護

◦ **參與 時期**

對美通報는 早期에 實施하되, 對外公表는 **88 서울올림픽 以後** 韓·美 兩國 同時 發表

2. 建　　議

裁可하여 주시면 **對美通報**와 아울러 **協商**을 **推進**토록 하겠읍니다.

11 - 11

1039

599) 행정안전부 국가기록원, "SDI한국참여검토결과보고", 국방부문서, (1988.01.29.), 본 문서는 국방부에서 작성한 문서(건번호: 1A00614174605041)로 저자가 국가기록원에 2020년 8월 14일 정보공개청구를 통하여 수집한 문서임을 명시한다. 양혜원, 2021, 『약소동맹국의 연루 회피 원인 분석: 한국의 미사일 방어 정책 연구』, 고려대학교대학원 박사학위논문, pp.153-154에서 재인용.

〈문서 4〉 SDI 참여문제에 대한 전두환 정부 입장[600)]

SDI 참여 문제에 대한 아국 정부 입장

o 미 정부는 85.3.27. Weinberger 미 국방장관의 아국 국방장관앞 서한을 통하여 아국이 SDI 계획에 참여해 줄것을 요청하였으며, 그후 85.6.18. 미 국무성은 브리핑팀을 파견하였고, 86.7.29. 미 대통령 군축담당 특별보좌관 라우니 대사의 방한시에도 SDI 를 설명하고 동 계획에 대한 참여를 촉구하였음.

o 그동안 정부는 SDI 계획에 참여를 요청받은 우방국가들의 동향을 파악하는 한편, 동 참여 문제를 검토하던중 최근 우방국가들의 동 계획에 대한 입장이 긍정적으로 변화되고 있고 특히 영국, 독일, 이스라엘, 이태리 등은 SDI 참여를 결정하였고 일본도 공식 참여를 표명하고 참여 범위 및 방법등을 검토중임.

o 이에 아국도 미국과의 우방관계를 고려하고 SDI 연구 참여에 따른 기대효과를 극대화 하기 위하여 정부내 대책위원회를 설치하고, 미측 요청을 적극적으로 검토중임.

o 아국의 SDI 참여는 정부 직접 참여보다는 정부 주도하에 민간기업의 간접 참여 방안을 동 계획 참여의 원칙적 방향으로 정하고 참여시기, 방법, 참여 가능범위 및 조건등에 관한 제반조건을 검토키 위하여 87.~~2-3월경~~ (3월 말경) 관민조사단을 미국에 파견할 예정임.

0156

---

600) 외교부 외교사료관, 2019년 비밀·비공개 해제문서 "미국 SDI(전략방어계획)참여, 1985-88, 전6권 V.2 한국의 참여검토 1986-87" 등록번호 26670. (검색일: 2019년 3월 31일) 본 문서는 외교부 안보과에서 작성한 문서(분류번호 729.2)로 2019년 3월 31일 비밀·비공개 해제가 된 외교문서공개목록에 포함되어 저자가 외교부 외교사료관에 2020년 8월 18일 직접 방문하여 정보공개청구를 통하여 수집한 문서임을 명시한다. 양혜원, 2021, 『약소동맹국의 연루 회피 원인 분석: 한국의 미사일 방어 정책 연구』, 고려대학교대학원 박사학위논문, p.155에서 재인용.

〈문서 5〉 SDI참여문제에 관한 대통령 각하 지시사항[601]

SDI 參與問題에 관한 大統領 閣下 指示事項

(1986.12.17 國防部 報告時)

o 參與 與否를 결정하기 위해서 우선 調査團을 派遣하는 것이 좋은 方案이 되겠음. 우리의 寄與水準이 어느정도가 될 것인지 日本이나 EC와 같이 技術移轉에 있어 同等한 要求를 할 수 있을 것인지 등 協商이 이루어지기 前까지는 公式立場을 保留하는 것이 좋겠음.

o 美國防長官 書翰에 대한 國防長官의 回信內容에도 調査團을 派遣한다는 것과 SDI에 대한 說明 聽取를 원한다는 것을 포함하도록 檢討바람. 우리가 參與할 時는 아무래도 一部 開發費를 負擔하게 되는데 우리가 負擔하는 만큼 實質的 참여가 可能할 것인지, 즉 秘密分野에 까지 接近이 가능할 것인지등 자세히 알아 보아야 함. 돈을 적게내도 先進國과 꼭 같은 待遇를 받아야 함. 그리고 SDI 計劃에 참여하는 경우에도 民間次元에서 參與함이 바람직함. 參與水準은 우리 國力에 맞게 해야하며 우리의 負擔範圍를 事前에 파악해야 함.

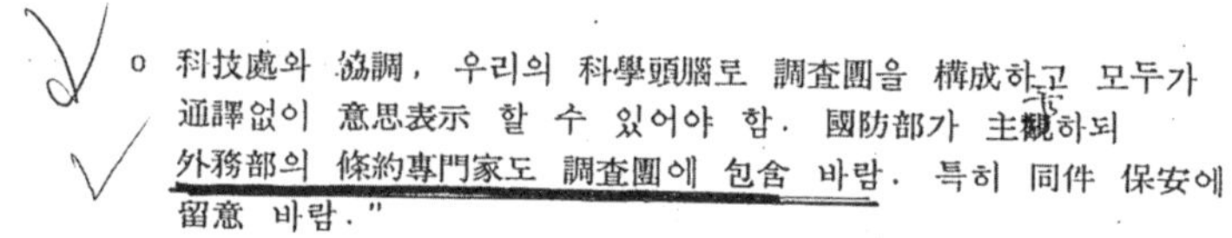

o 科技處와 協調, 우리의 科學頭腦로 調査團을 構成하고 모두가 通譯없이 意思表示 할 수 있어야 함. 國防部가 主觀하되 外務部의 條約專門家도 調査團에 包含 바람. 특히 同件 保安에 留意 바람."

政務 1 (外交)

0077

601) 외교부 외교사료관, 2019년 비밀·비공개 해제문서 "미국 SDI(전략방어계획)참여, 1985-88, 전6권 V.2 한국의 참여검토 1986-87" 등록번호 26670. (검색일: 2019년 3월 31일) 본 문서는 외교부 안보과에서 작성한 문서(분류번호 729.2)로 2019년 3월 31일 비밀·비공개 해제가 된 외교문서공개목록에 포함되어 저자가 외교부 외교사료관에 2020년 8월 18일 직접 방문하여 정보공개청구를 통하여 수집한 문서임을 명시한다. 양혜원, 2021, 『약소동맹국의 연루 회피 원인 분석: 한국의 미사일 방어 정책 연구』, 고려대학교대학원 박사학위논문, p.156에서 재인용.

〈문서 6〉 한국의 미국 SDI(전략방어계획) 공식 참여 결정 문서[602]

대 외 비
1991. 12. 31. 까지

관리번호 88-30

기 안 용 지

분류기호 문서번호	미안20298-376	(전화 :)	시 행 상 특별취급	
보존기간	영구·준영구. 10. 5. 3. 1.	장 관		
수 신 처 보존기간				
시행일자	1988. 2. 5.			

보조기관		협조기관		문 서 통 제
국 장	전 결			비밀문서 1988. 2. 08 통제관
심의관				
과 장				
기안책임자	김 영 선			발 송 인

경 유 수 신 참 조	주 미 대사	발신명의	
제 목	아국의 SDI 참여		

1. 정부는 총리주재 유관부처장관회의 (88.1.12) 및 상부재가 (88.1.29)를 통해 SDI 에의 공식참여를 아래와 같이 결정하였읍니다.

가. 참여시기

- 대미통보는 국방장관명의 서한을 통해 조기 실시

- 대외공표는 88 서울올림픽이후 한.미 양국 동시 발표

예고문 88.6.30.

예고문 88.12.31.

0043

/계 속/

1505-25(2-1) 일(1)갑 85. 9. 9. 승인

190㎜×268㎜ 인쇄용지 2급 60g/㎡ 가 40-41 1987. 7. 8.

---

602) 외교부 외교사료관, 2019년 비밀·비공개 해제문서 "미국 SDI(전략방어계획) 참여, 1985-88, 전6권 V.3 한국의 참여검토결과", 등록번호 26671. (검색일: 2019년 3월 31일), 본 문서는 외교부 안보과에서 작성한 문서(분류번호 729.2)로 2019년 3월 31일 비밀·비공개 해제가 된 외교문서공개목록에 포함되어 저자가 외교부 외교사료관에 2020년 8월 18일 직접 방문하여 정보공개청구를 통하여 수집한 문서임을 명시한다. 양혜원, 2021, 『약소동맹국의 연루 회피 원인 분석: 한국의 미사일 방어 정책 연구』, 고려대학교대학원 박사학위논문, p.157에서 재인용.

〈문서 7〉 SDI에 참여한다는 과학기술처의 1989년도 한미과학기술협력 추진방향 603)

※ 한.미 과학기술협력 추진 방향 (과기처)

미국과 Techno-line (연구 공동체) 구축

- 전략 방위 계획(SDI) 등 대형 연구사업에의 참여
- 기초 과학 분야 연구 협력 확대
  - 미국 공학연구센타(Engineering Research Center) 및 과학기술센터(Science and Technology Center) 에의 참여
  - 한국과학재단/ 미국립 과학재단(KOSEF/NSF) 간 협력 강화를 통한 Post Doc 연수, 정보교환 및 공동연구 확대
- 초전도 입자 가속기 (SSC) 계획 참여
- 환경, 에너지 및 해양등 공공복지 분야의 공동연구 확대 협의
  - 오존층 파괴 방지, 무공해 에너지 및 심해저 자원탐사 협력 사업확대등

0058

603) 외교부 외교사료관, 2020년 비밀·비공개 해제문서 "미국 하원 과학, 우주, 기술위원회 소속 의원단 방한, 1989-8.6-9", 등록번호 28163. (검색일: 2019년 3월 31일) 본 문서는 외교부 기술협력과에서 작성한 문서(분류번호 724.52)로서 과학기술처가 SDI를 계속해서 추진한다는 내용을 담고 있다. 2020년 3월 31일 비밀·비공개 해제가 된 외교문서공개목록에 포함되어 저자가 외교부 외교사료관에 2020년 8월 18일 직접 방문하여 정보공개청구를 통하여 수집한 문서임을 명시한다. 양혜원, 2021, 『약소동맹국의 연루 회피 원인 분석: 한국의 미사일 방어 정책 연구』, 고려대학교대학원 박사학위논문, p.158에서 재인용.

〈문서 8〉 한국에 대하여 무기 기술 이전을 하지 않는다는 내용의 CIA문서[604)]

DEPARTMENT OF STATE

BRIEFING PAPER

CURRENT ISSUES IN US-ROK SECURITY RELATIONS

The alliance between the US and Korea has been successful in its central aspect: deterring war for more than thirty years, despite a heavily armed and belligerent North Korea. In view of the profound effects war in Korea would have for the stability of Northeast Asia and our broader interests, the maintenance of peace and security on the Peninsula remains our fundamental policy goal, and is one that requires constant attention. We do not anticipate major problems in this area during the President's visit. The President will, however, need to be prepared to respond to several specific Korean interests and concerns:

Response to Provocations: The Rangoon incident reinforced ROKG convictions that they face a constant danger of military or terrorist action by the North, and gave additional impetus to their argument that ROKG and US forces should be prepared to respond quickly and vigorously to any such provocation. The Koreans had previously suggested that a pre-approved retaliation plan should be devised that would allow timely reaction. We said we could not agree to any such plan. In the immediate aftermath of the Rangoon bombing, we stressed to the Koreans, as we had earlier, the need to avoid precipitate or unilateral military action, and that existing ·nsultative and command arrangements should be fully respected and lized. We believe the Koreans understand that unilateral military action would severely strain our relationship, and their performance since Rangoon has reflected admirable restraint. We have tried to strengthen the case for restraint by helping the ROKG reap diplomatic gains from the Rangoon tragedy, as well as by occasional admonitions against unilateral actions.

Security Assistance: We provide Foreign Military Sales credits to Korea to assist ROKG efforts to pursue a force improvement plan designed to narrow the North's military lead. The necessity to operate under Continuing Resolutions, combined with Congressional earmarking of funds and competing priorities elsewhere, have resulted in shortfalls for Korea which are of great concern to the ROKG. We have assured the Koreans that we will continue to do what we can to obtain adequate FMS appropriations, but at the same time have tried to avoid raising their expectations. We have also attempted to de-emphasize the political importance of security assistance in Korean eyes, making the point that FMS levels should not be regarded as an indicator of the strength of the US commitment.

Third Country Sales: The ROKG must have our permission to sell US-licensed military equipment to third countries. It believes we are overly strict in giving this permission and that some ailing ·an defense industries would be saved if we would only adopt a ·e flexible approach. This desire to expand sales has led to some unauthorized sales of US-licensed equipment, in particular to the

SECRET

604) CIA, "Current Issues in US-ROK Security Relations", Document Release Date: November 1, 2010, Approved For Release Januray 18, 2011, Document Number: CIA-RDP85M00363R000200260011-4, 이 문서는 2020년 11월 18일 저자가 CIA Library에서 수집한 문서임을 명시한다. 양혜원, 2021, 『약소동맹국의 연루 회피 원인 분석: 한국의 미사일 방어 정책 연구』, 고려대학교대학원 박사학위논문, pp.159-160에서 재인용.

〈문서 8〉 한국에 대하여 무기 기술 이전을 하지 않는다는 내용의 CIA문서[605]

SECRET

- 2 -

Middle East. We are trying to be forthcoming to Korean requests for mission to expand third country sales, but we cannot do as much the Koreans want. We must factor into Korean sales the impact on the sales of US defense firms, Congressional pressures to keep jobs in the US, and our need to keep a "warm base" for our defense industries. In any event, we will not allow the Koreans to sell US-origin items and technology where we will not sell such items or technology ourselves, and are obliged to take legal action if they do.

Korean Interest in a "Strategic" Relationship: While the US commitment and troop presence is strategically important in the sense that the maintenance of peace on the Peninsula is essential to the security and stability of Northeast Asia, our forces in Korea, and the commitment itself, are directed toward the threat from North Korea, not the broader Soviet military challenge. The Koreans would like to add a more explicit strategic dimension to the relationship, and have indicated they would welcome the deployment of longer-range nuclear forces to Korea (e.g., ground-launched cruise missiles). We have responded to those overtures in a noncommittal way; we do not wish to foreclose the possibility that we might at some point wish to take advantage of such offers, but we would want at that time to weigh carefully the effects upon US-USSR arms reduction talks as well as the potential impact upon our bilateral and regional interests (including the reactions of Japan and the PRC). We believe that an economically strong, politically stable Korea is in itself the best contribution to our East Asian strategic interests.

SECRET

605) CIA, "Current Issues in US-ROK Security Relations", Document Release Date: November 1, 2010, Approved For Release Januray 18, 2011, Document Number: CIA-RDP85M00363R000200260011-4, 이 문서는 2020년 11월 18일 저자가 CIA Library에서 수집한 문서임을 명시한다. 양혜원, 2021, 『약소동맹국의 연루 회피 원인 분석: 한국의 미사일 방어 정책 연구』, 고려대학교대학원 박사학위논문, pp.159-160에서 재인용.

〈문서 9〉 한국에 대한 군사적 지원과 관련한 미국의 존슨 대통령 발언 문서[606)]

Meeting began: 1:04 p.m.
Meeting ended: 1:40 p.m.

~~TOP~~ SECRET

NOTES OF THE PRESIDENT'S
MEETING WITH
THE
JOINT CHIEFS OF STAFF

January 29, 1968
Cabinet Room

The President asked the Joint Chiefs if they were completely in agreement that everything has been done to assure that General Westmoreland can take care of the expected enemy offensive against Khesanh.

General Wheeler and all the Joint Chiefs agreed that everything which had been asked for had been granted and that they were confident that General Westmoreland and the troops there were prepared to cope with any contingency.

General Chapman told Walt Rostow that the special ammunition was in the hands of the troops and fully ready to be used if necessary.

General Wheeler: There have been enemy casualties in the Khesanh area.

The President: Are these figures reasonably accurate?

General Wheeler: We count only the ones we find on the battlefield. There is only a 10 percent margin of error in this count. You must remember that a lot of bodies are lost in swamps and waterways and many of them are hauled off by the enemy.

The President: What are you doing with the other aircraft which are not hitting Hanoi and Haiphong?

General Wheeler: They are striking at the Khesanh area, in Laos and in the other parts of South Vietnam.

The President: If you had your way would you also hit Hanoi and Haiphong?

General Wheeler: Yes, sir.

General Johnson: Yes, we would also like to hit Hanoi and Haiphong, Mr. President. We have the capability of doing that.

~~TOP~~ SECRET

606) CIA, "Notes of the President's Meeting with the Joint Chiefs of Staff-1968.01.29", Document Approved for Release: July 27, 2018, Document Number: 00339612, 이 문서는 2021년 4월 28일 저자가 CIA Library에서 수집한 문서임을 명시한다. 양혜원, 2021, 『약소동맹국의 연루 회피 원인 분석: 한국의 미사일 방어 정책 연구』, 고려대학교대학원 박사학위논문, pp.161-164에서 재인용.

〈문서 9〉 한국에 대한 군사적 지원과 관련한 미국의 존슨 대통령 발언 문서607)

~~TOP~~ SECRET
- 2 -

General Wheeler: In Vietnam we have the capability of flying 1,000 sorties a day. We're using only 500.

The President: What about the charge that we called up the reserve because of Vietnam and not Korea?

Secretary McNamara: That is not true. We do not need the reserves for Vietnam. In fact, I believe we will demobilize the reserves after Korea.

The President: I sure like the way in which you announced the movement of the aircraft. (The aircraft movement announcement was kept secret in terms of numbers and in terms of the units sent.)

General McConnell: 56 land-based aircraft have already arrived in South Korea. There are 68 planes on carriers. This is roughly 125 already available in South Korea. We will move in 30 more tonight. 29 more are in route.

The President: How many aircraft do we need in South Korea to handle the situation?

General McConnell: The North Koreans have 450 planes. We need at least a equivalent number in South Korea.

The President: Well, I want all of you to know that you have had complete freedom on this matter. But you have got to be ready. I think all of you should be prepared to explain why, if the ship captain needed planes and they were not there, why it was. They were not there because it was not prudent from a military standpoint for them to be there.

General Wheeler: That is correct, Mr. President. I have General Brown sorting out all the facts. There are several reasons why no planes were sent. This includes the location of the ship, the time of day, the inclement weather and the fact that there was superior enemy air power in the area.

General McConnell: We had only 24 fighters in Japan. There are 70 enemy fighters that were in the area around Wonsan.

The President: Well, say that. (When asked or when the question is raised about why no aircraft were sent to support the ship.)

~~TOP~~ SECRET

607) CIA, "Notes of the President's Meeting with the Joint Chiefs of Staff-1968.01.29", Document Approved for Release: July 27, 2018, Document Number: 00339612, 이 문서는 2021년 4월 28일 저자가 CIA Library에서 수집한 문서임을 명시한다. 양혜원, 2021, 『약소동맹국의 연루 회피 원인 분석: 한국의 미사일 방어 정책 연구』, 고려대학교대학원 박사학위논문, pp.161-164에서 재인용.

〈문서 9〉 한국에 대한 군사적 지원과 관련한 미국의 존슨 대통령 발언 문서[608]

~~TOP~~ SECRET
- 3 -

The President: How many Navy ships do we have doing intelligence work like this?

Admiral Moorer: About 30.

The President: What about the question, Why didn't we escort this vessel?

Admiral Moorer: It would be a provocative act. We could not accomplish the mission. It would take all the entire Navy to escort them.

The President: I think you should set up an independent board to investigate this whole matter to head off any investigations by the Congress or other groups. Have you checked this Gulf of Tonkin incident theory?

Secretary McNamara: Yes, sir.

The President: I think you should take the orders, explain them, and justify them. I do not have a log of this incident yet which is satisfactory to me. Everybody is looking for a scape goat, and you had better get the facts.

General McConnell: Commander Bucher did not know he was in serious trouble in time to do anything anyway.

The President: Well, say it.

General Wheeler: We would have been in a fine fix if we had sent planes up there. We probably would have been in a war.

The President: You should go upto Congress with all of your guns blazing. Give them the facts before they have time to question you on them. I thought Senator Stennis handled himself very well yesterday. Did anyone talk with him before he went on the air?

General Wheeler: General Brown talked with Senator Stennis.

The President: A senator (Senator Ted Kennedy of Massachusetts) told me he was very worried about our situation in Vietnam. He said that some of our top generals have serious questions about our military strategy in Vietnam. I thought the Westmoreland-Bunker reply was a very good one. Bob (Secretary McNamara), I would go to the Senator and tell him you want to see what the

~~TOP~~ SECRET

Approved for Release: 2018/07/26 C00339612

---

608) CIA, "Notes of the President's Meeting with the Joint Chiefs of Staff-1968.01.29", Document Approved for Release: July 27, 2018, Document Number: 00339612, 이 문서는 2021년 4월 28일 저자가 CIA Library에서 수집한 문서임을 명시한다. 양혜원, 2021, 『약소동맹국의 연루 회피 원인 분석: 한국의 미사일 방어 정책 연구』, 고려대학교대학원 박사학위논문, pp.161-164에서 재인용.

〈문서 9〉 한국에 대한 군사적 지원과 관련한 미국의 존슨 대통령 발언 문서[609]

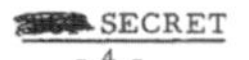
SECRET
- 4 -

various generals said to determine whether or not they were wrong -- or if what we are doing is wrong.

General Wheeler: I told General Westmoreland of this charge plus the one of corruption. I have not seen his response. I have been out there 14 times. General Johnson has been out there several times. General Chapman has been out there several times. General McConnell has been out there several times. Between us, I think we have talked to every general officer in Vietnam. I have not heard one word of criticixm about General Westmoreland's strategy.

The President: Each one of you should write me a memo on the facts and what you have heard. The Senator says the generals think the Bermuda strategy is the one they want. Take this matter up with General Westmoreland, with the Joint Chiefs, and with Senator Russell. Let's get the right answers.

General Johnson: There is some corruption. But there is no disagreement over strategy among our generals.

The President: We cannot have perfection. We have corruption here. General Westmoreland and Ambassador Bunker and all of you are against corruption. You should point out how much corruption and crime we have in places like Houston, Washington, New York City, and Boston.

The President: What can we do if diplomacy fails?

Secretary McNamara: We have ten items put together by State and Defense to suggest for consideration.

The President: What is your guess on the possibilities of the North Koreans turning our men and the ship loose?

Secretary McNamara: The odds are more like 60 - 40 in favor of turning them loose.

The President: I think we should look at what we have learned from this. Let's look at what our intelligence ships are doing and determine if that is what we want them to be doing.

# # #

609) CIA, "Notes of the President's Meeting with the Joint Chiefs of Staff-1968.01.29", Document Approved for Release: July 27, 2018, Document Number: 00339612, 이 문서는 2021년 4월 28일 저자가 CIA Library에서 수집한 문서임을 명시한다. 양혜원, 2021, 『약소동맹국의 연루 회피 원인 분석: 한국의 미사일 방어 정책 연구』, 고려대학교대학원 박사학위논문, pp.161-164에서 재인용.

〈문서 10〉 한국이 원자로를 구입하는 것과 관련한 미국 정부 문서[610)]

TOP SECRET

ZCZCWHE143
OO WTE19
DE WTE 7344 3231637
O 191600Z NOV 74
FM COL KENNEDY //TOHAK23//
TO GENERAL SCOWCROFT
ZEM
T O P S E C R E T CONTAINS CODEWORD DELIVER AT OPENING OF BUSINESS
WH43332

TOHAK23

NOVEMBER 18, 1974

MEMORANDUM FOR: GENERAL SCOWCROFT
FROM: DAVID ELLIOTT
SUBJECT: SALE OF CANADIAN NUCLEAR REACTOR TO SOUTH KOREAN

BACKGROUND

25X1

THE U.S. (WESTINGHOUSE) HAS ONE REACTOR UNDER CONSTRUCTION IN KOREA AND ANOTHER ONE BEING NEGOTIATED. ALTHOUGH NOT AN NPT PARTY, KOREA HAS ACCEPTED IAEA SAFEGUARDS ON U.S. SUPPLIED NUCLEAR FACILITIES, AND HAS INDICATED WILLINGNESS TO DO THE SAME FOR THE CANDU.

OUR AGREEMENT WITH KOREA ON COOPERATION IN THE PEACEFUL USES OF ATOMIC ENERGY (AN AGREEMENT WHICH WE REQUIRE AS A PRECONDITION FOR NUCLEAR TRADE) UNFORTUNATELY HAS THE "PNE LOOPHOLE" WHEREBY DIVERSION ON PLUTONIUM IS FORESWORN FOR NUCLEAR WEAPONS BUT NOT SPECIFICALLY FOR PNE USE. WHILE WE ARE CONSIDERING HOW TO CLOSE THIS LOOPHOLE IN ALL OUR AGREEMENTS, THIS MATTER IS NOT A PRESSING CONCERN VIS-A-VIS KOREA BECAUSE THEY HAVE NO CHEMICAL REPROCESSING PLANT FOR EXTRACTING PLUTONIUM FROM SPENT FUEL, AND THEY ARE VERY UNLIKELY TO HAVE SUCH TECHNOLOGY FOR SOME TIME.

ON-FILE NSC RELEASE INSTRUCTIONS APPLY

END OF PAGE 01

TOP SECRET

610) CIA,"Sale of Canadian Nuclear Reactor to South Korean", Document Publication Date: November 18, 1974, Document Release Date: March 9, 2010, Document Number: LOC-HAK-550-3-30-4, 이 문서는 2021년 4월 28일 저자가 CIA Library에서 수집한 문서임을 명시한다. 양혜원, 2021,『약소동맹국의 연루 회피 원인 분석: 한국의 미사일 방어 정책 연구』, 고려대학교대학원 박사학위논문, pp.165-167에서 재인용.

〈문서 10〉 한국이 원자로를 구입하는 것과 관련한 미국 정부 문서[611]

TOP SECRET

WILL KOREANS RAISE THE QUESTION OF NUCLEAR REACTORS?
IT SEEMS UNLIKELY THAT THE KOREANS WILL BROACH THE REACTOR SUBJECT(1) SINCE CANADA HAS MADE NO FINAL DECISION AND KOREA MAY YET GET THE CANDU THEY ARE SEEKING, AND (2) SINCE WE ARE BUILDING ONE REACTOR AND NEGOTIATING A SECOND IN KOREA, THERE WOULD BE NO REASONS FOR THE KOREANS TO THINK IT NECESSARY TO QUESTION IN HIGH LEVEL DISCUSSIONS THE AVAILABILITY OF MORE.

HOW TO RESPOND IF THEY DO RAISE REACTOR SALES.

WE MAY WANT TO USE FURTHER SALES AS A LEVER TO CLOSE THE PNE LOOPHOLE. THEREFORE, IT WOULD BE REASONALBE TO:

-- ACKNOWELDGE THE NUCLEAR COOPERATION THAT HAS BEEN CARRIED OUT BETWEEN US AND RECOGNIZE THAT THE KOREANS HAVE SELECTED A U.S. REACTOR TO HELP MEET THEIR ELECTRICAL POWER NEEDS,

-- EXPRESS CONFIDENCE THAT FUTURE REQUESTS FOR REACTORS CAN BE WORKED OUT, AND

-- INDICATE, AS WE HAVE OFTEN SAID, THAT THE BENEFITS OF ATOMIC ENERGY SHOULD BE AVAILABLE TO ALL WHO ENFORCE THE CONDITIONS THAT PRECLUDE PROLIFERATION OF NUCLEAR EXPLOSIVES.

DENIS CLIFT AND JACK FROEBE CONCUR.

TAB A

CANADA - SOUTH KOREA

THE CANADIAN GOVERNMENT IS TRYING TO DECIDE WHETHER TO ALLOW THE SALE OF NUCLEAR POWER AND RESEARCH REACTORS TO SOUTH KOREA AND A NUMBER OF OTHER POTENTIAL PURCHASERS. 25X1
A DECISION TO SELL TO SOUTH KOREA IS NOW VERY MUCH IN DOUBT BECAUSE OF GROWING CONCERN IN CANADA THAT PLUTONIUM PRODUCED BY THE RESEARCH REACTORS MIGHT BE DIVERTED TO MILITARY USE.

GOVERNMENT IS GENERALLY CONVINCED OF SEOUL'S HOPE OF DEVELOPING A NUCLEAR WEAPONS CAPABILITY. THIS CONFIRMS AN EARLIER CANADIAN PRESS REPORT WHICH STATED THAT GOVERNMENT SOURCES HAD SUGGESTED CANADA MIGHT DECIDE NOT TO SELL A REACTOR TO SOUTH KOREA EVEN IF ADEQUATE NUCLEAR SAFEGUARDS WERE OBTAINED. SEOUL HAS AGREED TO SIGN A SAFEGUARDS PROTOCOL TO THE REACTOR SALES AGREEMENT 25X1

END OF PAGE 02

TOP SECRET

611) CIA, "Sale of Canadian Nuclear Reactor to South Korean", Document Publication Date: November 18, 1974, Document Release Date: March 9, 2010, Document Number: LOC-HAK-550-3-30-4, 이 문서는 2021년 4월 28일 저자가 CIA Library에서 수집한 문서임을 명시한다. 양혜원, 2021, 『약소동맹국의 연루 회피 원인 분석: 한국의 미사일 방어 정책 연구』, 고려대학교대학원 박사학위논문, pp.165-167에서 재인용.

〈문서 10〉 한국이 원자로를 구입하는 것과 관련한 미국 정부 문서[612)]

TOP SECRET

COVERING NOT ONLY THE CANDU REACTOR ITSELF, BUT ALSO THE PRODUCTS EMANATING FROM IT.

ACCORDING TO THE PRESS REPORT, OTTAWA RECENTLY COMPLETED AN ASSESSMENT OF THE SEOUL REGIME'S POLITICAL STABILITY AND MILITARY ASPIRATIONS AND WHETHER THESE MIGHT LEAD TO A NUCLEAR ARMS PROGRAM IN SOUTH KOREA. THE ARTICLE DID NOT CONTAIN THE CONCLUSIONS OF THE STUDY, BUT INDICATED THAT THEY HAD BEEN GIVEN TO THE CABINET.

THERE HAS BEEN HEAVY COMMERICAL PRESSURE ON OTTAWA TO AGREE TO FOREIGN SALES OF THE CANDU REACTOR BECAUSE CANADA WOULD GAIN ENORMOUSLY. 25X1

, OTTAWA HAS BEEN BESET BY DOUBTS ABOUT ITS REACTOR SALES PROGRAM. RECENTLY, THERE HAS BEEN INCREASING DOMESTIC AND FOREIGN PRESSURE ON OTTAWA TO TAKE A MORE CAUTIOUS APPROACH IN APPROVING REACTOR SALES. 25X1

25X1

0883
7344

NNNN

TOP SECRET

612) CIA,"Sale of Canadian Nuclear Reactor to South Korean", Document Publication Date: November 18, 1974, Document Release Date: March 9, 2010, Document Number: LOC-HAK-550-3-30-4, 이 문서는 2021년 4월 28일 저자가 CIA Library에서 수집한 문서임을 명시한다. 양혜원, 2021, 『약소동맹국의 연루 회피 원인 분석: 한국의 미사일 방어 정책 연구』, 고려대학교대학원 박사학위논문, pp.165-167에서 재인용.

〈문서 11〉 외무부의 포드 대통령 때 상원에서 통과된 핵연료 재처리판매결의안과 관련한 문서613)

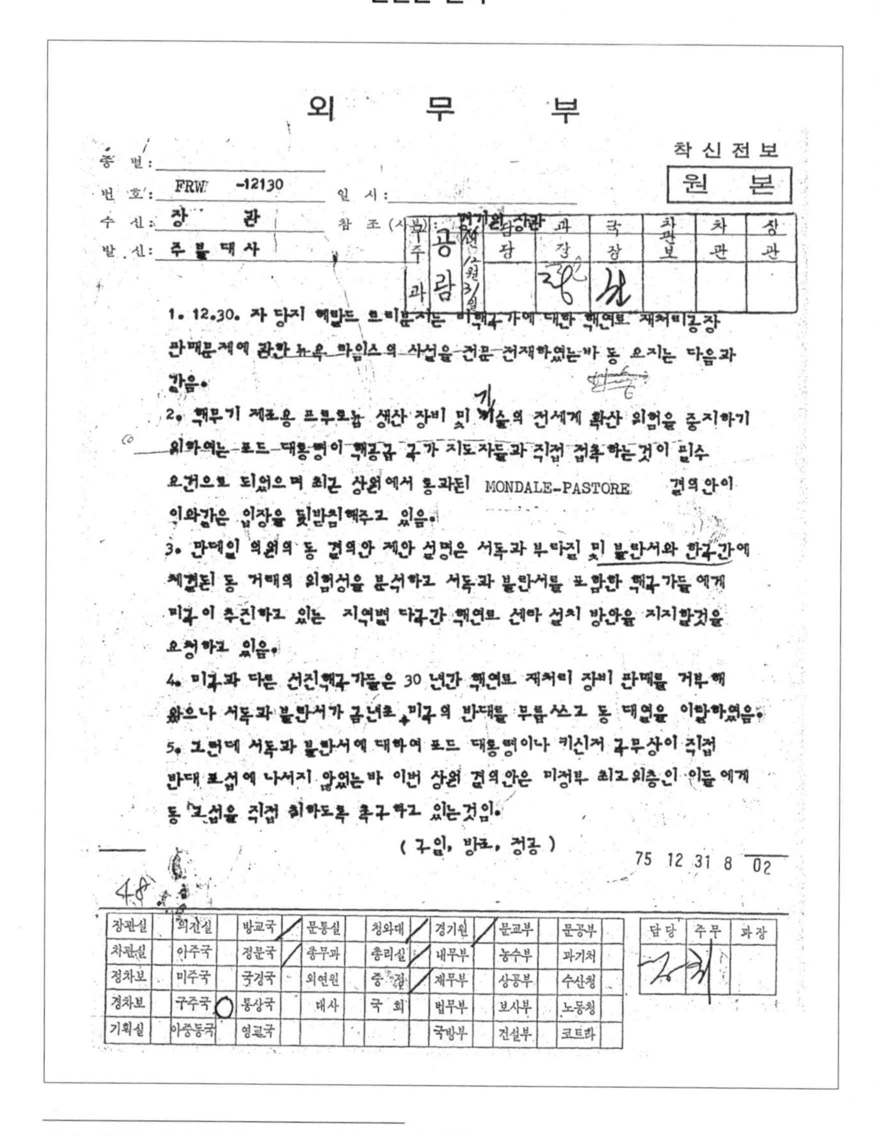

외 무 부

착 신 전 보

원 본

종 별:
번 호: FRW -12130
일 시:
수 신: 장 관
참 조(사본):
발 신: 주 불 대 사

주무과	공람	일자 1월 31일	담당	과장	국장	차관보	차관	장관
				(서명)	(서명)			

1. 12.30. 자 당지 헤랄드 트리뷴지는 비핵국가에 대한 핵연료 재처리공장 판매문제에 관한 뉴욕 타임스의 사설을 전문 전재하였는바 동 요지는 다음과 같음.

2. 핵무기 제조용 프루토늄 생산 장비 및 기술의 전세계 확산 위험을 중지하기 위하여는 포드 대통령이 핵공급 국가 지도자들과 직접 접촉하는것이 필수 요건으로 되었으며 최근 상원에서 통과된 MONDALE-PASTORE 결의안이 이와같은 입장을 뒷받침해주고 있음.

3. 만데일 의원의 동 결의안 제안 설명은 서독과 부라질 및 불란서와 한국간에 체결된 동 거래의 위험성을 분석하고 서독과 불란서를 포함한 핵국가들에게 미국이 추진하고 있는 지역별 다국간 핵연료 센타 설치 방안을 지지할것을 요청하고 있음.

4. 미국과 다른 선진핵국가들은 30 년간 핵연료 재처리 장비 판매를 거부해 왔으나 서독과 불란서가 금년초 미국의 반대를 무릅쓰고 동 대열을 이탈하였음.

5. 그런데 서독과 불란서에 대하여 포드 대통령이나 키신저 국무상이 직접 반대 교섭에 나서지 않았는바 이번 상원 결의안은 미정부 최고 외층인 이들에게 동 교섭을 직접 취하도록 촉구하고 있는것임.

(구일, 방교, 정공)

75 12 31 8 02

장관실	의전실	방교국	문통실	청와대	경기원	문교부	문공부
차관실	아주국	정문국	총무과	총리실	내무부	농수부	과기처
정차보	미주국	국경국	외연원	중 정	재무부	상공부	수산청
경차보	구주국	통상국	대사	국 회	법무부	보사부	노동청
기획실	아중동국	영교국			국방부	건설부	코트라

담당	주무	과장
(서명)	(서명)	

613) 외교부 외교사료관, 2021년 비밀·비공개 해제문서 "프랑스 핵연료 화학 재처리시설 도입문제, 1974-76. 전3권", 등록번호 8722. (검색일: 2021년 3월 31일) 본 문서는 외교부 안보과에서 작성한 문서(분류번호 763.62)로 2021년 3월 31일 비밀·비공개 해제가 된 외교문서공개목록에 포함되어 저자가 외교부 외교사료관에 2021년 4월 21일 직접 방문하여 정보공개청구를 통하여 수집한 문서임을 명시한다. 양혜원, 2021, 『약소동맹국의 연루 회피 원인 분석: 한국의 미사일 방어 정책 연구』, 고려대학교대학원 박사학위논문, p.168에서 재인용.

〈표 4〉 한국의 방위력개선비 예산 및 연구개발비 현황

(단위 : 억원, %)[614]

연도	방위력개선비 예산	연구개발비	연구개발 비율(%)
2006	58,077	10,595	18.2
2007	66,807	12,584	18.8
2008	76,813	14,522	18.9
2009	87,140	16,090	18.5
2010	91,030	17,945	19.7
2011	96,935	20,164	20.8
2012	98,938	23,210	23.5
2013	101,749	24,471	24.1
2014	105,097	23,345	22.2
2015	110,140	24,355	22.1
2016	116,824	25,571	21.9
2017	121,970	27,838	22.8
2018	135,203	29,017	21.5
2019	153,733	32,285	21.0
2020	166,804	39,191	23.5
2021	169,964	43,314	25.5

〈표 5〉 1950년부터 2020년까지 북한의 미사일 도발[615]

구 분	발사횟수(회)	미사일 종류(종)	미사일 한국 명칭/북한 명칭	발수
1950-1983년	-	-	발사 미실시	-
1984년	2	1 (3발)	스커드B/화성 5호	3
1985년	1	1 (1발)	스커드B/화성 5호	1
1986년	3	1 (3발)	스커드B/화성 5호	3
1987-1989년	-	-	발사 미실시	-
1990년	1	1 (1발)	노동/화성 7호	1
1991년	3	1 (7발)	스커드C/화성 6호	7
1992년	-	-	발사 미실시	-

614) 방위사업청 정보공개 청구자료, 2020년 8월 26일 접수번호: 7046922, 2020년은 방위사업청, "2020년 방위력 개선사업 예산편성 현황", http://www.dapa.go.kr/dapa/na/ntt/selectNttInfo.do?nttSn=33538&bbsId=331&menuId=354 양혜원, 2021, 『약소동맹국의 연루 회피 원인 분석: 한국의 미사일 방어 정책 연구』, 고려대학교대학원 박사학위논문, p.169에서 재인용.
2020년과 2021년은 방위사업청 정보공개청구자료, 2022년 8월 20일, 접수번호: 9729125를 종합하여 저자가 작성함.

615) 국방부 정보공개청구자료 2020년 10월 13일 접수번호: 7158864. 양혜원, 2021, 『약소동맹국의 연루 회피 원인 분석: 한국의 미사일 방어 정책 연구』, 고려대학교대학원 박사학위논문, pp.169-171에서 재인용.

〈표 5〉 1950년부터 2020년까지 북한의 미사일 도발[616]

구 분	발사횟수(회)	미사일 종류(종)	미사일 한국 명칭/북한 명칭	발수
1993년	2	3 (4발)	노동/화성 7호	1
			스커드B(화성5호)/C(화성6호)	1/2
1994-1997년	-	-	발사 미실시	-
1998년	1	1 (1발)	대포동 1호/백두산	1
1999-2005년	-	-	발사 미실시	-
2006년	3	3 (7발)	대포동 2호/은하 2호	1
			노동/화성 7호	2
			스커드C/화성 6호	4
2007-2008년	-	-	발사 미실시	-
2009년	3	3 (8발)	대포동 2호/은하 2호	1
			노동/화성 7호	2
			스커드C/화성 6호	5
2010-2011년	-	-	발사 미실시	-
2012년	2	1 (2발)	대포동 2호/은하 3호	2
2013년	-	-	발사 미실시	-
2014년	7	2 (13발)	스커드C/화성 6호	11
			노동/화성 7호	2
2015년	1	1 (2발)	스커드C/화성 6호	2
2016년	15	6 (24발)	SLBM/북극성	3
			노동/화성 7호	6
			대포동 2호/광명성	1
			무수단/화성 10호	8
			스커드C/화성 6호	3
			스커드ER/화성 9호	3
2017년	15	9 (20발)	SCUD 계열 개량형/미상	1
			단거리 탄도 미사일/미상	3
			불상1	1
			불상2	3
			스커드ER/화성 9호	4
			신형 ICBM급/화성 14형	2
			신형 ICBM급/화성 15형	1
			신형 고체추진/북극성-2형	2
			신형 중거리/화성-12형	3
2018년	-	-	발사미실시	-

616) 국방부 정보공개청구자료 2020년 10월 13일 접수번호: 7158864. 양혜원, 2021, 『약소동맹국의 연루 회피 원인 분석: 한국의 미사일 방어 정책 연구』, 고려대학교대학원 박사학위논문, pp.169-171에서 재인용.

〈표 5〉 1950년부터 2020년까지 북한의 미사일 도발[617)]

구 분	발사횟수(회)	미사일 종류(종)	미사일 한국 명칭/북한 명칭	발수
2019년	13	7 (25발)	SRBM(궤도형)/신형 전술유도무기	2
			SRBM(차륜형)/신형 전술유도무기	6
			SRBM/신형대구경조종방사포	2
			미상SRBM/신형대구경조종방사포	2
			SRBM/새무기	4
			SRBM(차륜형)/초대형방사포	8
			SLBM/북극성 3형	1
2020년	4	4 (8발)	SRBM/전술유도무기	2
			SRBM(궤도형)/초대형방사포	2
			SRBM(차륜형)/방사탄, 전선장거리포	4
2021년	4	4(6발)	SRBM/신형 전술유도탄	2
			SRBM/철도기동 미사일	2
			단거리 미사일/(북 주장) 극초음속 미사일	1
			SLBM/잠수함발사 탄도탄	1

617) 국방부 정보공개청구자료 2020년 10월 13일 접수번호: 7158864, 양혜원, 2021, 『약소동맹국의 연루 회피 원인 분석: 한국의 미사일 방어 정책 연구』, 고려대학교대학원 박사학위논문, pp.169-171에서 재인용. 2021년은 국방부 정보공개청구자료, 2022년 2월 24일 접수번호: 8933501를 종합하여 저자가 작성함.

〈표 6〉 한국의 연도별 국방비[618]

연도	국방비(억원)		GDP대비 국방비(%)		정부재정대비 국방비(%)		국방비 증가율(%)	
	본예산	추경예산	본예산	추경예산	본예산	추경예산	본예산	추경예산
1991	7조4,524	7조4,764	3.07	3.08	27.4	23.8	12.3	12.6
1992	8조4,100	8조4,100	3.03	3.03	25.1	25.1	12.8	12.5
1993	9조2,154	9조2,154	2.92	2.92	24.2	24.2	9.6	9.6
1994	10조0,753	10조0,753	2.70	2.70	23.3	23.3	9.3	9.3
1995	11조0,744	11조0,744	2.53	2.53	21.3	21.3	9.9	9.9
1996	12조2,434	12조2,434	2.49	2.49	21.1	20.8	10.6	10.6
1997	13조7,865	13조7,865	2.54	2.54	2.4	20.7	12.6	12.6
1998	14조6,275	13조8,000	2.72	2.57	20.8	18.3	6.1	0.1
1999	13조7,490	13조7,490	2.32	2.32	17.2	16.4	6.0	0.4
2000	14조4,390	14조4,774	2.22	2.22	16.7	16.3	5.0	5.3
2001	15조3,884	15조3,884	2.18	2.18	16.3	15.5	6.6	6.3
2002	16조3,640	16조3,640	2.09	2.09	15.5	14.9	6.3	6.3
2003	17조4,264	17조5,148	2.08	2.09	15.6	14.8	6.5	7.0
2004	18조9,412	18조9,412	2.09	2.09	16.0	15.8	8.7	8.1
2005	20조8,226	21조1,026	2.17	2.20	15.5	15.6	9.9	11.4
2006	22조5,129	22조5,129	2.24	2.24	15.5	15.3	8.1	6.7
2007	24조4,972	24조4,972	2.25	2.25	15.7	15.7	8.8	8.8
2008	26조6,490	26조6,490	2.31	2.31	15.2	14.8	8.8	8.8
2009	28조5,326	28조9,803	2.37	2.40	14.5	14.2	7.1	8.7
2010	29조5,627	29조5,627	2.24	2.24	14.7	14.7	3.6	2.0
2011	31조4,031	31조4,031	2.26	2.26	15.0	15.0	6.2	6.2
2012	32조9,576	32조9,576	2.29	2.29	14.8	14.8	5.0	5.0
2013	34조3,453	34조4,970	2.29	2.30	14.5	14.3	4.2	4.7
2014	35조7,056	35조7,056	2.28	2.28	14.4	14.4	4.0	3.5
2015	37조4,560	37조5,550	2.26	2.27	14.5	14.3	4.9	5.2
2016	38조7,995	38조8,421	2.23	2.23	14.5	13.9	3.6	3.4
2017	40조3,347	40조3,347	2.20	2.20	14.7	14.2	4.0	3.8
2018	43조1,581	43조1,581	2.27	2.27	14.3	14.2	7.0	7.0
2019	46조6,971	46조6,971	2.43	2.43	14.1	14.0	8.2	8.2
2020	50조1,527	48조3,782	2.62	2.52	14.1	12.4	7.4	3.6
2021	52조8,401	52조2,772	2.56	2.53	13.9	12.3	5.4	8.1

618) 국방부, 『2020 국방백서』, (국방부, 2020), p.289, 양혜원, 2021, 『약소동맹국의 연루 회피 원인 분석: 한국의 미사일 방어 정책 연구』, 고려대학교대학원 박사학위논문, p.172에서 재인용. 2021년은 국방부 정보공개청구자료, 2022년 8월 20일 접수번호: 9729128를 종합하여 저자가 작성함.

〈표 7〉 한미 방위비[619]

연도	금액	국방비 대비 비중	증감율
1991년	1.5억 달러	1.1%	-
1992년	1.8억 달러	1.6%	20.0%
1993년	2.2억 달러	1.8%	22.2%
1994년	2.6억 달러	2.1%	18.2%
1995년	3.0억 달러	2.2%	15.4%
1996년	3.3억 달러	1.8%	10.0%
1997년	3.63억 달러	2.1%	10.0%
1998년	2,456억원+1.35억 달러	2.6%	-13.5%
1999년	2,575억원+1.41억 달러	2.9%	6.1%
2000년	2,825억원+1.55억 달러	2.9%	17.1%
2001년	3,045억원+1.67억 달러	3.2%	13.8%
2002년	5,368억원+0.59억 달러	3.5%	6.3%
2003년	5,910억원+0.65억 달러	3.7%	18.0%
2004년	6,601억원+0.72억 달러	3.7%	11.7%
2005년	6,804억원	3.3%	-8.9%
2006년	6,804억원	3.0%	0.0%
2007년	7,255억원	3.0%	6.6%
2008년	7,415억원	2.7%	2.2%
2009년	7,600억원	2.6%	2.5%
2010년	7,904억원	2.7%	4.0%
2011년	8,125억원	2.6%	2.8%
2012년	8,361억원	2.5%	2.9%
2013년	8,695억원	2.5%	4.0%
2014년	9,200억원	2.6%	5.8%
2015년	9,320억원	2.5%	1.3%
2016년	9,441억원	2.4%	1.3%
2017년	9,507억원	2.4%	0.7%
2018년	9,602억원	2.2%	1.0%
2019년	10,389억원	2.2%	8.2%
2020년	10,389억원	2.1%	0.0%
2021년	11,833억원	2.2%	13.9%

619) 한미 방위비분담 제도는 1991년부터 시작되었다. 1991년부터 1997년까지는 달러로 지급하였다. 환율에 따라서 지급 금액이 변화하게 되면 예산이 달라지는 것을 고려하여 1998년부터 2004년까지는 달러와 원화로 지급하였으며 2005년부터 원화로 지급하였다. 국방부 정보공개청구자료, 2020년 9월 28일 접수번호: 7129560, 양혜원, 2021, 『약소동맹국의 연루 회피 원인 분석: 한국의 미사일 방어 정책 연구』, 고려대학교대학원 박사학위논문, p.173에서 재인용. 2020년과 2021년은 국방부 정보공개청구자료, 2022년 8월 20일 접수번호: 9729129를 종합하여 저자가 작성함.

〈표 8〉 한국의 무역액수와 무역의존도[620]

(단위: 억불, %)

연도	명목GDP	무역액 (억불)	무역의존도(%)
1953년	13.48	-	-
1954년	14.54	-	-
1955년	13.92	-	-
1956년	14.50	4.1	28.3
1957년	16.77	4.6	27.7
1958년	19.01	3.9	20.8
1959년	19.78	3.2	16.4
1960년	19.87	3.8	18.9
1961년	21.57	3.6	16.6
1962년	23.82	4.8	20.0
1963년	28.03	6.5	23.1
1964년	29.70	5.2	17.6
1965년	31.02	6.4	20.6
1966년	37.74	9.7	25.6
1967년	43.82	13.2	30.0
1968년	53.52	19.2	35.8
1969년	68.01	24.5	36.0
1970년	81.60	28.2	34.5
1971년	95.40	34.6	36.3
1972년	108.60	41.5	38.2
1973년	138.80	74.7	53.8
1974년	195.40	113.1	57.9
1975년	217.80	123.6	56.7
1976년	299.00	164.9	55.1
1977년	384.50	208.6	54.2
1978년	539.50	276.8	51.3
1979년	646.80	353.9	54.7
1980년	653.50	398.0	60.9
1981년	729.10	473.9	65.0
1982년	783.20	461.0	58.9
1983년	877.20	506.4	57.7
1984년	975.00	598.8	61.4
1985년	1,012.40	614.2	60.7

620) 산업통상자원부 정보공개청구자료, 2020년 10월 21일 접수번호: 7181587, 양혜원, 2021, 『약소동맹국의 연루 회피 원인 분석: 한국의 미사일 방어 정책 연구』, 고려대학교대학원 박사학위논문, pp.174-175에서 재인용. 2020년과 2021년은 산업통상자원부 정보공개청구자료, 2022년 8월 20일 접수번호: 9729130를 종합하여 저자가 작성함.

연도	명목GDP	무역액 (억불)	무역의존도(%)
1986년	1,168.50	663.0	56.7
1987년	1,479.80	883.0	59.7
1988년	1,998.40	1125.1	56.3
1989년	2,469.60	1238.4	50.1
1990년	2,832.80	1348.6	47.6
1991년	3,305.40	1533.9	46.4
1992년	3,554.40	1584.1	44.6
1993년	3,926.40	1660.4	42.3
1994년	4,635.20	1983.6	42.8
1995년	5,667.50	2601.8	45.9
1996년	6,099.20	2800.5	45.9
1997년	5,698.60	2807.8	49.3
1998년	3,840.30	2255.9	58.7
1999년	4,972.40	2634.4	53.0
2000년	5,763.60	3327.5	57.7
2001년	5,477.30	2915.4	53.2
2002년	6,271.70	3146.0	50.2
2003년	7,025.50	3726.4	53.0
2004년	7,936.30	4783.1	60.3
2005년	9,347.20	5456.6	58.4
2006년	10,524.20	6348.5	60.3
2007년	11,726.90	7283.3	62.1
2008년	10,468.20	8572.8	81.9
2009년	9,443.30	6866.2	72.7
2010년	11,438.70	8916.0	77.9
2011년	12,534.30	10796.3	86.1
2012년	12,779.60	10674.5	83.5
2013년	13,705.60	10752.2	78.5
2014년	14,839.50	10981.8	74.0
2015년	14,653.40	9632.6	65.7
2016년	15,000.30	9016.2	60.1
2017년	16,233.10	10521.7	64.8
2018년	17,208.90	11400.6	66.2
2019년	16,419.70	10455.8	63.7
2020년	16,378.88	9,801.3	59.8
2021년	17,978.10	12,594.9	70.1

〈표 9〉 한국과 미국의 연도별 무역 수출액수와 수입액수[621]

(단위: 달러)

연도	수출액	수입액
1980년	4,606,625,414	4,890,247,545
1981년	5,560,861,470	6,050,198,944
1982년	6,118,643,824	5,955,810,935
1983년	8,127,850,182	6,274,430,842
1984년	10,478,796,301	6,875,474,791
1985년	10,754,100,281	6,489,321,939
1986년	13,879,958,031	6,544,708,145
1987년	18,310,792,292	8,758,219,111
1988년	21,404,086,956	12,756,657,831
1989년	20,638,993,198	15,910,683,349
1990년	19,359,996,554	16,942,471,848
1991년	18,559,255,838	18,894,367,804
1992년	18,090,047,815	18,287,268,253
1993년	18,137,639,603	17,928,187,737
1994년	20,552,796,053	21,578,786,641
1995년	24,131,473,504	30,403,515,184
1996년	21,670,464,688	33,305,378,793
1997년	21,625,431,768	30,122,178,215
1998년	22,805,106,108	20,403,276,346
1999년	29,474,652,517	24,922,344,101
2000년	37,610,630,128	29,241,628,233
2001년	31,210,795,079	22,376,225,624
2002년	32,780,188,163	23,008,634,858
2003년	34,219,401,522	24,814,133,550
2004년	42,849,192,990	28,782,651,913
2005년	41,342,584,390	30,585,937,713
2006년	43,183,502,182	33,654,171,078
2007년	45,766,102,490	37,219,300,748

621) 산업통상자원부 정보공개청구자료, 2020년 9월 28일 접수번호: 7129806, 2020년 금액은 산업통상자원부 정보공개청구자료 2021년 4월 6일 접수번호: 7681602, 양혜원, 2021, 『약소동맹국의 연루 회피 원인 분석: 한국의 미사일 방어 정책 연구』, 고려대학교대학원 박사학위논문, p.176에서 재인용. 2021년 금액은 산업통상자원부 정보공개청구자료, 2022년 8월 20일 접수번호: 9729134를 종합하여 저자가 작성함.

연도	수출액	수입액
2008년	46,376,610,204	38,364,782,979
2009년	37,649,853,540	29,039,450,575
2010년	49,816,057,960	40,402,691,251
2011년	56,207,702,746	44,569,029,258
2012년	58,524,558,552	43,340,961,538
2013년	62,052,487,604	41,511,915,536
2014년	70,284,871,834	45,283,253,958
2015년	69,832,102,801	44,024,430,495
2016년	66,462,311,986	43,215,929,458
2017년	68,609,727,587	50,749,363,256
2018년	72,719,932,190	58,868,312,786
2019년	73,343,897,709	61,878,564,041
2020년	74,115,819,072	57,492,177,520
2021년	95,901,955,467	73,213,413,530

〈표 10〉 한국과 중국의 연도별 무역 수출액수와 수입액수[622)]

(단위: 달러)

연도	수출액	수입액
1980년	15,420,976	25,578,097
1981년	4,634,024	69,987,148
1982년	6,322,823	91,476,988
1983년	4,839,849	69,344,772
1984년	16,943,277	205,160,276
1985년	40,330,420	478,401,319
1986년	123,478,000	620,768,000
1987년	211,024,000	865,972,000
1988년	372,249,901	1,386,692,867
1989년	437,354,514	1,704,540,020
1990년	584,854,077	2,268,136,999

622) 산업통상자원부 정보공개청구자료, 2020년 9월 28일 접수번호: 7129805, 2020년 금액은 산업통상자원부 정보공개청구자료 2021년 4월 6일 접수번호: 7681602, 양혜원, 2021, 『약소동맹국의 연루 회피 원인 분석: 한국의 미사일 방어 정책 연구』, 고려대학교대학원 박사학위논문, p.177에서 재인용. 2021년 금액은 산업통상자원부 정보공개청구자료 2022년 8월 20일 접수번호: 9729135를 종합하여 저자가 작성함.

연도	수출액	수입액
1991년	1,002,511,084	3,440,548,177
1992년	2,653,638,611	3,724,941,119
1993년	5,150,992,074	3,928,740,871
1994년	6,202,985,664	5,462,849,186
1995년	9,143,587,605	7,401,196,380
1996년	11,377,068,035	8,538,568,223
1997년	13,572,463,052	10,116,860,682
1998년	11,943,990,428	6,483,957,641
1999년	13,684,599,051	8,866,666,765
2000년	18,454,539,579	12,798,727,524
2001년	18,190,189,650	13,302,675,219
2002년	23,753,585,754	17,399,778,956
2003년	35,109,715,081	21,909,126,952
2004년	49,763,175,463	29,584,874,228
2005년	61,914,983,215	38,648,243,034
2006년	69,459,178,307	48,556,674,714
2007년	81,985,182,722	63,027,801,864
2008년	91,388,900,017	76,930,271,672
2009년	86,703,245,378	54,246,055,965
2010년	116,837,833,403	71,573,602,715
2011년	134,185,008,602	86,432,237,597
2012년	134,322,564,069	80,784,595,101
2013년	145,869,498,273	83,052,876,998
2014년	145,287,701,213	90,082,225,612
2015년	137,123,933,893	90,250,274,911
2016년	124,432,941,239	86,980,135,218
2017년	142,119,999,703	97,860,113,991
2018년	162,125,055,391	106,488,591,796
2019년	136,202,533,208	107,228,736,443
2020년	132,565,444,734	108,884,644,649
2021년	162,912,974,204	138,628,126,820

〈표 11〉 한국과 러시아의 연도별 무역 수출액수와 수입액수[623]

(단위: 달러)

연도	수출액	수입액
1980년	공산 국가 수교 전 데이터 없음	공산 국가 수교 전 데이터 없음
1981년		
1982년		
1983년		
1984년		
1985년		
1986년		
1987년		
1988년		
1989년		
1990년		
1991년		
1992년	118,084,413	74,830,268
1993년	601,170,632	974,820,726
1994년	961,911,404	1,229,651,914
1995년	1,415,880,835	1,892,880,473
1996년	1,967,534,151	1,810,266,177
1997년	1,767,932,272	1,534,782,689
1998년	1,113,845,688	998,578,756
1999년	637,052,388	1,590,468,736
2000년	788,126,805	2,058,264,771
2001년	938,161,256	1,929,476,202
2002년	1,065,875,280	2,217,604,028
2003년	1,659,118,778	2,521,780,033
2004년	2,339,328,688	3,671,455,075
2005년	3,864,169,912	3,936,622,965
2006년	5,179,247,907	4,572,967,271
2007년	8,087,745,681	6,977,477,024

623) 산업통상자원부 정보공개청구자료, 2020년 9월 28일 접수번호: 7129855, 2020년 금액은 산업통상자원부 정보공개청구자료 2021년 4월 6일 접수번호: 7681602, 양혜원, 2021, 『약소동맹국의 연루 회피 원인 분석: 한국의 미사일 방어 정책 연구』, 고려대학교대학원 박사학위 논문, p.178에서 재인용. 2021년 금액은 산업통상자원부 정보공개청구자료 2022년 8월 20일, 접수번호: 9729163를 종합하여 저자가 작성함.

연도	수출액	수입액
2008년	9,747,956,810	8,340,060,086
2009년	4,194,066,397	5,788,759,295
2010년	7,759,836,034	9,899,456,279
2011년	10,304,879,941	10,852,170,996
2012년	11,097,138,316	11,354,318,179
2013년	11,149,103,326	11,495,499,781
2014년	10,129,248,587	15,669,238,248
2015년	4,685,732,130	11,308,287,055
2016년	4,768,750,644	8,640,612,542
2017년	6,906,617,768	12,039,530,201
2018년	7,320,898,767	17,504,050,019
2019년	7,774,132,900	14,566,506,642
2020년	6,899,967,875	10,630,194,304
2021년	9,979,538,768	17,356,692,387

〈표 12〉 한국과 일본의 연도별 무역 수출액수와 수입액수[624]

(단위: 달러)

연도	수출액	수입액
1980년	3,039,408,180	5,857,809,875
1981년	3,444,126,303	6,373,863,613
1982년	3,314,444,372	5,305,195,137
1983년	3,357,529,617	6,238,406,540
1984년	4,602,187,269	7,640,062,649
1985년	4,543,434,248	7,560,389,036
1986년	5,425,745,776	10,869,306,293
1987년	8,436,756,995	13,656,626,313
1988년	12,004,069,159	15,928,765,850
1989년	13,456,796,536	17,448,627,400
1990년	12,637,878,779	18,573,850,619

624) 산업통상자원부 정보공개청구자료, 2020년 9월 28일 접수번호: 7129810. 2020년 금액은 산업통상자원부 정보공개청구자료, 2021년 4월 6일 접수번호: 7681602. 양혜원, 2021, 『약소동맹국의 연루 회피 원인 분석: 한국의 미사일 방어 정책 연구』, 고려대학교대학원 박사학위논문, p.179에서 재인용. 2021년 금액은 산업통상자원부 정보공개청구자료, 2022년 8월 20일, 접수번호: 9729166를 종합하여 저자가 작성함.

연도	수출액	수입액
1991년	12,355,838,806	21,120,216,396
1992년	11,599,453,723	19,457,650,037
1993년	11,564,417,821	20,015,519,413
1994년	13,522,859,950	25,389,987,910
1995년	17,048,871,430	32,606,368,458
1996년	15,766,826,860	31,448,636,443
1997년	14,771,155,093	27,907,108,482
1998년	12,237,586,592	16,840,408,760
1999년	15,862,447,622	24,141,990,314
2000년	20,466,015,819	31,827,943,271
2001년	16,505,766,255	26,633,371,571
2002년	15,143,182,887	29,856,227,863
2003년	17,276,136,961	36,313,090,563
2004년	21,701,336,545	46,144,463,357
2005년	24,027,437,900	48,403,182,915
2006년	26,534,015,090	51,926,291,598
2007년	26,370,190,609	56,250,126,222
2008년	28,252,470,543	60,956,391,217
2009년	21,770,838,702	49,427,514,694
2010년	28,176,281,179	64,296,116,589
2011년	39,679,706,291	68,320,170,434
2012년	38,796,056,941	64,363,079,739
2013년	34,662,290,114	60,029,354,621
2014년	32,183,787,734	53,768,312,508
2015년	25,576,507,270	45,853,834,001
2016년	24,355,036,459	47,466,591,630
2017년	26,816,141,127	55,124,725,455
2018년	30,528,580,364	54,603,749,332
2019년	28,420,213,404	47,580,852,927
2020년	25,097,651,240	46,023,035,531
2021년	30,061,806,484	54,642,165,069

〈표 13〉 한국의 미사일 방어 관련 일지[625)]

날짜	내용
1983년 3월 23일	레이건 정부, SDI를 추진한다고 발표
1984년 1월	미 국방성 소속에 SDI본부 발족
1984년	미국 패트리어트 개발 전개
1985년 3월	미국 NATO회의에서 동맹국들이 SDI에 참여하면 좋겠다는 발언
1985년 3월 27일	미국 와인버거 국방부 장관이 서한을 보내 한국이 SDI에 참여하여 줄 것을 요청
1985년 6월 18일	미국 국무성 한국에 SDI 브리핑팀 파견
1985년 12월	미국과 영국 SDI 쌍무협정 체결
1986년	미국 PAC-1 최초성능시험실시, 소프트웨어 개발
1986년 3월	서독이 미국의 SDI참여 결정내림
1986년 5월	이스라엘이 미국의 SDI참여 결정내림
1986년 7월 29일	미국 레이건 대통령 군축담당 특별보좌관인 라우니 대사가 방한하여 SDI를 설명하고 참여를 촉구
1986년 9월	이탈리아가 미국의 SDI참여 결정내림
1986년 12월 27일	국방부가 전두환 대통령에게 SDI 참여문제에 관한 대통령 각하 지시사항에 대하여 보고서 제출
1987년 3월 29일-1987년 4월 11일	한국의 SDI 조사단 제1차 미국에 출장다녀옴
1987년	미국 PAC-1의 탄두격파능력을 향상시킨 PAC-2미사일 성능실험
1987년 7월	일본이 미국의 SDI참여 결정내림
1987년 11월 1일-1987년 11월 15일	한국의 SDI 조사단 제2차 미국에 출장다녀옴
1988년 1월 12일	전두환 정부, 총리주재로 유관부처 장관회의 개최
1988년 1월 29일	전두환 정부, SDI참여를 상부재가결정하여 SDI에 공식참여 결정내림
1988년 2월 5일	아국의 SDI참여라는 대외비 문서 기안
1988년 2월 8일	아국의 SDI참여라는 대외비 문서 문서통제 비밀문서로 승인됨 , 대미통보를 국방부 장관 명의의 서한을 보내 조기 실시하고 대외공표는 1988년 서울올림픽 이후에 한미양국이 동시발표하기로 함
1988년 5월 8일-	노태우 정부, 한미방산회의에서 기술교류가 안보와 방위산업발전에 기여

625) SDI, GPALS, TMD, NMD, MD로 변화하는 시기에 작성된 국가기록원, 외교부 외교사료관, 비밀비공개 해제 문서, 정보공개청구, 인터뷰 내용을 종합하여 저자가 작성함. 양혜원, 2021, 『약소동맹국의 연루 회피 원인 분석: 한국의 미사일 방어 정책 연구』, 고려대학교대학원 박사학위논문, pp.180-191에서 재인용.

날짜	내용
1988년 5월 10일	한다며 한 헨리 마일리 예비역 대장에 보국훈장 통일장 수여
1988년 8월 12일	미 칼루치 국방부 장관이 박동진 주미대사에 훈장 수여
1989년	미국 PAC-1개발
1989년 6월	부시 정부, SDI개발 지속 선언
1989년 8월 6일- 1989년 8월 9일	미국 하원의 과학 우주 기술위원회 소속 의원단 방한 당시 과학기술처가 작성한 한미과학기술협력 추진방향 문서에 미국의 SDI연구사업에 참여한다는 내용 포함됨
1989년 이후	과학기술처에서 미국의 SDI 개발에 참여한 이준구 육군예비역 중장이 1988년 서울올림픽에 서울이 참여하는 문제로 노태우 정부가 SDI참여입장을 내지 않다가 1989년 상이한 부서라는 이유로 참여를 중단하였다고 증언
1991년	미국 의회조사보고서, 한미동맹을 유지하는 것이미국의 국익에 도움이 된다고 발표
1991년	미국 미사일 방어법(MDA)개정
1991년 1월 29일	부시 정부, GPALS을 추진한다고 발표
1991년 1월 30일	미 국방부, GPALS 계획 발표
1991년	미국 PAC-2개발
1992년	ERINT 미사일 실험 2회 성공
1992년 2월 12일	미국 국방부, GPALS계획 발표
1992년 5월	미국 SDI가 냉전이 붕괴되면서 실효성이 떨어져서 GPALS을 구축하는데 한국이 참여하여달라고 요청 미국, 한국에 패트리어트 제조기술, 미사일 발사 탐지 감응장치 등 노하우 전수 대신에 50대 50의 지분 참여를 요청
1992년 5월 28일	미국의 GPALS기획단이 방한하여 한국에 GPALS참여요청 (월폴 국무부 정치군사국 부차관보 단장, 그레이엄스 국방성 국제안보국 부차관보 등 8명 외교부 방문하여 참여 요청함)
1993년 5월	클린턴 정부, TMD와 NMD를 합쳐서 BMD를 추진한다고 발표
1993년	미국과 일본 전구미사일 방어 실무협의단 구성하여 공동연구 추진
1993년 5월 13일	레스 아스핀 국방부 장관, SDI를 공식적으로 폐기한다고 발언, 전략방어계획기구(SDIO)를 탄도미사일 방어기구(BMDO)로 개편
1993년	B-2스텔스 전략폭격기 실전배치
1993년	김영삼 정부에서 1993년 2월부터 대통령비서실 외교안보수석으로 일하고 1996년 2월부터 1998년 4월까지 제3대 주중대사를 지낸 정종욱 외교안보수석비서관, 북한이 영변5MWe원자로 일방적 추출과 서울불바다 발언이 패트리어트 도입을 추진하는데 영향을 주었고 당시 북핵문제를 평화적 해결하는 것이 주된 고려사항이고 TMD와 연계는 부차적 고려사항이었다고 증언

날짜	내용
1993년 6월	ERINT 미사일 요격 비행시험 실패
1993년 9월	클린턴 정부, TMD에 보다 우선순위를 둔다는 전면 검토 계획 발표
1993년 11월	ERINT 미사일 2차 요격실험 성공
1994년 2월	ERINT 미사일 3차 요격실험 성공
1994년 2월 7일	한승주 외무장관, 국정보고에서 패트리어트가 순수 방어무기로서 게리 럭 주한미군사령관의 건의에 따라 배치 긍정적 검토 발언
1994년 2월	미국 육군 패트리어트 개량형 미사일 대신 ERINT 미사일을 PAC-3형으로 선정한다고 발표
1994년 3월 19일	북한 대표 서울불바다 선언 협박 발언
1994년 3월 22일	김영삼 대통령, 클린턴 대통령과 패트리어트를 주한미군에 배치하는 것에 합의하였다고 발표
1994년 4월 18일	주한미군 패트리어트 1차 선적분이 부산에 도착
1994년 5월 4일-1994년 6월 8일	북한이 IAEA의 입회없이 영변 원자로의 연료봉 추출하여 1994년 6월 8일 연료봉 제거완료함, 연료봉 분석시 플루토늄을 얼마나 추출하였는지 분석하기 위하여 인출하지 말라는 국제사회 요구에 따르지 않고 증거를 인멸하자 북한 문제 논의 가속화됨
1994년 5월 18일	미국 펜타곤 군사회의에서 북한에 대하여 선제타격을 포함한 구체적 군사행동 논의
1994년 5월 19일	미국 펜타곤 군사회의 내용 백악관에 보고, 고위 외교자문단 회의열림
1994년 5월 20일	미국 정부, 외교적 교섭으로 북핵문제를 해결하는 데 가닥을 잡음
1995년 6월 14일	공화당 강경파 의원이 1996년도 국방예산 수권법안 제출한 것을 미국 하원에서 가결시킴
1995년 8월 3일	미국 상원에서 국방예산 수권법안 가결됨
1995년	김대중 정부, 한미 미사일 지침 개정 논의 시작
1995년	미국 사드 제1차 요격실험(4차 미사일발사)
1996년	미국 PAC-2개량형 GEM공개
1996년 3월	미국 사드 요격실험(5차 미사일발사)
1996년 7월	미국 사드 요격실험(6차 미사일발사)
1997년 1월 24일	SM-2 BlockⅥ미사일 발사실험 성공
1997년 3월 6일	미국 사드 요격실험(7차 미사일발사)
1997년	미국 탄도미사일 위협 평가위원회 구성(럼스펠트 전 국방부 장관이 위원장)
1997년 5월 19일	미국 QDR, 전세계에서 가장 위험한 지역으로 북한의 위협을 받는 한반도를 언급
1997년	1965년에 미국의 군사원조로 도입한 나이키 허큘리스 미사일을 대체하여야 한다는 의견나왔으나 IMF경제위기를 맞으면서 예산부족 등의 이유로 연기됨

날짜	내용
1997년-2002년	나이키 허큘리스 미사일 대체 무기의 필요성에 대하여 문제제기가 계속되었으나 2002년도까지 예산 등의 이유로 SAM-X사업 보류
1998년 2월	김대중 정부, 과학기술처를 과학기술부로 승격시킴
1998년	안병길 국방부차관 TMD에 참여하지 않는 것이 김대중 정부의 방침이라는 발언
1998년	미국 PAC-3개발추진하여 1998년부터 2000년에 공개하여 발전시킴
1998년 5월 11일	미국 사드 요격실험(8차 미사일발사)
1998년 7월 15일	럼스펠트 위원회, 미국 의회에 보고서 제출하여 중국, 러시아로부터 탄도미사일 위협이 있고 북한,이란,이라크 등 불량국가가 WMD공격 가능성 있다고 보고
1998년 8월 31일	북한 대포동1호 미사일 발사실험
1999년	미국 국가정보위원회(NIC)에서 보고서(NIE)를 통하여 북한이 미국을 타격할 수 있다고 보고
1999년 3월 5일	천용택 국방부 장관, 한국은 TMD에 참여할 경제력과 기술력이 없다는 이유를 들어 공식적으로 거부 입장 표명
1999년 3월 15일	PAC-3미사일로 Hera표적 요격 실험 성공
1999년 3월 29일	미국 사드 요격실험(제9차 미사일발사)
1999년 4월	미국 공화당, 한국에 TMD배치하는 것이 필요하다는 내용의 발언
1999년 4월	미국 국방부, 동아시아 TMD보고서에 한국에 TMD배치가 필요하다고 보고
1999년 5월 5일	김대중 대통령, 테드터너 CNN 회장이 초청한 세계 언론인 초청 국제회의에서 전세계 생중계 회견에서 한국은 미국의 TMD에 불참한다고 공식적으로 선언함
1999년 5월 11일	김대중 대통령, 미국의 소리(VOA)와의 25분간의 특집 대담 방송에서 TMD에 불참한다고 발언함
1999년 6월	클린턴 정부, NMD법안 서명
1999년 6월 10일	미국 사드 요격실험(제10차 미사일발사)
1999년 7월 19일	미국 레이시온사 대순항미사일(PACM)발사실험하여 순항미사일 요격에 성공
1999년 8월 2일	미국 사드 요격실험(제11차 미사일발사)
1999년 9월 10일	미국 레이시온사 PAC-2 GEM 순항미사일 표적 요격실험 성공
1999년 9월 10일	미국 레이시온사 대순항미사일(PACM)발사실험하여 순항미사일 요격에 성공
1999년 9월 16일	PAC-3미사일로 탄도미사일과 유사하게 만든 Hera표적 미사일 직격파괴실험 성공
1999년 9월 24일	미국 SM-3함대공 미사일 시험발사 성공 (SM-3미사일의 첫 번째 함상 발사 실험)
1999년 10월 13일	윌리엄 페리 대북정책조정관, 페리보고서에서 한국에 TMD를 배치하는

날짜	내용
	것이 의무화는 아니지만 한국 방어에 도움이 된다고 발언
1999년 10월	미국 제1차 미사일 요격실험 성공
1999년 12월	나이키 허큘리스 지대공 미사일 오발사고 발생후 대체 무기가 필요하게 되었음
1999년 12월-2000년 초	한미워킹그룹을 거쳐 연합 및 합동전역미사일작전기구(CJTMOC)창설, 김대중 정부는 MD에 참여하는 것이 아니며 주한미군에서도 한시적 워킹 그룹이라는 발언
2000년 1월	미국 제2차 미사일 요격실험 열추적 실패
2000년 7월	미국 제3차 미사일 요격실험 요격체와 추진체 분리 실패
2000년 9월	클린턴 정부, 기술 부족으로 NMD배치 연기결정
2000년 12월	미국 국방부, 보잉사와 NMD기술개발에 60억 달러 계약
2001년 1월 6일	김대중 대통령, 인터내셔널 헤럴드 트리뷴과의 인터뷰에서 NMD에 대한 입장 보류하며 발언안함
2001년 1월 17일	김대중 정부, 사거리300㎞, 탄두중량500㎏ 제1차 한미 미사일 지침 개정
2001년 2월 21일	반기문 차관, NMD와 관련하여 이정빈 외교통상부 장관의 상공회의소 초청연설 자리에서 기자들에게 NMD에 대하여 부정적으로 해석되는 발언을 하였다가 반기문 차관이 부정적으로 해석하지 말아달라고 하여 기사가 거의 보도되지 않음
2001년 2월 27일	김대중 대통령, 한러정상회담에서 합의한 문서 제5항에서 ABM조약을 보존하고 강화하는 데 찬성한다며 표기하여 외교참사 논란
2001년 3월 2일	부시 정부, MD와 관련하여 참여하면 좋겠다는 내용의 3문장으로 공식입장을 적은 문건을 김대중 정부에 보냄
2001년 3월 11일	청와대 민정수석실 외교부에 한러공동성명에 ABM조약동의 문구가 들어간 것과 관련하여 경위서 제출 지시
2001년 3월 26일	ABM조약 외교참사로 이정빈 외교통상부 장관 경질
2001년 4월 2일	ABM조약 외교참사로 반기문 차관 경질
2001년 4월 23일	청와대 민정수석실에서 외교부 감사관실에 대하여 재조사 지시하여 만든 조사보고서에 최영진 외교정책실장, 최성주 전 군축원자력과장 징계대상자 회부, 이수혁 구주과장, 김성환 북미국장, 장호진 전 동구과장 경고처분, 김일수 구주국 심의관, 김원수 청와대 안보비서관 주의처분 필요하다는 의견 제시됨
2001년 5월 1일	부시 정부, MD를 추진한다고 발표
2001년 5월 5일	김대중 대통령, CNN과의 인터뷰에서 한국이 미국의 MD에 들어가지 않는다는 발언
2001년 6월	미국 의회, 2002년 MD예산으로 83억달러 승인
2001년 9월 11일	미국 9.11테러 발생
2001년 12월 13일	부시 대통령, ABM조약을 탈퇴한다고 발표
2002년 6월 13일	미국 제5차 미사일 요격실험 성공

날짜	내용
2002년 6월 13일	미국 ABM조약을 공식 폐기 선언
2002년 10월 14일	미국 제6차 미사일 요격실험 성공
2002년 11월 21일	미국 제7차 미사일 요격실험 성공
2002년 12월 11일	미국 제8차 미사일 요격실험 실패
2003년	노무현 정부, 청와대 정보과학기술보좌관 신설
2003년 5월 19일	조영길 국방부 장관, 한미정상회담에서 MD에 관하여 전혀 논의된 바 없다고 발언
2003년 5월	국방부, 기획예산처에 제출한 2004년도 예산안에 SAM-X사업에 예산배정하여 제출함
2003년	기획예산처 1차 심사에서 SAM-X예산으로 0원 배정하여 전액 삭감
2003년 6월 19일	김선규 국방부정책기획실장이 제16대 제240회 제1차 국방위원회에서 노무현 정부가 미국으로부터 MD참여를 하여달라는 제의가 없었다고 발언
2003년 10월	미국, 일본과 SM-3 Block II A공동개발에서 상세설계검토(CDR)완료
2004년	노무현 정부, 과학기술부 장관을 과학기술부총리로 격상시킴
2004년 10월	열린우리당 김성곤, 안영근 의원과 한나라당 권경석, 송영선, 황진하 의원이 SAM-X사업필요성에 동의하고 예산으로 100억원 편성
2004년 11월 11일	윤광웅 국방부 장관, 제250회 제8차 국회본회의에서 노무현 정부가 미국의 MD에 들어가는 것은 전혀 사실이 아니라고 발언
2005년	F-22랩터 스텔스 전투기 개발
2005년 5월	미국, 일본정부와 공동 통합운용지휘소(BJOCC)설치
2005년 7월	노무현 정부, 독일 중고 PAC-2구입협상 시작
2006년	노무현 정부, 독일 중고 PAC-2를 1조 3,600억에 8개 포대 구매, 중고 PAC-2를 개량하는 비용 7,600억 소요(독일의 도움없음, 독일 MAN사 부품고장수리에 대하여 일방적 계약해지통보, 미국의 레이시온사에서 업그레이드함, PAC-3미사일도입에 1조 6,000억원까지 합하면 PAC-2에 총사업비 4조원 소요됨)
2006년 2월	커트 켐벨, 한미 관계에 대하여 이혼 직전의 왕과 왕비라고 발언
2006년 4월 10일	커트 켐벨 아시아에서의 미사일 방어 보고서에서 한국에서 공개적으로 BMD논의는 국익에 반하는 것으로 보고 북한과의 관계개선을 우선시한다고 보고
2006년 6월 26일	반기문 외교통상부 장관, 제260회 제3차 통일외교통상위원회에서 노무현 정부가 MD에 들어가지 않는 다는 정부의 입장에 변화가 없다고 발언
2008년 2월	2008년 2월부터 2012년 1월까지 청와대 대통령실 대외전략비서관으로 일하고 2012년 7월까지 대통령실 대외전략기획관으로 일한 김태효 대외전략기획관은 MD에 대하여 긍정적으로 검토한 사실이 있고 1,000km이상 탄도미사일 방어에 한미일 안보협력을 내실화하고 북한의 핵무기와 미사일 위협에 대처하는 1차적 목적을 먼저 달성하기 위하여 미국의 MD는 유보되었다고 증언,

날짜	내용
2008년 10월	국방부 PAC-2 도입 (국방부 미사일우주정책과에 정보공개청구한 자료에 따르면 2008년 10월에 도입한 PAC-2를 PAC-3로 업그레이드하여 운영)
2008년 12월 26일	이명박 정부 대통령 인수위원회의 김태효 교수 동아일보 인터뷰에서 MD에 대하여 긍정적으로 검토한다고 발언 현인택˙남주홍˙김우상 교수도 MD에 참여하는 것은 국익에 도움이 된다고 발언
2009년	미사일지침 개정에 청와대, 국방부, 국방과학연구소, 외교통상부, 교육과학기술부를 참여시키는 TF팀 구성 (미국 국무부와 협의는 2010년 9월 1차 회의부터 2011년 11월 3차 회의)
2009년 2월 16일	이상희 국방부 장관, 제281회 제8차 국회본회의에서 KAMD는 미국의 MD와 함께 하는 것이 아니고 독자적으로 하는 것이라고 발언
2009년 2월 19일	김태영 국방부 장관, 제18대 제281회 제2차 국방위원회에서 미국의 MD에 들어가는 것은 한국의 안보에 도움이 된다고 발언
2009년 10월 26일	유명환 외교통상부 장관, 제284회 제5차 외교통상통일위원회에서 KAMD는 미국의 MD가 아니고 미사일 방어와 관련한 정부의 입장은 변하지 않았다고 발언
2010년 2월	미국 국방부, QDR과 BMDR보고서에서 중단거리 미사일(IRBM, MRBM, SRBM)이 미국에게 현실적이고 분명한 위협이 된다고 보고 BMDR보고서 서문에서 BMD는 국가안보에 결정적인 우선순위(critical priority)를 갖는다고 명시
2010년 2월	커트 캠벨 미 국무부 동아태 차관보가 방한하여 한미관계가 요즘보다 더 좋을 순 없다고 발언
2010년 2월 5일	김태영 국방부 장관, 제287회 제5차 국회본회의에서 미국은 가능한한 한국이 MD에 참여하는 것을 원하지만 한국은 현재로서는 하층방어에 매진하겠다고 발언한 뒤 KAMD에 MD를 연계하는 것은 앞으로 국익에 도움이 되는 쪽으로 검토하겠다고 발언
2010년	미국 국방성, 탄도미사일 방어검토(BMDR)보고서에서 러시아, 중국의 전면적 ICBM공격보다 북한, 이란에 의한 제한적 ICBM공격에 초점을 맞출 필요있다고 보고
2010년 10월 22일	김태영 국방부 장관, 미국과 MD를 제대로 구축하게 되면 한국의 안보에 이익이 된다고 발언
2010년 10월	2010년 10월부터 2013년 2월까지 청와대 대통령비서실에서 일한 천영우 외교안보수석은 한미일 정보공유가 중요하고 MD를 긍정적으로 검토하였으나 PAC-2를 PAC-3로 교체하고 KAMD를 내실화하고 미사일지침을 개정하면서 KAMD능력을 확보하는 것이 우선순위가 되었다고 증언
2011년 1월 10일	한일 국방장관회담, 지소미아 추진 의견 일치
2011년 8월	천영우 외교안보수석 미국 방문하여 미사일지침 개정 논의
2012년	김태효 대외전략기획관 미사일지침 본격 협상, 미국 국무부 반대 거세다

날짜	내용
	고 보고
2012년	이지스함 SPY-1레이더 23척 운용, AN-TPY X-Band 레이더 2개 일본과 터키에서 운용
2012년 3월 8일-2012년 7월 17일	독일에서 구입한 중고 PAC-2 부품 고장으로 가동 중단, 전력공백 발생
2012년 6월 26일	차관없이 국무회의 즉석안건으로 지소미아 상정처리
2012년 6월 29일	도쿄에서 열리는 지소미아 서명식 50분 전에 이명박 정부가 체결 연기 결정
2012년 10월 7일	사거리800㎞, 제2차 한미미사일 지침 개정
2013년 1월 9일	박근혜 정부 대통령인수위원회에 참여한 윤병세, 최대석 위원이 전문가 26명과 함께 참여한 외교안보퍼즐 보고서에서 미국의 MD에 참여하지 않거나 MD에 들어가는 것을 최대한 늦추는 것이 필요하다고 판단
2013년 7월	커티스 스캐퍼로티 주한미군사령관이 미국 하원 군사위원회에서 미국의 동맹국의 안보를 위하여 사드, 이지스함, 패트리어트의 상호운용성 통합이 확대되어야 한다고 발언
2013년 9월 10일	마이클 트로츠키 록히드마틴 부사장, 한국이 사드에 관심있다고 발언하였으나 한국 국방부는 들어보지 못한 이야기라고 발언
2013년 10월 14일	백군기 의원, 공군으로부터 받은 2012년 1월 이후 PAC-2포대 고장내역 및 수리결과에서 독일 중고 PAC-2부품 고장으로 132일동안 가동못한 사실 드러남
2014년 8월 22일	로버트 워크 미 국방부 부 장관, 방한하여 북한 미사일을 방어하기 위하여 사드를 배치하는 것이 필요하다고 발언
2014년 10월	미국 GMD체계(조기경보위성, 성능개량 조기경보레이더, GBI요격체계, 전장관리지휘통제체계) 중 GBI 30기 배치
2014년 10월 7일	윤병세 외교통상부 장관, 제329회 외교통일위원회 국정감사에서 KAMD를 구축하는 것이고 미국의 MD에 참여하는 것은 아니라고 발언
2014년 11월	박근혜 정부, PAC-3미사일 136기 도입 결정
2015년 3월 9일	국방부 사드 구매계획 없으며 독자방어구축 발언
2015년 3월 11일	박근혜 정부, 사드 관련 3No(요청, 협의, 결정 없음) 입장 재확인
2015년 11월	제47차 SCM에서 한민구 국방부 장관과 애슈턴 카터 미 국방부 장관이 사드배치와 관련하여 3NO(No Request, No Consultation, No Decision)입장 발언
2016년 1월 6일	북한 제4차 핵실험
2016년 1월 13일	박근혜 대통령, 신년 대국민 담화 및 기자회견에서 한국의 안보, 국익 따라 사드 배치를 검토하겠다고 발언
2016년 1월 22일	미국 전략문제연구소, 사드를 한반도에 배치하는 것이 필요하다고 권고
2016년 1월 25일	한민구 국방부 장관, 군사적관점에서 사드배치검토 필요 발언
2016년 2월 22일	국방부, 한미공동실무단 구성 운영 협의 진행 중이라고 발표

날짜	내용
2016년 7월 8일	한미, 사드 배치 결정 공식 발표, 사드 배치 발표 당일인 2016년 7월 8일 오전에 윤병세 외교통상부 장관이 백화점에서 옷을 수선하고 구입한 사실이 알려지면서 공직기강 파문과 외교통상부가 사보타주(일종의 반대)하는 것이 아닌지에 대하여 논란 발생 (제343회 제5차 외교통일위원회 강창일 의원이 외교통상부의 명예를 위하여 사표를 내거나 업무 중 간 것에 대하여 도의적 책임을 지라고 발언 또 무언의 demonstration이 아니냐고 발언, 설훈 의원은 외교통상부 장관이 사드배치 발표 순간에 백화점을 간 것에 대하여 장관이 정신 나갔다고 생각하였는데 재차 생각하니 일종의 사보타주가 아닌지 묻는 발언)
2016년 7월 19일	한민구 국방부 장관, 제344회 제1차 국회본회의에서 사드배치는 미국의 MD에 참여하는 것이 아니라고 발언
2016년 10월 27일	박근혜 정부, 지소미아 재추진 발표
2016년 11월 1일	한일 도쿄에서 첫 실무협의 진행
2016년 11월 9일	한일 서울에서 두 번째 실무협의 진행
2016년 11월 14일	한일 지소미아 협정안 가서명
2016년 11월 15일	법제처, 협정안 심사 완료
2016년 11월 17일	한국 차관회의에서 협정안 통과
2016년 11월 22일	한국 국무회의에서 협정안 통과, 박근혜 대통령 재가
2016년 11월 23일	한일 지소미아 체결
2017년 4월 28일	사드 장비 성주기지에 최초 배치

참고문헌

〈인터뷰〉

강창일 국회의원 외교통일위원회 위원 (2020년 10월 9일).

구상회 국방과학연구소(ADD) 부소장 (2020년 9월 1일).

권경석 국회의원 국회 국방위원회 소속 위원 (2020년 9월 3일, 2020년 9월 24일).

김성곤 국회의원 2004년 국회 국방위원회 간사 (2020년 8월 25일).

김태효 대외전략기획관 (2020년 8월 24일).

김헌수 국방부 전력정책관 (2021년 5월 17일, 2021년 5월 21일).

백군기 국회의원 국방위원회 소속 새정치민주연합 위원 (2020년 10월 22일).

이준구 예비역 중장(육군 제7군단장) (2020년 10월 7일).

정종욱 청와대 외교안보수석비서관 (2020년 8월 23일).

천영우 청와대 외교안보수석비서관 (2020년 8월 23일).

〈미국 정부 자료〉

CIA, "Cooperating with Allies in SDI Research", April 11, 1985, Document Number: CIA-RDP87M00220R000100030016-1.

CIA, "Current Issues in US-ROK Security Relations", Document Release Date: November 1, 2010, Approved For Release Januray 18, 2011, Document Number: CIA-RDP85M00363R000200260011-4.

CIA, "Issues South Korean President wants to Raise with President Ford", Document Publication Date: November 13, 1974, Document Release Date: January 27, 1999, Document Number: CIA-RDP78S01932A000100180035-1.

CIA, "Korea: How Real is the Thaw?", Document Release Date: December 15, 2006, Document Number CIA-RDP79R00967A000400020013-2.

CIA, "Notes of the President's Meeting with the Joint Chiefs of Staff - 1968.01.29", Document Approved for Release: July 27, 2018, Document Number: 00339612.

CIA, "Nuclear Reactor Under Construction In North Korea", Document

Release Date: December 8 2008, Document Publication Date: April 19, 1984, Document Number: CIA-RDP86M00886R000800100037-6.

CIA, "Presidential Briefing on South Korea's Nuclear Program", Document Publication Date: November 3, 1978, Document Release Date: March 19, 2002, Document Number: CIA-RDP81B00401R002500080013-6.

CIA, "Sale of Canadian Nuclear Reactor to South Korean", Document Publication Date: November 19, 1974, Document Release Date: March 9, 2010, Document Number: LOC-HAK-550-3-30-4.

CIA, "U.S. Crisis Unit Takes Up DMZ Killings", Document Release Date: June 12, 2007, Document Number: CIA-RDP99-00498R000100030010-0.

George W. Bush The White House Archives, "Remarks by President Bush and President Kim Dae-Jung of South Korea", Office of the Press Secretary March 7, 2001

https://georgewbush-whitehouse.archives.gov/news/releases/2001/03/20010307-6.html

Department of Defense, *Annual Report to the President and the Congress* (2002)

Department of Defense, *Nuclear Posture Review Report* (December 31, 2001.).

Department of Defense, *Quadrennial Defense Review Report* (September, 03, 2001.).

Department of Defense, "The President's New Focus For SDI: Global Protection Against Limited Strikes(GPALS)", (SDIO, The Pentagon, Washington, DC 20301, Janurary 6, 1991).

Les Aspin *Secretary of Defense, Annual Report to the President and the Congress,* (Washington D.C: U.S. Government, January 1994).

Les Aspin Secretary of Defense, *Report on the Bottom-Up Review.* (U.S.A. Department of Defense, October 1993).

Memorandum for Anthony Lake to Keith Hahn, "Letter from Admiral

Murphy RE: Sale of Patriot Missile to Korea", December 3, 1993, Clinton Presidential Library.

National Commission on Terrorist Attacks upon the United States, *The 9/11 Commission Report: final report of the National Commission on Terrorist Attacks upon the United States*, (New York: Norton, 2004).

Office of the Press Secretary, "Remarks by President Bush and President Kim Dae-Jung of South Korea", March 7, 2001, George W. Bush White House Archives

https://georgewbush-whitehouse.archives.gov/news/releases/2001/03/text/20010307-6.html

Remarks Frank A. Rose, Assistant Secretary, Bureau of Arms Control, Verification and Compliance Institute for Corean-American Studies (ICAS), "Missile Defense and the U.S. Response to the North Korean Ballistic Missile and WMD Threat", Washington, DC May 19, 2015.

https://2009-2017.state.gov/t/avc/rls/2015/242610.htm

Remarks by Secretary Mattis and Defense Minister Han in Seoul, Republic of Korea, February 3, 2017.

https://www.defense.gov/Newsroom/Transcripts/Transcript/Article/1070902/

Senator Bob Smith's Letter to William J. Clinton, "The Honorable William J. Clinton", September 6, 1994, Washington. DC 20610-2903, Clinton Presidential Library.

Testimony of Jeff Kueter President George C. Marshall Institute, *Before the Subcommittee on National Security and Foreign Affairs Committee on Oversight and Government Reform*, (Washington D.C: U.S House of Representatives, April 16, 2008), U.S Government, *What are the Prospects? What are the Costs?: Oversight of Missile Defense(Part2): Hearing before the Subcommittee on National Security and Foreign Affairs on the Committee on Oversight and Government Reform House of*

Representatives One Hundred Tenth Congress, April 16, 2008, (Washington D.C: U.S Government Printing Office, 2009).

The White House Office of the Press Secretary, "Statement Following President Obama's Meeting with President Lee of the Republic of Korea", The White House President Barack Obama Archives, April 02, 2009.

https://obamawhitehouse.archives.gov/the-press-office/statement-following-president-obamas-meeting-with-president-lee-republic-korea

The White House Office of the Press Secretary, "Joint Fact Sheet: The United States-Republic of Korea Alliance: Shared Values, New Frontiers", The White House President Barack Obama Archives, October 16, 2015.

https://obamawhitehouse.archives.gov/the-press-office/2015/10/16/joint-fact-sheet-united-states-republic-korea-alliance-shared-values-new

The White House, The National Security Strategy of the United States of America (September 20, 2002).

Unclassified Statement of Lieutenant General Henry A. Obering III, USAF Director Missiel Defense Agency, *Before the House Oversight and Government Reform Committee National Security and Foreign Affairs Subcommittee Regarding Oversight of Missile Defense*, House Oversight and Government Reform Committe · United States House of Representatives, Wednesday April 30, 2008, U.S Government, *Oversight of Missile Defense(Part3): Questions for the Missile Defense Agency, Hearing before the Subcommittee on National Security and Foreign Affairs of the Committee on Oversight and Government Reform House of Representatives One Hundred Tenth Congres Second Session*, April 30, 2008, (Washington D.C: U.S Government Printing Office, 2009).

United States Government Accountability Office, Testimony Before the Strategic Forces Subcommittee Committee in Armed Servicess House of Representatives, *Defense Management Key Challenges Should be Addressed When Considering Changes to Missile Defense Agency's Roles and Missions*, (United States Government Accountability Office, March 26, 2009), GAO-09-466T, US Government, *Future Roles and Missions of the Missile Defense Agency: Hearing before the Strategic Forces Subcommittee of the Committee on Armed Services House of Represnetatives One Hundred Eleventh Congress First Session*, (Washington D.C: U.S Government Printing Office, 2010).

U.S. Congress, *Office of Technology Assessment, SDI: Technology, Survivability, and Software*, OTA-ISC-353 (Washington, DC: U.S. Government Printing Office, May 1988).

U.S. Department of Defense, *Quadrennial Defense Review Report*. (U.S.A. Department of Defense, September 30, 2001), pp.30-31, pp.52-56, pp.59-61.

U.S. Department of Defense, *Theater Missile Defense Architecture Options in The Asia-Pacific Region*, U.S. Department of Defense, May 1999.

US Government Office, *The President's Strategic Defense Initiative*, (US Government Printing Office, January 3, 1985), p.10, Ronald Reagan Presidential Library & Museum, "Foreword Written for a Report on the Strategic Defense Initiative"

https://www.reaganlibrary.gov/archives/speech/foreword-written-report-strategic-defense-initiative

U.S. President George W. Bush's Speech on Missile Defense at the National Defense University on May 1, 2001.

William Jefferson Clinton, The President's Radio Address on May 15, 1993, Clinton Digital Library, May 15 1993.

https://clinton.presidentiallibraries.us/collections/show/4

〈한국 정부 자료〉
과학기술부, 『2000 과학기술연구활동조사보고』, (과학기술부, 2000).
국가과학기술심의회, 『2014-2028 국방과학기술진흥정책서』, (국방부 전력정책관실 전력정책과, 2014).
국가기록원, "분단국가의 현실 속에 쉬지 않고 달려온 국방과학"
http://theme.archives.go.kr/next/koreaOfRecord/natlDefense.do
국가기록원 대통령기록관, "국민의 정부를 출범시키며 : 국난극복과 재도약의 새시대를 엽시다", 제15대 대통령 취임사, (1998년 2월 25일)
http://15cwd.pa.go.kr/korean/president/library/chap/9802-1.php
국립외교원, 『한국 외교와 외교관: 김하중 전 통일부 장관 상권 한중수교와 청와대시기』, (서울: 국립외교원 외교안보연구소 외교사연구센터, 2018).
국립외교원, 『한국 외교와 외교관: 양성철 전 주미대사』, (서울: 국립외교원 외교안보연구소 외교사연구센터, 2015).
국방과학연구소, 『국방과학연구소 40년 연구개발투자효과』, (대전광역시: 국방과학연구소, 2010).
국방부, 『1998-2002 국방정책』, (국방부, 2002).
국방부, 『참여정부의 국방정책』, (국방부, 2003).
국방부, 『2014 국방백서』, (국방부, 2014).
국방부, 『2018 국방백서』, (국방부, 2018).
국방부, 『2020 국방백서』, (국방부, 2020).
국방부 군사편찬연구소, 『국방 100년의 역사 1919-2018』, (국방부, 2020).
국립외교원, 『한국 외교와 외교관: 공로명 전 외교부 장관』, (서울: 국립외교원 외교안보연구소 외교사연구센터, 2019).
국회예산정책처, 『2008년도 예산안분석Ⅳ』, (2007년 10월).
기획예산처, 『2005년도 나라살림』, (기획예산처, 2005).
기획예산처, 『2006년도 나라살림』, (기획예산처, 2006).
기획예산처, 『2007년도 나라살림』, (기획예산처, 2007).
기획재정부, 『2008년도 나라살림』, (기획재정부, 2008).
기획재정부, 『2009년도 나라살림』, (기획재정부, 2009).
기획재정부, 『2010년도 나라살림』, (기획재정부, 2010).
기획재정부, 『2011년도 나라살림』, (기획재정부, 2011).
기획재정부, 『2012년도 나라살림』, (기획재정부, 2012).

기획재정부, 『2013년도 나라살림』, (기획재정부, 2013).
기획재정부, 『2014년도 나라살림』, (기획재정부, 2014).
기획재정부, 『2015년도 나라살림』, (기획재정부, 2015).
기획재정부, 『2016년도 나라살림』, (기획재정부, 2016).
기획재정부, 『2017년도 나라살림』, (기획재정부, 2017).
기획재정부, 『2018년도 나라살림』, (기획재정부, 2018).
기획재정부, 『2019년도 나라살림』, (기획재정부, 2019).
기획재정부, 『2020년도 나라살림』, (기획재정부, 2020).
외교부 외교사료관, 2019년 비밀·비공개 해제문서 “미국 SDI(전략방어계획) 참여, 1985-88. 전6권 제1권 한국의 참여 검토, 1985” 등록번호 26669.
외교부 외교사료관, 2019년 비밀·비공개 해제문서 “미국 SDI(전략방어계획)참여, 1985-88, 전6권 제2권 한국의 참여검토 1986-87” 등록번호 26670.
외교부 외교사료관, 2019년 비밀·비공개 해제문서 “미국 SDI(전략방어계획) 참여, 1985-88, 전6권 제3권 한국의 참여검토결과”, 등록번호 26671.
외교부 외교사료관, 2019년 비밀·비공개 해제문서 “미국 SDI(전략방어계획) 참여, 1985-88, 전6권 제4권 제1차 SDI 조사단 미국 방문, 등록번호 26672.
외교부 외교사료관, 2019년 비밀·비공개 해제문서 “미국 SDI(전략방어계획) 참여, 1985-88, 전6권 제5권 제1차 SDI 조사단 미국 방문II, 등록번호 26673.
외교부 외교사료관, 2019년 비밀·비공개 해제문서 “미국 SDI(전략방어계획) 참여, 1985-88, 제6권 제2차 SDI 조사단 미국 방문”, 등록번호 26674.
외교부 외교사료관, 2019년 비밀·비공개 해제 공개문서 “노태우 대통령 미국 및 UN 방문, 1988.10.17-21. 전9권 제3권 UN총회 연설문”, 문서등록 번호 26418.
외교부 외교사료관, 2020년 비밀·비공개 해제문서 “미국 하원 과학, 우주, 기술 위원회 소속 의원단 방한, 1989-8.6-9”, 등록번호 28163.
외교부 외교사료관, 2021년 비밀·비공개 해제문서 “프랑스 핵연료 화학 재처리 시설 도입문제, 1974-76. 전3권”, 등록번호 8722.
청와대, 『이명박 정부 외교안보의 비전과 전략: 성숙한 세계국가』, (청와대, 2009).

통일교육원, 『2014 북한이해』, (통일부 통일교육원, 2014).
행정안전부 국가기록원, "SDI한국참여검토결과보고", 국방부문서, (1988.01.29.), 건번호: 1A00614174605041.

〈국회회의록〉

국회회의록, 제14대 국회 제165회 제10차 국회본회의 (1993년 10월 29일).
국회회의록, 제14대 국회 제166회 제6차 국회본회의 (1994년 2월 21일).
국회회의록, 제15대 국회 제196회 제2차 국방위원회 (1998년 9월 3일).
국회회의록, 제15대 국회 제201회 제1차 국방위원회, (1999년 2월 24일).
국회회의록, 제16대 국회 제239회 제2차 국회본회의, (2003년 5월 19일).
국회회의록, 제16대 국회 제240회 제1차 국방위원회, (2003년 6월 19일).
국회회의록, 제17대 국회 제260회 제3차 통일외교통상위원회, (2006년 6월 26일).
국회회의록, 제18대 국회 제281회 제8차 국회본회의, (2009년 2월 16일).
국회회의록, 제18대 국회 제284회 외교통상통일위원회 국정감사, (2009년 10월 23일).
국회회의록, 제18대 국회 제284회 제5차 외교통상통일위원회, (2009년 10월 26일).
국회회의록, 제18대 국회 제287회 제5차 국회본회의, (2010년 2월 5일).
국회회의록, 제18대 국회 제294회 국방위원회 국정감사, (2010년 10월 22일).
국회회의록, 제18대 국회 제306회 제1차 국방위원회, (2012년 4월 13일).
국회회의록, 제19대 국회 제309회 제1차 외교통상통일위원회, (2012년 7월 11일).
국회회의록, 제19대 국회 제313회 제1차 국방위원회, (2013년 2월 6일).
국회회의록, 제19대 국회 제320회 제4차 국방위원회, (2013년 10월 11일).
국회회의록, 제19대 국회 제320회 국방위원회 국정감사, (2013년 10월 17일).
국회회의록, 제19대 국회 제326회 제1차 국회본회의, (2014년 6월 18일).
국회회의록, 제19대 국회 제329회 외교통일위원회 국정감사, (2014년 10월 7일).
국회회의록, 제19대 국회 제332회 제4차 국회본회의, (2015년 4월 13일).
국회회의록, 제20대 국회 제346회 제2차 국방위원회, (2016년 11월 1일).

〈정보공개청구자료〉

국방부 정보공개청구자료 2020년 3월 2일 접수번호: 6502928.
국방부 정보공개청구자료, 2020년 7월 8일, 접수번호: 6922803.
국방부 정보공개청구자료, 2020년 8월 26일 접수번호: 7046911
국방부 정보공개청구자료, 2020년 9월 28일 접수번호: 7129560.

국방부 정보공개청구자료, 2020년 9월 28일 접수번호: 7129561.
국방부 정보공개청구자료, 2020년 10월 9일 접수번호: 7154431.
국방부 정보공개청구자료, 2020년 10월 13일, 청구번호: 7158864.
국방부 정보공개청구자료 2020년 10월 23일 접수번호: 7188314.
국방부 정보공개청구자료, 2022년 2월 24일 접수번호: 8933501.
국방부 정보공개청구자료, 2022년 8월 20일 접수번호: 9729128.
국방부 정보공개청구자료, 2022년 8월 20일 접수번호: 9729129.
방위사업청 정보공개 청구자료, 2020년 8월 26일 접수번호: 7046922.
방위사업청 정보공개청구자료, 2022년 8월 20일, 접수번호: 9729125.
산업통상자원부 정보공개청구자료, 2020년 9월 28일 접수번호: 7129855.
산업통상자원부 정보공개청구자료, 2020년 9월 28일 접수번호: 7129805.
산업통상자원부 정보공개청구자료 2020년 9월 28일 접수번호: 7129806.
산업통상자원부 정보공개청구자료 2020년 10월 21일 접수번호: 7181587.
산업통상자원부 정보공개청구자료 2021년 4월 6일 접수번호: 7681602.
산업통상부 정보공개청구자료 2021년 4월 29일 접수번호: 7769533.
산업통상자원부 정보공개청구자료, 2022년 8월 20일 접수번호: 9729130.
산업통상자원부 정보공개청구자료, 2022년 8월 20일 접수번호: 9729134.
산업통상자원부 정보공개청구자료 2022년 8월 20일 접수번호: 9729135.
산업통상자원부 정보공개청구자료 2022년 8월 20일, 접수번호: 9729163.
산업통상자원부 정보공개청구자료, 2022년 8월 20일, 접수번호: 9729166.
외교부 정보공개청구자료, 2020년 8월 10일 접수번호: 7009851.
외교부 정보공개청구자료, 2020년 8월 10일 접수번호: 7009959.
외교부 정보공개청구자료 2021년 4월 29일 접수번호: 7769532.
통계청 정보공개청구자료 2021년 4월 29일 접수번호: 7769531.
한국관광공사 정보공개청구자료 2021년 4월 29일 접수번호: 7769530.
한국은행 정보공개청구자료, 2020년 10월 19일, 접수번호: 7177950.

〈국내 자료〉

고영대, 『사드배치 거짓과 진실』, (서울: 나무와숲, 2017).
국방대학원, 『전략방위계획: SDI 별들의 전쟁 조망』, (서울: 국방대학원 안보총서 50, 1987).

권혁기, “일본 무기수출 규제 완화의 의미와 영향”, 한국일본학회 『일본저널』 제102권 2015년 2월호.
김국신, 『미국의 대북정책과 북한의 반응』, (서울: 통일연구원, 2001).
김승기·최정준, 『국방 100년의 역사 1919-2018』, (국방부 군사편찬연구소, 2020).
김윤지·조재동, “최근 중국 경제제재 파급효과 추정”, 한국수출입은행 해외경제 연구소 Issue Report Vol.2017-이슈-05, (2017).
김준형, “한국의 대미외교에 나타난 동맹의 자주성 실용성 넥서스: 진보정부 10년의 함의를 중심으로”, 『동북아연구』 제30권 제2호, (광주광역시: 조선대학교 사회과학연구원 부설 동북아연구소, 2015).
김창훈, 『한국 외교 어제와 오늘』, (경기도: 한국학술정보, 2008).
김태준, “주한미군 신뢰구축방안” 한용섭외5명 『한미동맹 50년과 군사과제』, (서울: 국방대학교 안보문제연구소, 2003).
김태효, “COVID-19 시대 미-중 신냉전 질서와 한국”, 『신아세아』 제27권 제3호, (신아시아연구소, 2020).
김태효·박중현, “일본은 보통 국가인가? 군사력 수준과 무력행사 범위의 고찰”, 국제관계연구 제25권 제2호, (2020).
김하중, 『증언: 외교를 통해 본 김대중 대통령』, (서울: 비전과리더십 2015).
박병광, “한반도 신뢰프로세스와 북한 핵문제: 한중협력의 관점에서”, 『KDI북한경제리뷰』, (세종: 한국개발연구원, 2013).
박석진, “미국의 아시아회귀전략과 한국에서의 MD 전개과정”, 『제8회 동아시아 미군기지 문제 해결을 위한 국제 심포지엄 자료집』, (서울: 4·9통일평화재단, 2015).
박휘락, 『북핵외통수』, (경기도: 북코리아, 2021).
박휘락, “한국과 일본의 탄도미사일 방어(BMD) 추진 비교”, 『국가전략』 제21권 제2호, (2015).
배영자, “미국의 지식패권과 과학기술정책: 지식국가의 형성과 발전과정”, 『과학기술연구원정책자료 2006-11』, (과학기술정책연구원, 2006).
변창구, “이명박 정부의 실용주의와 대중외교 평가”, 『통일전략』 제13권 제1호, (한국통일전략학회, 2013).
서근구, 『미국의 세계전략과 분쟁개입』, (서울; 현음사, 2008).
서동주·장세호, 『한러 전략적 협력의 쟁점과 과제』, (국가안보전략연구원, 2019).
설인효, “경제 살찌우고 군사력 키우는 미사일 주권”, (대한민국 정책브리핑

정책주간지 공감, 2020년 8월 10일).
송영선, "TMD구상에 대한 미일간 협력", 한국국방연구원 주간국방논의 제596호 95-41, (1995년 8월 21일).
신범식, "북방정책과 한국 소련 러시아관계" 하용출외7명, 『북방정책 기원, 전개, 영향』, (서울: 서울대학교출판부, 2006).
신용석, 『방한관광시장 확대를 위한 비자제도 개선연구』, 한국문화관광연구원 정책연구 2020-04, (서울: 한국문화관광연구원, 2020).
양욱, "북핵 미사일 도발과 한국 해군의 전략적 대응" 『급변하는 동아시아 해양안보: 전망과 과제』, (서울: 해군-KIMS-한국해로연구회 공동주최 제13회 국제해양력 심포지엄 자료집, 2017).
양혜원, "북핵 위협에 대한 확장억지 전략과 미국 핵우산을 활용한 한국의 안보방향", 『사회융합연구』 제4권 제1호, (2020).
양혜원, "한국의 방위산업 발전을 위한 부품국산화 필요에 관한 연구", 『한국방위산업학회지』 제27권 제2호 (2020).
양혜원, "한국과 일본의 사드 배치 과정 비교에 관한 연구", 『사회융합연구』 제4권 제6호, 국방안보연구소, (2020).
양혜원, "천안함 폭침 이후 5.24조치에 관한 연구", 『전략연구』 제28권 제3호, (2021).
양혜원외, "육군 기동화력장비 엔진 및 변속기 국산화에 관한 연구(K-9자주포와 K-2전차를 중심으로)", 『한국방위산업학회지』 제28권 제3호, (2021).
양혜원, 『약소동맹국의 연루 회피 원인 분석: 한국의 미사일 방어 정책 연구』, 고려대학교대학원 박사학위논문, (2021).
양혜원외, "한미동맹의 특징과 발전방향 연구", 『사회융합연구』 제6권 제1호, (2022).
양혜원외, "한국형 아이언돔 조기확보 필요에 관한 연구", 『한국방위산업학회지』 제29권 제1호, (2022).
양혜원외, "한미 미사일지침 해제 과정 분석과 함의", 『사회융합연구』 제6권 제2호, (2022).
양혜원외, "군 사회복지사 제도 도입의 필요성", 『한국군사회복지학회지』 제15권 제1호, (2022).
양혜원외, "한국 군 부사관의 바람직한 역할에 관한 연구", 『사회융합연구』 제6권 제4호, (2022).

여인곤, 『한러정상회담 결과분석』, (서울: 통일연구원, 2008).
연세대학교 국가관리연구원, 『한국대통령 통치구술사료집2 전두환 대통령』, (서울: 도서출판 선인, 2013).
연세대학교 국가관리연구원, 『한국대통령 통치구술사료집3 노태우 대통령』, (도서출판 선인, 2013).
연세대학교 국가관리연구원, 『한국대통령 통치구술사료집4 김영삼 대통령』, (서울: 도서출판 선인, 2014).
왕선택, 『북핵위기 20년 또는 60년』, (서울: 도서출판 선인, 2013).
유용원·남도현·김대영, 『무기바이블2』, (서울: 플래닛미디어, 2013).
유용원·남도현·김대영, 『무기바이블3』, (서울: 플래닛미디어, 2016).
이명박, 『대통령의 시간』, (서울: 알에이치코리아, 2015).
이문기, 박근혜 정부 시기 한중관계 평가와 바람직한 균형외교 전략의 모색, 『현대중국연구』 제18집 2호, (현대중국학회, 2016).
이민룡, 『한미동맹 해부』, (서울: 키메이커, 2019).
이상옥, 『전환기의 한국외교 이상옥 전 외무장관 외교회의록』, (서울: 도서출판 삶과 꿈, 2002).
이상우, "21세기 미국의 세계전략", 오기평 편, 『21세기 미국패권과 국제질서』, (서울: 오름, 2000).
이성훈, 『한국 안보외교정책의 이론과 현실』, (서울: 도서출판 오름, 2012).
이영학, "중국의 북핵 평가 및 대북핵 정책의 '진화'", 『중국의 북핵 평가 및 대북핵 정책의 진화』, (서울: 통일연구원, 2015).
이용준, 『북핵 30년의 허상과 진실』, (경기도: 한울아카데미, 2018).
이우태, "한미동맹의 비대칭성과 동맹의 발전방향", 『정치정보연구』 제19권 제1호, (한국정치정보학회, 2016).
이원형, "한국외교의 국내외환경" 『이명박 정권의 외교전략 한국의 국가전략』, (서울: 박영사, 2008).
이춘근·박상봉·배정호, 『새정부 외교 안보정책제안』, (서울: 한국경제연구원 차기정부 정책과제6, 2012).
이태환, "북방정책과 한중 관계의 변화" 하용출외7명 『북방정책 기원, 전개, 영향』, (서울: 서울대학교출판부, 2006).
임동원, 『피스메이커』, (서울: 중앙Books, 2008).
전두환, 『전두환 회고록 2권 청와대 시절 1980-1988』, (경기도: 자작나무숲, 2017).

정덕구·장달중외24인, 『한국의 외교안보 퍼즐』, The Near Watch Report, (경기도: 나남, 2013).
정일준 "미국 개입의 선택성과 한계" 『갈등하는 동맹 한미관계 60년』, (서울: 역사비평사, 2010).
정종욱, 『정종욱 외교비록: 1차 북핵위기와 황장엽 망명』, (서울: 도서출판 기파랑, 2019).
정종욱, "1994년 남북정상회담이 성사됐다면" 『공직에는 마침표가 없다: 장·차관들이 남기고 싶은 이야기』, 박관용·이충길외22인, (서울: 명솔출판, 2001).
청와대, 『이명박 정부 외교안보의 비전과 전략: 성숙한 세계국가』, (청와대, 2009).
최영락, "한국의 과학기술정책: 회고와 전망", 『과학기술정책』 제1권 제1호, (세종: 과학기술정책연구원, 2018).
최완규, "이카루스의 비운: 김영삼정부의 대북정책 실패요인", 『한국과 국제정치』 제14권 제2호, (경남대학교 극동문제연구소, 1998).
평화재단 평화연구원, 2016, "북핵 포기를 포기해서는 안된다", 『평화연구원 현안진단』 제148호.
한국문화관광연구원, 2018 상반기 외국인 신용카드 국내지출액 현황 분석보고서, (서울: 한국문화관광연구원, 2018).
한승주, 『한국에 외교가 있는가』, (서울: 올림, 2021).
한승주, 『평화를 향한 여정: 외교의 길』, (서울: 올림, 2017).
한용섭, 『우리국방의 논리』, (서울: 박영사, 2019).
현인택, 『한국의 방위비』, (서울: 도서출판 한울, 1991)
현인택, 『제35대 현인택 통일부 장관 연설문집 2009.2.12.-2011.9.18.』, (통일부, 2011).
현인택, "사드(THAAD)의 국제정치학: 중첩적 안보 딜레마와 한국의 전략적 대안", 『신아세아』 제24권 제3호, 신아시아연구소, (2017).
현인택, "사드(THAAD)의 국제정치학: 중첩적 안보딜레마와 한국의 전략적 대안", 『신아세아』 제24권 제3호, (신아시아연구소, 2017).
현인택, 『헤게모니의 미래』, (서울: 고려대학교출판문화원, 2020).
현인택, "북한의 8차 당대회와 바이든 행정부의 출범", 『북한』 제590호, (북한연구소, 2021).

현인택, “북한 핵 문제와 한반도 통일의 미래”, 홍규덕, 『남북미소』, (서울: 디자인닷컴, 2020).
현인택·이정민·이정훈·박선원, “전역 미사일 방위체제가 동북아 안보질서에 미칠 영향과 한국의 선택”, 한국연구재단 1999년 협동연구지원 보고서, (2002).
현인택·이정민·이정훈, “미사일 방어체제의 개념과 쟁점”, 『전략연구』 제34호, (한국전략문제연구소, 2005).
홍규덕, 『남북미소』, (서울: 디자인닷컴, 2020).
홍규덕, “사드(THAAD)배치에 관한 주요쟁점과 미사일 방어(MD) 전략”, 『신아세아』 제22권 제4호, 신아시아연구소, (2015).
홍규덕·조관행·김영수·서석민, “북한의 사이버와 무인기 위협에 대한 대응방안 연구: PMESII 체계분석과 DIME 능력을 중심으로”, 『신아세아』 제27권 제2호, (신아시아연구소, 2020).
홍민외3명, 구술로 본 통일정책사, (서울: 통일연구원, 2017).
홍성표, “적정 국방비 논쟁과 국방력 발전 방향” 『주간국방논단』, (서울: 한국국방연구원, 2003년 9월 8일).
Bruce Bechtol, “충격적인 한미동맹 변화에 관한 서울,워싱턴포럼중계: 향후 15년간 623조원써도 자주국방 못한다”, 『한국논단』 제201권, (2006).
KBS한국방송, “북한 핵 일지” 『북한 비핵화 문제 해결방안』, 통일방송연구 32, (서울: KBS남북교류협력단, 2019).

〈해외 자료〉

A Henry L. Stimson Center Working Group Report, “Theater Missile Defenses in the Asia-Pacific Region”, *The Henry L. Stimson Center* No.34, June 2000.
Albert Wohlstetter, “The Delicate Balance of Terror”, *Foreign Affairs* Vol.37 No.2, (January 1959).
Alexandra Sakaki, *Japan's Security Policy: A Shift in Direction under Abe?,* (Berlin: SWP Research Paper RP2 March, 2015).
Alla Kassianova, “Roads not yet taken Russian Approaches to Cooperation in Missile Defense” *Missile Defense International Regional and National Implication*, (London: Routledge Taylor

& Francis Group Contemporary Security Studies, 2005).
Amy F. Woolf, National Missile Defense: Russia's Reaction, *CRS Report for Congress, Congressional Research Service, the Library of Congress,* (August 10, 2001).
Andrea R. Mihailescu, "It's Time to Get Serious about a Pressure Strategy to Contain North Korea", *Atlantic Council Issue Brief,* (March, 2021).
Andrew Mack, "Why Big Nations Lose Small Wars: the Politics of Asymmetric", World Politics Vol. 27 No.2, (1975).
Annette Baker Fox, *The Power of Small States: Diplomacy in World War II*, (Chicago: The University of Chicago Press, 1959).
Astri Suhrke, "Gratuity or Tyranny; The Korean Alliance", *World Politics* Vol.25 Issue4, (1973).
Anthony H. Cordesman, "Israel as the First Failed State", I*srael as the First Failed State From the Two-State Solution to Five Failed States*, (Center for Strategic and International Studies, 2021).
Anthony H. Cordesman and Grace Hwang, "The Changing Dynamics of MENA Security by Subregion and Country", *The Changing Security Dynamics of the MENA Region*, (Center for Strategic and International Studies, 2021).
Ari Kattan, "Future Challenges for Israel's Iron Dome Rocket Defenses", *CISSM Working Paper* February 2018.
Arnold Wolfers, *Discord and Collaboration: Essays on International Politics,* (Baltimore: The Johns Hopkins Press, 1962).
Aaron Matthews, "Japan's missile defence dilemma", David W. Lovell (eds.), Asia-Pacific Security, (Canberra: Australian National University E Press, 2013).
Assaf Orion and Udi Dekel, "Israel Joins the US Central Command Area", *INSS Insight* No. 1432, January 20, 2021.
Axel Berkofsky, *Japan's North Korea policy: Trends, controversies and impact on Japan's overall defence and security policy,*

(Austria: AIES-Studeis Nr.2, 2011).
Bertel Heurlin, "Missile efense in the United States" *Missile Defense International Regional and National Implication*, (New York: Routledge Taylor & Francis Group Contemporary Security Studies, 2005).
Bill Clinton, *My Life*, (New York: Knopf, 2004).
Brad Roberts, "On the Strategic Value of Ballistic Missile Defense", *IFRI Security Studies Center Proliferation Papers* No.50, (June 2014).
Brad Roberts, *China and Ballistic Missile Defense: 1955 to 2002 and Beyond*, (Paris France: IFRI Security Studies Department, Winter 2004).
Bradley Graham, *Hit to Kill: The New Battle Over Shielding America from Missile Attack*, (New York: Public Affairs New York, 2001).
Brian R. Green, "Barriers to Integration and a Sparse Discourse", Offense-Defense Integration for Missile Defeat: The Scope of the Challenge, Center for Strategic and International Studies (CSIS), (July 1, 2020).
Bruce G. Blair, *The End of Nuclear Warfighting: Moving to a Deterrence-Only Posture*, (Washington D.C: Princeton University, 2018).
Bruce Klingner, "Why South Korea Needs THAAD Missile Defense", I*nstitute for Security & Development Policy April 21 Policy Brief* No.175, (2015).
Bruce Klingner, "The Importance of THAAD Missile Defense", *The Journal of East Asian Affairs* Vol.29, No.2, (2015).
Bruce Klingner, "The Case for Comprehensive Missile Defense in Asia," *Heritage Foundation* No. 2506, January 7 2011.
Bruce W. Bennett, "Deterring North Korea from Using WMD in Future Conflicts and Crises", *Strategic Studies Quarterly* Vol.6, No.4 (2012).

Camille Grand, "Missile Defenses: The Political Implications of the Choice of Technology", Scott Parrish (eds.), *Missile Proliferation and Defences: Problems and Prospects*, (Monterey: James Martin Center for Nonproliferation Studies CNS, 2001).

Caspar W. Weinberger, *Report of the Secretary of Defense Caspar W. Weinberger to the Congress, on the FY 1988 FY 1989 Budget and FY 1988-1992 Defense Programs*, (U.S Government Printing Office, January 12, 1987), AD-A187 382.

Caspar W. Weinberger, *Report of the Secretary of Defense Caspar W. Weinberger to the Congress, on the FY 1987 Budget FY 1988 Authorization Request and FY 1987-1991 Defense Programs*, (U.S Government Printing Office, February 5, 1986), AD-A187 383.

Charles C. Swicker, *Theater Ballistic Missile Defense From The Sea: Issues for the Maritime Component Commander*, (Newport Rhode Island: Naval War College, 1998).

Charles D. Ferguson·Bruce W. MacDonald, *Nuclear Dynamics In a Multipolar Strategic Ballistic Missile Defense World*, (Washington D.C: Federation of American Scientists, 2017).

Charles F. Doran, *The Politics of Assimilation: Hegemony and Its Aftermath*, (Baltimore: Johns Hopkins University Press, 1971).

Charles L. Glaser·Steve Fetter, "National Missile Defense and the Future of U.S. Nuclear Weapons Policy", *International Security*, Vol.26, No.1 (2001).

Charles V. Pena, "Theater Missile Defense: A Limited Capability Is Needed", *Cato Institute Policy Analysis*, No.309, (June 22 1998).

Chester Dawson, 2012, "Japan shows off it's Missile Defense System", 『The Wall Street Journal』, (December 9 2012).

Chinese State Council, China's national defence in the new era(新时代的中国国防), Released a *Defence White Paper*, (Beijing: Chinese State Council Information Office, July 2019).

Chris Jones, "Managing the Goldilocks Dilemma: Missile Defense and Strategic Stability in Northeast Asia", *CSIS A Collection of Papers from the 2009 Conference Series* April 1, (2010).

Christopher C. Shoemaker·John W. Spanier, *Patron-Client State Relationships : Multilateral Crises in the Nuclear Age*, (New York Praeger, 1984).

Christopher Layne, "From Preponderance to Offshore Balancing", *International Security* Vol.22, No.1, (1997).

Christopher P. Carney, "International Patron-Client Relationships: A Conceptual Framework", *Studies in Comparative International Development*, Vol.24, No.2, (1989).

Christopher W. Hughes, *Japan's Remilitarisation*, (New York: The International Institute for Strategic Studies, 2009).

Condoleezza Rice, *No Higher Honor*, (New York: Crown Publishers, 2011).

Dalia Dassa Kaye, Alireza Nader and Parisa Roshan, "Israeli Perceptions of and Policies Toward Iran", *Israel and Iran: A Dangerous Rivalry*, (RAND Corporation, 2011).

Daniel A. Pinkston, *The North Korean Ballistic Missile Program*, (US Army War College, 2008).

David B. Friedman·Richard J. Samuels, "How to Succeed without Really Flying: The Japanese Aircraft Industry and Japan's Technology Ideology", *Regionalism and Rivalry: Japan and the United States in Pacific Asia*, (Chicago: The University of Chicago Press, 1993).

David E. Mosher, "Understanding the Extraordinary Cost Of Missile Defense", *Arms Control Today*, (December 2000).

David Maxwell·Bradley Bowman·Mathew Ha, "Military Deterrence and Readiness", in Bradley Bowman·David Maxwell (ed.), *Maximum Pressure 2.0: A Plan for North Korea,* (Washington D.C: Foundation For Defense of Democracies, 2019).

David W. Kearn, "Emerging Missile Threats Facing the United States",

Facing the Missile Challenge, (RAND Corporation, 2012).
David Lake, "Anarchy, Hierarchy, and the Variety of International Relations", *International Organization* Vol.50 No.1 (1996).
David Vital, *The Survival of Small States : Studies in Small Power-Great Power Conflict*, (London: Oxford University Press, 1971).
David Vital, T*he Inequality of States: A Study of the Small Power in International Relations*, (London: Oxford University Press, 1967).
Don Oberdorfer, "The United States and South Korea: Can This Alliance Last?", (The Seoul Peace Prize Cultural Foundation, 2005).
Duncan L. Clarke, "The Arrow Missile: The United States, Israel and Strategic Cooperation", *Middle East Journal* Vol.48, No.3, (1994).
Douglas Brinkley, "Democratic Enlargement: The Clinton Doctrine", *Foreign Policy* No.106, (1997).
Edward A. Olsen, "Korean Security: Is Japan's Comprehensive Security Model a Viable Alternative?", Doug Bandow·Ted Galen Carpenter (ed.), *The U.S South Korean Alliance: Time for a Change*, (New Brunswick and London: Transaction Publishers, 1992).
Edward Reiss, *The Strategic Defense Initiative*, (New York: Cambridge University Press, 1992).
Emilyn Tuomala, "Determining Defense: Bureaucracy, Threat and Missile Defense", Honors Scholar Theses. Vol.631, (2019).
Ethan Meick · Nargiza Salidjanova, "China's Response to U.S.-South Korean Missile Defense System Deployment and its Implications", US-China Economic and Security Review Commission Staff Research Report July 26, (2017).
Erik David French, The US-Japan Alliance and China's Rise: Alliance Strategy and Reassurance, Deterrence, and Compellence,

Dissertation Submitted in partial fulfillment of the requirements for the degree of Doctor of Philosophy in Political Science, (Syracuse University, 2018).
Eugene Gholz·Daryl G. Press·Harvey M. Sapolsky, "Come Home, America: The Strategy of Restraint in the Face of Temptation" *International Security* Vol.21, No.4, (1997).
Evan S. Medeiros, Ballistic Missile Defense and Northeast Asian Security: Views from Washington, Beijing, and Tokyo, (Monterey: The Stanley Foundation and Center for Nonproliferation Studies, Monterey Institute of International Studies, 2001).
Fred S. Hoffman, "Ballistic Missile Defenses and U.S National Security", *Strategic Defense Initiative Folly or Future?*, (Boulder and London: Westview Press , 1986).
Gawdat Bahgat, "Iran's BallIstic Missile and Space Program: an Assessment", *Middle East Policy* Vol.XXVI No.1, (Spring, 2019).
General Louis C. Menetrey, "Korean Status Report: Security Through Cooperation", Second ROK-US Defense Industry Conference Remark. (May 9 1988).
George Lewis·Frank von Hippel, Improving U.S. Ballistic Missile Defense Policy, *Arms Control Today*, Vol.48, No.4, (2018).
George Liska, *Alliance and The Third World*, (Baltimore: The Johns Hopkins University Press, 1968).
George Liska, *Nations in Alliance: The Limits of Interdependence*, (Baltimore: The Johns Hopkins Press, 1962).
George N. Lewis, "U.S. BMD Evolution Before 2000" in Alexei Arbatov·Vladimir Dvorkin (ed.), *Missile Defense: Confrontation And Cooperation*, (Moscow: Carnegie Moscow Center, 2013).
George Walker Bush, *Decision Points*, (New York: Crown Publishers, 2010).
George W. Bush, "President Announces Progress in Missile Defense Capabilities", December 17 2002, George W. Bush Whitehouse

Archives.
Gian Gentile · Yvonne K. Crane · Dan Madden · Timothy M. Bonds · Bruce W. Bennett · Michael J. Mazarr · Andrew Scobell, *Four Problems on the Korean Peninsula : North Korea's expanding nuclear capabilities drive a complex set of problems*, (Rand Corporation Arroyo Center, 2019).
Glenn H. Snyder, "The Security Dilemma in Alliance Politics", *World Politics* Vol.36 No.4, (1984).
Glenn H. Snyder, *Alliance Politics*, (Ithaca and London: Cornell University Press, 1997).
Goktug Sonmez·Gokhan Batu, "Iron Dome Air Defense System: Basic Char Acteristics, Limitations, Local and Regional Implications", *Ortadogu Arastirmalari Merkezi Center for Middle Eastern Studies Policy Brief* 169, (May 2021).
Greg Thielmann, "Increasing Nuclear Threats through Strategic Missile Defense", *CISSM Working Paper* June 2020, (Center for International & Security Studies, 2020).
Hans J. Morgenthau, "Alliances in Theory and Practice" in Arnold Wolfers (ed,), *Alliance Policy in the Cold War*, (Baltimore: Johns Hopkins University Press, 1959).
Henry Obering·Rebeccah L. Heinrichs, "Missile Defense for Great Power Conflict: Outmaneuvering the China Threat", *Strategic Studies Quarterly* Vol.13, No.4, (2019).
Herbert Butterfield, *History and Human Relations* (London: Collins, 1951).
Hyun In Taek, "Between Compliance and Autonomy: American Pressure for Defense Burden-Sharing and Patterns of Defense Spending in Japan and South Korea", Ph.D. Dissertation, University of California Los Angeles, (1990).
Hyun In Taek, "Strategic Thought toward Asia in the Kim Young Sam Era", in Hyun In Taek · Lee Shin Wha·Gilbert Rozman (ed.), *South Korean Strategic Thought toward Asia*, (New York:

Palgrave Macmillan, 2008).
Ian Bowers, Henrik Stålhane Hiim, "Conventional Counterforce Dilemma: South Korea's Deterrence Strategy and Stability on the Korean Peninsula", *International Security* Vol. 45, No. 3, (2021).
Ian E. Rinehart·Steven A. Hildreth·Susan V. Lawrence, "Ballistic Missile Defense in The Asia-Pacific Region: Coopertation and Opposition", *Congressional Research Service* Report 7-5700, R43116, (April 3, 2015)..
Ian Williams·Masao Dahlgren, "More Than Missiles: China Previews its New Way of War", *Center for Strategic and International Studies Briefs,* (October 2019).
IISS, *North Korea's Weapons Programmes: A Net Assessment,* (London: The International Institute for Stategic Studies, 2004).
Immanuel M. Wallerstein, *The Politics of the World Economy: The States, The Movements and The Civilization*, (New York: Cambridge University Press, 1984).
Inwook Kim·Soul Park, "Deterrence under Nuclear Asymmetry: THAAD and the Prospects for Missile Defense on the Korean Peninsula," *Contemporary Security Policy* Vol.40, No.3 (2019).
Ivan Eland·Daniel Lee, 2001, "The Rogue State Doctrine and National Missile Defense, Foreign Policy Briefing", *CATO Institute Foreign Policy Briefing,* No. 65, (March 29, 2001).
Lars Abmann, *Theater Missile Defense (TMD) in East Asia : implications for Beijing and Tokyo*, (Berlin: LIT Verlag, 2007).
Jaganath Sankaran, "The Iranian Missile Threat", *The United States European Phased Adaptive Approach Missile Defense System,* (RAND Corporation, 2015).
Jaganath Sankaran, "Missile Defenses And Strategic Stability in Asia: Evidence From Simulations", *Journal of East Asian Studies* Vol.20 Issue2, (2020).
Jaganath Sankaran · Bryan Leo Fearey, "Missile defense and strategic

stability: Terminal High Altitude Area Defense (THAAD) in South Korea", Los Alamos National Laboratory, LA-UR-16-21377, 2017.

James D. Morrow, "On the Theoretical Basis of a Measure of National risk attitudes", *International Studies Quarterly* Vol.31 Issue 4 (1987).

James D. Morrow, "Alliances and Asymmetry : An Alternative to the Capability Aggregation Model of Alliances", *American Journal of Political Science*, Vol.35, No.4, (1991).

James E. Gover·Charles W. Gwyn, "Strengthening the US Microelectronics Industry", *Using Federal Technology Policy to Strength The US Microelectronics Industry*, (Albuquerque: Sandia National Laboratories, 1994).

James M. Lindsay, *Is the Third Time the Charm?: The American Politics of Missile Defense*, (Washington D.C: *Brookings Institution*, 2001).

James M. Lindsay·Michael E. O'Hanlon, *Defending America: The Case for Limited National Missile Defense*, (Washington D.C: The Brookings Institute, 2001).

James N. Rosenau, *The Study of Political Adaptation*, (New York: Nichols Publishing Company, 1981).

James Stavridis Gen Charles John Gardner Henry Obering Michael Makovsky Jonathan Ruhe Ari Cicurel Harry Hoshovsky, *For a Narrow U.S.-Israel Defense Pact: Paper and Draft Treaty*, (Jewish Institute for National Security of America, July 2019).

Jean-Loup Samaan, *Another Brick in The Wall: The IsraelI Experience in Missile Defense*, (Strategic Studies Institute, US Army War College, 2015).

Jeanne A.K. Hey, *Small States in World Politics: Explaining Foreign Policy Behavior*, (Boulder London: Lynne Rienner Publishers, 2003).

Jeffrey T. Butler, "Asia and the US Missile-Defense Program", *The*

Influence of Politics, Technology and Asia on the Future of US Missile Defense, (Air University Press, 2007).
Jennifer Lind, "Keep, Toss or Fix? Assessing US Alliances in East Asia", *Chicago IL Annual Meeting of the American Political Science Association APSA August 2013 Annual Meeting Paper*, (2013).
Jennifer M. Lind Thomas J. Christensen, "Correspondence: Spirals, Security, and Stability in East Asia", *International Security*, Vol.24, No.4, (2000).
Jeremy M. Sharp, "U.S. Foreign Aid to Israel", Congressional Research Service 7-5700 RL33222.
Jeroen de Jonge, "European Missile Defense: A Business Case for Transatlantic Burden Sharing", *Center for European Policy Analysis* Issue Brief No.129, (2013).
Jim Zanotti, "Israel: Background and U.S. Relations", Congressional Research Service 7-5700 RL33476, (2016).
Jin-Dong Yuan, "Chinese Responses to U.S Missile Defenses: Implications for Arms Control and Regional Security", *The Nonproliferation Review*, Spring, (2003).
Joel S. Wit·Daniel B. Poneman·Robert L. Gallucci, *Going Critical*, (Washington D.C: Brookings Institution Press, 2005).
Jonathan Ruhe · Charles B. Perkins · Ari Cicurel, JINSA's Gemunder Center for Defense and Strategy, (February 2021).
John Allen, Benjamin Sugg, "The U.S.-Japan Alliance", *Asian Alliances Working Paper Series Paper* 2 July, (2016).
John H. Herz, "Idealist Internationalism and the Security Dilemma." *World Politics*, Vol.2 No.2, (1950).
Jonathan Monten Mark Provost, "Theater Missile Defense and Japanese Nuclear Weapons", *Asian Security* Vol.1 No.3, (2005).
Joseph G. Garrett, 1999, "US-GCC Collaboration in Air Missile Defense Planning: Assessing the Advatages" *Air Missile Defense Counterproliferation and Security Policy Planning*, (United Arab Emirates Abu Dhabi: The Emirates Center for Strategic

Studies and Research, 1999).
Joshua H. Pollack, "Ballistic Missile Defense in South Korea: Separate Systems Against a Common Threat", Center for International and Security Studies, (2017).
Katahara Eiichi, "Tokyo's Defense and Security Policy: Continuity and Change", Lam Peng Er·Purnendra Jain, *Japan's Foreign Policy in the Twenty-First Century: Continuity and Change*, (Lanham Maryland: Lexington Books, 2020).
Kei Koga, "The Concept of "Hedging" Revisited: The Case of Japan's Foreign Policy Strategy in East Asia's Power Shift", *International Studies Review*, Vol.20, Issue4, (2018).
Keith B. Payne, *Laser Weapons in Space: Policy and Doctrine*, (London and New York: Routledge Taylor & Francis, 2019).
Keith B. Payne, "The Strategic Defense Initiative and ICBM Modernization", in Barry R. Schneider·Colin S. Gray·Keith B. Payne (ed.), *Missiles for the Nineties ICBMs and Strategic Policy*, (Boulder and London: Westview Press, 1984).
Randall L. Schweller, "Bandwagoning for Profit", International Security, Vol.19 No.1 Summer, (1994).
Keir Giles, *Russian Ballistic Missile Defense: Rhetoric And Reality*, (Carlisle Barracks PA: Strategic Studies Institute and U.S. Army War College Press, 2015).
Ken Jimbo, "A Japanese Perspective on Missile Defense and Strategic Coordination", *The Nonproliferation Review* Summer, (2002).
Kenneth N. Waltz, *Theory of International Politics*, (Massachusets: Addison-Wesley, 1979).
Kerry M. Kartchner, "Missile Defenses And New Approaches To Deterrence", *Electronic Journal Of The U.S. Department Of State* Vol.7 No.2, (July 2002).
Kevin Fashola, "Five Types of International Cooperation for Missile Defense", *Center for Strategic and International Studies Brief* December, (2020).

Kurt Guthe·Thomas Scheber, *Assuring South Korea and Japan as the Role and Number of U.S. Nuclear Weapons are Reduced,* (John J. Kingman Road Ft. Belvoir: Defense Threat Reduction Agency Advanced Systems and Concepts Office, 2011).

Leszek Buszynsky, *Geopolitics and the Western Pacific: China, Japan and the US,* (New York: Routledge Taylor & Francis Group, 2019).

Lynn F. Rusten, *U.S. Withdrawal from the Antiballistic Missile Treaty,* (Washington D.C: National Defense University Press, 2010).

Maria Papadakis·Harvey Starr, "Opportunity Willingness and Small States" in Charles F. Hermann·Charles W. Kegley Jr·James N. Rosenau (ed.) *New Directions in the study of foreign policy,* (Boston: Allen & Unwin, 1987).

Mark A. Berhow, *US Strategic and Defensive missile systems 1950-2004,* (New York: Osprey Publishing, 2005).

Martin Senn, "Spoiler and Enabler: The Role of Ballistic-Missile Defence in Nuclear Abolition", *International Journal* Vol.67, Issue3, (Summer 2012).

Marxen Kyriss, *Shield or Glue? Key Policy Issues Constraining or Enhancing Multinational Collective Ballistic Missile Defense,* (Lincoln Nebraska: The Graduate College at the University of Nebraska, 2018).

Masahiro Matsumura, "The Limits and Implications of the Air-Sea Battle Concept: A Japanese Perspective", *Journal of Military and Strategic Studies* Vol.15 Issue3, (2014).

Matej Smalcik, "Ballistic Missile Defense and its Effect on Sino-Japanese Relations: A New Arms Race?", *Czech Journal of Political Science* Vol.23 No.3, (2016).

Matt Korda·Hans M. Kristensen, "US ballistic missile defenses, 2019", *Bulletin Of The Atomic Scientists* Vol.75, No.6, (2019).

Matthias Mass, *Small States in World Politics: The Story of Small State Survival 1648-2016,* (Manchester: Manchester University Press, 2017).

Maximilian Ernst, "Limits of Public Diplomacy and Soft Power: Lessons from the THAAD Dispute for South Korea's Foreign Policy", *Korea Economic Institute of America Academic Paper Series* April 27, (2021).

Michael E. O'Hanlon, "Forecasting Change in Military Technology, 2020-40", in Michael E. O'Hanlon, *The Senkaku Paradox: Risking Great Power War Over Small Stakes*, (Washington D.C: The Brooking Institute, 2019).

Michael Green, "The Challenges of Managing U.S.-Japan Security Relations after the Cold War", in Gerald L. Curtis (eds.), *New Perspectives on U.S.-Japan Relations*, (Tokyo: Japan Center for International Exchange, 2000).

Michael J. Green, "Defense Production and Alliance in a Post-Cold War World", in Michael J. Green, *Arming Japan*, (New York: Columbia University Press, 1995).

Michael J. Mazarr, *North Korea and the Bomb*, (Macmillan, 1997).

Joel S. Wit·Daniel B. Poneman·Robert L. Gallucci, *Going Critical*, (Washington D.C: Brookings Institution Press, 2005).

Michael O'Hanlon, "Theater Missile Defense and the U.S-Japan Alliance", in Mike M. Mochizuki (eds.), *Toward a True Alliance: Restructuring U.S-Japan Security Relations*, (Washington D.C: The Brookings Institute, 1997).

Michael Sirak, "BMD Takes Shape", *Jane's Defense Weekly* Vol.35, (2001).

Michito Tsuruoka, "Strategic Considerations in Japan-Russia Relations: The Rise of China and the U.S.-Japan Alliance", in Shoichi Itoh·Ken Jimbo·Michito Tsuruoka·Michael Yahuda (eds), *Japan and the Sino-Russian Entente The Future of Major-Power Relations in Northeast Asia*, (Washington D.C: The National Bureau of Asian Research, 2017).

Michael Handel, *Weak States in the International System*, (London: Frank Cass and Compaly Limited, 1981).

Michael F. Altfeld, "The decision to Ally: a thory and test", *The Western Political Quarterly* Vol.37 No.4, (1984).

Michael Paul, Elisabeth Suh, "North Korea's Nuclear-Armed Missiles Options for the US and its Allies in the Asia-Pacific", *SWP Comments 32* August, (2017).

Monica Montgomery, "Japan Expands Ballistic Missile Defenses", *Arms Control Today*, Vol.48, No.7, (2018).

National Commission on Terrorist Attacks upon the United States, *The 9/11 Commission Report: final report of the National Commission on Terrorist Attacks upon the United States*, (New York: Norton, 2004).

Nicholas Seltzer, "Baekgom: The Development of South Korea's First Ballistic Missile", *The Nonproliferation Review* Vol.26 No.3-4.

Norifumi Namatame, "Japan and Ballistic Missile Defence: Debates and Difficulties", *Security Challenges* Vol.8, No.3, (2012).

Oliver Thranert, "NATO, Missile Defence and Extended Deterrence", *Survival* Vol.51 No.6.

Park Jin, "Korea Between the United States and China: How Does Hedging Work?", *Joint U.S.-Korea Academic Studies* May, 2020.

Patrick M. Cronin·Seongwon Lee, "Expanding South Korea's Security Role in the Asia-Pacific Region", *Council on Foreign Relations*, (March 2017).

Patrick M. Cronin, "If Deterrence Fails: Rethinking Conflict on the Korean Penninsula", *Center for a New American Security* (March 1 2014).

Patrick M. O'Donogue, *Theater Missile Defense in Japan: Implications for the US-China-Japan Strategic Relationship*, (Carlisle Barracks PA: Strategic Studies Institute US Army War College, 2000).

Patrick Mceachern, *North Korea*, (New York: Oxford University Press, 2019).

Park Chang Jin, "The Influence of Small States upon the Superpowers:

United States-South Korean Relations a Case Study, 1950-53", World Politics Vol.28 No.1, (1975).
Paul Kallender, "Phase Two: Challenges to the 1969 Framework and Attempted Reforms(1998-2007)", *Japan's New Dual-Use Space Policy: The Long Road to the 21st Cenruty*, (Paris France: IFRI Center for Asian Studies, 2016).
Peter Hayes, "International Missile Trade and the Two Koreas", *Korean journal of defense analysis* Vol.5 No.1, (1993).
Peter R. Baehr, "Small States: A Tool For Analysis?", *World Politics* Vol.27 No.3, (1975).
Philip H. Gordon·Michael O'Hanlon, 2001, "September 11 Verdict: Yes to Missile Defense," Los Angeles Times, October 17, 2001.
Rachel Hoff, U.S.-Japan Missile Defense Cooperation: Increasing Security and Cutting Costs, American Action Forum Research December 2, (2015).
Raimo Vayrynen, "Small States: Persisting Despite Doubts", in Efraim Inbar·Gabriel Sheffer (eds.), *The National Security of Small States in a Changing World*, (New York: Frank Cass, 2005).
Ray S. Cline, *World Power Assessment 1977: A Calculus of Strategic Drift*, (Boulder Colorado: Westview Press, 1977).
Reinhard Drifte, *Japan's Security Relations with China Since 1989*, (London and New York: Routledge, 2002).
Richard D. Fisher, "The Clinton Administration's Early Defense Policy toward Asia", *Korean journal of defense analysis* Vol.6 No.1, (1994).
Richard D. Fisher, "The Strategic Defense Initiative's Promise For Asia", *The Heritage Foundation Asian Studies Center Backgrounder* No.40, (December 18, 1985).
Richard Dean Burns, *The Missile Defense Systems of George W. Bush: A Clitical Assessmen*t, (Santa Barbara CA: Praeger security international, 2010).
Richard Weitz, "Sino-Russian Defense Cooperation: Implications for

Korea and the United States", *The Korean Journal of Defense Analysis*, Vol.30, No.1, (2018).
Richard L. Armitage, "A Comprehensive approach to North Korea", *Strategic Forum National Defense University*, No.159, March 1999.
Robert C. Watts, "Rocket's Red Glare", *Naval War College Review* Vol.71 No.2, (2018).
Robert D. Shuey·Shirley A. Kan·Mark Christofferson, "Missile Defense Options for Japan, South Korea and Taiwan: A Review of the Defense Department Report to Congress", Congressional Research Service Report RL30379, Updated November 30 1999.
Robert G. Sutter, "Korea U.S Relations Issues for Congress", *A CRS Issue Brief*, (1991).
Robert L. Rothstein, *Alliances and Small Powers*, (New York: Columbia University Press, 1968.
Robert Jervis, "Cooperation Under the Security Dilemma", *World Politics* Vol.30, No.2, (1978).
Robert Jervis, *Perception and Misperception in International Politics*, (Princeton New Jersey: Princeton University Press, 1976).
Robert E. Oswood, *Alliance and American Foreign Policy*, (Baltimore: The Johns Hopkins University Press, 1968).
Robert O. Keohane, "Lilliputians' Dilemmas: Small States in International Politics", *International Organization* Vol.23, No.2, (1969).
Robert O. Keohane, "The Big Influence of Small Allies", *Foreign Policy* No.2 Spring, (1971).
Robert Shuey, "Theater Missile Defense: Issues for Congress", *CRS Issue Brief for Congress, Congressional Research Service IB98028 The Library of Congress*, (July 30 2001).
Roger Clif, *A New U.S. Strategy for the Indo-Pacific*, NBR Special Report 86, (Washington D.C: The National Bureau of Asian

Research, 2020).

Ronald Reagan, "Address to the Nation on the Strategic Defense Initiative", Edward Haley · Jack Merritt (ed.), *Strategic Defense Initiative Folly or Future?*, (Boulder and London: Westview Press, 1986).

Ronald Reagan, "Address to the Nation on Defense and National Security", March 23 1983, Ronald Reagan Presidential Library & Museum.

Satoshi Morimoto, "A Tighter Japan-U.S Alliance Based on Greater Trust", in Mike M. Mochizuki (eds.), *Toward a True Alliance: Restructuring U.S-Japan Security Relations*, (Washington D.C: The Brookings Institute, 1997).

Scott Snyder, "Pyongyang's Pressure," *Washington Quarterly* Vol.23 No.3, (Summer 2000).

Scott Snyder, "Korea and the U.S.-Japan Alliance: An American Perspective, in Takashi Inoguchi·G John Ikenberry·Yoichiro Sato (eds.), *The U.S -Japan Security Alliance Regional Multilateralism*, (New York: Palgrave Macmillan, 2011).

Sheila A. Smith, Japan Rearmed: The Politics of Military Power, (Cambridge Massachusetts: Harvard University Press, 2019).

Sheila A. Smith, "Refining the U.S-Japan Strategic Bargain", in Takashi Inoguchi·G John Ikenberry·Yoichiro Sato (eds.), *The U.S -Japan Security Alliance Regional Multilateralism*, (New York: Palgrave Macmillan, 2011).

Sheila A. Smith, "Japan and Asia's Changing Military Balance: Implications for U.S. Policy", *Council on Foreign Relations*, June 8, (2017).

Shmuel N. Eisenstadt·Louis Roniger, "Patron-Client Relations as a Model of Structuring Social Exchange", *Comparative Studies in Society and History*, Vol.22, No.1 (1980).

SIPRI, *A New Estimate of China's Military Expenditure*, (Solna Sweden: Stockholm International Peace Research Institute,

January 2021).
Sten Rynning, "Reluctatnt Allies Europe and Missile Defense" *Missile Defense International Regional and National Implication*, (London: Routledge Taylor & Francis Group Contemporary Security Studies, 2005).
Stephen A. Cambone, "The United States and Theatre Missile Defense in the Northeast Asia", *Survival* Vol.39 No.3, (1997).
Stephen Blank, "Strategic rivalry in the Asia꞊Pacific theater: a new nuclear arms race?", *Korean journal of defense analysis* Vol.20 No.1, (2008).
Stephan Fruhling, "Managing Escalation: Missile Defence, Strategy and US alliances", *International Affairs* Vol.92 No.1, (2016).
Stephen M. Walt, "Alliance Formation and the Balance of World Power", *International Security* Vol.9, No.4 (1985).
Stephen M. Walt, *The Origins of Alliances*, (Ithaca and London: Cornell University Press, (1987).
Steven J. Whitmore·John R. Deni, *NATO Missile Defense And The European Phased Adaptive Approach: The Implications Of Burden Sharing And The Underappreciated Role Of The U.S. ARMY*, (Carlisle Barracks PA: Strategic Studies Institute and U.S. Army War College Press, 2013).
Stephen M. Walt, "Why Alliances Endure or Collapse", *Survival* Vol.39 No.1, (1997).
Steven A. Hildreth, *The Strategic Defense Initiative: Program Facts*, Foreign Affairs and National Defense Division Congressinal Research Service IB85170, July 22, 1987.
Sugio Takahash, "Upgrading the Japan-U.S. Defense Guidelines: Toward a New Phase of Operational Coordination", (Project 2049 Institute, 2018).
Takashi Inoguchi·G John Ikenberry·Yoichiro Sato, "Conclusion: Active SDF, Coming End of Regional Ambiguity and Comprehensive Political Alliance", in Takashi Inoguchi·G John Ikenberry·

Yoichiro Sato (eds.), *The U.S -Japan Security Alliance Regional Multilateralism*, (New York: Palgrave Macmillan, 2011).
Takashi Inoguchi·G John Ikenberry·Yoichiro Sato (eds.), *The U.S -Japan Security Alliance Regional Multilateralism*, (New York: Palgrave Macmillan, 2011).
Tarja Cronberg, "US Missile Defense: Technological Primacy in Action", Bertel Heurlin·Sten Rynning (ed.), Missile Defense: International Regional and National Implications, (London and New York: Routledge Taylor and Francis Group, 2005).
Tate Nurkin · Ryo Hinata-Yamaguchi, *Emerging Technologies and the Future of US-Japan Defense Collaboration*, (Washington D.C: Atlantic Council Scowcroft Center for Strategy and Security, 2020).
Ted Galen Carpenter, "Life after Proliferation: Closing the Nuclear Umbrella", *Foreign Affairs* Vol.73 No.2, (1994).
Terence Roehrig, "Reinforcing Deterrence: The U.S. Military Response to North Korean Provocations," in Gilbert Rozman (ed.), *Joint U.S.-Korea Academic Studies: Facing Reality in East Asia: Tough Decisions on Competition and Cooperation, Korea Economic Institute of America*, Vol.26, (2015).
Tetsuo Murooka, Hiroyasu Akutsu, "The Korean Peninsula: North Korea's Growing Nuclear and Missile Threat and South Korea's Anguish", *East Asian Strategic Review*, (2017).
Thomas G. Mahnken, "Counterproliferation: Shy of Winning" in Henry D. Sokolski, *Prevailing in a Well-Armed World: Devising Competitive Strategies Against Weapons Proliferation*, (Carlisle Pa: The Strategic Studies Institute Publications Office United States Army War College, 2000).
Thomas Karako, "Missile Defense and the Nuclear Posture Review", *Strategic Studies Quarterly*, Vol.11, No.3, (2017).
Tong Zhao, *Narrowing The U.S.-China Gap On Missile Defense: How To Help Forestall a Nuclear Arms Race*, (Washington D.C:

Carnegie Endowment for International Peace, 2020).

Umemoto Tetsuya, "Missile Defense and Extended Deterrence in the Japan-US Alliance", *Korean journal of defense analysis* Vol.12 No.2, (2000).

U.S. Army Center of Military History, *History of Strategic Air and Ballistic Missile Defense: Volume I 1945-1955*, (United States Army, 2009).

U.S. Army Center of Military History, *History of Strategic and Ballistic Missle Defense, Volume II 1956-1972*, (United States Army, 2009).

U.S. President George W. Bush's Speech on Missile Defense at the National Defense University on May 1 2001.

Watanabe Takeshi, "The Impact US-South Korea Missile Defense Cooperation can have on Regional Security: Expanding the Role of the Alliance", *National Institute for Defense Studies News* No.139, (2010).

Werner Bauwens, *Small States and the Security Challenge in the New Europe*, (London: Oxford University Press, 1971).

Wilhelm Agell, "Pre-empt Balance or Intercept? The Evolution of Strategies for Coping with the Threat from Weapons of Mass Destruction", *Missile Defense International Regional and National Implication*, (London and New York: Routledge Taylor & Francis Group Contemporary Security Studies, 2005).

William C. Wohlforth, "The Stability of a Unipolar World", *International Security* Vol.24, No.1, (1999).

William J. Tayolr, South-North unification? More of ideal than policy, Korea Herald, February 17 2000.

William J. Perry, "Review of United States Policy Toward North Korea: Findings and Recommendations", Report by U.S. North Korea Policy Coordinator and Special Advisor to the President and the Secretary of State, Washington, DC, October 12 1999.

William James Perry, *My Journey at the Nuclear Brink*, (California:

Stanford University Press, 2015).
William Jefferson Clinton, The President's Radio Address on May 15, 1993, Clinton Digital Library, May 15 1993.
William S. Cohen Secretary of Defense, "Report of the Quadrennial Defense Review", May 1997.
Yan Xuetong, "Viewpoint: Theater Missile Defense and Northeast Asian Security", The Nonproliferation Review Vol.6, No.3 Spring-Summer, 1999).
Yasuyo Sakata, "Korea and the Japan-U.S Alliance: A Japanese Perspective", in Takashi Inoguchi·G John Ikenberry·Yoichiro Sato (eds.), *The U.S -Japan Security Alliance Regional Multilateralism*, (New York: Palgrave Macmillan, 2011).
Yoshikazu Watanabe·Masanori Yoshida·Masayuki Hironaka, *The U.S.-Japan Alliance and Roles of the Japan Self Defense Forces Past, Present, and Future*, (Washington D.C: Sasakawa U.S.A, 2016).
Yukio Satoh, *U.S. Extended Deterrence and Japan's Security*, (Livermore Papers on Global Security No. 2 Lawrence Livermore National Laboratory Center for Global Security Research, 2017).

〈인터넷 자료〉

김대중, "중국 베이징 대학교 연설: 동북아지역의 평화와 안정을 위한 한·중협력", 김대중평화센터, (1998년 11월 12일)
http://www.kdjpeace.com/home/bbs/board.php?bo_table=d02_02&wr_id=173
김대중평화센터, "노벨평화상과 김대중 수상식연설문"
http://kdjpeace.com/home/bbs/board.php?bo_table=b02_02_02
노무현, "제58주년 광복절 경축사", (노무현사료관, 2003)
http://archives.knowhow.or.kr/record/all/view/86645
노무현사료관, "주제별 어록, 북핵문제 어떻게 해결할 것인가: 북한과 한국, 북한과 미국의 문제는 신뢰의 부재"
http://archives.knowhow.or.kr/rmh/quotation/view/781?cId=116

대한민국 정책브리핑, “스티븐 코스텔로 특별기고”
http://www.korea.kr/special/policyFocusView.do?newsId=70085047&pkgId=5000003&pkgSubId=&pageIndex=1
대한민국정책브리핑, “실용외교바탕 한미동맹 복원 강화”, (2011년 2월 22일)
http://www.korea.kr/special/policyFocusView.do?newsId=148707570&pkgId=49500522
문화체육관광부 대한민국역사박물관 영상자료, “1970년대 방위산업 육성: 자주국방의 토대 구축”
https://www.much.go.kr/L/Z6oA5C4Axy.do
설인효, “경제 살찌우고 군사력 키우는 미사일 주권”, (대한민국 정책브리핑 정책주간지 공감, 2020년 8월 10일)
http://gonggam.korea.kr/newsView.do?newsId=GAJS0MoYYDGJM000&pageIndex=1
스웨덴 스톡홀름국제평화연구소(SIPRI)
https://www.sipri.org/publications/2019/sipri-fact-sheets/sipri-top-100-arms-producing-and-military-services-companies-2018
주러시아대한민국대사관, “한·러 공동성명”, (2001년 2월 27일)
http://overseas.mofa.go.kr/ru-ko/brd/m_7340/view.do?seq=559474&srchFr=&%3BsrchTo=&%3BsrchWord=&%3BsrchTp=&%3Bmulti_itm_seq=0&%3Bitm_seq_1=0&%3Bitm_seq_2=0&%3Bcompany_cd=&%3Bcompany_nm=&page=11
통일부 북한정보포털, “북한 핵위기”
https://nkinfo.unikorea.go.kr/nkp/term/viewKnwldgDicary.do?pageIndex=1&dicaryId=91
통일부 북한정보포털, “평화번영 정책”
https://nkinfo.unikorea.go.kr/nkp/term/viewKnwldgDicary.do?pageIndex=1&dicaryId=17
통일부 북한정보포털, “북한 핵위기”
https://nkinfo.unikorea.go.kr/nkp/term/viewKnwldgDicary.do?pageIndex=1&dicaryId=91

통일부, "천안함 사태 관련 대북조치 발표문" (2010년 5월 24일)
https://www.unikorea.go.kr/unikorea/news/release/?boardId=bbs_0000000000000004&mode=view&cntId=14075&category=&pageIdx=
통일부 통일교육원, "연평도 포격 도발 사건"
https://www.uniedu.go.kr/uniedu/home/brd/bbsatcl/nsrel/view.do?id=16154&mid=SM00000535&limit=10&eqViewYn=true&page=2
한국민족대백과사전, "율곡사업"
http://encykorea.aks.ac.kr/Contents/SearchNavi?keyword=율곡사업&ridx=0&tot=1047
한국민족문화대백과사전, "방위사업청"
http://encykorea.aks.ac.kr/Contents/Item/E0066442
행정안전부 국가기록원 대통령기록관, "제43차 유엔총회 본회의 연설", 관리번호: CEB0001225, (1988.10.18.)
http://pa.go.kr/research/contents/speech/index.jsp
행정안전부 국가기록원, "배달의 기수 제795호 기억하라 아웅산 그날", 시청각기록물 관리번호: CEN0009696, (국방부 국방홍보원 영화부, 1986)
행정안전부 국가기록원, "국방과학"
http://theme.archives.go.kr/next/koreaOfRecord/natlDefense.do
행정안전부 국가기록원 대통령기록관, "정책기록 경제"
http://www.pa.go.kr/research/contents/policy/index020502.jsp
행정안전부 국가기록원 대통령기록관, 제11대 대통령 취임사, (전두환대통령연설문집 제5공화국출범전 대통령비서실, 1980)
http://www.pa.go.kr/research/contents/speech/index.jsp
행정안전부 국가기록원, "김대중-장쩌민 한중 정상회담"
https://www.archives.go.kr/next/search/listSubjectDescription.do?id=003041&subjectTypeId=07&pageFlag=C&sitePage=1-2-2
행정안전부 국가기록원, "해외순방 러시아 방문"
http://pa.go.kr/online_contents/diplomacy/diplomacy02_07_1999_06_01.jsp
행정안전부 국가기록원, "노무현 후진타오 한중 정상회담"

http://www.archives.go.kr/next/search/listSubjectDescription.do?id=003106&pageFlag=&sitePage=1-2-1

〈언론 자료〉

『국정홍보처』 1999년 5월 5일
http://www.korea.kr/news/pressReleaseView.do?newsId=30016707

『노컷뉴스』 2005년 5월 12일
https://news.naver.com/main/read.nhn?mode=LSD&mid=sec&sid1=100&oid=079&aid=0000036854

『뉴시스』 2017년 3월 8일
https://newsis.com/view/?id=NISX20170308_0014750341&cID=10810&pID=10800

『뉴시스』 2019년 11월 22일
https://newsis.com/view/?id=NISX20191122_0000838786&cID=10301&pID=10300

『동아일보』 2003년 6월 10일
https://www.donga.com/news/Politics/article/all/20030610/7952881/1

『동아일보』 2004년 5월 28일
https://news.naver.com/main/read.nhn?mode=LSD&mid=sec&sid1=100&oid=020&aid=0000241621

『동아일보』 2004년 6월 8일
https://news.naver.com/main/read.nhn?mode=LSD&mid=sec&sid1=100&oid=020&aid=0000243478

『동아일보』 2006년 8월 11일
https://www.donga.com/news/Politics/article/all/20060811/8338934/1

『동아일보』 2001년 3월 9일
https://www.donga.com/news/article/all/20010309/7660182/1

『뷰스앤뉴스』 2008년 1월 29일
https://www.viewsnnews.com/article?q=28804

『문화일보』 2001년 3월 10일
https://www.donga.com/news/article/all/20010309/7660182/1
『서울신문』 2017년 5월 10일
http://nownews.seoul.co.kr/news/newsView.php?id=2017052
0601002&wlog_tag3=naver
『신동아』 2008년 2월 12일
https://shindonga.donga.com/3/all/13/107085/1
『연합뉴스』 1999년 3월 5일
https://news.naver.com/main/read.nhn?mode=LSD&mid=sec
&sid1=100&oid=001&aid=0004518825
『연합뉴스』 1999년 5월 5일
https://news.naver.com/main/read.nhn?mode=LSD&mid=sec
&sid1=100&oid=001&aid=0004512294
『연합뉴스』 1999년 5월 11일
https://news.naver.com/main/read.nhn?mode=LSD&mid=sec
&sid1=104&oid=001&aid=0004515533
『연합뉴스』 1999년 5월 12일
https://news.naver.com/main/read.nhn?mode=LSD&mid=sec
&sid1=104&oid=001&aid=0004507731
『연합뉴스』 2004년 5월 19일
https://news.naver.com/main/read.nhn?mode=LSD&mid=sec
&sid1=100&oid=001&aid=0000653648
『연합뉴스』 2008년 7월 1일
https://www.yna.co.kr/view/AKR20080630199300002
『연합뉴스』 2013년 2월 13일
https://www.yna.co.kr/view/AKR20130213100700001
『연합뉴스』 2013년 2월 19일
https://www.yna.co.kr/view/AKR20130218192200043
『연합뉴스』, 2013년 10월 14일
https://www.yna.co.kr/view/AKR20131014024100043?input=
1179m
『연합뉴스』 2015년 9월 4일

https://www.yna.co.kr/view/AKR20150904006700071?input=1195m
『연합뉴스』 2017년 9월 6일
https://www.yna.co.kr/view/AKR20170906115500014
『월간조선』 2010년 2월호
http://monthly.chosun.com/client/news/viw.asp?nNewsNumb=201002100012
『월간조선』 뉴스룸 2000년 2월호
http://monthly.chosun.com/client/news/viw.asp?ctcd=&nNewsNumb=200002100018
『오마이뉴스』 2001년 6월 15일
http://www.ohmynews.com/NWS_Web/view/at_pg.aspx?CNTN_CD=A0000045062
『조선일보』 2013년 12월 9일
https://m.chosun.com/svc/article.html?sname=premium&contid=2013120801185
『조선일보』 2014년 8월 22일
https://news.chosun.com/site/data/html_dir/2014/08/22/2014082200708.html
『중앙일보』 2001년 3월 7일
https://news.joins.com/article/4046480
『중앙일보』 2006년 9월 30일
https://news.joins.com/article/2463652
『중앙일보』 2010년 11월 21일
https://news.joins.com/article/4687719
『파이낸셜뉴스』 2019년 6월 5일
https://www.fnnews.com/news/201906051745399667
『프레시안』 2013년 11월 11일
https://www.pressian.com/pages/articles/109728
『한국경제』 1994년 5월 15일
https://www.hankyung.com/politics/article/1994051500261
『한국경제』 2004년 10월 6일

https://www.hankyung.com/politics/article/2004100618018
『한국일보』 2001년 6월 14일
https://m.hankookilbo.com/News/Read/200106140095717400
『한국일보』 2001년 6월 15일
https://www.hankookilbo.com/paoin/?SearchDate=20010615&Section=A
『한국일보』 2020년 3월 16일
http://interactive.hankookilbo.com/v/satellite/index.html
『헤럴드경제』 2013년 1월 9일
http://biz.heraldcorp.com/view.php?ud=20130109000221
『KBS뉴스』 1994년 3월 22일
http://mn.kbs.co.kr/news/view.do?ncd=3738611
『KBS뉴스』 1999년 4월 29일
https://imnews.imbc.com/replay/1999/nwdesk/article/1779937_30729.html
『KBS뉴스』 1999년 5월 5일
http://news.kbs.co.kr/news/view.do?ncd=3801094
『Los Angeles Times』, January. 30, 1991
https://www.latimes.com/archives/la-xpm-1991-01-30-mn-271-story.html
『MBC 뉴스』 1992년 5월 30일
https://imnews.imbc.com/replay/1992/nwdesk/article/1915901_30556.html
『SBS뉴스』 2016년 2월 5일
http://news.sbs.co.kr/news/endPage.do?news_id=N1003403439&plink=ORI&cooper=NAVER
『The New York Times』 February 27 2001
https://www.nytimes.com/2001/02/27/world/south-korean-president-sides-with-russia-on-missile-defense.html
『TV조선』 2017년 10월 5일
http://news.tvchosun.com/site/data/html_dir/2017/10/05/2017100590089.html

『TV조선 유튜브』 2017년 10월 5일
https://www.youtube.com/watch?v=HKVca9BGQSA
『VOA』 2014년 9월 25일
https://www.voakorea.com/korea/korea-politics/2461055

한국의 미사일 방어
South Korea's Missile Defense

초판인쇄 | 2022년 11월 30일
초판발행 | 2022년 11월 30일
지은이 | 양혜원
펴낸곳 | 로얄컴퍼니
주소 | 서울특별시 중구 서소문로9길 28
전화 | 070-7704-1007